Android
移动性能实战

腾讯SNG专项测试团队　编著

電子工業出版社
Publishing House of Electronics Industry
北京•BEIJING

内容简介

本书从资源类性能中的内存、CPU、磁盘、网络、电量和交互类性能中的流畅度、响应时延，多个性能测评和优化的方向出发。每个方向，都会帮助读者深入浅出地学习必须要懂得的原理和概念，区分众多专项工具使用的场景和对应的使用方法；同时提炼总结不同类型的性能缺陷和对应的排查手段、定位方法和解决方案，透过真实的案例，让大家身临其境地快速学习；提供建立专项性能标准的武器与武器的来源，让读者能快速落地项目并产生成效。本书的最后，还会帮助读者从全新的角度学习如何应对专项测评要面对的两个基础问题：UI 自动化测试和竞品测试。

本书适合从事移动 App 性能测评和优化的工程师阅读，内容有一定的技术深度和广度，建议读者在阅读本书的同时扩展阅读其他经典的技术类书籍。

图书在版编目（CIP）数据

Android移动性能实战 / 腾讯SNG专项测试团队编著. —北京：电子工业出版社，2017.4
ISBN 978-7-121-31064-5

Ⅰ.①A… Ⅱ.①腾… Ⅲ.①移动终端–应用程序–程序设计 Ⅳ.①TN929.53

中国版本图书馆CIP数据核字（2017）第047562号

策划编辑：付 睿
责任编辑：徐津平
特约编辑：顾慧芳
印 刷：三河市双峰印刷装订有限公司
装 订：三河市双峰印刷装订有限公司
出版发行：电子工业出版社
北京市海淀区万寿路173信箱 邮编：100036
开 本：787×980 1/16 印张：22.5 字数：504 千字
版 次：2017 年 4 月第 1 版
印 次：2017 年 4 月第 1 次印刷
定 价：79.00 元

凡所购买电子工业出版社图书有缺损问题，请向购买书店调换。若书店售缺，请与本社发行部联系，联系及邮购电话：（010）88254888，88258888。质量投诉请发邮件至zlts@phei.com.cn，盗版侵权举报请发邮件至dbqq@phei.com.cn。

本书咨询联系方式：010-51260888-819 faq@phei.com.cn。

推荐序一

写在开头，送贾岛《剑客》诗一首："十年磨一剑，霜刃未曾试。今日把似君，谁为不平事！"我们团队工作重心转到移动互联网领域已经好几年了，团队在移动领域测试技术积累可以说是从零基础开始的，几年来，配套的各类技术攻坚、工具平台建设都具备了很好的沉淀和规模，同时团队在这期间的自我实践提升和转变速度也非常快，如果自我吹捧一下，那么这就是一支优秀团队所具备的核心竞争力。这几年来，看着大家能不断探索攻克一个个难题并填坑，其实是一件很幸福开心的事情！这期间的学习、探索和实践，借用一句典故就是"工欲善其事，必先利其器"，我们都在说"磨刀不误砍柴工"，道理都是一致的，腾讯的专项技术测试团队从 2010 年开始组建，近 7 年来已经不断体现出其强大影响力和价值，成为了研发团队最坚实的战斗伙伴之一，而我们专项技术测试团队这几年也不断夯实了移动测试领域的重点攻坚领域、填补了几乎所有短板，并且也是努力从基础提升做起后到现在带来的结果体现！这好比在练武术时，早期教练会让学员练习扎马步，大家在健身房请私教时，会发现教练要求学员一定练深蹲，这些日久才能发挥威力体现基本功的基础动作，对武术提升和健身起到举足轻重的作用。我们团队过去持续保持平和心态，聚焦在短板上不断学习、钻研和沉淀，也在今天不断体现出了价值和给业务提供着重大支持。这是一支务实、踏实但又保持持续创新的团队，这也是我们团队的宝贵财富和一贯传承的管理思路。

每次看到行业里有新书出来时，我基本都会第一时间来了解获取，首先希望拜读理解作者的思路，然后看书内容里的技术实践深度，我这个人很懒又很挑剔，宁愿花很多时间来提炼内容写个 PPT 给大家做分享，也不愿花很多时间坐在电脑旁边码字、写出一摞看起来厚厚的很有"成就感"的文档来给人读，因此我是真心佩服那些能写出大部头书籍的同仁，过去几年里承蒙同仁抬爱，我给多本书写过序，虽然让我有些"愤愤然"，我是"作序君"嘛，但也总是很欣慰，佩服同仁和我的朋友 / 同事们熬夜码字的毅力，也佩服他们能抽丝剥茧，把自己的经验实践用一本书完整地呈现给读者的魄力。但其实我想说，写书本身是一件严肃的事情，也是把自己扒光了晾给大家看的一个过程，一本书如果东拼西凑，大部分内容要么是截图、纯图片，要么是"腾挪"了很多他人的内容，这种书其实出版出来也是体现了作者典型的"囊中羞涩"，此类书不出也罢，因为会食之无味，让读者读完基本没啥收获，反而浪费时间，误人子弟。

我们 SNG 专项技术测试团队这次要出版的书籍，我不想给予太多的赞美，不然就是在自我吹捧了，毕竟这本书算是集我们团队之力的实践分享，同时也是团队工作日常点滴积累所得，希望对大家有用。本书所有内容产生的背景是日常工作开展过程中各个维度攻坚实践的过程，本书以看到问题—定位问题—解决问题—找共性—抽象化 / 平台工具化—提炼原理的方式积累呈现出来，每个维度每个领域的案例都是真实的，容不得取巧，更没有很多花哨的架子，放出来的是点滴积累出来的真实工作经验。初期来阅读时，很多行业同仁可能会觉着有点乱甚至晕，我建议先把书籍的目录章节仔细研究，梳理清楚这本书希望传递给大家的思想和体系，然后再有针对性地阅读和学习，这样才能事半功倍。

两年多前，整体回顾我们团队专项测试开展情况时，我勾画了一个所谓的"专项测试战略地图"，不过我们的团队属于有些"不按套路出牌的团队"，并没严格按我规划的在推进，或即使在推进，也并没老实地回头看这个"地图"，但让我们更开心的是团队自身的从下往上创新、创造的意识，使这期间诞生了很多创新型项目 / 工具，这其实是团队自己的"道"，非常值得鼓励，欣喜看到左冲右突的人在团队中大有人在，幸事！其实，让一个人的思想和行为不得自由的，有两个牢笼：一个是对过去的贪恋和自满，定死了自己的思维和进取；另一个是对未来的恐惧，以及对它的贪婪，定死了自己的勇敢和视野。打破这两个牢笼，会顿悟得"道"。我们在人际交往中，对一个人的评价经常因为生活中的小事情决定，这是因为一个人的秉性很难改变，不管是淳朴务实还是爱慕虚荣的表现，回归到工作上时，不外乎是持之以恒、不断聚焦和专业化，或是昙花一现、只做一时耀眼的流星，而很多人并没悟透这个最基本的道理。"逻辑思维"里说过一个小典故，僧侣得道前的日常作业是挑水、劈柴、做饭，得道后还是挑水、劈柴、做饭，做一行能做到如此才是"大道"。

今天我们走的这条路很不幸，不再有看板可以让我们比对，时代变化太快，过去的经验、经历未必还管用，未来的道路如何也无法预测，但这好比待在一个黑暗的道路上摸索前行，可能有很多弯路，可能不断跌倒，但只要有信念，坚定前行，无论荆棘坎坷，彼岸总会泛出微光指引我们不断前行，相信那也是我们心底最灿烂的光明之火！

腾讯社交网络质量部 吴凯华

推荐序二

现在的移动互联网是一个用户体验为王的时代，你的用户群会决定你的产品的成败。而移动无线测试中的专项测试就变得非常重要，功能和业务测试保证了一个产品的生命，而专项测试则能够延续一个产品的生命。

移动互联网到底是什么？带给老百姓的是生活的便捷，带给程序员的是新鲜的技术和更快的工作节奏。在早期大家都在谈论 Android、iOS 和 WP（Windows Phone），然后则开始谈论物联网。而如今神秘选手横扫全球围棋界，所有人都在讨论这个"选手"，结果 AlphaGo 的出现让 2016 年成为了人工智能元年，也掀起了人工智能在人类历史上的第三次浪潮。

- 当我们还在用诺基亚砸核桃的时候，Android 和 iPhone 来了；
- 当我们以为移动支付只有支付宝的时候，微信支付来了；
- 当我们觉得二维码这项发明没有意义的时候，微信和支付宝等 App 狠狠地给了我们响亮的耳光；
- 当我们开始玩朋友圈的时候，公众号出现了；
- 当我们开始熟练使用公众号的时候，小程序来了；
- 当我们觉得 AR 没有什么实际的有黏度的用户场景的时候，Pokémon Go 让所有人都拿着手机扫全世界，甚至在美国的高架上还有专门的路标提示不要玩 Pokémon Go；
- 当我们觉得手机只能用来打电话、玩游戏、支付、上网的时候，Google Cardboard 让我们知道原来我们可以进入手机的世界；
- 当我们还沉浸在抨击 VR 还不成熟的时候，Vive、PSVR、Oculus 等让我们欲罢不能；
- 当我们以为 Siri 已经能够打败人类的时候，AlphaGo 让我们明白其实人工智能才刚刚向人类发起挑战；
- 当我们在各个演唱会上面看到全息投影，觉得离我们还很遥远的时候，Gatebox 出现了（日本全息投影女管家）。

这一切的一切说明了移动互联网并没有具体的形态，它仅仅代表着一个高速发展的时代已经来了。我们很幸运，能够活着看到时代的发展和变迁，我们也会很累需要不停地去接受和面对挑战。

测试这个行业就如同移动互联网一样发展迅速，我们完全可以去用“当我们还在学习，使用 xxx 的时候，yyy 已经成为了新的宠儿”这样的句式，相信所有的互联网从业人员都会有这样的感受。综合这些年所有人问我的问题，我总结两点在这里给大家分享：

- 在这样一个社会中，不要浪费时间在思考，实践才能够抓住“红利期”。
- 不要纠结于先有鸡，还是先有蛋。很多人纠结于自己没有这个，没有那个，所以不够级别去做一些事情。想做了就去做，我们不应该等到自己达到了一个等级才去做事情，而是要在做事情的过程中让自己达到对应的级别。

专项测试这个概念出现时间其实并不长，但其重要性和普及率都是非常高的。我自己也是最早做专项测试的人员之一，深知其中需要填坑无数。从 2015 年开始很多公司起步做专项，但对于具体的方法和策略以及专项测试基线往往都不是很清楚，导致专项的测试投入产出比不高，大家都期望能够有一种统一的标准和方法出现。

移动专项测试是不是只有大公司才需要做呢？答案肯定是“当然不是”，任何一个关心用户体验的企业都应该关心、重视专项测试。纵览全书，这可以说是至今为止我看到过最详细的专项测试宝典。从书中的内容我能感受到的不仅仅是腾讯 SNG 专项测试团队做专项测试的认真专业的态度，更多的是一种孜孜不倦的探索精神。书中涉及的内存、磁盘 I/O、电量、流量等方面的专项测试都会涵盖有案例、总结标准以及原理讲解。

再次感谢腾讯 SNG 专项测试团队能够为国内移动互联网行业产出这样一本专项测试宝典，我相信看到这本书的测试朋友都会像我一样欣喜若狂。在我看来，这本宝典不仅能够帮助更多企业的测试团队变得越来越专业，也对测试行业进步做出了不小的贡献。

书中最后提到，未来是什么？我们不是预言家，我们也不知道未来究竟是什么。但我们知道未来已经到来，你准备好了吗？在这样一个有的人每天在抱怨这个抱怨那个，有的人踏踏实实地在钻研技术，有的人有能力让影响力变现的时代，你是否明白自己要做什么？你想成为什么样的人？最后奉上我一直很喜欢的一句话，与大家共勉。

“It's not who I am underneath, but it's what I do that defines me”

——黑暗骑士

《大话移动 App 测试》系列作者 陈晔

前言

为什么会有这本书

记得笔者从微博和 MAC QQ 项目中解放出来后，就开始接手手机 QQ，组建专项测试团队。那时有几个小伙伴，我们一起做手机 QQ 的专项测试，发现推动专项问题解决非常困难。产品的需求压力巨大，性能越来越差，我们开始用更严厉的标准像守护者一样守护手机 QQ，例如安装包的大小。接手后的第一个手机 QQ 版本，涨了 10MB，这使我们看到了风险，顶着各部门的 KPI 需求，我们制定了一系列严厉的指标，超过的需求都不允许通过，从此安装包大小刹住了车。但 KPI 的压力巨大，像是洪水，不排解，堤坝只能越建越高，我们的压力也越来越大。产品经理开始不断地问，为什么安装包不能变大呢？为什么不能占用更多的内存？我提供更多服务，为什么不能消耗更多的流量？ Why ？ Why not ？

在这些质疑中，我们经历了许多，除了工具、流程之外，更多带给我们的是真实的经验。例如，安装包不能再变大了。这里需要证据，运营同事找到了应用宝的数据，发现有不少用户是通过 3G 网络下载安装包的，另外安装包大小对下载失败率也有影响。在跟老板汇报过数据后，我们拍定了更严厉的标准：0 增长。慢慢地随着我们团队人数的增加，类似这样的故事也越来越多。跟大家想象的一样，其中有跟开发人员的 PK、有不服输自己去解决专项 Bug 的、有跟产品经理 PK 需求、与专项性能平衡的，等等。但是知道故事的人并不多，知道“为什么”的人就更少了。我们觉得这些故事应该被记录下来和分享出去，然后就有了本书。本书中会介绍工具、原理，但更重要的是提供了一个个真实的案例、Bug 解决方案。

谁适合阅读本书

以下职位的小伙伴们适合阅读本书。

- 终端专项测试：这个职位的测试人员，负责产品的性能、安全、稳定性、兼容性等各个方面。我们希望你通过阅读本书，可以有效地归纳总结知识、拓展思路，也可以作为你在专项测试领域的一本“字典”，随时翻查。
- 终端系统测试：这个职位的测试人员，需要全面负责功能测试、专项测试等各个方面，利用合适的测试策略发现和预防风险。而专项测试是测试本身一个空间最广阔、蕴含知识最丰富的分支，学习和了解专项测试，对系统测试人员本身职业生涯的发展有着不可或缺的重要作用，也有利于制定出最合适的测试策略。

- 高级终端开发：终端开发人员必然需要面对许多性能上的难题，本书希望成为你的一部指南书。还有，必须要说，越是高级的终端开发人员，越是需要啃硬骨头，而专项恰巧就是这个硬骨头。

另外，产品经理不能看这本书吗？答案是能。因为不懂测试的开发不是好的产品经理。

如何利用本书

本书力求做到以下三点。

第一，通过结构化的知识体系，让读者在心中建立起性能专项的知识体系。希望做到“授之以渔”，所以我们会从资源类性能和交互类性能入手。

第二，案例均来自手机 QQ、QQ 空间、QQ 音乐等的真实项目案例，结合工具集和原理，希望让读者对其中的技巧和知识使用更加得心应手。

第三，提炼专项标准。在测试行业中，很多测试人员都需要有标准在背后支撑，特别是对于性能这些不黑不白的事情。虽然制定让人信服的标准很难，但我们愿意踏出这一步。

因此大家阅读的时候会发现，为了上面的三点，本书的大部分章节会分为原理、工具集、案例、专项标准四部分来介绍。

原理 主要是为了说明一些不脱离实际的实用的基础知识。因为有好的基础知识，才能 PK 得过开发人员，说服得了产品经理，用“专业知识”武装自己。

工具集工欲善其事，必先利其器。但工具那么多，该选哪个呢？根据我们的经验，本书中对工具做了不同纬度的分类，助你消灭选择恐惧症。

案例 按照分析专项问题的思路来划分我们的案例，我们力求做到让读者可以举一反三。

专项标准 会从原则、标准、优先级、来源等来描述。原则像是宪法，在没有对应的具体标准的时候，可遵循原则。标准更多是直接从案例中提炼的规则，可直接操作落地。优先级和来源都是为了让大家推动标准的时候更有把握。

前言

在开始性能专项之旅之前

为了坚定你把这本稍微晦涩难懂的书读完的信心，笔者必须让你弄清楚性能的重要性和这本书将会告诉你些什么。下面，先从几个不同的角度来谈谈性能的重要性。

首先，性能是基础功能。这句话不是我说的，是 Pony Ma 在一次大会上说的，即使不算终端性能，也都能印证这句话的正确性。其中最经典的例子就是 PC 的传文件功能。对于这个功能来说，在不同的网络环境下，尽可能地利用好带宽，保证成功率和提升传输速度就是这个功能的描述。而对性能的不断打磨，也让这个功能成为用户使用 QQ 的重要原因之一。所以产品经理要升级，要打怪通关，怎么能忽略性能呢?

其次，性能可以给予更多丰富用户体验的空间，也可以彻底破坏用户体验。这里举两个例子。第一个例子，过年时候，上了一个有强迫症的功能，口令红包。这个功能就相当于一次对于客户端的消息压测，会带来前所未有的性能压力，幸好聊天窗口的性能还不错，才能承载起来。第二个例子，内存中 OOM 会带来 crash，卡顿到了极端会 ANR，这些都会严重破坏用户体验。

最后，性能可以直接跟钱产生关系，可以省钱也可以费钱。关于省钱，例如手机 QQ 的部分业务功能切换为使用 WebP 来压缩图片，这不仅节省了用户流量，更重要的是从带宽费用上为公司节省了不少支出。关于费钱，例如 http content length 设置错误带来的重复下载，就会浪费用户流量，甚至可能导致一次让公司损失大量金钱的事故。

移动专项性能是一个完整的体系，如图 1 所示的 Android 性能专项地图，它涉及很多方面知识，作为移动专项的一个重要分支，包括资源类性能、交互类性能两个方面，所以本书将从这两个方面，依据图 1 中的脉络，讲述这些重要的案例、经验和工具，让你快速成长。

Android性能专项地图

与自动化、流程打通	C1、自动化测试、自动化分析、自动提单 众测、众包
工具&组件	发现、定位、解决、度量
方法论	定位方法：由上而下、由下而上 分层测试：源码开发、编译集成、测试调试、发布运营
指标	平台：Native App & Game，H5 交互类：流畅度、响应时延 资源类：内存、CPU、磁盘、网络、电量、GPU
底层技术能力	OS& OS kernel、网络、通信、逆向、注入、Hook

图 1

致谢

本书的作者是来自腾讯SNG专项测试团队的工程师们，他们负责手机QQ、QQ空间、QQ音乐等的性能评测与优化工作，在App的资源类性能、交互类性能的分析与优化上挖掘很深，积累了不少案例和经验。

主要编著成员有：黄闻欣、杨阳、丁铎、谭力、付越、付云雷、黄天琳、欧阳霞、唐志彬、樊林。

感谢吴凯华、肖衡、邱俊、汪斐、石延龙、张金旭、闫石、潘在亮、刘海锋、周文乐、李昶博和其余专项测试团队成员的鼎力支持。

读者服务

轻松注册成为博文视点社区用户（www.broadview.com.cn），您即可享受以下服务。

- 提交勘误：您对书中内容的修改意见可在【提交勘误】处提交，若被采纳，将获赠博文视点社区积分（在您购买电子书时，积分可用来抵扣相应金额）。
- 与作者交流：在页面下方【读者评论】处留下您的疑问或观点，与作者和其他读者一同学习交流。

页面入口：http://www.broadview.com.cn/31064

二维码：

目录

第1部分　资源类性能

第1章　磁盘：最容易被忽略的性能洼地 …………………… 2

1.1　原理　2
1.2　工具集　6
1.3　案例 A：手机 QQ 启动有 10 次重复读写 /proc/cpuinfo　16
1.4　案例 B：对于系统 API，只知其一造成重复写入　18
1.5　案例 C：手机 QQ 启动场景下主线程写文件　19
1.6　案例 D：Object Output Stream 4000 多次的写操作　20
1.7　案例 E：手机 QQ “健康中心”使用的 Buffer 太小　22
1.8　案例 F：手机 QQ 解压文件使用的 Buffer 太小　24
1.9　案例 G：刚创建好表，就做大量的查询操作　37
1.10 案例 H：重复打开数据库　39
1.11 案例 I：AUTOINCREMENT 可没有你想的那么简单　40
1.12 案例 J：Bitmap 解码，Google 没有告诉你的方面　45
1.13 专项标准：磁盘　48

第 2 章　内存：性能优化的终结者 ………………………… 50

2.1　原理　50
2.2　工具集　57
2.3　案例 A：内类是有危险的编码方式　103
2.4　案例 B：使用统一界面绘制服务的内存问题　106
2.5　案例 C：结构化消息点击通知产生的内存问题　109
2.6　案例 D：为了不卡，所以可能泄漏　110
2.7　案例 E：登录界面有内存问题吗　114
2.8　案例 F：使用 WifiManager 的内存问题　116
2.9　案例 G：把 WebView 类型泄漏装进垃圾桶进程　120
2.10 案例 H：定时器的内存问题　123
2.11 案例 I：FrameLayout.POSTDELAY 触发的内存问题　126
2.12 案例 J：关于图片解码配色设置的建议　129
2.13 案例 K：图片放错资源目录也会有内存问题　134
2.14 案例 L：寻找多余的内存——重复的头像　139
2.15 案例 M：大家伙要怎么才能进入小车库　144
2.16 Android 要纠正内存世界观了　149
2.17 专项标准：内存　152

第 3 章　网络：性能优化中的不可控因素 ………………… 154

3.1　原理　154
3.2　工具集　157
3.3　案例 A：WebView 缓存使用中的坑　189
3.4　案例 B：离线包下载失败导致重复下载　196
3.5　案例 C：使用压缩策略优化资源流量　197
3.6　案例 D：手机 QQ 发图速度优化　202
3.7　案例 E：手机 QQ 在弱网下 PTT 重复发送　206

3.8 专项标准：网络 208

第 4 章 CPU：速度与负载的博弈 …… 210

4.1 原理 210
4.2 工具集 211
4.3 案例 A：音乐播放后台的卡顿问题 215
4.4 案例 B：要注意 Android Java 中提供的低效 API 216
4.5 案例 C：用神器 renderscript 来减少你图像处理的 CPU 消耗 218
4.6 专项标准：CPU 220

第 5 章 电池：它只是结果不是原因 …… 221

5.1 原理 221
5.2 工具集 226
5.3 案例 A：QQWi-Fi 耗电 243
5.4 案例 B：QQ 数据上报逻辑优化 244
5.5 案例 C：动画没有及时释放 245
5.6 案例 D：间接调用 WakeLock 没有及时释放 246
5.7 案例 E：带兼容性属性的 WakeLock 释放的巨坑 251
5.8 专项标准：电池 253

第 2 部分 交互类性能

第 6 章 原理与工具集 …… 255

6.1 原理 255
6.2 工具集 257
6.2.1 Perfbox 自研工具：Scrolltest 257
6.2.2 Systrace（分析） 260

6.2.3 Trace View（分析） 269
6.2.4 gfxinfo（分析） 271
6.2.5 Intel 的性能测试工具：UxTune（测评 + 分析） 273
6.2.6 Hierarchy Viewer（分析） 274
6.2.7 Slickr（测评 + 分析） 277
6.2.8 图形引擎分析神器——Adreno Profiler 工具使用说明 281
6.2.9 Chrome DevTool 286

第 7 章 流畅度：没有最流畅，只有更流畅 ……………… 295

7.1 案例 A：红米手机 QQ 上的手机消息列表卡顿问题 295
7.2 案例 B：硬件加速中文字体渲染的坑 298
7.3 案例 C：圆角的前世今生 305
7.4 案例 D：让企鹅更优雅地传递火炬 312
7.5 案例 E：H5 页面卡顿，到底是谁闯的祸 314
7.6 专项标准：流畅度 320

第 8 章 响应时延：别让用户等待 ……………………… 322

8.1 案例 A：Android 应用发生黑屏的场景分析 322
8.2 案例 B：“首次打开聊天窗口”之痛 324
8.3 专项标准：响应时延 328

第 3 部分 其他事项

第 9 章 还应该知道的一些事儿 ………………………… 330

9.1 UI 自动化测试 330
9.2 专项竞品测试攻略 335
9.3 未来的未来 344

第 1 部分

资源类性能

从整个软件的性能来说，资源类性能就像是撑起冰山一角的下面的冰层，如图 1 所示。构成这部分的，我称之为 3+1+1。 3+1 是传统部分——磁盘、CPU 和内存，加 1 是与环境密切相关的网络；最后的一个加 1 则是因为移动网络而显得特别重要的电池（耗电）。但为什么它们能撑起那冰山一角呢？

图 1

很简单，因为冰山一角体现出来的交互类性能，包括流畅度、时延等，实际上都是资源问题，例如流畅度问题，可以是内存的垃圾回收太频繁导致的，因为有些 GC 会 STOP THE WORLD；又可以是 CPU 问题，decode 图片开了过多的子线程，导致主线程的 CPU 资源被争抢；更可以是在主线程中读 / 写磁盘，磁盘读 / 写耗时抖一抖、界面也跟着卡一卡，等等。所以关注资源类性能，其实是关注问题的本质去解决问题的方式。

第 1 章
磁盘：最容易被忽略的性能洼地

1.1 原理

在没有 SSD 硬盘之前，大家都会觉得我们的 HDD 硬盘很好用，什么 5400 转、7200 转，广告都是棒棒的。直到有一天，SSD 出现了，发现启动 Windows 的时候，居然可以秒开，这才幡然醒悟。因此，对于外行来说，磁盘 I/O 性能总是最容易被忽略的，精力会更集中在 CPU 上。但是对于内行人来说，大家都懂得，性能无非是 CPU 密集型和 I/O 密集型。磁盘 I/O 就是其中之一。那么到了移动时代，我们的存储芯片性能究竟怎样呢？在讨论这个问题之前，我们来看一个测试数据。

如图 1–1 所示，我们的顺序读 / 写的性能进步得非常快，很多新的机型，顺序读 / 写比起以前的性能，那是大幅度提升，跟 SSD 的差距已经缩小了很多。但是这里有个坏消息，随机读 / 写的性能依旧很差，见 MOTO X、S7、iPhone 6S Plus。到这里，必须给大家介绍第一个概念：随机读 / 写。

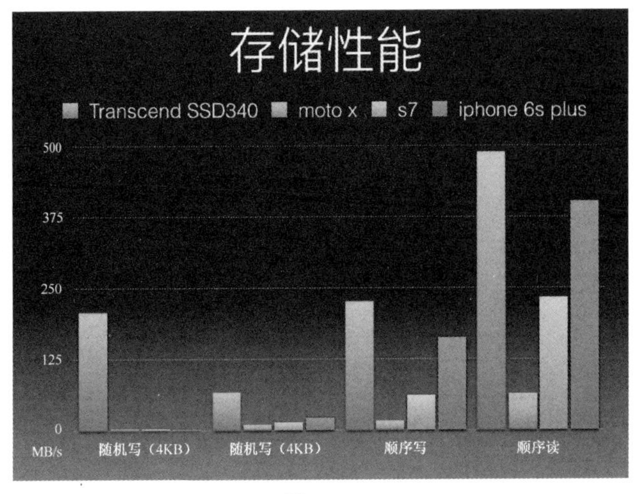

图 1-1

随机读 / 写

随机写无处不在，举两个简单例子吧。第一个例子最简单，数据库的 journal 文件会导致随机写。当写操作在数据库的 db 文件和 journal 文件中来回发生时，则会引发随机写。如表 1-1 所示，将一条数据简单地插入到 test.db，监控 pwrite64 的接口，可以看到表中有底纹的地方都是随机写。第二个例子，如果向设置了 AUTOINCREMENT（自动创建主键字段的值）的数据库表中插入多条数据，那么每插入一条数据，都需要操作两张数据库表，这就意味着存在随机写。

表 1-1

底层调用	文　件	字 节 数	偏　移
pwrite64	test.db	4096	0
pwrite64	test.db	4096	12288
pwrite64	test.db-journal	4616	0
pwrite64	test.db-journal	4	4616
pwrite64	test.db-journal	4096	4620
pwrite64	test.db-journal	4	8716
pwrite64	test.db-journal	4	8720
pwrite64	test.db-journal	4096	8724

续表

底层调用	文　件	字节数	偏　移
pwrite64	test.db-journal	4	12820
pwrite64	test.db	4096	0
pwrite64	test.db	4096	12288
pwrite64	test.db	4096	16384
pwrite64	test.db-journal	28	0

从上面的例子可知，随机读 / 写是相对顺序读 / 写而言的， 在读取或者写入的时候随机地产生 offset。但为什么随机读 / 写会如此之慢呢？

1. 随机读会失去预读（read-ahead）的优化效果。
2. 随机写相对于顺序写除了产生大量的失效页面之外，更重要的是增加了触发“写入放大”效应的概率。

那么“写入放大”又是什么呢？下面我们来介绍第二个概念：“写入放大”效应。

“写入放大”效应

当数据第一次写入时，由于所有的颗粒都为已擦除状态，所以数据能够以页为最小单位直接写入进去。当有新的数据写入需要替换旧的数据时，主控制器将把新的数据写入到另外的空白闪存空间上（已擦除状态），然后更新逻辑 LBA 地址来指向到新的物理 FTL 地址。此时，旧的地址内容就变成了无效的数据，但主控制器并没执行擦除操作而是会标记对应的“页”为无效。当磁盘需要在上述无效区域进行再次写入的话，为了得到空闲空间，闪存必须先复制该“块”中所有的有效“页”到新的“块”里，并擦除旧“块”后，才能写入。（进一步学习，可参见：http://bbs.pceva.com.cn/forum.php?mod=viewthread&action=printable&tid=8277 。）

比如，现在写入一个 4KB 的数据，最坏的情况就是，一个块里已经没有干净空间了，但是恰好有一个“页”的无效数据可以擦除，所以主控就把所有的数据读出来，擦除块，再加上这个 4KB 新数据写回去。回顾整个过程，其实只想写 4KB 的数据，结果造成了整个块（512KB）的写入操作。同时带来了原本只需要简单地写 4KB 的操作变成了“闪存读取（512KB）-> 缓存改（4KB）-> 闪存擦除（512KB）-> 闪存写入（512KB）”，这造成了延迟大大增加，速度慢是自然的。这就是所谓的“写入放大”（Write Amplification）问题，如图 1-2 所示。

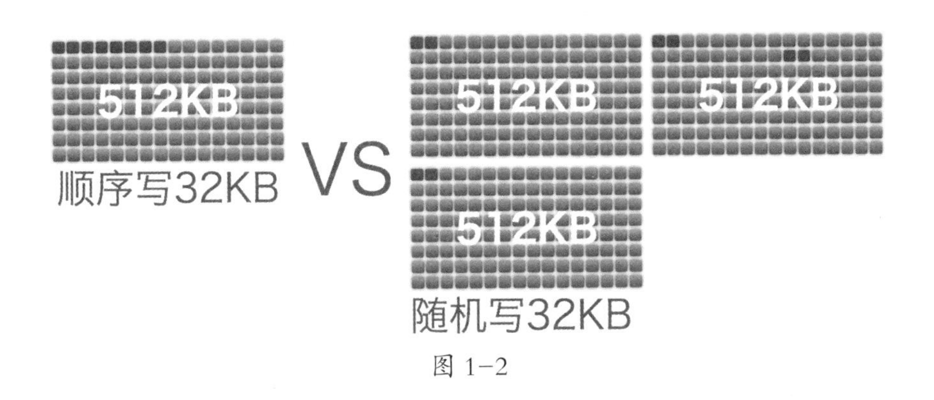

图 1-2

下面我们通过构造场景来验证写入放大效应的存在。

场景 1：正常向 SD 卡写入 1MB 文件，统计文件写入的耗时。

场景 2：先用 6KB 的小文件将 SD 卡写满，然后将写入的文件删除。这样就可以保证 SD 卡没有干净的数据块。这时再向 SD 卡写入 1MB 的文件，统计文件写入的耗时。

图 1-3 是分别在三星 9100、三星 9006 以及三星 9300 上进行的测试数据，从测试数据看，在 SD 卡没有干净数据块的情况下，文件的写入耗时是正常写入耗时的 1.9~6.5 倍，因此测试结果可以很好地说明“写入放大”效应的存在。

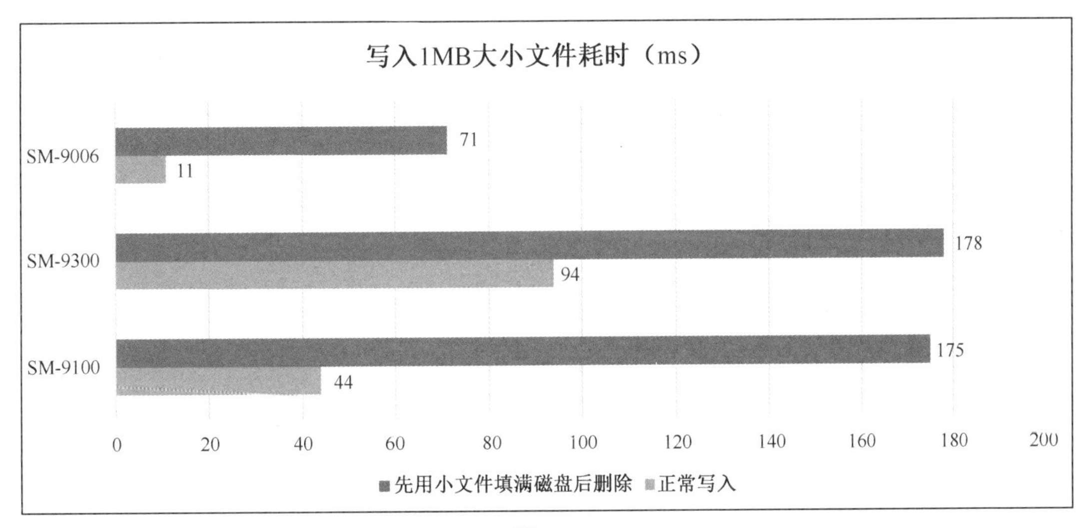

图 1-3

那么写入放大效应最容易是在什么时候出现呢？外因：手机长期使用，磁盘空间不足。

内因：应用触发大量随机写。这时，磁盘 I/O 的耗时会产生剧烈的波动，App 能做的只有一件事，即减少磁盘 I/O 的操作量，特别是主线程的操作量。那么如何发现、定位、解决这些磁盘 I/O 的性能问题呢？当然就要利用我们的工具了。

1.2 工具集

工具集如表 1-2 所示，后文分别进行介绍。

表 1-2

工　　具	问　　题	能　　力
Systrace / Strace	主线程 I/O、I/O 操作耗时过长	发现
STRICTMODE	主线程 I/O	发现 + 定位
I/O Monitor【自研】	主线程 I/O、多余 I/O、Buffer 过小等	发现 + 定位
SQL I/O Monitor【自研】	主线程 I/O、全表扫描、不合理事务等	发现 + 定位

- STRICTMODE

STRICTMODE 应该是入门级必备工具了，可以发现并定位磁盘 I/O 问题中影响最大的主线程 I/O。由如图 1-4 所示的代码可见，启用方法非常简单。

```
public void onCreate() {
  if (DEVELOPER_MODE) {
  StrictMode.setThreadPolicy(new StrictMode.ThreadPolicy.Builder()
  .detectDiskReads()
  .detectDiskWrites()
  .detectNetwork()
  .penaltyLog()
  .build());
  super.onCreate();
  }
}
```

图 1-4

原理也非常简单，主要是文件操作（BlockGuardOs.java）、数据库操作（SQLiteConnection.java）和 SharePreferences 操作（SharedPreferencesImpl.java）的接口中插入检查的代码。我们截取了一段 Android 源码中文件操作的监控实现代码，如图 1-5 所示，最后实际调用 StrictMode 中的 onWriteToDisk 方法，通过创建 BlockGuardPolicyException 来打印 I/O 调用

的堆栈，帮助定位问题。

```
132     @Override public int pwrite(FileDescriptor fd, ByteBuffer buffer,
long offset) throws ErrnoException {
133         BlockGuard.getThreadPolicy().onWriteToDisk();
134         return os.pwrite(fd, buffer, offset);
135     }
        ......
1100        // Part of BlockGuard.Policy interface:
1101        public void onWriteToDisk() {
1102            if ((mPolicyMask & DETECT_DISK_WRITE) == 0) {
1103                return;
1104            }
1105            if (tooManyViolationsThisLoop()) {
1106                return;
1107            }
1108                BlockGuard.BlockGuardPolicyException e = new
StrictModeDiskWriteViolation(mPolicyMask);
1109            e.fillInStackTrace();
1110            startHandlingViolationException(e);
1111        }
```

图 1-5

详细代码：http://androidxref.com/4.4.4_r1/xref/libcore/luni/src/main/java/libcore/io/BlockGuardOs.java#91

- Perfbox：I/OMonitor

原理：I/OMonitor 的功能可以归结为通过 Hook Java 层系统 I/O 的方法，收集区分进程和场景的 I/O 信息。

1. Hook java 方法

I/O Monitor Hook java 方法借鉴了开源项目 xposed，网上介绍 xposed 的文章很多，这里就用如图 1-6 所示的流程图来简要说明获取此次 I/O 操作信息的方法。

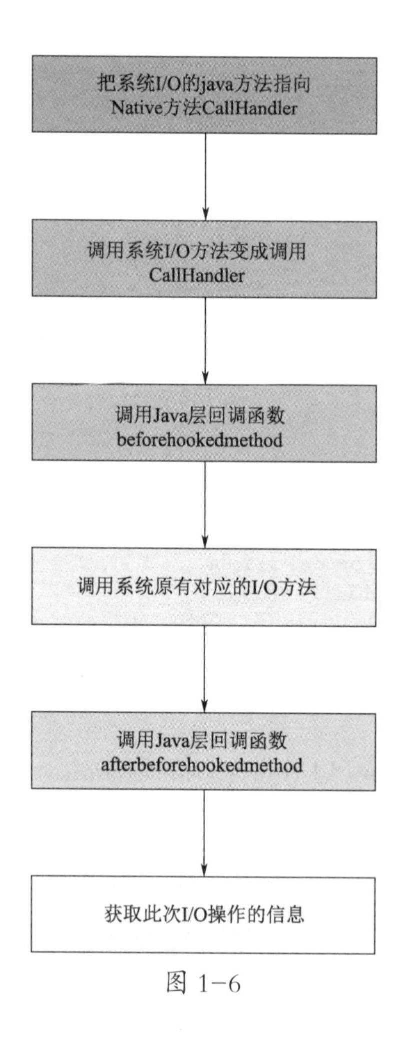

图 1-6

2. 区分进程和场景的 I/O 信息收集

区分进程和场景的 I/O 信息收集有以下 4 个步骤。

（1）app_process 替换

app_process 是 Android 中 Java 程序的入口，通过替换 app_process 就可以控制入口，在任何一个应用中运行我们的代码。替换后的 app_process 工作流程如图 1-7 所示。

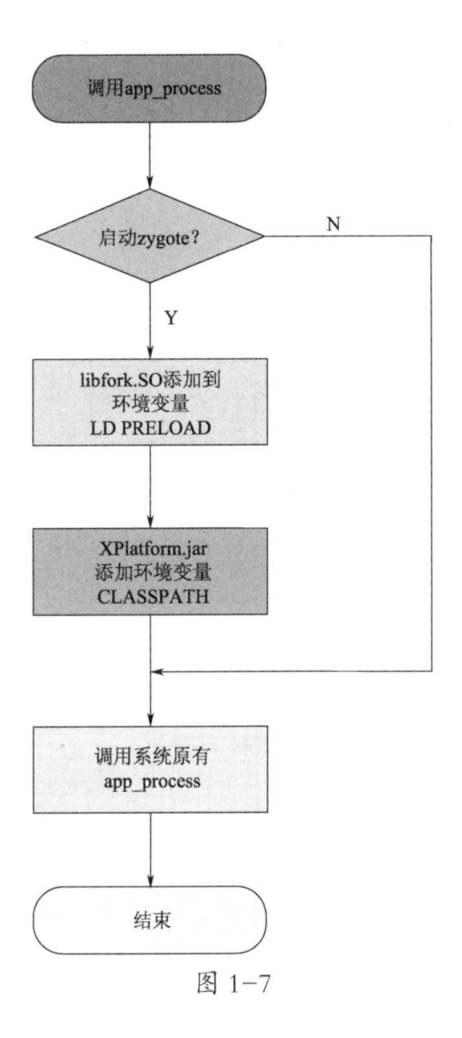

图 1-7

（2）将 libfork.so 添加到环境变量 LD_PRELOAD 中

在 UNIX 中，LD_PRELOAD 是一个可以影响程序的运行时链接的环境变量，让你可以定义在程序运行前优先加载的动态链接库。而这个功能就可以用来有选择性地载入不同动态链接库中的相同函数。而在 zygote 进程启动前设置 LD_PRELOAD 环境变量，这样 zygote 的所有子进程都会继承这个环境变量。libfork.so 实现了一个 fork 函数，当 app_process 通过 fork 函数来启动 zygote 进程时，会优先使用 libfork.so 中实现的 fork 函数，fork 函数的流程如图 1-8 所示。

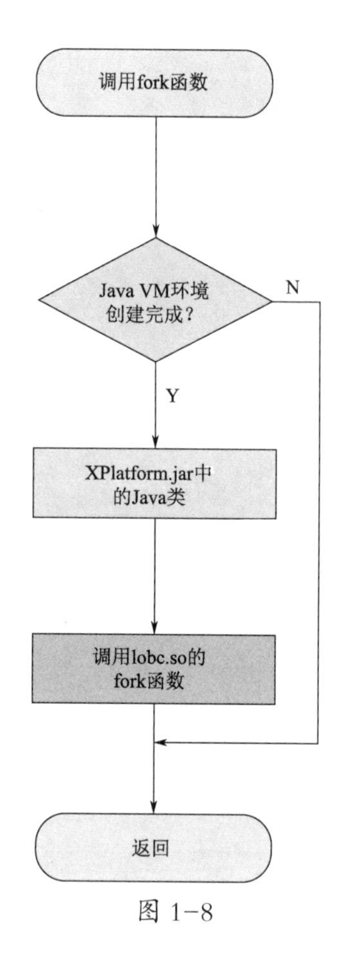

图 1-8

（3）将 XPlatform.jar 添加到环境变量 CLASSPATH 中

将 XPlatform.jar 加入到 CLASSPATH 中，是为了可以让像 common.jar 这种插件型 jar 使用 XPlatform.jar 中的类。手机 QQ 中也存在类似事情，开发的同事把整个工程编译成了两个 dex 文件，在手机 QQ 启动后，把第二个 dex 文件放入 CLASSPATH 中（与 XPlatform 实现方法不同，但效果相同），这样主 dex 可以直接 import 并使用第二个 dex 中的类。如果不加入 CLASSPATH，需要借助 DexClassLoader 类来使用另一个 jar 包中的类，这样使用起来很麻烦，并且会有很大的限制。

在系统启动过程中，app_process 进程实际上是 zygote 进程的前身，所以 XPlatform.jar 是在 zygote 进程中运行的。

在 XPlatform 中主要 Hook 了两个 java 方法，来监控 system_server 进程和应用进程的启动，并在这些进程中做一些初始化的操作。这里面用了一个 fork 的特性，父进程使用 fork 创建子进程，子进程会继承父进程的所有变量，由于 zygote 使用 fork 创建子进程，所以在 zygote 进程中进行 Hook，在它创建的任何一个应用进程和 system_server 进程也是生效的。

XPlatform 工作流程图如图 1-9 所示。

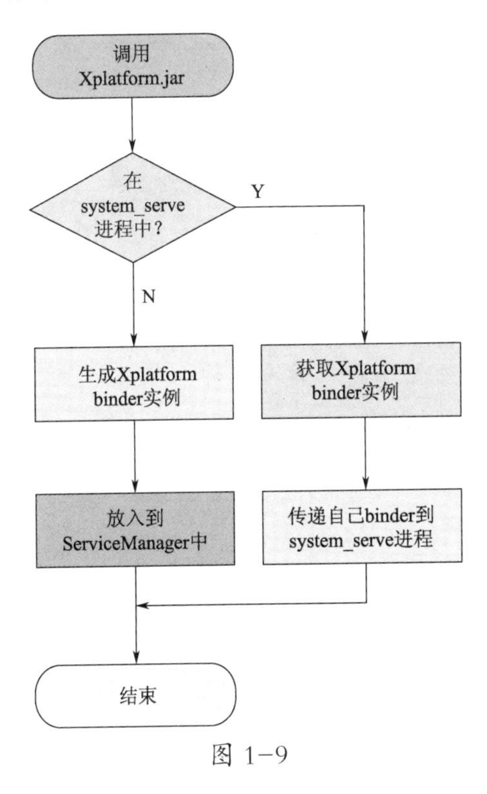

图 1-9

这样就实现了在应用进程启动时，控制在指定进程中运行 I/O Monitor 的功能。

（4）区分场景的 I/O 信息收集

为了实现分场景的 I/O 信息收集，我们给 I/O Monitor 添加了一个开关，对应的就是 Python 控制脚本，这样便可以实现指定场景的 I/O 信息收集，使测试结果做到更精准，如图 1-10 所示。

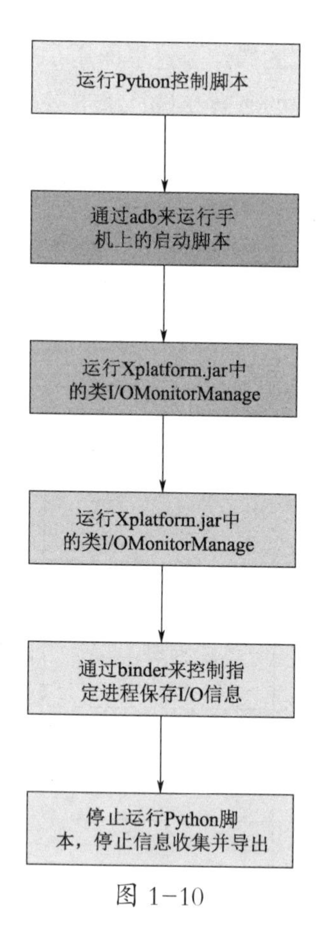

图 1-10

这样我们就实现了区分进程和场景的 I/O 信息收集。

在介绍了我们的工具原理之后，来看一下采集的 I/O 日志信息，包括文件路径、进程、线程、读 / 写文件的次数、大小和耗时以及调用的堆栈，如图 1-11 所示。

filepath	process	thread	readcount	readbytes	readtime	writecount	writebytes	writetime	stacktrace
/storage/s	com.tence	main&1	1	7784	5	0	0	0	libcore.io.Posix
/storage/s	com.tence	main&1	1	7784	35	0	0	0	libcore.io.Posix
/storage/s	com.tence	main&1	2	7784	333	0	0	0	libcore.io.Posix
/data/data	com.tence	sp_worker	0	0	0	1	159	12	libcore.io.Posix
/data/data	com.tence	GlobalPoo	1	519	0	0	0	0	libcore.io.Posix
/data/data	com.tence	sp_worker	0	0	0	1	153	29	libcore.io.Posix
/storage/s	com.tence	main&1	2	7784	2340	0	0	0	libcore.io.Posix
/data/data	com.tence	sp_worker	0	0	0	1	173	159	libcore.io.Posix
/data/data	com.tence	sp_worker	0	0	0	1	330	23	libcore.io.Posix
/data/data	com.tence	GlobalPoo	0	0	0	0	0	6	libcore.io.Posix

图 1-11

图 1–9 中的数据说明：某个文件的一次 <open,close> 对应 CSV 文件中的一行，每次调用系统的 API（read 或者 write 方法），读 / 写次数（readcount, writecount）就加 1。读 / 写耗时（readtime, writetime）是计算 open 到 close 的时间。

• SQLite 性能分析 / 监控工具 SQL I/O Monitor

我们知道，数据库操作最终操作的是磁盘上的 DB 文件，DB 文件和普通的文件本质上并无差异，而 I/O 系统的性能一直是计算机的瓶颈，所以优化数据库最终落脚点往往在如何减少磁盘 I/O 上。

无论是优化表结构、使用索引、增加缓存、调整 page size 等，最终的目的都是减少磁盘 I/O，而这些都是我们常规的优化数据库的手段。习惯从分析业务特性、尝试优化策略到验证测试结果的正向思维，那么我们为何不能逆向一次？既然数据库优化的目的都是减少磁盘 I/O，那我们能不能直接从磁盘 I/O 数据出发，看会不会有意想不到的收获。

1. 采集数据库 I/O 数据

要想实现我们的想法，第一步当然要采集数据库操作过程中对应的磁盘 I/O 数据。由于之前通过 Java Hook 技术，获取到了 Java 层的 I/O 操作数据，虽然 SQLite 的 I/O 操作在 libsqlite.so 进行，属于 Native 层，但我们会很自然地想到通过 Native Hook 采集 SQLite 的 I/O 数据。

Native Hook 主要有以下实现方式。

（1）修改环境变量 LD_PRELOAD。

（2）修改 sys_call_table。

（3）修改寄存器。

（4）修改 GOT 表。

（5）Inline Hook。

下面主要介绍（1）、（4）、（5）三种实现方式。

（1）修改环境变量 LD_PRELOAD

这种方式实现最简单，重写系统函数 open、read、write 和 close，将 so 库放进环境变量 LD_PRELOAD 中，这样程序在调用系统函数时，会先去环境变量里面找，这样就会调用重写的系统函数。可以参考看雪论坛的文章“Android 使用 LD_PRELOAD 进行 Hook”（http://bbs.pediy.com/showthread.php?t=185693）。

但是这种 Hook 针对整个系统生效，即系统所有 I/O 操作都被 Hook，造成 Hook 的数据量巨大，系统动不动就卡死。

（4）修改 GOT 表

引用外部函数的时候，在编译时会将外部函数的地址以 Stub 的形式存放在 .GOT 表中，加载时 linker 再进行重定位，即将真实的外部函数写到此 stub 中。Hook 的思路就是替换 .GOT 表中的外部函数地址。而 libsqlite.so 中的 I/O 操作是调用 libc.so 中的系统函数进行，所以修改 GOT 表的 Hook 方案是可行的。

然而现实总不是一帆风顺的，当我们的方案实现后，发现只能记录到 libsqlite.so 中的 open 和 close 函数调用，而由于 sqlite 的内部机制而导致的 read/write 调用我们无法记录到。

（5）Inline Hook

在前两种方案无果后，只能尝试 Inline Hook。Inline Hook 可以 Hook so 库的内部函数，我们首先想到的是 Hook libsqlite.so 内部 I/O 接口 posixOpen、seekandread、seekandwrite 以及 robust_close。但是在成功的路上总是充满波折，sqlite 内部竟然将大部分的关键函数定义为 static 函数，如 posixOpen。在 C 语言中，static 函数是不导出符号的，而 Inline Hook 就是要在符号表中找到对应的函数位置。这样一来，通过 Hook sqlite 内部函数的路子又行不通了。

```
static int posixOpen(const char *zFile, int flags, int mode){
  return open(zFile, flags, mode);
}
```

既然这样不行，那我们只能更暴力地 Hook libc.so 中的 open、read、write 和 close 方法。因为不管 sqlite 里面怎么改，最终还是会调用系统函数，唯一不好的是这样录到了该进程所有的 IO 数据。这种方法在自己编译的 libsqlite.so 里面证实是可行的。

正当我满怀欣喜地去调用手机自带的libsqlite.so库时，读/写数据再一次没有被记录到，我当时的内心几乎是崩溃的。为什么我自己编译的 libsqlite.so 库可以，用手机上的就不行呢？没办法，只能再去看如图 1-12 所示的源码，最后在 seekAndRead 里面发现，sqlite 定义了很多宏开关，可以决定调用系统函数 pread、pread64 以及 read 来进行读文件。莫非我自己编的 so 和手机里面的 so 的编译方式不一样？

```
static int seekAndRead(unixFile *id, sqlite3_int64 offset, void *pBuf, int
cnt){
  int got;
  int prior = 0;
#if  (!defined(USE_PREAD) && !defined(USE_PREAD64))
  i64 newOffset;
#endif
  TIMER_START;
  do{
#if defined(USE_PREAD)
    got = osPread(id->h, pBuf, cnt, offset);
    SimulateIOError( got = -1 );
#elif defined(USE_PREAD64)
    got = osPread64(id->h, pBuf, cnt, offset);
    SimulateIOError( got = -1 );
#else
    newOffset = lseek(id->h, offset, SEEK_SET);
    SimulateIOError( newOffset-- );
```

图 1-12

笔者又 Hook 了 pread 和 pread64，这一次终于记录到了完整的 I/O 数据，原来手机里面的 libsqlite.so 调用系统的 pread64 和 pwrite64 函数来进行 I/O 操作，同时通过 Inline Hook 获取到了数据库读 / 写磁盘时 page 的类型，sqlite 的 page 类型有表叶子页、表内部页、索引叶子页、索引内部页以及溢出页，采集的数据库日志信息如图 1-13 所示。

stackTrace	fileName	tableInter	tableLeaf	indexInter	indexLeaf	overFlow	readSize	writeSize
android.database.s	/data/data	0	1	0	0	0	4	0
android.database.s	/data/data	0	1	0	0	0	4	0
android.database.s	/data/data	0	16	0	0	176	768	0
android.database.s	/data/data	0	1	0	0	11	48	0
android.database.s	/data/data	0	1	0	0	0	4	0
android.database.s	/data/data	0	1	0	0	0	4	0
android.database.s	/data/data	0	1	0	0	0	4	0
android.database.s	/data/data	0	1	0	0	0	4	0
android.database.s	/data/data	0	1	0	0	0	4	0

图 1-13

费尽了千辛万苦，终于拿到了数据库读 / 写磁盘的信息，但是这些信息有什么用呢？我们能想到可以有以下用途。

- 通过 I/O 数据的量直观地验证数据库优化效果。
- 通过偏移量找出随机读 / 写进行优化。

但是我们又面临另外一个问题，因为获取的磁盘信息是基于 DB 文件的，而应用层操作数据库是基于表的，同时又缺乏堆栈，很难定位问题。基于此，我们又想到了另外一个解决方法，就是 Hook 应用代码的数据库操作，通过堆栈把两者对应起来，这样就可以把应用代码联系起来，更方便分析问题。

2. Hook 应用层 SQL 操作

Hook 应用代码其实就是 Hook SQLiteDatabase 里面的数据库增删改查操作，应用代码 SQL 语句如图 1-14 所示，Java 层 Hook 基于 Xposed 的方案实现。最终可以通过堆栈和磁盘信息对应起来，如图 1-15 所示。

TimeStam	DB	processNa	threadNan	time	SQL	StackTrace
1.48E+12	/data/data	com.tence	Binder_D	23	SELECT * F	android.database.CursorToE
1.48E+12	/data/data	com.tence	MSF-Rece	1	SELECT * F	android.database.AbstractC
1.48E+12	/data/data	com.tence	QQ_SUB	1	begin trans	com.tencent.mobileqq.persi
1.48E+12	/data/data	com.tence	Binder_3	5	SELECT * F	android.database.CursorToE
1.48E+12	/data/data	com.tence	QQ_SUB	2	SELECT * F	android.database.AbstractC
1.48E+12	/data/data	com.tence	Binder_9	99	SELECT * F	android.database.CursorToE
1.48E+12	/data/data	com.tence	Binder_8	1	SELECT * F	android.database.CursorToE
1.48E+12	/data/data	com.tence	QQ_SUB	165	UPDATE A	android.database.sqlite.SQL
1.48E+12	/data/data	com.tence	QQ_SUB	0	SELECT * F	android.database.AbstractC
1.48E+12	/data/data	com.tence	QQ_SUB	1	UPDATE A	android.database.sqlite.SQL
1.48E+12	/data/data	com.tence	QQ_SUB	1	SELECT * F	android.database.AbstractC

图 1-14

stackTrace	dbName	tableInter	tableLeaf	indexInter	indexLeaf	overFlow	readSize	writeSize	processNa	threadNan	costTime	SQL
android.da	/data/data	1	3	0	0	0	8	8	com.tence	Write	2174	INSERT IN
	/data/data	1	3	0	0	0	8	8	com.tence	Write	133	INSERT IN
	/data/data	2	6	0	0	0	16	16	com.tence	Write	44	INSERT IN
	/data/data	1	3	0	0	0	8	8	com.tence	Write	67	INSERT IN

图 1-15

获取到了这么多数据，我们在后面数据库相关的案例中可以看一下如何应用。

1.3 案例 A：手机 QQ 启动有 10 次重复读写 /proc/cpuinfo

问题类型：冗余读 / 写

解决策略：缓存

案例分析：通过 I/O 信息可以发现 /proc/cpuinfo 被读了 10 次，且前 9 次的堆栈完全一样，说明前 9 次是同一个方法调用的，所以可以在获取 cpuinfo 的方法中，将读取的信息保存起来，下次再调用时，就不用再去文件中读取了，如图 1-16 所示。

/proc/cpuinfo	java.io.FileReader.<init>(FileReader.java:66)->com.tencent.av.core.VcsystemInfo.isSupportGaudio()
/proc/cpuinfo	java.io.FileReader.<init>(FileReader.java:66)->com.tencent.av.core.VcsystemInfo.isSupportGaudio()
/proc/cpuinfo	java.io.FileReader.<init>(FileReader.java:66)->com.tencent.av.core.VcsystemInfo.isSupportGaudio()
/proc/cpuinfo	java.io.FileReader.<init>(FileReader.java:66)->com.tencent.av.core.VcsystemInfo.isSupportGaudio()
/proc/cpuinfo	java.io.FileReader.<init>(FileReader.java:66)->com.tencent.av.core.VcsystemInfo.isSupportGaudio()
/proc/cpuinfo	java.io.FileReader.<init>(FileReader.java:66)->com.tencent.av.core.VcsystemInfo.isSupportGaudio()
/proc/cpuinfo	java.io.FileReader.<init>(FileReader.java:66)->com.tencent.av.core.VcsystemInfo.isSupportGaudio()
/proc/cpuinfo	java.io.FileReader.<init>(FileReader.java:66)->com.tencent.av.core.VcsystemInfo.isSupportGaudio()
/proc/cpuinfo	java.io.FileReader.<init>(FileReader.java:66)->com.tencent.av.core.VcsystemInfo.isSupportGaudio()
/proc/cpuinfo	java.io.FileInputStream.<init>(FileInputStream.java:73)->com.tencent.feedback.common.d.e

图 1–16

解决方案：

从代码中可以看出，开发的同事用静态数据成员将第一次读取的信息保存起来，后面就不需要读这些信息了，优化后，该文件的读操作由 10 次降为 2 次，如图 1–17 所示

```
    public static void getCpuInfo() {
        if(mfReadCpuInfo ){
            return;
        }
        try {
            FileReader fr = new FileReader("/proc/cpuinfo");
            BufferedReader bufferedReader = new BufferedReader(fr);

            while (true) {
                String text = bufferedReader.readLine();
                if (null == text) {
                    break;
                }

                if (text.startsWith("Processor")) {
                    int index = text.indexOf(':');
                    if (index > 1) {
                        mProcessorName = text.substring(index+1, text.length());
```

图 1–17

我们知道每次打开、关闭或者读 / 写文件，操作系统都需要从用户态到内核态的切换，这种状态的切换本身是很消耗性能的，所以为了提高文件的读 / 写效率，就需要尽量减少用户态和内核态的切换。使用缓存可以避免重复读 / 写，对于需要多次访问的数据，在第一次取出数据时，将数据放到缓存中，下次再访问这些数据时，就可以从缓存中取出来。

1.4 案例 B：对于系统 API，只知其一造成重复写入

问题类型： 冗余读 / 写

解决策略： 延迟写入

案例分析： Android 系统中使用 SharedPreferences 文件来保存数据非常方便，在需要保存数据的地方调用 commit 就可以，但是很多开发同学可能并不知道每调用一次 commit()，就会对应一次文件的打开和关闭，从而造成因 commit() 方法的随意调用而导致文件的重复打开和关闭，Android 源码如图 1-18 所示。

```
try {
    FileOutputStream str = createFileOutputStream(mFile);
    if (str == null) {
        mcr.setDiskWriteResult(false);
        return;
    }
    XmlUtils.writeMapXml(mcr.mapToWriteToDisk, str);
    FileUtils.sync(str);
    str.close();
    ContextImpl.setFilePermissionsFromMode(mFile.getPath(), mMode, 0);
    try {
```

图 1-18

手机 QQ 就出现过这样的案例，从 I/O Monitor 获取的数据可以看出，safe_mode_com.qzone.xml 文件被写入了两次，如图 1-19 所示。

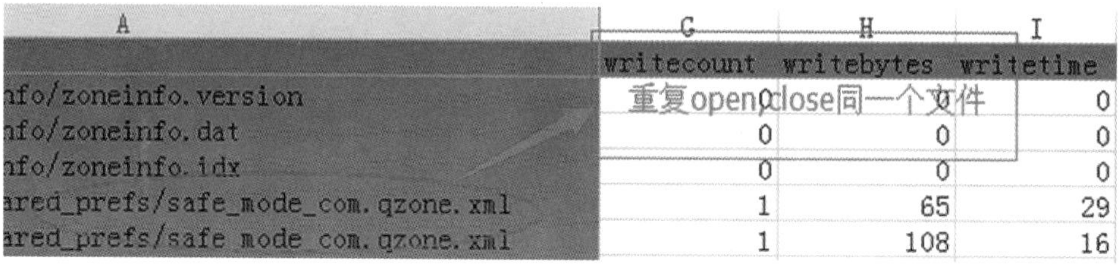

A	G	H	I
	writecount	writebytes	writetime
nfo/zoneinfo.version	0	0	0
nfo/zoneinfo.dat	0	0	0
nfo/zoneinfo.idx	0	0	0
ared_prefs/safe_mode_com.qzone.xml	1	65	29
ared_prefs/safe_mode_com.qzone.xml	1	108	16

重复open/close同一个文件

图 1-19

通过堆栈找到源代码，可以看出在同一个方法中连续使用 commit() 方法，从而造成 safe_mode_com.qzone.xml 被打开了两次，如图 1-20 所示。

```
static
{
    {
        (TraceLevel.WARN, TAG, "no qua , clear prefs",  null);
        clear().commit();
    }
    else if (qua != null && !qua.equals(hisQua))
    {
        (TraceLevel.WARN, TAG, " qua not match, clear prefs",  null);
        clear().commit();
    }
    SafeModeLog.trace(TraceLevel.WARN, TAG, "valid prefs loaded",  null);
    //写入QUA
    , qua).commit();
}
```

重复commit,保留最后一个commit即可

图 1-20

解决方案：只需要保留最好的一个 commit 方法即可。跟上面的道理差不多，也可以使用缓存来保存多次写入的数据，延迟写入，从而减少写入次数。

1.5　案例 C：手机 QQ 启动场景下主线程写文件

问题类型：主线程读 / 写

解决策略：移到子线程

案例分析：从 I/O 信息中，可以看出该文件是在主线程进行写操作的。我们需要避免在主线程进行 I/O 操作，尤其是写操作。因为写入放大效应有时会让平时十多毫秒的操作放大几十倍，因此需要把该 I/O 操作放到如下的子线程中操作。

解决方案：将主线程的 I/O 操作移到非主线程，问题得到解决，如图 1-21 所示。

```
        // 手机QQ启动速度优化，文件I/O优化到非主线程
            ().post(new Runnable() {
            @Override
            public void run() {
                updateCarrier(c);

            }
        });
    }
};
```

图 1-21

众所周知，Android 的 UI 操作在主线程进行操作，主线程耗时越少，因此 UI 界面的生成可以更快，所以尽量减少在主线程的操作，上文 StrictMode 中主线程 I/O 的规则也从另外一个方面印证了这点。然而事情并非那么简单，大家要有更深层次的思考。如果 I/O 本身跟要展示的关键内容非常相关，那么改子线程即改善了交互类性能中的流畅度，俗称不“卡”了。但是默认的子线程的线程优先级并不高，I/O 操作会变得更慢，而 I/O 的内容又是界面的核心内容，那么就彻底变成了“慢”的问题，例如后面第 2 部分中响应时延相关章节提到的白屏、黑屏。所以将 I/O 放到子线程是第一步，更重要的是如后面的案例一样，怎么真正地减少 I/O，甚至避免 I/O。

1.6 案例 D：Object Output Stream 4000 多次的写操作

问题类型： I/O 效率低

解决策略： 合理使用 ByteArrayOutputStream

案例分析： 手机 QQ“附近的人”的功能中，大小为 16KB 的文件在序列化磁盘时（如图 1-22 所示），因为使用了 ObjectOutputStream()，导致写次数达到了 4000+ 次（如图 1-23 所示）。有人会有疑问，ObjectOutputStream() 到底是怎么工作的？这需要从源码里来寻找答案。

```
    }
} else if (componentType == byte.class) {
    byte[] byteArray = (byte[]) result;
    input.readFully(byteArray, 0, size);
} else if (componentType == char.class) {
    char[] charArray = (char[]) result;
    for (int i = 0; i < size; i++) {
        charArray[i] = input.readChar();
    }
} else if (componentType == short.class) {
    short[] shortArray = (short[]) result;
    for (int i = 0; i < size; i++) {
        shortArray[i] = input.readShort();
    }
} else if (componentType == boolean.class) {
    boolean[] booleanArray = (boolean[]) result;
    for (int i = 0; i < size; i++) {
        booleanArray[i] = input.readBoolean();
```

图 1-22

操作文件	线程	写次数	写大小(bytes)
/data/data/com.tencent.mobileqq/files/359967844v5.2.nb	AsyncTask	4087	16390

图 1-23

由图 1–24 的源码可以看出，ObjectOutputStream 在序列化磁盘时，会把内存中的每个对象保存到磁盘，在保存对象的时候，每个数据成员会带来一次 I/O 操作，也就是为什么 16KB 的文件会有 4000 次 I/O 的缘故。

```
/**
 * 保存列表到本地文件
 */
, List<Object> list, String str) {
    ObjectOutputStream oos = null;
    try {
        oos = new ObjectOutputStream(mActivity.openFileOutput(uin + "v5.2.nb",
                Context.MODE_PRIVATE));
        oos.writeObject(list);
        oos.writeLong(mLastRefreshTime);
        oos.flush();
    } catch (Exception e) {
        e.printStackTrace();
    } finally {
        if (oos != null) {
            try {
                oos.close();
            } catch (IOException e) {
                e.printStackTrace();
            }
        }
```

图 1–24

解决方案：在 ObjectOutputStream 上面再封装一个输出流 ByteArrayOutputStream，先将对象序列化后的信息写到缓存区中，然后再一次性地写到磁盘上，如图 1–25 所示。

```
        ByteArrayOutputStream baos = null;
        ObjectOutputStream oos = null;
        FileOutputStream fos = null;
        try {
            //oos = new ObjectOutputStream(mActivity.openFileOutput(uin + "v5.2.nb", Context.MODE_PRIVATE));
            baos = new ByteArrayOutputStream();
            oos = new ObjectOutputStream(baos);
            oos.writeObject(list);
            oos.writeLong(mLastRefreshTime);
            oos.flush();

            fos = mActivity.openFileOutput(uin + "v5.2.nb", Context.MODE_PRIVATE);
            baos.writeTo(fos);
            baos.flush();
            fos.flush();
        } catch (Exception e) {
            e.printStackTrace();
```

图 1–25

实验室：寻找序列化最佳的实践

问题：Android QQ 在序列化读 / 写磁盘时，存在直接使用 ObjectInputStream 和

ObjectOutputStream 来读 / 写磁盘而导致磁盘 I/O 次数过多的情况，对于一个几十 KB 的文件，写次数达 1000 多次，频繁地写入势必严重影响 App 性能。

解决方案：可以通过使用缓冲区，有效减少磁盘 I/O 的次数，推荐如表 1-3 所示的方式来序列化磁盘。

表 1-3

		读 / 写方式
序列化写磁盘	优化前	ObjectOutputStream
	优化后	BufferedOutputStream+ObjectOutputStream
		ByteArrayOutputStream+ObjectOutputStream
序列化读磁盘	优化前	ObjectInputStream
	优化后	BufferedInputStream+ObjectInputStream
		ByteArrayInputStream+ObjectIntputStream

对相同的内容，通过不同的方式序列化到磁盘，磁盘的 I/O 次数和耗时对比如表 1-4 所示，由表可以看出，使用推荐的方式写耗时减少 46%，读耗时减少 36%，对于 I/O 任务频繁的 App 来说，这个效果会更明显。

表 1-4

		I/O 次数	耗时（ms）
序列化写	优化前	499	162.8
	优化后	1	87.3
序列化读	优化前	719	171.8
	优化后	1	109.9

1.7 案例 E：手机 QQ“健康中心”使用的 Buffer 太小

问题类型：I/O 效率低

解决策略：合理地设置 Buffer 的大小

案例分析：在“健康中心”通过计算文件的 md5 值来验证文件安全性的业务时，从 I/

O 信息可以得到，OfflineSecurity() 方法读取了 100 多个文件，如图 1-26 所示。拿第一个文件来分析，大概 17KB 的文件被读了 18 次，可以得出该方法在读取文件时使用了 1KB 的 Buffer，从如图 1-27 所示的代码中看也确实如此。

/storage/sdcard0/tencent/MobileQQ/qbiz/html!com.tencent.mobileqq:web	Thread-769	18	17034	6
/storage/sdcard0/tencent/MobileQQ/qbiz/html!com.tencent.mobileqq:web	Thread-769	19	18428	1
/storage/sdcard0/tencent/MobileQQ/qbiz/html!com.tencent.mobileqq:web	Thread-769	15	14314	3
/storage/sdcard0/tencent/MobileQQ/qbiz/html!com.tencent.mobileqq:web	Thread-769	24	22868	1
/storage/sdcard0/tencent/MobileQQ/qbiz/html!com.tencent.mobileqq:web	Thread-769	13	12058	0
/storage/sdcard0/tencent/MobileQQ/qbiz/html!com.tencent.mobileqq:web	Thread-769	25	24067	2
/storage/sdcard0/tencent/MobileQQ/qbiz/html!com.tencent.mobileqq:web	Thread-769	18	16558	1
/storage/sdcard0/tencent/MobileQQ/qbiz/html!com.tencent.mobileqq:web	Thread-769	21	19599	2
/storage/sdcard0/tencent/MobileQQ/qbiz/html!com.tencent.mobileqq:web	Thread-769	17	16356	48
/storage/sdcard0/tencent/MobileQQ/qbiz/html!com.tencent.mobileqq:web	Thread-769	18	16933	1
/storage/sdcard0/tencent/MobileQQ/qbiz/html!com.tencent.mobileqq:web	Thread-769	19	17669	1
/storage/sdcard0/tencent/MobileQQ/qbiz/html!com.tencent.mobileqq:web	Thread-769	20	19055	22
/storage/sdcard0/tencent/MobileQQ/qbiz/html!com.tencent.mobileqq:web	Thread-769	14	12693	0
/storage/sdcard0/tencent/MobileQQ/qbiz/html!com.tencent.mobileqq:web	Thread-769	11	10209	6

图 1-26

```java
private static String getHash(String fileName, String hashType)
        throws Exception {
    InputStream fis = new FileInputStream(fileName);
    byte buffer[] = new byte[1024];
    MessageDigest md5 = MessageDigest.getInstance(hashType);
    for (int numRead = 0; (numRead = fis.read(buffer)) > 0;) {
        md5.update(buffer, 0, numRead);
    }

    fis.close();
    return toHexString(md5.digest());
}
```

图 1-27

解决方案：从如图 1-28 所示的代码中看，开发的同事最终使用了 4KB 的 Buffer 来提高读 / 写效率。

```
→private·static·String·getHash(String·fileName,·String·hashType)
→→→throws·Exception·{
→→InputStream·fis·=·new·FileInputStream(fileName);
→→byte·buffer[]·=·new·byte[4096];
→→MessageDigest·md5·=·MessageDigest.getInstance(hashType);
→→for·(int·numRead·=·0;·(numRead·=·fis.read(buffer))·>·0;)·{
→→→md5.update(buffer,·0,·numRead);
→→}

→→fis.close();
```

图 1-28

在读 / 写时使用缓冲区可以减少读写次数，从而减少了切换内核态的次数，提高读 / 写效率，根据实际经验，这里推荐使用的 Buffer 大小为 8KB，这和 Java 默认的 Buffer 大小一致，Buffer 大小至少应为 4KB。当然，Buffer 也不是越大越好，Buffer 如果太大，会导致申请 Buffer 的时间变长，反而整体效率不高。从上文看出，I/O Monitor 可以获取到读 / 写的大小和次数，其中读 / 写次数就是调用系统 API 的次数，所以读 / 写大小除以读 / 写次数可以得到 Buffer 的大小，如果 Buffer 太小就会存在问题，这样一目了然。这里其实还有一种更智能地确定 Buffer 大小的方法。这个方法由两个影响因子决定，一是 Buffer size 不能大于文件大小；二是 Buffer size 根据文件保存所挂载的目录的 block size 来确认 Buffer 大小，而数据库的 pagesize，就是这样确定的，具体可见 Android 源码中 SQLiteGlobal.java 的 getDefaultPageSize()。

1.8 案例 F：手机 QQ 解压文件使用的 Buffer 太小

问题类型： I/O 效率低

解决策略： 使用 BufferedOutputStream

案例分析： 在手机里面，发现一处 I/O 效率不高的 Bug，10MB 的文件要写磁盘 22000 次，如图 1-29 所示，计算下来每次写磁盘只有 496 个字节，这里是不是有和上一案例同属于 Buffer 设置太小的问题呢？

/storage/sdcard0/Tencent/MobileQQ/log/dump_mobileqq_leak_15-11-11_14.51.05.zip	W	22000	10933842
libcore.io.Posix.open(Native Method)			
libcore.io.BlockGuardOs.open(Native Method)			
libcore.io.IoBridge.open(Native Method)			

图 1-29

我们找到对应的代码，如图 1-30 所示，看到开发人员这里竟然用的是 20KB 的 Buffer，为什么最终写磁盘时 Bufter 只有 496 个字节呢？要想知道答案，还得通过我们的“实验室”去看看系统的源码。

```
zipStream.putNextEntry(new ZipEntry(sourceFile.getName()));
zipStream.setLevel(9);
long needReadLen = sourceFile.length();
FileInputStream in = new FileInputStream(sourceFile);
try {
    byte[] buffer = new byte[20480];
    int len = -1;
    long readedLen = 0;
    while ((len = in.read(buffer, 0, 20480)) != -1) {
        zipStream.write(buffer, 0, len); // 耗时操作
```

图 1-30

实验室：寻找压缩文件的最佳实践

从 Android 的源码看到，Android 压缩文件提供了两个 API，分别是 ZipFile 和 ZipOutpurStream，要想弄清楚这两个 API 的区别，我们还是从 ZIP 的文件结构说起。

Zip 文件结构

ZIP 文件结构如图 1-31 所示， File Entry 表示一个文件实体，一个压缩文件中有多个文件实体。文件实体由一个头部和文件数据组组成，Central Directory 由多个 File header 组成，每个 File header 都保存了一个文件实体的偏移。

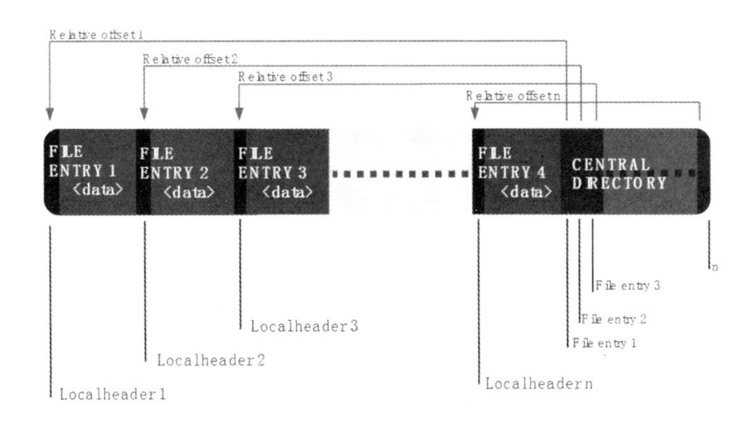

图 1-31

（1）Local File Header（本地文件夹）

本地文件头偏移的具体描述如表 1-5 所示。文件的最后到 End of central directory 结束。

表 1-5

偏　　移	字 节 数	描　　述
0	4	固定值 0x04034b50
4	2	解压缩版本
6	2	标志
8	2	压缩方式
10	2	文件最后修改时间
12	2	文件最后修改日期
14	4	CRC-32 校验
18	4	压缩后大小
22	4	压缩前大小
26	2	文件名称长度（n）
28	2	扩展字段长度（m）
30	n	文件名称
30+n	m	扩展字段

（2）Data descriptor（数据描述符）

当头部标志第 3 位（掩码 0×08）置位时，表示 CRC-32 校验位和压缩后大小在 File Entry 结构的尾部增加一个 Data descriptor 来记录。数据描述符偏移的具体描述如表 1-6 所示。

表 1-6

偏　　移	字 节 数	描　　述
0	0/4	固定值 0x08074b50
0/4	4	CRC-32 校验
4/8	4	压缩后大小
8/12	4	压缩前大小

（3）Central Directory 是什么

中央目录文件夹（Central Directory File Header）偏移的具体描述如表 1-7 所示。

表 1-7

偏　　移	字　节　数	描　　述
0	4	固定值 0x02014b50
4	2	压缩版本
6	2	解压缩版本
8	2	标志
10	2	压缩方式
12	2	文件最后修改时间
14	2	文件最后修改日期
16	4	CRC-32 校验
20	4	压缩后大小
24	4	压缩前大小
28	2	文件名称长度（n）
30	2	扩展字段长度（m）
32	2	文件注释长度（k）
34	2	文件开始的分卷号
36	2	文件内部属性
38	4	文件外部属性
42	4	对应文件实体在文件中的偏移
46	n	文件名称
$46+n$	m	扩展字段
$46+n+m$	k	文件注释

（4）End of Central Directory record（年底中央目录记录）所有的 File Header 结束后面是该数据结构，其偏移的描述如表 1-18 所示。

表 1-18

偏　　移	字　节　数	描　　述
0	4	固定值 0x06054b50
4	2	当前分卷号
6	2	Central Directory 的开始分卷号
8	2	当前分卷 Central Directory 的记录数量
10	2	Central Directory 的总记录数量
12	4	Central Directory 的大小（byte）
16	4	Central Directory 的开始位置偏移
20	2	ZIP 文件注释长度（n）
22	n	ZIP 文件注释

问题 1：Central Directory 的作用

通过 Central Directory 可以快速获取 ZIP 包含的文件列表，而不用逐个扫描文件，虽然 Central Directory 的内容和文件原来的头文件有冗余，但是当 ZIP 文件被追加到其他文件时，就只能通过 Central Directory 获取 ZIP 信息，而不能通过扫描文件的方式，因为 Central Directory 可能声明一些文件被删除或者已经更新。Central Directory 中 Entry 的顺序可以和文件的实际顺序不一样。

问题 2：ZIP 如何更新文件?

举例说明：一个 ZIP 包含 A、B 和 C 三个文件，现在准备删除文件 B，并且对 C 进行了更新，可以将新的文件 C 添加到原来 ZIP 的后面，同时添加一个新的 Central Directory，仅仅包含文件 A 和新文件 C，这样就实现了删除文件 B 和更新文件 C。

在 ZIP 设计之初，通过软盘来移动文件很常见，但是读 / 写磁盘是很消耗性能的，对于一个很大的 ZIP 文件，只想更新几个小文件，如果采用这种方式效率非常低。

ZIP 文件解压

Android 提供两种解压 ZIP 文件的方法：ZipInputStream 和 ZipFile。

（1）ZipInputStream

ZipInputStream 通过流式来顺序访问 ZIP，当读到某个文件结尾时（Entry）返回 -1，通过 getNextEntry 来判断是否要继续往下读， ZipInputStream read 方法的流程图如图 1-32 所示。

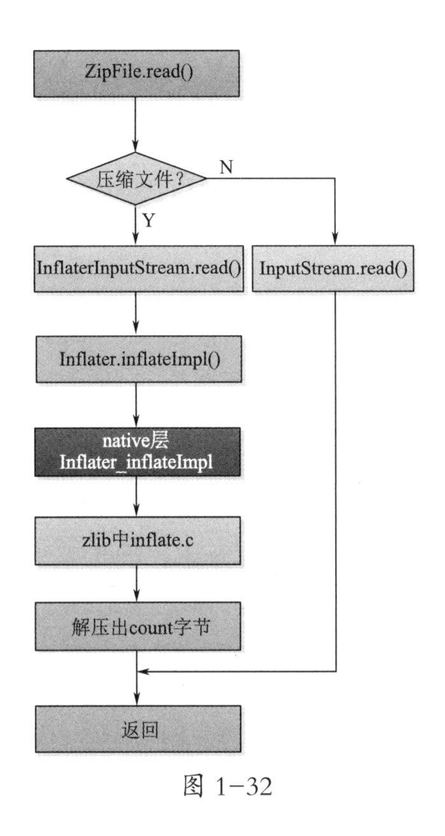

图 1-32

问题 3：为什么要判断是否是压缩文件？

因为文件在添加到 ZIP 时，可以通过设置 Entry.setMethod（ZipEntry.STORED）以非压缩的形式添加到文件中，所以在解压时，对于这种情况，可以直接读文件返回，不需要解压。

这里重点介绍一下 InflaterInputStream.read() 方法，其流程图如 1-33 所示。

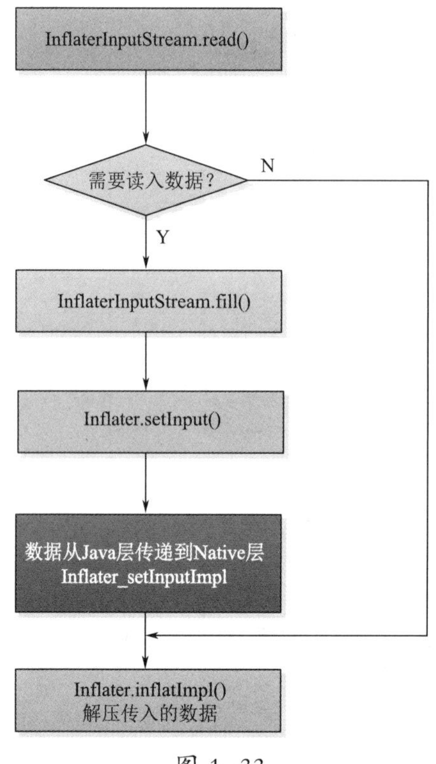

图 1-33

从图 1-33 的流程图可以看出，Java 层将待解压的数据通过我们定义的 Buffer 传入 Native 层。每次传入的数据大小是固定值，为 512 字节，在 InflaterInputStream.java 中定义如下：

```
static final int BUF_SIZE = 512;
```

对于压缩文件来说，最终会调用 zlib 中的 inflate.c 来解压文件，inflate.c 通过状态机来对文件进行解压，将解压后的数据再通过 Buffer 返回。对 inflate 解压算法感兴趣的读者可以看源码，传送门 http://androidxref.com/4.4.4_r1/xref/external/zlib/src/inflate.c，返回 count 字节并不等于 Buffer 的大小，取决于 inflate 解压返回的数据。

（2）ZipFile

ZipFile 通过 RandomAccessFile 随机访问 ZIP 文件，通过 Central Directory 得到 ZIP 中所有的 Entry， Entry 中包含文件的开始位置和 size，前期读 Central Directory 可能会耗费一些时间，但是后面就可以利用 RandomAccessFile 的特性，每次读入更多的数据来提高解压效率。

ZipFile 中定义了两个类，分别是 RAFStream 和 ZipInflaterInputStream，这两个类分别继承自 RandomAccessFile 和 InflateInputStream，通过 getInputStream() 返回，ZipFile 的解压流程和 ZipInputStream 类似。

ZipFile 和 ZipInputStream 真正不同的地方在于 InflaterInputStream.fill()，fill 源码如图 1–34 所示。

```
188    protected void fill() throws IOException {
189        checkClosed();
190        if (nativeEndBufSize > 0) {
191            ZipFile.RAFStream is = (ZipFile.RAFStream) in;
192            len = is.fill(inf, nativeEndBufSize);
193        } else {
194            if ((len = in.read(buf)) > 0) {
195                inf.setInput(buf, 0, len);
196            }
197        }
198    }
```

图 1–34

InflaterInputStream.read() 的流程图如 1–35 所示，读者就能明白两者的区别之处。

从流程图可以看出，ZipFile 的读文件是在 Native 层进行的，每次读文件的大小是由 Java 层传入的，定义如下。

Math.max（1024,（int）Math.min（entry.getSize(), 65535L））；

即 ZipFile 每次处理的数据大小在 1KB 和 64KB 之间，如果文件大小介于两者之间，则可以一次将文件处理完。而对于 ZipInputStream 来说，每次能处理的数据只能是 512 个字节，所以 ZipFile 的解压效率更高。

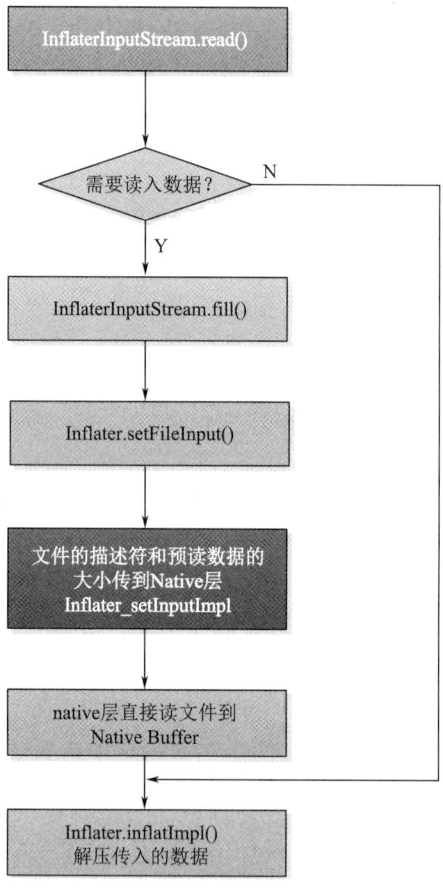

图 1-35

3. ZipFile vs ZipInputStream 效率对比

解压文件可以分为如下三步：

（1）从磁盘读出 ZIP 文件；

（2）调用 inflate 解压出数据；

（3）存储解压后的数据。

因此两者的效率对比可以细化到这三个步骤来进行对比。

（1）读磁盘

ZipFile 在 Native 层读文件，并且每次读的数据在 1~64KB 之间， ZipInputStream 只有采用更大的 Buffer 才可能达到 ZipFile 的性能。

（2）infalte 解压效率

从上文可知，inflate 每次解压的数据是不定的，一方面和 inflate 的解压算法有关，另一方面取决于 Native 层 infalte.c 每次处理的数据，从以上分析可知，ZipInputStream 每次只传递 512 字节数据到 Native 层，而 ZipFile 每次传递的数据可以在 1KB~64KB，所以 ZipFile 的解压效率更高。从 java_util_zip_Inflater.cpp 源码看，这是 Android 做的特别优化。

demo 验证（关键代码）

ZipInputStream 关键代码，如图 1–36 所示。

```
FileInputStream fis = new FileInputStream(files);
ZipInputStream zis = new ZipInputStream(new BufferedInputStream(fis));
byte[] buffer = new byte[8192];
while((ze=zis.getNextEntry())!=null){
    File dstFile = new File(dir+"/"+ze.getName());
    FileOutputStream fos = new FileOutputStream(dstFile);
    while((count = zis.read(buffer)) != -1){
        System.out.println(count);
        fos.write(buffer,0,count);
    }
}
```

图 1–36

ZipFile 关键代码，如图 1–37 所示。

```
ZipFile zipFile = new ZipFile(files);
InputStream is = null;
Enumeration e = zipFile.entries();
while (e.hasMoreElements()) {
entry = (ZipEntry) e.nextElement();
is = zipFile.getInputStream(entry);
dstFile = new File(dir+"/"+entry.getName());
fos = new FileOutputStream(dstFile);
byte[] buffer = new byte[8192];
while( (count = is.read(buffer, 0, buffer.length)) != -1){
    fos.write(buffer,0,count);
}
}
```

图 1–37

我们用两个不同压缩率的文件对 demo 进行测试，文件说明如表 1–9 所示。

表 1-9

	组　　成	压缩前 size（MB）	压缩后 size（MB）	压　缩　率
低压缩率 ZIP	4 个文本文件	17	1.25	7%
高压缩率 ZIP	100 个 jpg 图片	9.76	9.69	99%

测试数据，如表 1-10 所示。

表 1-10

文 件 类 型	低压缩率文件		高压缩率文件	
对比指标	read 调用次数	耗时（ms）	read 调用次数	耗时（ms）
ZipInputStream	3588	1082.8	19900	3548.8
ZipFile	2181	848.4	1400	971.2
ZipFile 减少百分比	39%	22%	93%	73%

结论：① ZipFile 的 read 调用的次数减少 39%~93%，可以看出 ZipFile 的解压效率更高。

② ZipFile 解压文件耗时，相比 ZipInputStream 有 22%~73% 的减少。

（3）存储解压后的数据

从上文可以知道，inflate 解压后返回的数据可能会小于 Buffer 的长度，如果每次在读返回后就直接写文件，此时 Buffer 可能并没有充满，造成 Buffer 的利用效率不高，此处可以考虑将解压出的数据输出到 BufferedOutputStream，等 Buffer 满后再写入文件，这样做的弊端是，因为要凑满 Buffer，会导致 read 的调用次数增加，下面就对 ZipFile 和 ZipInputstream 做一个对比。

demo（关键代码）

ZipInputStream 的关键代码如图 1-38 所示。

```
FileInputStream fis = new FileInputStream(files);
ZipInputStream zis = new ZipInputStream(new BufferedInputStream(fis));
BufferedInputStream bis = new BufferedInputStream(zis)
byte[] buffer = new byte[8192];
while((ze=zis.getNextEntry())!=null){
       File dstFile = new File(dir+"/"+ze.getName());
       FileOutputStream fos = new FileOutputStream(dstFile);
       while((count = bis.read(buffer)) != -1){
            fos.write(buffer,0,count);
       }
}
```

图 1–38

ZipFile 的关键代码如图 1–39 所示。

```
ZipFile zipFile = new ZipFile(files);
InputStream is = null;
Enumeration e = zipFile.entries();
while (e.hasMoreElements()) {
    entry = (ZipEntry) e.nextElement();
    is = new BufferedInputStream(zipFile.getInputStream(entry));
    dstFile = new File(dir+"/"+entry.getName());
    fos = new FileOutputStream(dstFile);
    byte[] buffer = new byte[8192];
    while( (count = is.read(buffer, 0, buffer.length)) != -1){
       fos.write(buffer,0,count);
    }
}
```

图 1–39

同样对上面的两个压缩文件进行解压，测试数据如表 1–11 所示。

表 1–11

	低压缩率（ms）	高压缩率（ms）
ZipInputStream	930.2	1347.2
ZipFile	794.5	1056.8
ZipFile 耗时减少	15%	22%

结论：① ZipFile 与 ZipInputStream 相比，耗时仍减少 15%~22%。

②与不使用 Buffer 相比，ZipInputStream 的耗时减少 14%~62%，ZipFile 解压低

压缩率文件耗时有 6% 的减少，但是对于高压缩率，耗时将有 9% 的增加（虽然减少了写磁盘的次数，但是为了凑满 Buffer，增加了 read 的调用次数，导致整体耗时增加）。

问题 4：那么问题来了，既然 ZipFile 效率这么好，那么 ZipInputStream 还有存在的价值吗？

千万别被数据迷惑了双眼，上面的测试仅仅覆盖了一种场景，即文件已经在磁盘中存在，且须全部解压出 ZIP 中的文件，如果你的场景符合以上两点，使用 ZipFile 无疑是正确的。同时，也可以利用 ZipFile 的随机访问能力，实现解压 ZIP 中间的某几个文件。

但是在以下场景，ZipFile 则会略显无力，这时 ZipInputStream 的价值就体现出来了。

①当文件不在磁盘上，比如从网络接收的数据，想边接收边解压，因 ZipInputStream 是顺序按流的方式读取文件，这种场景实现起来毫无压力。

②如果顺序解压 ZIP 前面的一小部分文件，ZipFile 也不是最佳选择，因为 ZipFile 读 Central Directory 会带来额外的耗时。

③如果 ZIP 中的 Central Directory 遭到损坏，只能通过 ZipInputStream 来按顺序解压。

（4）结论

- 如果 ZIP 文件已保存在磁盘中，且解压 ZIP 中的所有文件，建议用 ZipFile，效率较 ZipInputStream 提升 15%~27%。
- 仅解压 ZIP 中间的某些文件，建议用 ZipFile。
- 如果 ZIP 没有在磁盘上或者顺序解压一小部分文件，又或 ZIP 文件目录遭到损坏，建议用 ZipInputStream。

从以上分析和验证可以看出，同一种解压方法使用的方式不同，效率也会相差甚远，最后再回顾一下 ZipInputStream 和 ZipFile 最高效的用法（有底纹的代码为关键部分），如图 1-40 所示。

```
ZipInputStream:
     ZipInputStream zis = new ZipInputStream(new BufferedInputStream(fis));
     BufferedInputStream bis = new BufferedInputStream(zis)
     byte[] buffer = new byte[8192];
     while((ze=zis.getNextEntry())!=null){
            while((count = bis.read(buffer)) != -1){
                 fos.write(buffer,0,count);
            }
     }
ZipFile:
     Enumeration e = ZipFile.entries();
     while(e.hasMoreElements()) {
            entry = (ZipEntry) e.nextElement();
     if 低压缩率文件，如文本
            is = new BufferedInputStream(zipFile.getInputStream(entry));
     else if 高压缩率文件，如图片
            is = zipFile.getInputStream(entry);
            byte[] buffer = new byte[8192];
            while( (count = is.read(buffer, 0, buffer.length)) != -1){
            fos.write(buffer,0,count);}
}
```

图 1-40

1.9　案例 G：刚创建好表，就做大量的查询操作

问题类型：冗余读 / 写

解决策略：利用 INSERT OR REPLACE

问题：

通过获取手机 QQ 首次启动的 I/O 数据，看到大量对 848688603.db 的读操作，且每次读的大小是 16 字节，如图 1-41 所示。找到对应的 SQL 语句，其对应的是大量的 SELECT * FROM ExtensionInfo WHERE uin=? 和 SELECT * FROM Friends WHERE uin=? 语句，select 语句耗时超过 6 秒，如图 1-42 所示。

		操作文件		读取大小(bytes)	偏移
73652199	pread64	/data/data/com.tencent.mobileqq/databases/8	db-journal	1	0
73652200	pread64	/data/data/com.tencent.mobileqq/databases/8	db	16	24
73652204	pread64	/data/data/com.tencent.mobileqq/databases/	db-journal	1	0
73652204	pread64	/data/data/com.tencent.mobileqq/databases/	db	16	24
73652208	pread64	/data/data/com.tencent.mobileqq/databases/	db-journal	1	0
73652209	pread64	/data/data/com.tencent.mobileqq/databases/	db	16	24
73652212	pread64	/data/data/com.tencent.mobileqq/databases/	db-journal	1	0
73652213	pread64	/data/data/com.tencent.mobileqq/databases/	db	16	24
73652217	pread64	/data/data/com.tencent.mobileqq/databases/	.db-journal	1	0
73652218	pread64	/data/data/com.tencent.mobileqq/databases/8	.db	16	24
73652221	pread64	/data/data/com.tencent.mobileqq/databases/	.db-journal	1	0
73652222	pread64	/data/data/com.tencent.mobileqq/databases/8	.db	16	24
73652225	pread64	/data/data/com.tencent.mobileqq/databases/8	3.db-journal	1	0

图 1–41

73644778	SQLiteDatabase: /data/data/com.te	com.tencent.mobileqq	MSF-Receiver	SELECT * FROM ExtensionIn	android.datal
73644783	SQLiteDatabase: /data/data/com.te	com.tencent.mobileqq	MSF-Receiver	SELECT * FROM Friends WHE	android.datal
73644788	SQLiteDatabase: /data/data/com.te	com.tencent.mobileqq	MSF-Receiver	SELECT * FROM Friends WHE	android.datal
73644796	SQLiteDatabase: /data/data/com.te	com.tencent.mobileqq	MSF-Receiver	SELECT * FROM ExtensionIn	android.datal
73644801	SQLiteDatabase: /data/data/com.te	com.tencent.mobileqq	MSF-Receiver	SELECT * FROM Friends WHE	android.datal
73644805	SQLiteDatabase: /data/data/com.te	com.tencent.mobileqq	MSF-Receiver	SELECT * FROM Friends WHE	android.datal
73644810	SQLiteDatabase: /data/data/com.te	com.tencent.mobileqq	MSF-Receiver	SELECT * FROM ExtensionIn	android.datal
73644815	SQLiteDatabase: /data/data/com.te	com.tencent.mobileqq	MSF-Receiver	SELECT * FROM Friends WHE	android.datal
73644819	SQLiteDatabase: /data/data/com.te	com.tencent.mobileqq	MSF-Receiver	SELECT * FROM Friends WHE	android.datal
73644823	SQLiteDatabase: /data/data/com.te	com.tencent.mobileqq	MSF-Receiver	SELECT * FROM ExtensionIn	android.datal
73644828	SQLiteDatabase: /data/data/com.te	com.tencent.mobileqq	MSF-Receiver	SELECT * FROM Friends WHE	android.datal
73644833	SQLiteDatabase: /data/data/com.te	com.tencent.mobileqq	MSF-Receiver	SELECT * FROM Friends WHE	android.datal
73644837	SQLiteDatabase: /data/data/com.te	com.tencent.mobileqq	MSF-Receiver	SELECT * FROM ExtensionIn	android.datal
73644842	SQLiteDatabase: /data/data/com.te	com.tencent.mobileqq	MSF-Receiver	SELECT * FROM Friends WHE	android.datal

图 1–42

分析：

每次读的字节数只有 16 字节，且偏移都一样，说明 Friends 和 ExtensionInfo 里面并没有内容。原来在 Friends 和 ExtensionInfo 创建完之后，在插入好友信息前，需要先去表里查询一下是否存在该记录。此时表是空的，所以才有大量的 16 字节的读取，如图 1–43 所示。

73644778	SQLiteDatabase: /data/data/com.te	com.tencent.mobileqq	MSF-Receiver	SELECT * FROM nIn	android.datal
73644783	SQLiteDatabase: /data/data/com.te	com.tencent.mobileqq	MSF-Receiver	SELECT * FROM WHE	android.datal
73644788	SQLiteDatabase: /data/data/com.te	com.tencent.mobileqq	MSF-Receiver	SELECT * FROM WHE	android.datal
73644796	SQLiteDatabase: /data/data/com.te	com.tencent.mobileqq	MSF-Receiver	SELECT * FROM nIn	android.datal
73644801	SQLiteDatabase: /data/data/com.te	com.tencent.mobileqq	MSF-Receiver	SELECT * FROM WHE	android.datal
73644805	SQLiteDatabase: /data/data/com.te	com.tencent.mobileqq	MSF-Receiver	SELECT * FROM WHE	android.datal
73644810	SQLiteDatabase: /data/data/com.te	com.tencent.mobileqq	MSF-Receiver	SELECT * FROM nIn	android.datal
73644815	SQLiteDatabase: /data/data/com.te	com.tencent.mobileqq	MSF-Receiver	SELECT * FROM WHE	android.datal
73644819	SQLiteDatabase: /data/data/com.te	com.tencent.mobileqq	MSF-Receiver	SELECT * FROM WHE	android.datal
73644823	SQLiteDatabase: /data/data/com.te	com.tencent.mobileqq	MSF-Receiver	SELECT * FROM nIn	android.datal
73644828	SQLiteDatabase: /data/data/com.te	com.tencent.mobileqq	MSF-Receiver	SELECT * FROM WHE	android.datal
73644833	SQLiteDatabase: /data/data/com.te	com.tencent.mobileqq	MSF-Receiver	SELECT * FROM WHE	android.datal
73644837	SQLiteDatabase: /data/data/com.te	com.tencent.mobileqq	MSF-Receiver	SELECT * FROM nIn	android.datal
73644842	SQLiteDatabase: /data/data/com.te	com.tencent.mobileqq	MSF-Receiver	SELECT * FROM WHE	android.datal

图 1–43

解决方案：

（1）首次安装的表为空时，不要去做无谓的查询操作。

（2）对于覆盖安装，在表已经存在的情况下，可以使用 INSERT OR REPLACE 语句来完成插入。

1.10　案例 H：重复打开数据库

问题类型：重复打开数据库

解决策略：缓存数据库连接

问题：

在使用数据库测试工具在统计手机 QQ 启动过程中各个 DB 打开次数时，发现多个业务打开数据库的次数不止一次，而最多的竟然打开数据库 424 次（如图 1-44 所示），简直骇人听闻。

表名	打开次数
/data/data/com.tencent.mobileqq/databases	424
/data/data/com.tencent.mobileqq/databases	99
/data/user/0/com.tencent.mobileqq/databas	10
/data/user/0/com.tencent.mobileqq/databas	7

图 1-44

分析：

多次打开数据库有什么影响？

先看一下 SQLiteDatabase 的源码，getWriteableDatabase() 方法的注释说明：一旦打开数据库，该连接就会被缓存，以供下次使用，只有当真正不需要时，调用 close 关闭即可，如图 1-45 所示。

```
 *
 * <p>Once opened successfully, the database is cached, so you can
 * call this method every time you need to write to the database.
 * (Make sure to call {@link #close} when you no longer need the database.)
 * Errors such as bad permissions or a full disk may cause this method
 * to fail, but future attempts may succeed if the problem is fixed.</p>
 *
 * <p class="caution">Database upgrade may take a long time, you
 * should not call this method from the application main thread, including
 * from {@link android.content.ContentProvider#onCreate ContentProvider.onCreate()}.
 *
 * @throws SQLiteException if the database cannot be opened for writing
 * @return a read/write database object valid until {@link #close} is called
 */
public SQLiteDatabase getWritableDatabase() {
    synchronized (this) {
        return getDatabaseLocked(true);
    }
```

图 1-45

为什么要这样呢?

因为打开数据库比较耗时，如 app_plugin_download.db 的两次耗时分别为 80ms 和 120ms。每次打开数据库，同时会有一些 I/O 操作。getWriteableDatabase 的注释也明确说明该方法比较耗时，不能在主线程进行。

解决方案：

数据库在打开后，先不要关闭，在应用程序退出时再关闭。

1.11 案例 I：AUTOINCREMENT 可没有你想的那么简单

问题类型：冗余读 / 写

解决策略：减少使用 AUTOINCREMENT

背景：

最近在分析手空（Android）的数据库读写时，发现有一条插入语句耗时平均在 60ms+，SQL 语句为：INSERT INTO events(timestamp,content,status,send_count) VALUES (1445916309639,test, 1 ,100)，

可以看到这条插入语句非常简单，仅仅是插入 3 个整形和一个简单的字符串。而一般的插入操作最多也就十几 ms，所以这个问题值得我们好好研究一下。

索引惹的祸

首先我们拿到创建这个表的 SQL 语句，见如下的代码，以及对应的 events 表结构，如图 1-46 所示，这个表结构除了创建 status 为索引外，似乎并无特殊之处。

```
create table if not exists events(event_id INTEGER PRIMARY KEY AUTOINCREMENT
NOT NULL,content TEXT, status INTEGER, send_count INTEGER, timestamp LONG)
CREATE INDEX if not exists status_idx ON events(status)
```

Database Structure | Browse Data | Execute SQL

Name	Object	Type	Schema
android_metadata	table		CREATE TABLE android_metadata (locale TEXT)
events	table		CREATE TABLE events(event_id INTEGER PRIMAR
event_id	field	INTEGER PRIMARY KEY	
content	field	TEXT	
status	field	INTEGER	
send_count	field	INTEGER	
timestamp	field	LONG	
sqlite_sequence	table		CREATE TABLE sqlite_sequence(name, seq)
user	table		CREATE TABLE user(uid TEXT PRIMARY KEY, user
config	table		CREATE TABLE config(type INTEGER PRIMARY KE
keyvalues	table		CREATE TABLE keyvalues(key TEXT PRIMARY KEY
sqlite_autoindex_user_1	index		
sqlite_autoindex_keyvalues_1	index		
status_idx	index		CREATE INDEX status_idx ON events(status)

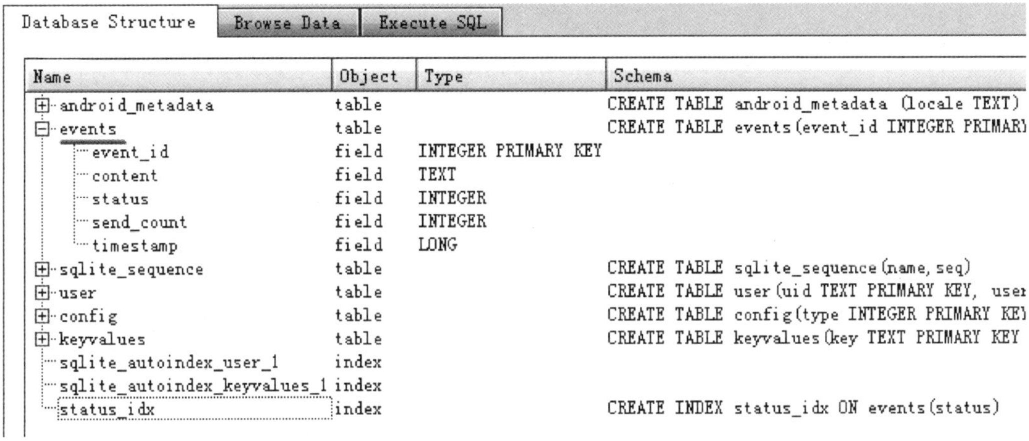

图 1-46

问题 1：难道是索引导致插入这么耗时吗？

作为常识：索引是为了提高查询的速度，但在数据库插入操作时，因为要维护索引，会使插入效率有所降低。但是真的会降低这么多吗？还是要通过数据来说话。

这个表是 MTA 用来存储上报记录的，我们找到了负责该表的同事，给了一个没有索引的 SDK，再次编包验证。事实证明，索引对插入速度的影响是很有限的，一条语句简单的插入操作竟然要 55ms，如表 1-12 所示。

表 1-12

INSERT 耗时（ms）	
MTA DB（含索引）	MTA DB（不含索引）
62.3	55.5

这下就奇怪了，除了索引，这个表也没有特别的地方了。因此我们决定采用排除法，

把该表的特性一点点去掉，看到底是谁在搞鬼。

AUTOINCREMENT 漏网之鱼

接下来我们把 AUTOINCREMENT 关键字去掉，测试同样的表结构，测试结果让我们大吃一惊。有 AUTOINCREMENT 的 INSERT 耗时是不含该关键字耗时的 3 倍，如表 1–13 所示。

表 1–13

INSERT 耗时（ms）	
测试 DB（无 AUTOINCREMENT）	测试 DB（含 AUTOINCREMENT）
16.7	53.9

为了保证数据严谨，又分别测试了使用事务对 1 条语句和 50 条语句进行插入操作的耗时，结果表明对于批量插入，两者的差距有所减少，但是仍差 2 倍之多，如表 1–14 所示。

表 1–14

	INSERT 1 条（ms）	INSERT 50 条（ms）
不用 AUTOINCREMENT	10	30
使用 AUTOINCREMENT	46	63
倍率	4.6	2.1

到这里，用过 SQLite 的读者，可能会对这个结果觉得难以置信，因为 AUTOINCREMENT 关键字在 SQLite 里面很常用，大家用的时候似乎也没有担心效率问题。接下来要弄明白仅多一个 AUTOINCREMENT 为什么会有这么大的差别。

问题 2：AUTOINCREMENT 是什么？

AUTOINCREMENT 其实就是“自增长”，这个关键字只会出现在 INTEGER PRIMARY KEY 后面，而 INTEGER PRIMARY KEY 就是“主键”，下面先来了解一下主键。

SQLite 表的每行都有一个行号，行号用 64 位带有符号的整型数据表示。SQLite 支持使用默认的列名 ROWID、_ROWID_ 和 OID 来访问行号。同时，如果表里某一列指定为 INTEGER PRIMARY KEY 类型，那么这一列和 ROWID 是等价的。也就是说，如果你指定某一列为主键，访问该列其实就是访问行号。

问题 3：行号是如何生成的？

对于刚创建的表来说，行号默认是从 1 开始的，如果在插入数据时明确指定行号，则会将数据插入对应的行，如果没有指定行号，则 SQLite 会选择比当前已用行号大 1 的行来进行插入。如果当前已用行号已达到最大值，数据库引擎会尝试寻找当前表里面没有使用的行号，如果没有找到可用的行号，就会出现 SQLITE_FULL 错误。

小结：如果你没有删除过数据，并且没有指定最大值的行号，行号选择算法可以保证行号是递增且唯一的。但是如果你有删除数据或者使用了最大行号，之前删除的行号可能被复用，并不能保证插入数据的行号是严格递增的。

问题 4：主键加了 AUTOINCREMENT，会有什么变化?

上面提到，AUTOINCREMENT 只能用来修饰主键，主键在被“自增长”修饰之后，会略微有些区别。

（1）数据库引擎选择的行号会比所有之前用过的行号都大，即使数据被删除，行号也不会被复用，可以保证行号严格单调递增。

（2）如果行号的最大值被用过，那么在插入新数据时，会报 SQLITE_FULL 错误。

小结：AUTOINCREMENT 的作用是保证主键是严格单调递增的。

AUTOINCREMENT 实现原理

SQLite 创建一个叫 sqlite_sequence 的内部表来记录该表使用的最大的行号。如果指定使用 AUTOINCREMENT 来创建表，则 sqlite_sequence 也随之创建。UPDATE、INSERT 和 DELETE 语句可能会修改 sqlite_sequence 的内容。因为维护 sqlite_sequence 表带来的额外开销将会导致 INSERT 的效率降低。

使用数据库测试工具，可以获取到两种情况下磁盘的读 / 写数据，如图 1-47 所示。从中可以看出，AUTOINCREMENT 会使写磁盘次数由 2 次增加到 11 次。这也能很好地说明，由于要维护 sqlite_sequence 而增加额外的 I/O 开销。

			字节数	偏移
无AUTOINCREMENT	pread64	/data/data/com.example.sqlitedemo/databases/test.db-jou	1	0
	pread64	/data/data/com.example.sqlitedemo/databases/test.db	16	24
	pread64	/data/data/com.example.sqlitedemo/databases/test.db	4096	12288
	pwrite64	/data/data/com.example.sqlitedemo/databases/test.db	4096	0
	pwrite64	/data/data/com.example.sqlitedemo/databases/test.db	4096	12288
有AUTOINCREMENT	pread64	/data/data/com.example.sqlitedemo/databases/test.db-jou	1	0
	pread64	/data/data/com.example.sqlitedemo/databases/test.db	16	24
	pread64	/data/data/com.example.sqlitedemo/databases/test.db	4096	16384
	pread64	/data/data/com.example.sqlitedemo/databases/test.db	4096	12288
	pwrite64	/data/data/com.example.sqlitedemo/databases/test.db-jou	4616	0
	pwrite64	/data/data/com.example.sqlitedemo/databases/test.db-jou	4	4616
	pwrite64	/data/data/com.example.sqlitedemo/databases/test.db-jou	4096	4620
	pwrite64	/data/data/com.example.sqlitedemo/databases/test.db-jou	4	8716
	pwrite64	/data/data/com.example.sqlitedemo/databases/test.db-jou	4	8720
	pwrite64	/data/data/com.example.sqlitedemo/databases/test.db-jou	4096	8724
	pwrite64	/data/data/com.example.sqlitedemo/databases/test.db-jou	4	12820
	pwrite64	/data/data/com.example.sqlitedemo/databases/test.db	4096	0
	pwrite64	/data/data/com.example.sqlitedemo/databases/test.db	4096	12288
	pwrite64	/data/data/com.example.sqlitedemo/databases/test.db	4096	16384
	pwrite64	/data/data/com.example.sqlitedemo/databases/test.db-jou	28	0

图 1-47

AUTOINCREMENT 的坑

在主键加上 AUTOINCREMENT 后，可以保证主键是严格递增的，但是并不能保证每次都加 1，因为在插入失败后，失败的行号不会被复用，这就造成主键会有间隔。以手机 QQ 为例子，有 80% 的数据库表使用了 AUTOINCREMENT 关键字。coco 尝试去掉创建表时的 AUTOINCREMENT，对比相同场景相同时间序列的事务耗时，可以看到优化后，事务耗时比之前有所减少，如图 1-48 所示。

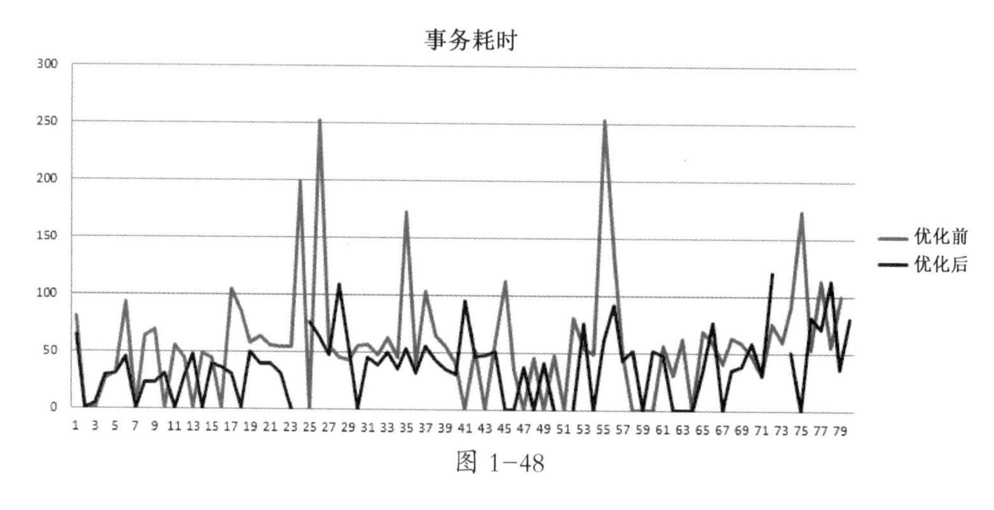

图 1-48

同时对比手机 QQ 的启动耗时，发现 LoginA 和首次启动的耗时都略微有一些下降，同时 CPU 和内存也有一些降低，优化前后手机 QQ 时延性能对比，如表 1-15 所示。

表 1-15

	优化前	优化后
LoginA	2749	2677
首次启动	43593	42688

总结：

AUTOINCREMENT 可以保证主键的严格递增，但使用 AUTOINCREMENT 会增加 INSERT 耗时 1 倍以上，所以使用 AUTOINCREMENT 时不可以任性，用在该用的地方效果才佳。比如，客户端需要拿该主键和服务器校对数据，需要保证主键唯一性。

最后以 SQLite 官网的一句话作为结尾：

这个 AUTOINCREMENT 关键词会增加 CPU，内存，磁盘空间和磁盘 I/O 的负担，所以尽量不要用，除非必需。其实通常情况下都不是必需的。

1.12　案例 J：Bitmap 解码，Google 没有告诉你的方面

问题类型：I/O 效率低

解决策略：使用 decodeStream 代替 decodeFile

随着 Android SDK 的升级，Google 修改了 Bitmap 解码 API 的实现，从而埋下了一个性能的坑。先把这个坑说出来，后面再详细介绍发现和解决过程。

- 解码 Bitmap 不要使用 decodeFile，因为在 Android 4.4 以上系统效率不高。
- 解码 Bitmap 使用 decodeStream，同时传入的文件流为 BufferedInputStream。
- decodeResource 同样存在性能问题，请用 decodeResourceStream。

背景：

最近用 I/O 监控工具检测 Android QQ 的性能时，提了 41 个读 / 写磁盘 Buffer 太小的 Bug 单（我们认为读 / 写磁盘如果 Buffer 小于 8KB，会导致 I/O 效率不高），如图 1-49 所示。

/data/data/com.tencent.mobileqq/files/bubble_info/528/static/chat_bubble_thumbnail.png	R	17	6759
/storage/emulated/0/Tencent/MobileQQ/diskcache/Cache_5ad34ac386cd048	R	60	57742
/data/data/com.tencent.mobileqq/files/bubble_info/129/static/aio_user_pic_nor.9.png	R	14	1503
/storage/emulated/0/Tencent/MobileQQ/.pendant/299/aio_static_50.png	R	215	1702
/storage/emulated/0/Tencent/MobileQQ/.pendant/299/aio_static_50.png	R	215	1702

图 1-49

图 1-49 中红框出部分的含义：aio_static_50.png 大小 1702 字节，需要读取磁盘 215 次。查看堆栈，发现都是已经存在很久的代码，令人不解的是，之前的版本也一直都有 I/O 性能检测，为什么现在才提单呢？

分析：

（1）验证数据准确性

看到这个数据，首先想到 SDK 是否因为最近修改引入了 Bug，不过通过 demo 验证，数据是可信的。

（2）为什么之前没有提单

我们已经用 I/O 工具检测手机多个版本，之前为什么没有提单？对比之下，发现之前用的手机一直都是三星 9300（Android 4.3 系统），这次换成 Nexus 5（Android 4.4 系统），难道这和系统版本有关系吗？

我们用一个 demo 在两台手机上验证，如表 1-16 所示的结果令人出乎意料。

表 1-16

	图片大小	读磁盘次数
三星 9300	12608	1
Nexus5	12608	108

在两个手机上 decode 同一张图片，读磁盘次数相差巨大，这时我们可以确定这个问题是和系统版本有关的。

追根溯源——decodeFile() 你用过吗？

为了能够一探究竟，最好的方法是对比两个版本 API 的实现有何不同。

通过源码看到，BitmapFactory.java 提供多个 decode Bitmap 的 API，有 decodeFile()、decodeResource()、decodeByteArray()、decodeFileDescriptor()、decodeStream()、decodeResourceStream()。而大家最常用的是 decodeFile()，前面提的 Bug 单也都是用的这个 API。我们来对比一下这个 API 在 Android 4.3 和 Android 4.4 的实现差异。

图 1-50 是 Android 4.3 decodeFile() 的实现流程图，看到最终读磁盘用的是 BufferedInputStream，并且 Buffer 大小为 DECODE_BUFFER_SIZE = 16 × 1024，这也就是为什么在 4.3 系统 decode 大小为 12KB 的图片，只需要读一次磁盘就可以的原因。

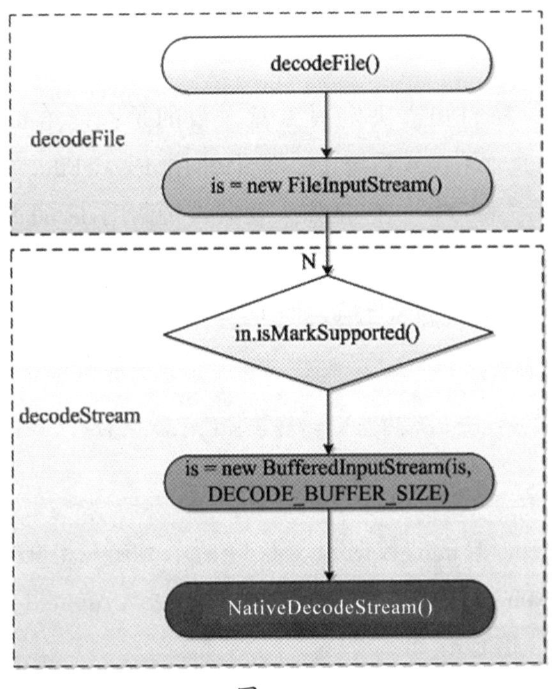

图 1-50

我们再看一下如图 1-51 所示的 Android 4.4 的实现流程图。

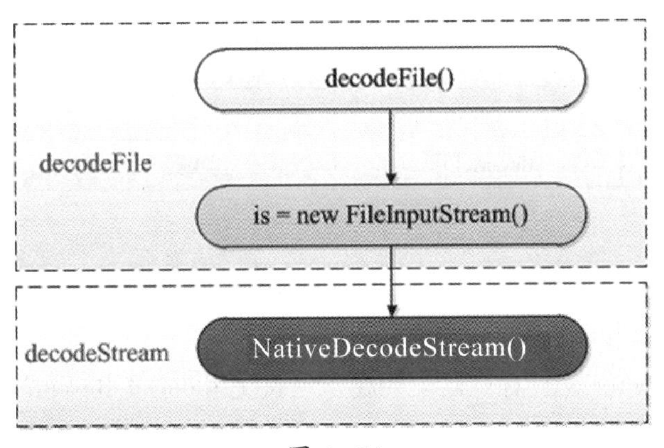

图 1-51

从图 1-51 看到，4.4 系统去掉了 isMarkSupported 的判断，而是直接调用 nativeDecodeStream，这就导致 Native 在 decode 图片时，每次都要实际去读磁盘，故导致读次数增加很多。

解决方案：

通过上面的分析，我们知道决定写磁盘次数的是：传给 nativeDecodeStream 的文件流是否使用了 Buffer，而在 4.4 系统上，如果使用 decodeFile，生成的文件流只能是 FileInputStream，这是无法修改的。但是如果我们直接调用 decodeStream，是可以传递带 Buffer 的文件流进来的，所以解决方法是：不要使用 decodeFile，而改用 decodeStream，并且传入 BufferedInputStream 类型的文件流，如 1-52 所示。

```
BufferedInputStream bis = new BufferedInputStream(new FileInputStream
(filepath));
Bitmap bimap = BitmapFactory.decodeStream(bis, null, ops);
```

图 1-52

对修改方案进行 demo 验证的数据如表 1-17 所示，在三星 9300（Android 4.3）上，decodeFile 和 decodeStream 的耗时几乎一致，而在 MI2S（Android 5.0）上，decodeStream 的速度是 decodeFile 的 3 倍之多。

表 1-17

机型（系统版本）	系统 API	耗　　时	读磁盘次数
I9300（Android 4.3）	decodeStream	25	2
	decodeFile	26	1
MI 2S（Android 5.0）	decodeStream	18	2
	decodeFile	49	108

结论

（1）解码 Bitmap 要使用 decodeStream，不要使用 decodeFile，同时传给 decodeStream 的文件流是 BufferedInputStream。

（2）decodeResource 同样存在这个问题，建议使用 decodeResourceStream。

1.13　专项标准：磁盘

专项标准：磁盘，如表 1-18 所示。

表 1-18

遵循原则	标　准	优先级	规则起源
避免主线程 I/O	避免主线程操作文件和数据库	P0	50% 以上的卡顿问题都是由主线程 I/O 引起的
	用 apply 代替 Sharepreference.commit	P1	apply 是异步操作，commit 是同步操作
	提前初始化 Sharepreference	P1	在多进程和旧版本的 Android 中，初始化过程的 I/O 读 / 写是在主线程的
减少 I/O 读写量	减少使用 select *	P1	减少从数据库读取的数据量，减少耗时
	利用缓存减少重复读写	P2	内存缓存命中率极高，投入产出高
	数据库减少使用 AUTOINCREMENT	P1	因为要多操作一个表，所以 Insert 耗时减少 2~4 倍
	使用合适的数据库分页	P0	sqlite 读 / 写磁盘是以 page 为单位的，在 3.12.0 版本之前，sqlite 默认 page size 是 1KB，从 3.12.0 开始，page size 调整为 4KB
	频繁查询的表使用索引	P0	索引可以极大地减少读磁盘的数据量，极大地提升效率
	避免无效索引	P0	无效索引的问题通常是严重的。除了触发全表扫描，产生大量冗余的读 / 写之外，还降低了写入性能
减少 I/O 操作次数	使用 8KB Buffer 读 / 写	P0	可以减少 2~3 倍的耗时（案例 D、J、F、E 也与之相关）
	批量更新数据库使用事务	P0	启用事务，根据业务规模，会大量减少 I/O 读 / 写量和操作次数，从而提升效率
	ZIP 压缩大量小文件时建议使用 ZipInputStream	P2	

第 2 章
内存：性能优化的终结者

2.1 原理

那天几个小伙伴在讨论重复下载的流量问题，一个负责内存的小伙伴云雷，默默地走过来强行插入说，一切最后都会变成内存问题，如图 2-1 所示。然后大家相视一笑，为什么呢？想想，质疑重复下载问题，可以缓存到存储中；缓存到存储要读出来，就变成磁盘 I/O 问题；为了避免磁盘 I/O 问题怎么办，用内存缓存起来。什么都用内存缓存起来，App 的常驻内存就会很大，变成内存问题，甚至最后成为 OOM 的导火索。

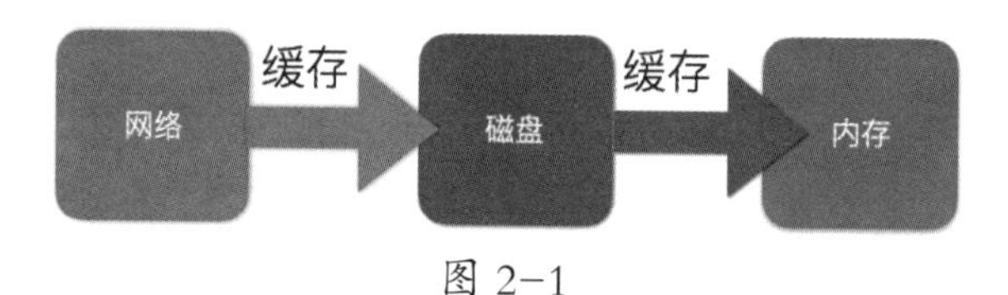

图 2-1

这里我们就以 OOM 为起点，介绍 Android 内存的原理。Out of Memory，OOM，通常会在 decode 图片的时候触发，但不一定是 decode 图片的问题，因为也许它只是压垮骆驼的稍微大一点的稻草而已。那什么时候会压垮骆驼？在虚拟机的 Heap 内存使用超过堆内存最大值（Max Memory Heap）的时候，那么在这里大家需要理解的第一个概念就是 Dalvik（ART）虚拟机的堆内存最大值。

1. 虚拟机的堆内存最大值

在虚拟机中，Android 系统给堆（Heap）内存设置了一个最大值，可以通过 runtime.getruntime().maxmemory() 获取，而据我们 2016 年 2 月的统计，大部分用户使用的手机的最大堆内存应该都设置在 64MB 以上，而 128MB 的手机份额也在飞速增加，估计是因为屏幕分辨率变大了，解码图片的内存消耗相应变大，所以给予每个 App 的最大堆内存也与日俱增。而游戏作为消耗内存的特殊存在，Android 开通了一个绿色通道，可以在 manifest 里面设置 LargeHeap 为 true。

从这里可以发现，你的 App 真的不可能完全使用 1GB、2GB 的内存，系统只分给你一小部分。分这么小内存有一个重要的原因，是 Android 默认没有虚拟内存。在内存资源稀缺的大背景下，为了保证在极端情况下，前台 App 和系统还能稳定运行，就只有靠 low memory killer 机制。

2. Low Memory Killer

下面引出另一个重要概念 Low Memory Killer，也是 App 消耗内存过大导致的另外一个结果。在手机剩余内存低于内存警戒线的时候，就会召唤 Low Memory Killer 这个劫富济贫的“杀手”在后台默默干活。这里只要记住一句话，App 占用内存越多，被 Low Memory Killer 处理掉的机会就越大。

如果 OOM 和 Low Memory Killer 都没有干掉你的 App，那也不代表 App 就没有内存问题。因为还有一类问题，会直接导致 App 卡顿，即 GC。

3. GC（Garbage Collection）

最简单的理解就是没有被 GC ROOT 间接或直接引用的对象的内存会被回收。在具体执行中，ART 和 Dalvik（>2.3）会有很多不同，如图 2-2 所示，并发 GC 的时候 ART 比 Dalvik 少了一个 stop-the-world 的阶段，因此 Dalvik 比 ART 更容易产生 Jank（卡顿），当然，无论 ART 还是 Dalvik 并发 GC 的 stop-the-world 的时间并不长。然而，糟糕的情况是 GC for Alloc，这个情况在内存不足以分配给新的对象时触发，它 stop-the-world 的时间因为 GC 无法并发而变得更长（虽然在 Android 3.0 中增加了局部回收（Partial），在 Android5.0 中增加了新增回收（Sticky）优化了不少，但时间依然很长），如图 2-3 所示。

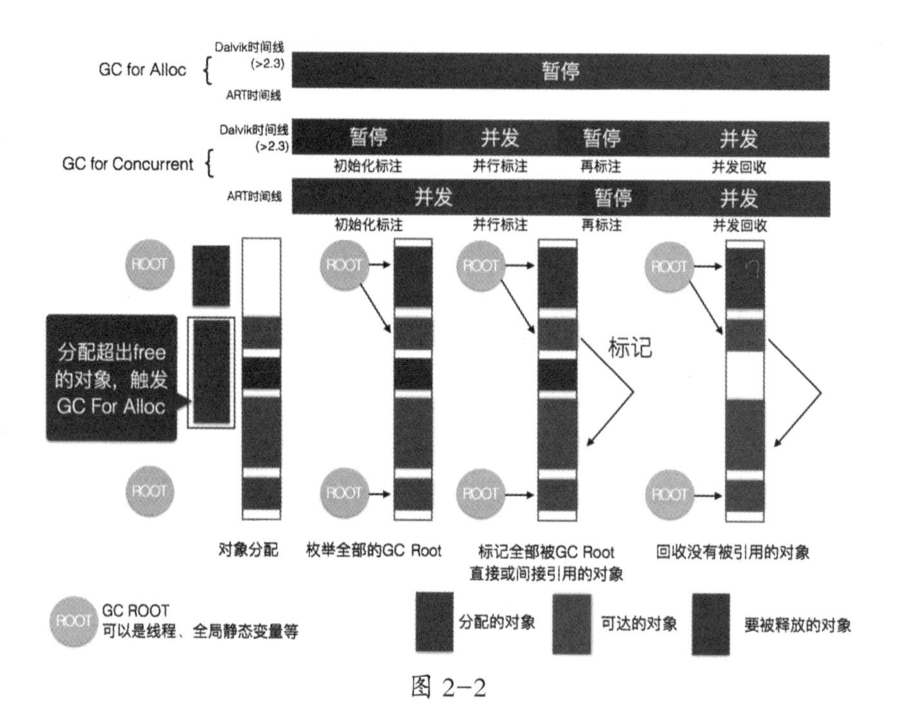

图 2-2

	<3.0	3.0-4.4	>5.0(ART)
GC原因	GC_FOR_MALLOC GC_EXPLICIT GC_EXTERNAL_ALLOC：BitmapHeap空间不足 GC_HPROF_DUMP_HEAP	+GC_CONCURRENT -GC_EXTERNAL_ALLOC	+Background +NativeAlloc +CollectorTransition +DisableMovingGC,HeapTrim +HomogeneousSpaceCompact
GC范围	全局(full)	+局部(Partial)	+新增(Sticky)
GC采集方式	Stop-the-world	+并发(Concurrent)	+并行(Parallel) +腾挪(Moving)
GC回收方式	标注-回收 (Mark-Sweep)	+并发标注-回收 (Concurrent Mark-Sweep)	减少碎片的新算法 +需要回收的空间压缩到一端 +移动被GC ROOT间接或者直接引用的对象到一个空间，剩余在原空间统一删除
触发条件	没有空间分配对象	+触碰剩余内存的阈值则回收	+预估吞吐量回收 +预估剩余回收

图 2-3

那么说到底，我们还是要避免 GC FOR ALLOC，跟要避免 OOM 一样，关键是要管理好内存。什么是管理好内存？除了减少内存的申请回收外，更重要的是减少常驻内存和避免内存泄漏。说起内存泄漏，就必须要提 Activity 内存泄漏。

4. Activity 内存泄漏

因为 Activity 对象会间接或者直接引用 View、Bitmap 等，所以一旦无法释放，会占用大量内存。案例部分将会介绍有不少关于 Activity 内存泄漏的案例。但是无论是什么案例，都离不开不同的 GC ROOT 对 Activity 的直接引用、this$0 间接引用、mContext 间接引用，如表 2-1 所示。

表 2-1

引用的方式\GC ROOT	Class-（静态变量）	活着的线程	生命周期跟随 App 的特殊存在
mContext 间接引用	静态 View，InputMethodManager	SensorManager、WifiManager（其他 Service 进程都可以）	ViewRootImpl
this$0 间接引用	内类引用	匿名类 /Timer/TimerTask/Handler	
直接引用	静态 Actvity		

提示：大家学习完后面的案例之后，也不妨回到这里看一下。

那么另外一个情况就是内存常驻了，而通常在常驻内存中最大的就是图片。俗话说，互联网产品最讲究的体验精神，即“有图有真相”。但是这些图片在内存中的存储不合理会导致什么呢？

首当其冲的是 Crash 堆栈，如图 2-4 所示。

Crash堆栈　　　　查看还原前堆栈

```
- java.lang.OutOfMemoryError: bitmap size exceeds VM budget
- android.graphics.BitmapFactory.nativeDecodeAsset(Native Method)
- android.graphics.BitmapFactory.decodeStream(BitmapFactory.java:460)
- android.graphics.BitmapFactory.decodeResourceStream(BitmapFactory.java:336)
- android.graphics.drawable.Drawable.createFromResourceStream(Drawable.java:697)
- android.content.res.Resources.loadDrawable(Resources.java:1709)
- android.content.res.Resources.getDrawable(Resources.java:581)
- com.tencent.                                        .Drawable
  getDrawable(int)(ProGuard:71)
- android.graphics.drawable.StateListDrawable.inflate(StateListDrawable.java:162)
- android.graphics.drawable.Drawable.createFromXmlInner(Drawable.java:787)
- android.graphics.drawable.Drawable.createFromXml(Drawable.java:728)
- android.content.res.Resources.loadDrawable(Resources.java:1694)
- android.content.res.Resources.getDrawable(Resources.java:581)
- com.tencent.                                        .Drawable
  getDrawable(int)(ProGuard:73)
- com.tencent.                                        $Item
       Add(int,java.lang.CharSequence,int)(ProGuard:126)
- com.qzone.                    void add(int,java.lang.CharSequence)
  (ProGuard:100)
- com.qzone.               PictureViewer.void createMore     Menu()
  (ProGuard:899)
- com.qzone.                    Viewer.void init()(ProGuard:415)
- com.qzone.ui.             PictureViewer.void onCreate(android.os.Bundle)
  (ProGuard:342)
- android.app.Instrumentation.callActivityOnCreate(Instrumentation.java:1047)
- android.app.ActivityThread.performLaunchActivity(ActivityThread.java:1630)
```

图 2-4

然后是疯狂GC，触发我们前面说到的GC for Alloc，导致Stop-the-world的“卡”，如图2-5所示。

```
03-21 11:27:33.008: D/dalvikvm(2493): GC_FOR_ALLOC freed 4062K, 12% free 31476K/35580K, paused 26ms, total 26ms
03-21 11:27:33.038: D/dalvikvm(2493): GC_FOR_ALLOC freed 8K, 11% free 33698K/37812K, paused 21ms, total 21ms
03-21 11:27:33.068: D/dalvikvm(2493): GC_FOR_ALLOC freed 80K, 11% free 33705K/37812K, paused 28ms, total 28ms
03-21 11:27:33.098: D/dalvikvm(2493): GC_FOR_ALLOC freed <1K, 11% free 35935K/40044K, paused 21ms, total 21ms
03-21 11:27:33.168: D/dalvikvm(2493): GC_FOR_ALLOC freed 4915K, 21% free 33788K/42276K, paused 20ms, total 20ms
03-21 11:27:33.228: D/dalvikvm(2493): GC_FOR_ALLOC freed 6859K, 12% free 31589K/35576K, paused 26ms, total 26ms
03-21 11:27:33.258: D/dalvikvm(2493): GC_FOR_ALLOC freed <1K, 11% free 33818K/37808K, paused 22ms, total 22ms
03-21 11:27:33.298: D/dalvikvm(2493): GC_FOR_ALLOC freed 20K, 11% free 33886K/37808K, paused 31ms, total 31ms
03-21 11:27:33.318: D/dalvikvm(2493): GC_FOR_ALLOC freed <1K, 10% free 36115K/40040K, paused 23ms, total 23ms
03-21 11:27:33.388: D/dalvikvm(2493): GC_FOR_ALLOC freed 4585K, 18% free 34874K/42328K, paused 24ms, total 24ms
03-21 11:27:33.458: D/dalvikvm(2493): GC_FOR_ALLOC freed 4593K, 18% free 34895K/42328K, paused 21ms, total 21ms
03-21 11:27:33.528: D/dalvikvm(2493): GC_FOR_ALLOC freed 4588K, 18% free 34917K/42328K, paused 21ms, total 21ms
03-21 11:27:33.588: D/dalvikvm(2493): GC_FOR_ALLOC freed 4588K, 18% free 34941K/42328K, paused 22ms, total 22ms
03-21 11:27:33.648: D/dalvikvm(2493): GC_FOR_ALLOC freed 4588K, 18% free 34977K/42328K, paused 20ms, total 20ms
03-21 11:27:33.718: D/dalvikvm(2493): GC_FOR_ALLOC freed 4588K, 18% free 35002K/42328K, paused 31ms, total 31ms
03-21 11:27:33.788: D/dalvikvm(2493): GC_FOR_ALLOC freed 4588K, 18% free 35024K/42328K, paused 20ms, total 20ms
03-21 11:27:33.848: D/dalvikvm(2493): GC_FOR_ALLOC freed 4588K, 18% free 35048K/42328K, paused 20ms, total 20ms
03-21 11:27:33.908: D/dalvikvm(2493): GC_FOR_ALLOC freed 4588K, 18% free 35073K/42328K, paused 20ms, total 20ms
03-21 11:27:33.968: D/dalvikvm(2493): GC_FOR_ALLOC freed 4588K, 18% free 35098K/42328K, paused 28ms, total 28ms
03-21 11:27:34.038: D/dalvikvm(2493): GC_FOR_ALLOC freed 4588K, 18% free 35131K/42328K, paused 25ms, total 25ms
03-21 11:27:34.118: D/dalvikvm(2493): GC_FOR_ALLOC freed 4634K, 18% free 35110K/42328K, paused 33ms, total 33ms
03-21 11:27:34.188: D/dalvikvm(2493): GC_FOR_ALLOC freed 4588K, 18% free 35130K/42328K, paused 33ms, total 33ms
03-21 11:27:34.248: D/dalvikvm(2493): GC_FOR_ALLOC freed 4588K, 17% free 35152K/42328K, paused 20ms, total 20ms
03-21 11:27:34.308: D/dalvikvm(2493): GC_FOR_ALLOC freed 4588K, 17% free 35177K/42328K, paused 20ms, total 20ms
03-21 11:27:34.378: D/dalvikvm(2493): GC_FOR_ALLOC freed 4588K, 17% free 35198K/42328K, paused 29ms, total 29ms
03-21 11:27:34.458: D/dalvikvm(2493): GC_FOR_ALLOC freed 4588K, 17% free 35223K/42328K, paused 20ms, total 21ms
```

图 2-5

最后是功能异常，有损体验：内存没了，图还要加载，如图 2-6 所示。

图 2-6　内存没了，图还要加载

当然，以上的损害都说明，我们将“大卡车”停进的“内存”造成危害。既然有这么多的损害，为什么不能把图片下载来都放到磁盘（SD Card）上呢？其实答案不难猜，放在内存中，展示起来会“快”那么一些。快的原因有如下两点。

- 硬件快（内存本身读取、存入速度快）。
- 复用快（解码成果有效保存，复用时，直接使用解码后对象，而不是再做一次图片解码）。

很多同学不知道所谓“解码”的概念，可以简单地理解，Android 系统要在屏幕上展示图片的时候只认“像素缓冲”，而这也是大多数操作系统的特征。而我们常见的 jpg、png 等图片格式，都是把“像素缓冲”使用不同的手段压缩后的结果，所以相对而言，这些格式的图片，要在设备上展示，就必须经过一次“解码”，它的执行速度会受图片压缩比、尺寸等因素影响，是影响图片展示速度的一个重要因素。

5. 图片缓存

两害相权取其轻，官方建议使用 LRU 算法来做图片缓存，而不是之前推荐的 WeekReference，因为 WeekReference 会导致大量 GC。原理示意图如图 2-7 所示。

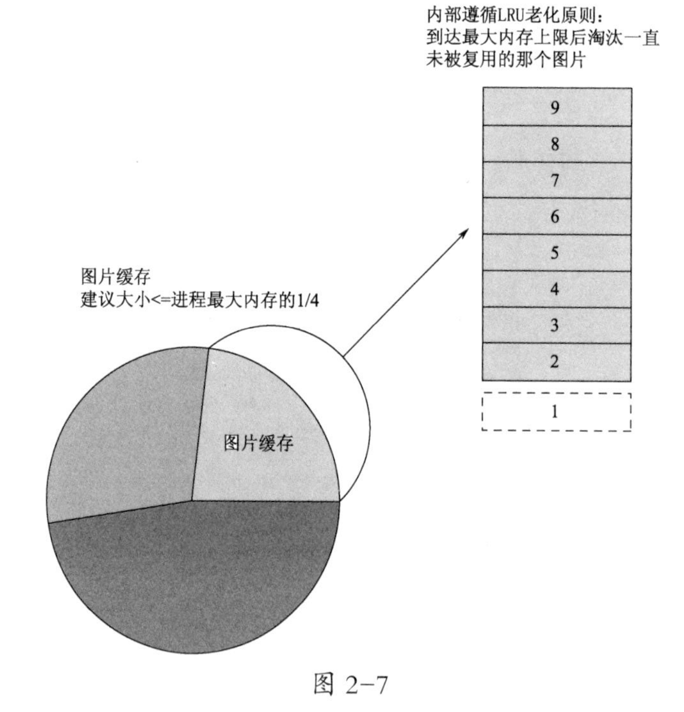

图 2-7

官方建议使用一个进程所能申请的最大内存的四分之一作为图片缓存（Android 进程都有最大内存上限，这依据手机 ROM 而定，在手机出厂的那一刻就被固定下来，一般情况下无法更改）。图片缓存达到容积上限时，内部使用 LRU 算法做淘汰，淘汰那些"又老又少被用到"的图片，这就是内存图片缓存的大体设计思维。但是对于许多图片类 App，内存对于它们实在是捉襟见肘，因此官方有两个非常著名的硬盘缓存方案。

1. DiskLruCache（ https://android.googlesource.com/platform/libcore/+/jb-mr2-release/luni/src/main/java/libcore/io/DiskLruCache.java，https://github.com/JakeWharton/DiskLruCache ），简单理解就是 LruCache 的硬盘版本，容错性强，但是对比 BlobCache，I/O 性能很一般。

2. BlobCache（ http://androidxref.com/6.0.1_r10/xref/packages/Apps/Gallery2/gallerycommon/src/com/android/gallery3d/common/BlobCache.java ），这个方案源自 Android 原生的相册，仅仅利用三个文件，包括索引（Index）文件、活动（Active）文件和非活动（Unactive）文件，通过 FileInputStream().getChannel().map() 把索引文件直接映射到内存，通过索引（其实就是偏移）来读取活动文件中的图片缓存。清除旧图片的方法简单粗暴，直接 seek 到文件头部，覆盖写入就可以。这一切都是为了用最小的磁盘 I/O 代价完成磁盘缓存。

另外官方也建议，把从内存淘汰的图片，降低压缩比存储到本地，以备后用。这样就可以最大限度地降低以后复用时的解码开销。

现在我们来归纳一下，内存问题主要包括常驻问题（主要是图片缓存）、泄漏问题（主要是 Activity 泄漏）、GC 问题（关键是 GC For Alloc），后果会导致 App Crash、闪退、后台被杀、卡顿，而且这是各种资源类性能问题积压的最后一环。因此可见其重要性，下面，我们来看看有什么好工具和实用的案例可以帮助我们理解和解决这些终极性能问题。

2.2　工具集

这里要特别强调，Android 关于内存的工具不少，如表 2-2 所示，灵活地选择工具就显得特别重要。我们特别推荐涵盖一定初步定位和定位能力的工具，可以让我们一步到位地剖析问题、提升效率。实在有些场景无法覆盖，这时可以使用仅有"发现"能力的工具。

表 2-2

工　　具	问　　题	能　　力
top/procrank	内存占用过大，内存泄漏	发现
STRICTMODE	Activity 泄漏	发现
meminfo	Native 内存泄漏、是否存在 Activity、ApplicationContext 泄漏、数据库缓存命中率低	发现 + 初步定位
MAT、Finder、JHAT	Java 层的重复内存、不合理图片解码、内存泄漏等	发现 + 定位
libc_malloc_deBug_leak.so	Native 内存泄漏（JNI 层）	发现 + 定位
LeakCanary	Activity 内存泄漏	自动发现 + 定位
StrictMode	Activity 内存泄漏	自动发现 + 初步定位
APT	内存占用过大，内存泄漏	发现
GC Log from Logcat、GC Log 生成图表	人工触发 GC for Explicit 而导致的卡顿，Heap 内存不足触发 GC for Alloc 而导致的卡顿	发现 + 初步定位
Systrace	GC 导致的卡顿	发现
Allocation Tracer	申请内存次数过多和过大、辅助定位 GC Log 发现的问题	发现 + 定位
chrome devtool	HS 的内存问题	发现 + 定位

1. top/procrank

得到内存曲线的方法很多，top 就是其中一种，但是很遗憾，它的输出列信息（如图 2-8 所示）中只包含 RSS 与 VSS，所以 Android 中 Top 的使用更多地集中在某个进程的 CPU 负载方面。下面借着介绍 top 的契机，说明 VSS、RSS、PSS、USS 的含义。

VSS：Virtual Set Size 虚集合大小。

RSS：Resident Set Size 常驻集合大小。

PSS：Proportional Set Size 比例集合大小。

USS：Unique Set Size 独占集合大小。

```
 PID       Vss      Rss      Pss      Uss  cmdline
 871  1127632K  146220K  113053K  109588K  com.android.systemui
 764  1118200K   91996K   53031K   48104K  system_server
1886  1278432K   88192K   49528K   45136K  com.tencent.android.qqdownloader
1092  1122192K   83492K   44669K   37904K  com.android.launcher3
1698  1166252K   82616K   39727K   32288K  com.google.android.gms.persistent
2813  1230140K   78052K   39565K   35000K  com.google.android.googlequicksearchbox:search
1717  1275336K   78704K   36543K   29280K  com.google.android.gms
 932  1293096K   56956K   23560K   21232K  com.tencent.mobileqq:MSF
2224  1051816K   55016K   23145K   21192K  com.tencent.weread:gap
2252  1197636K   52704K   19084K   16836K  com.taptap
```

图 2-8

RSS 与 PSS 相似，也包含进程共享内存，但有一个麻烦，RSS 并没有把共享内存大小平分到使用共享的进程头上，以至于所有进程的 RSS 相加会超过物理内存很多。而 VSS 是虚拟地址，它的上限与进程的可访问地址空间有关，和当前进程的内存使用关系并不大，就比如在 A 地址有一块内存，在 B 地址也有一块内存，那么 VSS 就等于 A Size 加 B Size，而至于内存是什么属性，它并不关心。所以很多 file 的 map 内存也被算在其中，我们都知道，file 的 map 内存对应的可能是一个文件或硬盘，或者某个奇怪的设备，它与进程使用内存并没有多少关系。

而 PSS、USS 最大的不同在于“共享内存”（比如两个 App 使用 MMAP 方式打开同一个文件，那么打开文件而使用的这部分内存就是共享的），USS 不包含进程间共享的内存，而 PSS 包含。这也造成了 USS 因为缺少共享内存，所有进程的 USS 相加要小于物理内存大小的原因。

最早的时候官方推荐使用 PSS 曲线图来衡量 App 的物理内存占用，同时，用户在原生的 Android 操作系统上唯一能看到的内存指标（在“设置 - 应用程序 - 正在运行的某程序”）就是 PSS，而 Android 4.4 之后加入 USS（如图 2-8 所示）。

但是 PSS，有个很大的麻烦，就是“共享内存”，这种情况发生在 A 进程与 B 进程都会使用一个共享 SO 库，那么 SO 库中初始化所用的那部分内存就会被平分到 A 与 B 的头上。但是 A 是在 B 之后启动的，那么对于 B 的 PSS 曲线图而言，在 A 启动的那一刻，即使 B 没有做任何事情，也会出现一个比较大的阶梯状下滑，这会给用曲线图分析软件内存的行为造成致命的麻烦。

USS 虽然没有这个麻烦，但是由于 Dalvik 虚拟机申请内存牵扯到 GC 时延和多种 GC 策略，这些都会影响曲线的异常波动，比如异步 GC 是 Android 4.0 以上系统很重要的新特性，但是GC什么时候结束？曲线什么时候“降”？就变得很诡异了，而测试人员通常希望退出某个界面后可以明显地看到曲线有大的降落。还有GC策略，什么时候开始增加Dalvik虚拟机的预申请内存大小（Dalvik启动时是有一个标称的start内存大小的，为Java代码运行时预留，避免Java运行时再申请而造成卡顿），但是这个预申请大小是动态变化的，这也会造成USS忽大忽小。

另外：

（1）Android 4.4以后增加了一个新的名词，被称为ProcessStats（PS），用于反映内存负载，其最终计算也用到了PSS。

（2）PROCRANK在模拟器里面会存在，而大多数真机则没有。不过下面介绍的Meminfo才是正道，所以也不多介绍了。

2. meminfo

介绍完top/procrank，我们知道了它们的适用范围以及局限性。接下来介绍一个Android官方非常推荐的工具dumpsys meminfo。

meminfo的使用如下：

meminfo dump options: [-a] [--oom] [process]

其中，-h 帮助信息。

-a 打印所有进程的内存信息，以及当前设备的内存概况。

--oom 按照OOM Adj值进行排序。

[process] 可以是进程名称，也可以是进程id，用于打印某个进程的内存信息。

如果不输入参数，meminfo只会打印当前设备的内存概况，如图2-9和图2-10所示，这两张图由三个部分构成。

```
Total PSS by process:
    65291 kB: com.android.launcher (pid 609)
    56091 kB: system (pid 391)
    41691 kB: com.android.systemui (pid 468)
    40441 kB: com.tencent.qqlive (pid 990)
    40441 kB: com.tencent.android.qqdownloader:uninstall (pid 1049)
    37213 kB: com.tencent.qqlite (pid 5405)
    23675 kB: com.tencent.android.qqdownloader (pid 23562)
    14552 kB: com.tencent.qqpinyin.service (pid 578)
    11984 kB: com.qzone:service (pid 16676)
    11671 kB: com.qzone (pid 31939)
    10662 kB: com.letv.android.client:bdservice_v1 (pid 1571)
     9886 kB: com.tencent.qqlite:MSF (pid 5427)
     9778 kB: android.process.media (pid 567)
     9367 kB: com.google.process.gapps (pid 784)
     9028 kB: com.tencent.android.qqdownloader:connect (pid 923)
     8564 kB: com.letv.android.client:remote (pid 1799)
     7521 kB: com.letv.android.client (pid 1486)
     7417 kB: com.google.android.apps.maps:GoogleLocationService (pid 31261)
     7054 kB: com.google.process.location (pid 716)
     6501 kB: com.android.phone (pid 598)
     6460 kB: com.google.android.apps.maps (pid 1865)
     5509 kB: com.google.android.gallery3d (pid 15953)
     5126 kB: com.google.android.apps.maps:LocationFriendService (pid 31296)
     4544 kB: com.google.android.deskclock (pid 28719)
     4411 kB: com.google.android.apps.uploader (pid 1662)
     4219 kB: com.android.nfc (pid 604)
     4049 kB: com.google.android.apps.maps:FriendService (pid 31283)
     3062 kB: com.android.nfc:handover (pid 652)
     2927 kB: com.android.location.fused (pid 730)

Total PSS by OOM adjustment:
    56091 kB: System
               56091 kB: system (pid 391)
    52411 kB: Persistent
               41691 kB: com.android.systemui (pid 468)
                6501 kB: com.android.phone (pid 598)
                4219 kB: com.android.nfc (pid 604)
    65291 kB: Foreground
               65291 kB: com.android.launcher (pid 609)
    19483 kB: Visible
                9367 kB: com.google.process.gapps (pid 784)
                7054 kB: com.google.process.location (pid 716)
                3062 kB: com.android.nfc:handover (pid 652)
    27365 kB: Perceptible
               14552 kB: com.tencent.qqpinyin.service (pid 578)
                9886 kB: com.tencent.qqlite:MSF (pid 5427)
                2927 kB: com.android.location.fused (pid 730)
    19401 kB: A Services
               11984 kB: com.qzone:service (pid 16676)
```

图 2-9

```
               4049 kB: com.google.android.apps.maps:FriendService (pid 31283)

Total PSS by category:
   214544 kB: Dalvik
   103932 kB: Other dev
    86289 kB: Unknown
    30263 kB: .dex mmap
    25372 kB: .so mmap
     4443 kB: .apk mmap
     2204 kB: Other mmap
     1567 kB: .ttf mmap
      458 kB: Native
       28 kB: Cursor
       28 kB: Ashmem
        7 kB: .jar mmap

Total PSS: 469135 kB
```

图 2-10

（1）按照 PSS 排队，用于查看进程的内存占用，一般用它来做初步的竞品分析，同样功能的应用程序应该具有不相上下的 PSS。

（2）OOM Adj 排队，展示当前系统内部运行的所有 Android 进程的内存状态和被杀顺序，越靠下方的进程越容易被杀，排序按照一套复杂的算法，算法涵盖了前后台、服务或界面、可见与否、老化等，但其查看的意义大于测试，可以做竞品对比，比如先后退回后台的被测产品，没过多久出现竞品的排名在被测产品上方的情况（即被测产品退回后台更容易被系统杀掉，不过 Android 4.4 以后出现了“内存负载”概念，这也不一定是坏事了）。

（3）整机 PSS 分布，按照降序排列各类 PSS 占用，此部分仅用于粗略查看设备内存概况，也可以查看物理内存的使用是否已接近物理内存的最大值。

输入进程标识参数后，meminfo 会打出一份有关进程的详细内存概况，如图 2-11 和图 2-12 所示。

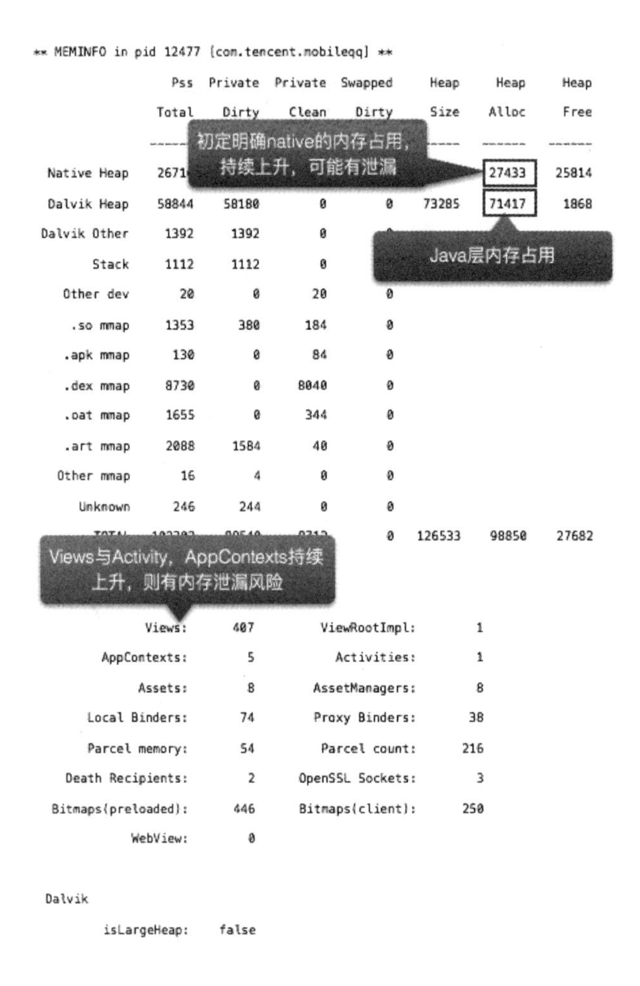

图 2-11

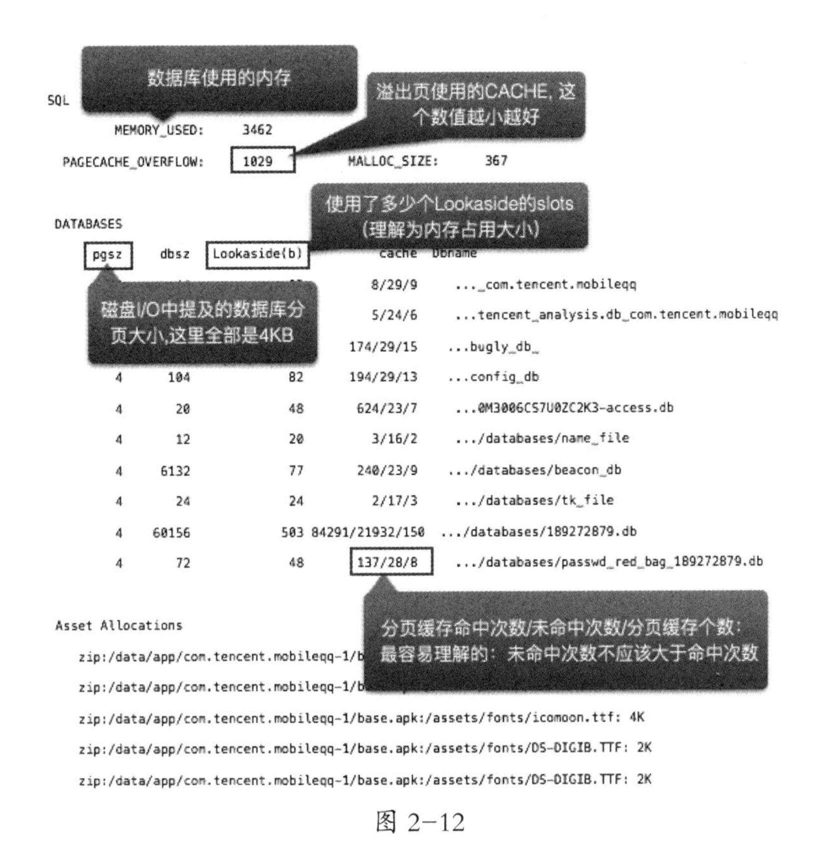

图 2-12

另外，配合命令行 watch 来观察 meminfo 也是不错的选择，例如，每隔 5 秒刷新一次，watch –n 5 dumpsys meminfo com.tencent.mobileqq。

3. Procstats

从基础的曲线图 PSS 引出了 meminfo，那么怎样才能把 meminfo 这样一个“点”上的值变成一个“统计”的值呢？绘制二维曲线是一种方法（纵轴 PSS、横轴时间），但这并不能为用户选择 App 提出好的建议（太难于理解，不好简易量化），所以 Android 想出了更好的办法，即“内存负载”。这个概念在 Android 4.4 被提了出来，那么负载是怎么计算的呢？见如下公式：

内存负载 =PSS × 运行时长

运行时长被分为前台、后台和缓冲（与 App 在设备上的运行状态一致）时长，与之对应内存负载就出现了前台内存负载、后台内存负载和缓冲内存负载这三个概念。为了更直观展示它们，就有了 Procstats 工具（如图 2-13 所示），它位于 Android L 的开发者选项中，虽然官方也没有说什么时候要把它移出来给用户看，但相信很快就会被公布于众。

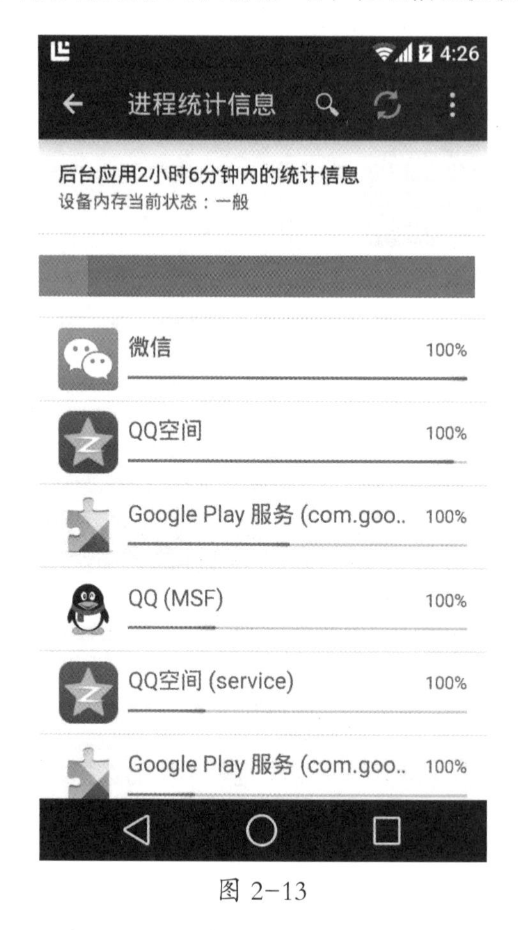

图 2-13

Procstats 的查看方式很简单，有如下两种。

（1）每个进程后面都有一个百分比数值，它用于统计“此状态下的”运行时间，所谓的此状态即上文所述的——前台、后台、缓冲。默认展示的是“后台负载”，所以按照图 2-13 所展示的，QQ MSF 进程在被统计的 2 小时 6 分钟内，位于后台的运行时长也是 2 小时 16 分钟。

（2）每个进程都有一条绿色的进度条，越长表示负载越高，没有一个统一的刻度值，只是一种展示而已，它的长短由 App 的 PSS 和此状态下的运行时间的积来决定，由图 2-13 可见，微信的内存负载高过 QQ 空间。

引申一下，三个状态中对于 Android 系统来说，有如下的潜规则。

（1）对于前台而言，是用户正在使用的，所以这部分内存一定会保证，是用户不关注的，所以在内存负载中不应该“默认展示”。

（2）对于缓冲而言，Android 认为可以回收，此类软件有良好的被杀恢复能力，所以没有将它杀死完全是系统的责任，在内存负载中也不应该“默认展示”。

（3）对于后台而言，Android 认为这完全是 App 行为，而且系统因为种种原因也无权杀死它并回收内存，而且并非用户当前所使用（正在使用的 App 是运行于“前台”状态下的），有可能是用户不想支付的代价，所以这部分内存负载应该被“默认展示”。

作为测试人员，可以通过竞品对比查看哪个 App 在后台的内存负载更高，用以说明被测软件在完成自我特性的同时，内存指标是否被 Android 系统认可（即软件的全局观），认可度高的 App 相比认可度低的 App 而言肯定更容易被用户所青睐。

4. DDMS（Monitor）

DDMS 的全称是：Dalvik DeBug Monitor Server，即 Dalvik 虚拟机调试监控服务，其界面如图 2-14 所示。

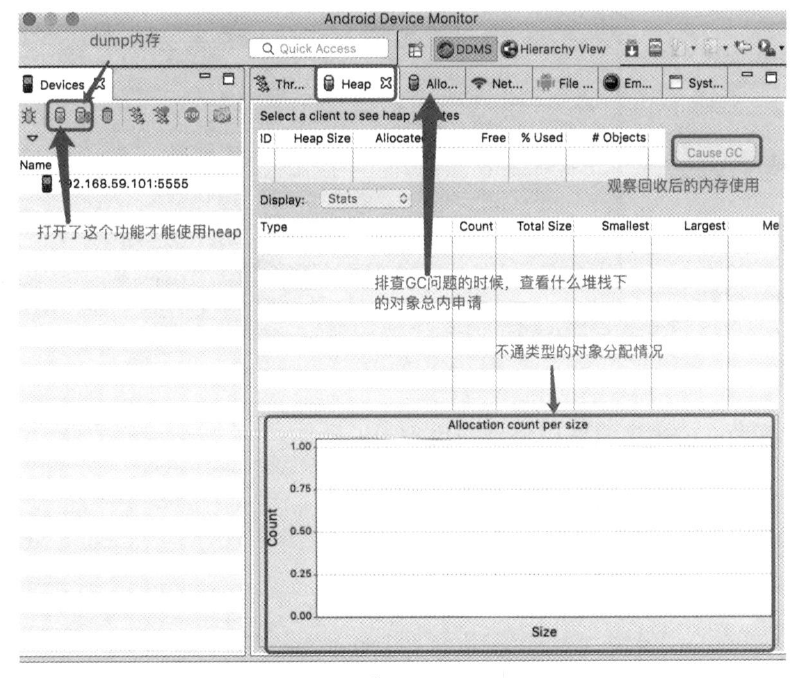

图 2-14

DDMS 是一个调试信息合集，里面包含时延、内存、线程、CPU、文件系统、流量等一系列信息的获取和展示，其中和内存相关的要提到两个功能：Update Heap、Allocation Tracker，以及内存快照 Dump Hprof file。

Update Heap：会获取 GC 的信息，包括当前已分配内存、当前存活的对象个数、所剩内存、动态虚拟机 heapSize，还有一个分配大小的分布柱状图，主要用于查看，问题定位能力有限。

Allocation Tracker：会展示最近的 500 条内存分配，以及分配发生时刻的线程堆栈信息（如图 2-15 所示），官方推荐用它来提升流畅度。因为申请内存多，GC 就多，而正如原理所介绍的，GC 会挂起全部线程，引入卡顿问题。

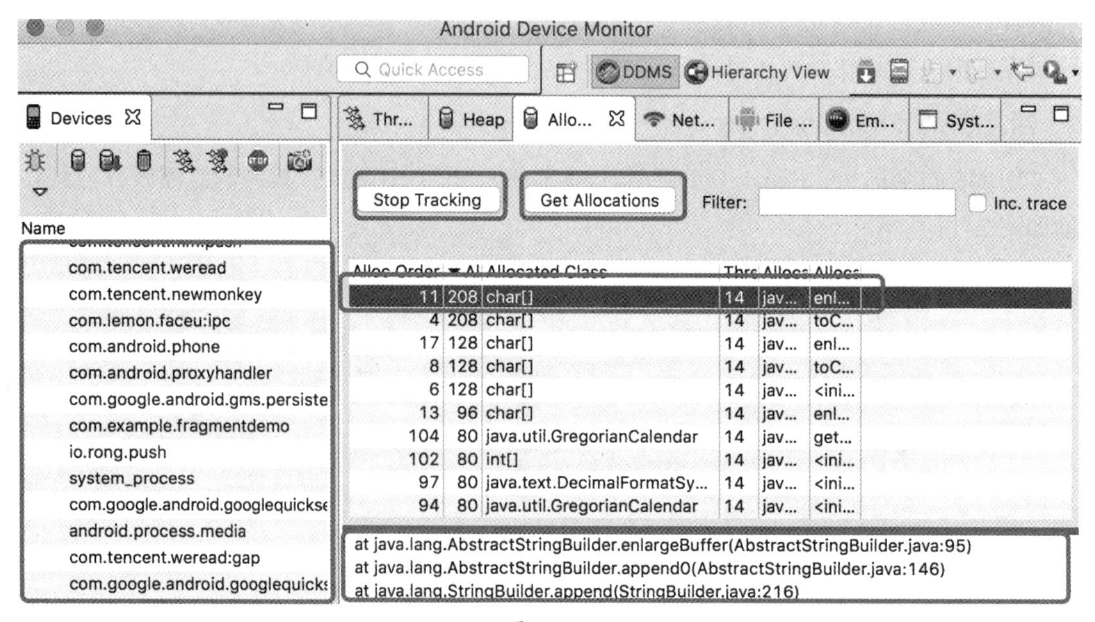

图 2-15

Dump Hprof file：用于对选中的进程进行内存快照，至于内存快照的使用将会在 MAT 部分中介绍。

另外，在 Android Studio 也有类似的功能，而且更加好用，其截图如 2-16 所示。

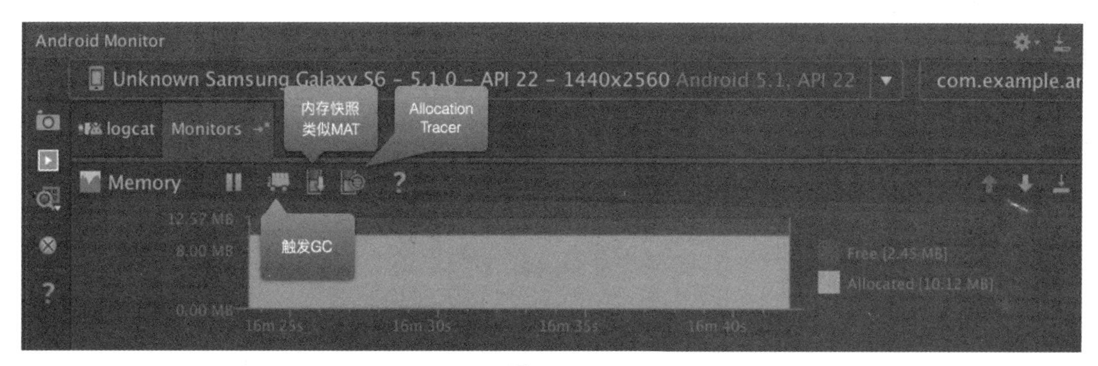

图 2-16

5. MAT

MAT 的全称为 Memory Analyzer（内存分析器），是 IBM Eclipse 顶级开源项目，但 MAT 的设计初衷并非专门用于分析 Android 应用程序内存，它最初的作用是分析运行在 J2SE 或 J2ME 下的 Java 类型应用程序的内存问题。由于 Dalvik 在一定程度上也可以理解为 Java 虚拟机，Google 就没有重复开发内存分析工具，而沿用了 MAT。

使用 MAT 需要抓取 Hprof 文件（内存快照），抓取 Android 应用程序快照的方法有很多，前文说的 DDMS 的 Dump Hprof file 功能就是其中最简单、通用性最强的一种。以下还有两种不常用的方法。

（1）在 adb shell 模式下使用 kill -10 pid。

（2）在 adb shell 模式下使用 am dumpheap pid outfilePath。

通过（1）抓取的 Hprof 文件位于 /data/misc 文件夹下，但是 Android 4.x 以上系统已经不支持这条命令了，am 命令虽然可以指定手机端的输出目录，但是分析过程仍需要把它从手机端复制到电脑端。

通过 DDMS 抓取的 Hprof 文件不能直接用于 MAT，需要通过 Android SDK Tools 中的 Hprof-conv 工具转换一下，才能用于 MAT。不过在安装 DDMS 的 Eclipse 上继续安装 MAT 插件，这样使用 DDMS 抓取 Hprof 文件就不会出现“另存为”窗口，而会直接自动转化后在 MAT 插件中展示了。

使用 MAT 打开 Hprof 文件后，通常会见到如 2-17 所示的界面。

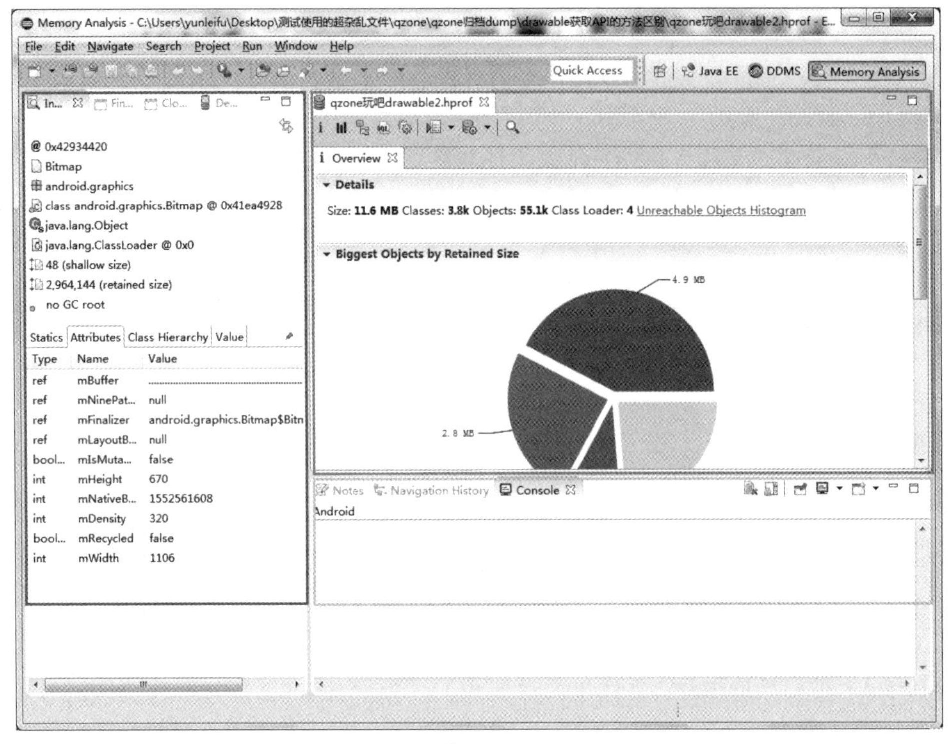

图 2-17

Insepctor：左侧框出来的部分，用于展示对象的一些信息，比如继承关系、成员、内部静态变量等，非常重要。

内存详情：右侧上方框出来的部分，用于展示一个快照的内部数据，这是分析工作主要的操作台。

状态以及扩展窗口：在右侧下方框出来部分，可以看到操作记录、工作日志、命令行信息等，可以辅助书写工作摘要。

在使用 MAT 前有几个重要的知识点需要掌握。

（1）GC 的原理，即对象之间的引用关系的理解。

（2）被测产品的一般内存特征，比如在手机 QQ 聊天窗口场景下，内存中有多少个 Map 对象和多少个 List 对象等特征。

（3）有一定的 Java 代码阅读能力。

MAT 的使用技巧，主要包含如图 2-18 所示的几个方面。

图 2-18

MAT 非常灵活且强大，但使用门槛颇高，不易于上手，因为是开源软件，所以有些信息没有做得足够详细、易用，比如统治者视图，虽然它是 MAT 的重要组件，但是里面的信息做过大量过滤，如果过度依赖它来发现问题，很可能出现遗漏测试的悲剧。更多有关 MAT 的使用方法，因为其功能过多就不在这里一一详述了，会在后续案例中有更加生动、详尽的描述。

6. Finder

MAT 足够强大，但是对于初级或者需要大量内存覆盖测试的测试人员来说，其强大的功能、复杂的操作、适配 Android 内存测试时的小误差无疑是一场噩梦。Finder 是我们基于 MAT 进行的二次开发，主要为 Android 内存测试人员提供一个更系统化、简单化、流程化的内存测试体验，降低测试门槛、提高测试效率、稳定测试成果，其界面如图 2-19 所示。

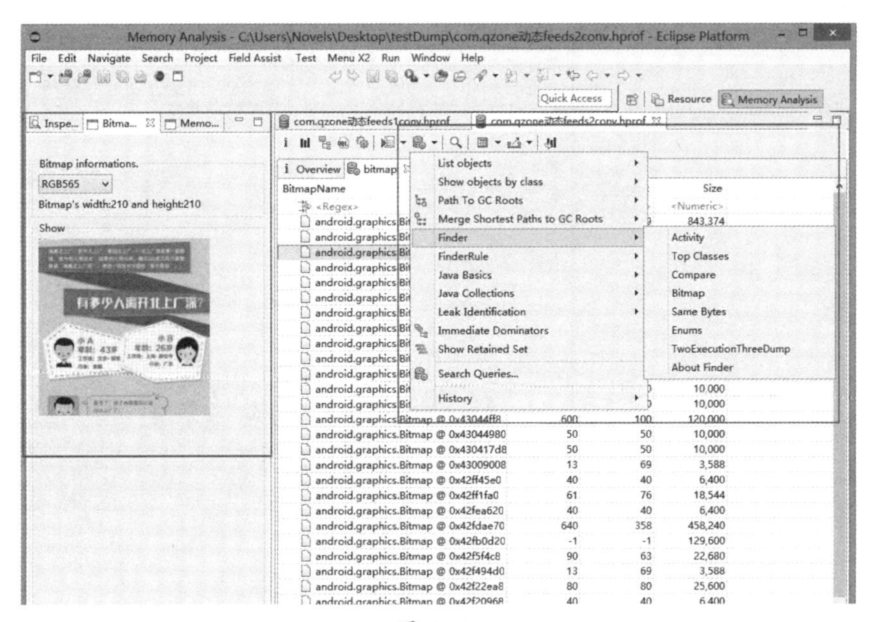

图 2-19

右边 Finder 菜单栏下扩展区菜单是主要操作区，有如下功能。

- Activity：获取 dump 中的所有 Activity 对象。
- Top Classes：以对象数量或对象大小为维度来获取对象降序列表。
- Compare：对比两个 Hprof 文件内容的差别。
- Bitmap：获取 dump 中所有的 Bitmap 对象。
- Same Bytes：查询 dump 中以 byte[] 类型出现并且内容重复的对象。
- TwoExecutionThreeDump：“两遍三 dump”用于分析三个 dump 中持续增长的对象。
- Singleton：查询 dump 中的单例。
- About Finder：作者和感谢人。

右边 FinderRule 菜单栏下扩展区菜单是 Run Memory rules（执行内存规则），主要配合 Memory Rule 使用。

左边功能区展示的是 Finder 中一个很好用的功能 BitmapView：通过 Eclipse 的 Windows → Show View → Other，调出 FinderView（Bitmaps View），用于查看某个 Bitmap 对象中的图像，如图 2-20 所示。

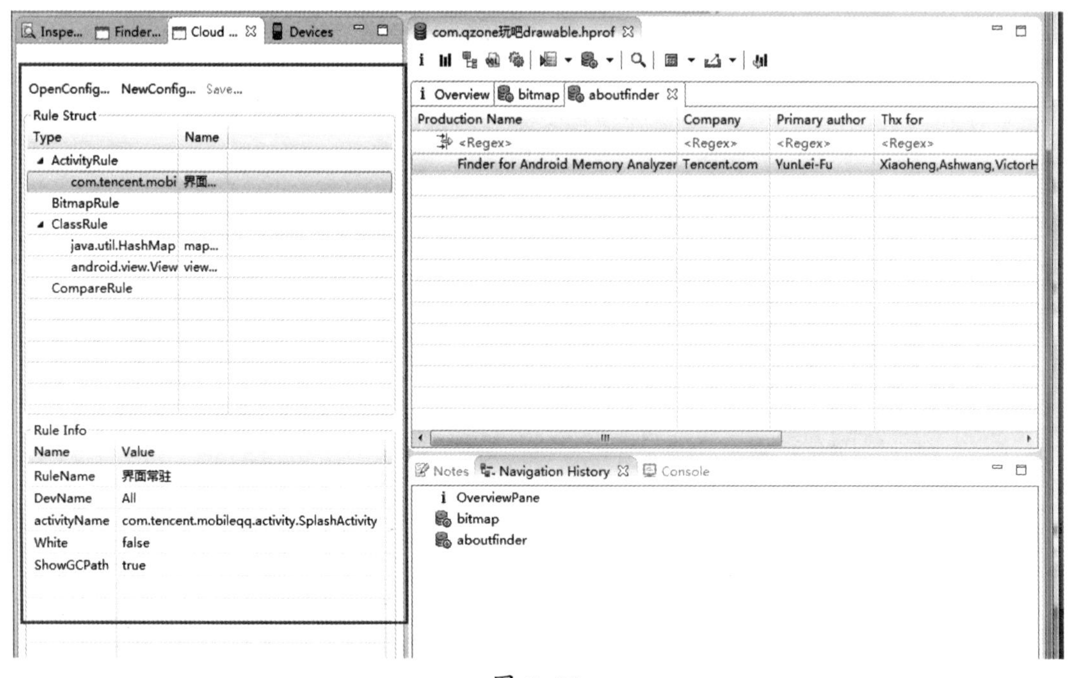

图 2-20

图 2-20 左边功能区展示的是 Finder 中另一个很好用的功能 Memory Rule：通过 Eclipse 的 Windows → Show View → Other，调出 FinderView（Memory rules View），它用来积累用例和类对象规则，比如登录成功后内存中应该存在多少 map 对象。

使用效果

（1）能够准确定位泄漏问题（通过 Finder 定位的泄漏缺陷修改率达 80% 以上）。

（2）更够发现细微的内存问题（通过曲线工具发现问题后，不太敏感，常常出现小泄漏测试不出来，但是在用户那里频繁爆发的情况）。

（3）更加节省测试成本（以前内存测试，一个测试人员需要经过数月的培训，大量地了解产品架构，才能开始内存测试工作，且测试效率基本上为两个工作日一个需求，使用 Finder 后可以达到经过 3~5 小时培训，在不了解产品架构情况下，就开始内存测试工作，且半天就可以测试完成一个需求）。

7. 推荐 LeakCanary

LeakCanary 是 Square 出品的一款非常优秀的 Activity 内存泄漏检测工具。值得注意的是，在 leakcanary/leakcanary-android/src/main/java/com/squareup/leakcanary/AndroidExcludedRefs.java 这个文件中，定义了不少 Android 系统导致的内存泄漏坑和解决的黑科技，其中就包括 InputMethodManager 泄漏等。

8. LeakInspector

天网是 Android 手机经过长期积累和提炼，集内存泄漏检测、自动修复系统 Bug、自动回收已泄漏 Activity 内资源、自动分析 GC 链、白名单过滤等功能于一体，并深度对接研发流程、自动分析责任人并提缺陷单的一站式内存泄漏解决方案。前面推荐了 Square 开源的内存泄漏检测组件 LeakCanary，与之相比有什么不同呢？ LeakInspector 与 LeakCanary 两个工具的功能对比如表 2-3 所示。

表 2-3

对比项		LeakInspector	LeakCanary
基础功能	Activity 泄漏检测	✔	✔
	自定义对象泄漏检测	✔	✔
	位图检测	✔	✘
	显示泄漏对象	✘只显示类名	✔
	泄漏提醒	✔	✔
	自动 dump	✔	✔
	Hprof 分析	✔云端分析	✔本地分析
	提单跟进	✔	✔
	白名单配置	✔动态配置	✔源码写死
	配合自动化	✔	✘
兜底功能	修复系统泄漏	✔	✘
	回收资源	✔	✘

第一，检测能力与原理方面不同

（1）检测能力

两个工具都支持对 Activity、Fragment 以及其他自定义类（比如 QQAppInterface）泄漏的检测，但 LeakInspector 还有针对 Bitmap 的检测能力：

①检测有没有在 View 上 decode 超过该 View 尺寸的图片，若有则上报出现问题的 Activity 及与其对应的 View id，并记录它的个数与平均占用内存的大小。

②检测图片尺寸是否超过所有手机屏幕大小，违规则提单。

而 LeakCanary 没有这个能力。

（2）检测原理

检测原理图如图 2-21 所示，两个工具的泄漏检测原理都是在 onDestroy 时检查弱引用，不同的地方在于 LeakInspector 使用 WeakReference 来检测对象是否已经释放，而 LeakCanary 使用 ReferenceQueue，两者效果没什么区别。

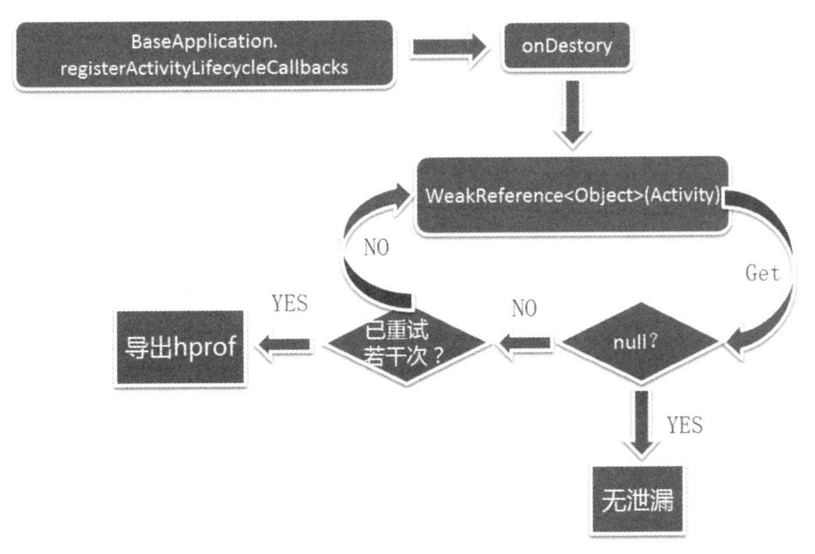

图 2-21

针对 Activity，如何实现在 onDestroy 时启动监控呢？在 Android 4.0 以上系统中，两者都通过注册 Activity 的生命周期，重写 onActivityDestroyed 方法实现。然而在 Android 4.0 以下的系统上，LeakCanary 需要手动在每一个 Activity.onDestroy 中添加启动检测的代码，而 LeakInspector 反射了 Instrumentation 来截获 onDestroy，接入时修改成本更低。

下面我们用自己的 MonitorInstrumentation 替换系统原来的 Instrumentation 对象代码，如图 2-22 所示。

```
Class<?> clazz = Class.forName("android.app.ActivityThread");
Method method = clazz.getDeclaredMethod("currentActivityThread", null);
method.setAccessible(true);
sCurrentActivityThread = method.invoke(null, null);
Field field = sCurrentActivityThread.getClass().getDeclaredField("mInstrumentation");
field.setAccessible(true);
field.set(sCurrentActivityThread, new MonitorInstrumentation());
```

图 2-22

第二，泄漏现场处理方面不同

（1）dump 采集

两者都能采集 dump，但 LeakInspector 提供了回调方法，能让用户增加自定义信息，比如运行时 LOG、TRACE、DUMPSYS 等信息，辅助分析定位问题，如图 2-23 所示。

名称

2015-05-09_01.39.18.0000=com.tencent.mobileqq@15@dump_ChatSettingActi...

trace_mobileqq15-05-09_01.39.09.trace

log.txt

LeakActivityInfor.log

dump_ChatSettingActivity_leak_15-05-09_01.39.11.hprof

com.tencent.mobileqq.15.05.09.01.log

com.tencent.mobileqq.15.05.09.00.log

LeakInspector可以增加定制信息

图 2-23

（2）白名单定义

所谓的白名单，主要是为了处理一些系统引起的泄漏问题，以及一些因为业务逻辑需要开后门的情形而设置的。分析时如果碰到白名单上标识的类，则不对这个泄漏做后续处理。

二者的配置有以下两个差异。

① LeakInspector 的白名单以 XML 配置的形式存放在服务器上。

- 优点：跟产品（甚至用例）绑定，测试、开发同学可以很方便地修改相应配置。
- 缺点：白名单里的类不区分系统版本一刀切。

LeakCanary 的白名单写死在其源码的 AndroidExcludedRefs.java 类里，如图 2-24 所示。

- 优点：定义非常详细，区分系统版本。
- 缺点：每次修改必定得重新编译。

```
<GCWhiteNode>
    <Rule name="WindowInputEventReceiver">
    <Rule name="LoadedApk">
    <Rule name="ViewConfiguration">
    <Rule name="PhoneFallbackEventHandler">
    <Rule name="DecorView">
    <Rule name="QzoneGPUPluginProxyActivity">
    <Rule name="FinalizerWatchdogDaemon">
    <Rule name="IClipboardDataPasteEventImpl">
</GCWhiteNode>
```

分析云配置

与

LeakCanary配置

```
RESOURCES__MCONTEXT(SAMSUNG.equals(MANUFACTURER) && SDK_INT == KITKAT) {
    @Override void add(ExcludedRefs.Builder excluded) {
      // In AOSP the Resources class does not have a context.
      // Here we have ZygoteInit.mResources (static field) holding on to a Resources instance that
      // has a context that is the activity.
      // Observed here: https://github.com/square/leakcanary/issues/1#issue-74450184
      excluded.instanceField("android.content.res.Resources", "mContext");
    }
},

VIEW_CONFIGURATION__MCONTEXT(SAMSUNG.equals(MANUFACTURER) && SDK_INT == KITKAT) {
    @Override void add(ExcludedRefs.Builder excluded) {
      // In AOSP the ViewConfiguration class does not have a context.
      // Here we have ViewConfiguration.sConfigurations (static field) holding on to a
      // ViewConfiguration instance that has a context that is the activity.
      // Observed here: https://github.com/square/leakcanary/issues/1#issuecomment-100324683
      excluded.instanceField("android.view.ViewConfiguration", "mContext");
    }
},
```

图 2-24

② LeakCanary 的系统白名单里定义的类比 LeakInspector 方案中定义的多很多，因为它没有下面所述的自动修复系统泄漏功能。

（3）修复系统泄漏

针对系统泄漏，LeakInspector 进行了预处理，通过反射自动修复目前碰到的一些系统泄漏，只要在 onDestroy 里调用一个修复系统泄漏的方法即可。LeakCanary 也能识别系统泄漏，但它仅仅对该类问题给出了分析，没有提供实际可用的解决方案。

（4）回收资源

如果已经发生了泄漏，LeakInspector 会对整个 Activity 的 View 进行遍历，把图片资源等一些占内存的数据释放掉，保证此次泄漏只会泄漏一个 Activity 的空壳，尽量减少对内存的影响。而 LeakCanary 没有类似逻辑，只能依赖人工修改来解决内存问题。

LeakInspector 回收资源的大体方法如图 2-25 所示。

```
if (view instanceof ImageView) {
    //ImageView ImageButton都会走这里
    recycleImageView(app, (ImageView)view);
} else if (view instanceof TextView) {
    //释放TextView、Button周边图片资源
    recycleTextView((TextView)view);
} else if (view instanceof ProgressBar) {
    //ProgressBar
    recycleProgressBar((ProgressBar)view);
} else {
    //ListView
    if (view instanceof android.widget.ListView) {
        recycleListView((android.widget.ListView)view);
    } else if (view instanceof FrameLayout) {
        recycleFrameLayout((FrameLayout) view);
    } else if (view instanceof LinearLayout) {
        recycleLinearLayout((LinearLayout) view);
    }

    if (view instanceof ViewGroup) {
        recycleViewGroup(app, (ViewGroup)view);
    }
}
```

图 2-25

以 recycleTextView 为例，我们回收资源的方式如图 2-26 所示。

```
private static void recycleTextView(TextView tv) {
    Drawable[] ds = tv.getCompoundDrawables();
    for (Drawable d : ds) {
        if (d != null) {
            d.setCallback(null);
        }
    }
    tv.setCompoundDrawables(null, null, null, null);
    //取消焦点，让Editor$Blink这个Runnable不再被post，解决泄漏。
    tv.setCursorVisible(false);
}
```

图 2-26

第三，后期处理（如图 2–27 所示）方面不同

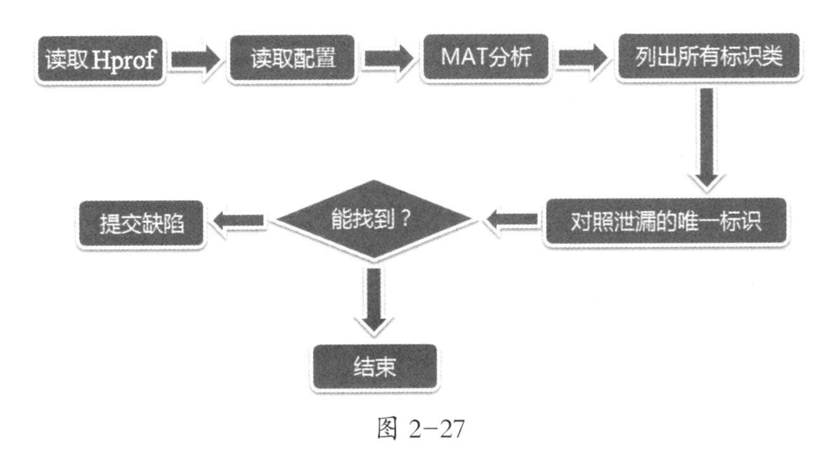

图 2–27

（1）分析与展示

采集 dump 之后，LeakInspector 会自动通过 Magnifier 上传 dump 文件，并调用 MAT 命令行来进行分析，得到这次泄漏的 GC 链；LeakCanary 则用开源组件 HAHA 来分析，同样返回一条 GC 链。

从分析过程来看，两者都不需要用户介入。但是整个分析流程比较耗时，LeakInspector 将分析放在服务器上，极大地减轻了手机的负担，而且马上能开始下一次测试；LeakCanary 连分析也放在手机上做，此时基本无法执行其他测试，只能等分析完毕。

从获取的 GC 链展示来看， LeakCanary 得到的 GC 链包含被 hold 住的类对象，用户很可能不需要用 MAT 打开 Hprof 即可解决问题；而 LeakInspector 方案得到的 GC 链里只有类名，用户还得用 MAT 打开 Hprof 看才能定位问题，有点不方便，如图 2–28 所示。

GC Path:
com.tencent.mobileqq.activity.ChatActivity@13e535f0
|-com.tencent.mobileqq.apollo.ApolloSurfaceView@13e91400
|-com.tencent.mobileqq.apollo.task.ApolloActionManager@12f95240
|-com.tencent.mobileqq.apollo.task.ApolloActionManager@132db800

不显示被hold住的对象

类中哪个对象被hold住一清二楚

图 2-28

（2）后续跟进闭环

LeakInspector 在 dump 分析结束之后，会提交缺陷单，并且把缺陷单分配给对应类的负责人或 SVN 最后修改人；发现重复的问题则更新旧单，同时具备重新打开单等状态扭转逻辑。LeakCanary 会在通知栏提醒用户，需要用户自己记录该问题并做后续处理。

第四，配合自动化测试方面不同

LeakInspector 方案跟自动化测试可以无缝结合，当自动化脚本执行过程中发现内存泄漏，即由它采集 dump，然后发送到服务器进行分析，生成 JSON 格式的结果，最后提单，整个流程一气呵成无须人力。而 LeakCanary 把分析结果通过通知栏告知用户，该结果无法传到自动化下一个流程，必须有人工介入。

9. JHat 节点

JHat 是 Oracle 推出的一款 Hprof 分析软件，它和 MAT 并称为 Java 内存静态分析利器，但是两者最初认知不同，MAT 更注重单人界面式分析，而 JHat 起初就认为 Java 的内存分析是联合多人协作的过程，所以使用多人界面式分析（BS 结构）。因为这款软件是 Oracle 推出的，也就是传统意义上的“正统”软件，所以 jhat 被置于 JDK 中，安装了 JDK 的读者，设置好 Java_Home 与 Path 后，在命令行中输入 jhat 命令可查看有没有相应的命令。

JHat 的使用如图 2-29 所示。

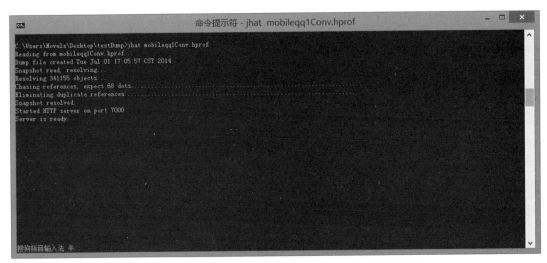

图 2-29

正常的使用非常简单：

jhat xxx.hprof

JHat 的执行过程是解析 Hprof 文件，然后启动 httpsrv 服务，默认是在 7000 端口监听 Web 客户端链接，维护 Hprof 解析后数据，以持续供给 Web 客户端的查询操作。执行结果如图 2-30 所示。

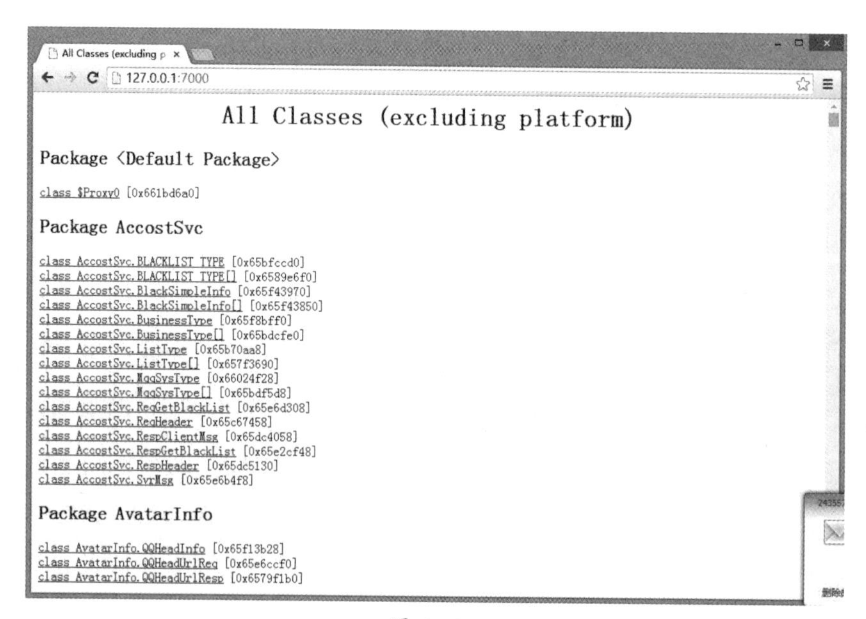

图 2-30

JHat 还有两个比较重要的功能分别如下。

（1）统计表，如图 2-31 所示。

Heap Histogram

127.0.0.1:7000/histo/

Heap Histogram

All Classes (excluding platform)

Class	Instance Count	Total Size
class byte[]	3796	23230021
class java.lang.reflect.ArtMethod	69801	5584080
class char[]	65318	4187472
class java.lang.reflect.ArtMethod[]	18888	2391464
class java.lang.String[]	2141	1716856
class java.lang.String	65038	1560912
class java.lang.reflect.ArtField	52513	1260312
class java.lang.reflect.ArtField[]	6134	1021800
class java.lang.Class	6076	631904
class java.lang.Object[]	3987	340328
class int[]	4102	184300
class java.util.HashMap$HashMapEntry	6325	151800
class java.lang.Class[]	65	150308
class java.util.HashMap$HashMapEntry[]	453	73840
class java.lang.Integer	5809	69708
class long[]	262	61880
class java.lang.ref.FinalizerReference	1567	56412
class android.widget.TextView	64	43776
class short[]	12	43246
class java.util.LinkedHashMap$LinkedEntry	948	30336

图 2-31

（2）OQL 查询（OQL 是一种模仿 SQL 语句的查询语句，通常用来查询某个类的实例数量，或者同源类数量），如图 2–32 所示。

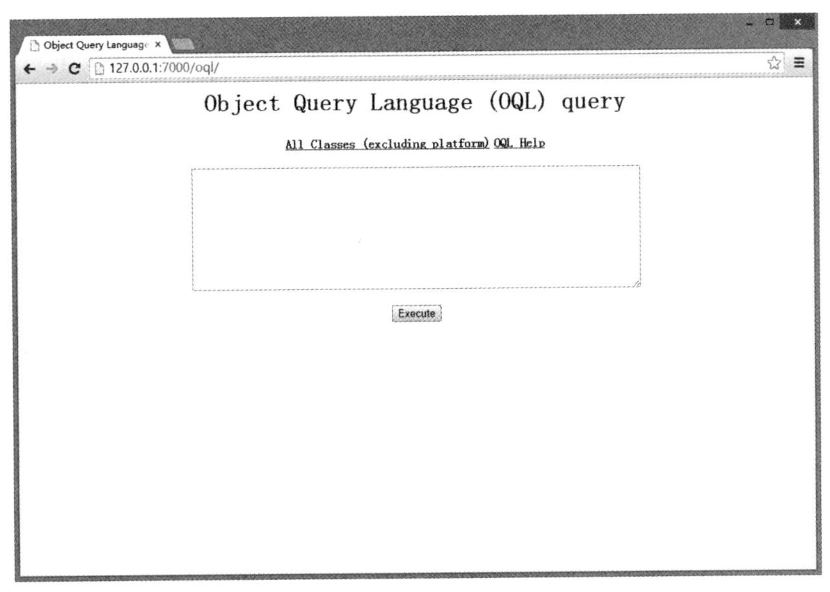

图 2–32

对于中小型团队，建议就不要考虑 JHat 工具了，JHat 比 MAT 更加灵活，且符合大型团队安装简易、团队协作的需求，并不非常适合中小型高效沟通型团队使用。

10. libc_malloc_deBug_leak.so

Android 构建在一个被精简的 Linux 上，Dalvik 虚拟机是一个 Java 运行时环境，而 Dalvik 本身其实是在 Linux 上运行的，和所有别的 Java 运行时环境一样 Dalvik 为了能够使更多的 C/C++ 人员融入，提供了 NDK 以便 C 类开发者开发 Android App。官方虽然提供了相应的工具，但是在工具介绍的一开始，就严厉地说：并非所有的 App 都需要使用 NDK 技术，而且 NDK 技术并不会带来通常猜想的那些性能优势，它仅仅应该在两种情况下被使用：第一，你有大量的 C++ 库要被复用；第二，你编写的程序是高 CPU 负载的，比如游戏引擎、物理模仿等。

虽然官方明确限制了 NDK 的作用，但是依然有不少的产品使用了混合架构，即有一部分功能由 Java 编写，另外的使用 NDK。NDK 使用的内存是透传出 Dalvik 的，因此在 Hprof 分析过程中，是见不到这部分内存分配的。前面介绍的分析级别工具在 NDK 面前都没作用。为了检测 NDK 所编写的 C 代码在运行时耗费的内存，我们就必须使用一个特殊的工具，或者可以称它为库——libc_malloc_debug_leak.so。

Android 底层 Linux 申请内存所用到的库是 libc.so，而 libc_malloc_debug_leak 就是专门来监视 libc.so 内部接口（malloc、calloc 等）被调用的调试库。把 libc_malloc_debug_leak.so 放到 libc.so 的旁边，并且设置 Android 框架的 libc.debug.malloc 属性为“1”，然后重启 Android 框架，就打开了 Android C 类内存申请监控的开关。

界面展示如图 2-33 所示。

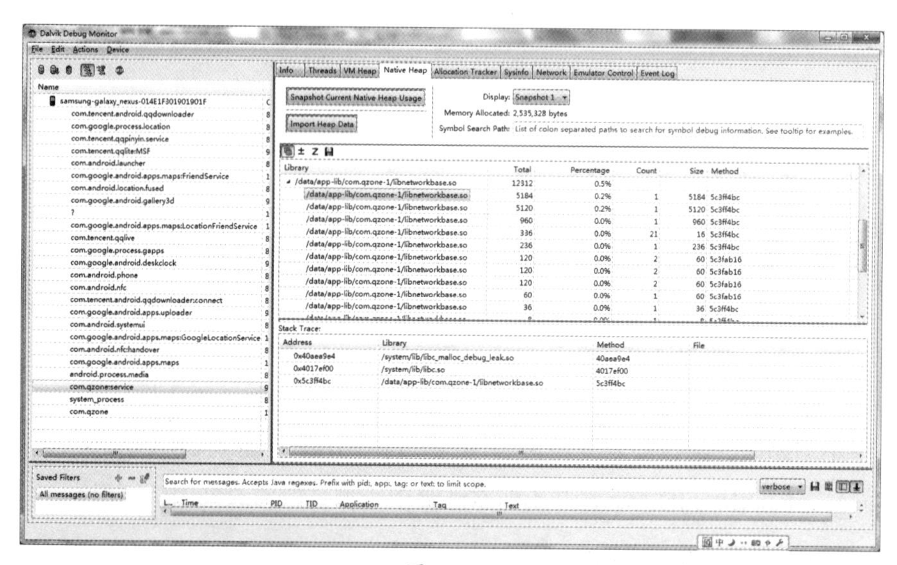

图 2-33

在独立版 DDMS 中是可以展示 Native Heap 的，这部分就是 C 类内存申请，通常用 NDK 编出的程序需要以 so 形式出现，并在安装后放入系统的 /data 目录中。这和系统本身的 so 是有区别的，所以我们只用看这部分内存的大小，就是 size 字段，点击每个申请，都拥有一个申请过程的调用栈，根据栈后的 method 字段，就可以知道方法所在的内存偏移，最后使用 NDK 自带的 addr2line.exe，就可以将地址转化为方法名称。

NDK 在 Android 下并非是一种推荐的编程方式，但是由于其内存自管理与 CPU 高负载支撑的特性，却俘获了很多开发者的心灵，Android 对于这块的内存测试方案并没有多少新意，仅仅能够做到的是看看分配大小、看看申请此大小的方法是谁而已，如此直白就没有必要过多叙述了。不过需要注意的是，在使用 NDK 的时候，一定要在 Application.mk

文件中加入编译选项“-Wl,-Map=xxx.map -g”，否则会引起无法使用 addr2line 的麻烦。

11. APT

APT 是腾讯另外一个团队出品的一款 Android 应用测试工具，并且是开源的。与 Finder 同样作为 IDE 的插件形式出现，不同的是 Finder 是 MAT 的插件，而 APT 是 DDMS 的插件（DDMS 有独占问题，所以使用 APT 的机器上不能正常使用 DDMS），APT 实现的是实时监控能力，它可以监控多个 App 的 CPU、内存指标，并且把它们画成图标形式，很直观，CPU 曲线展示如图 2-34 所示。

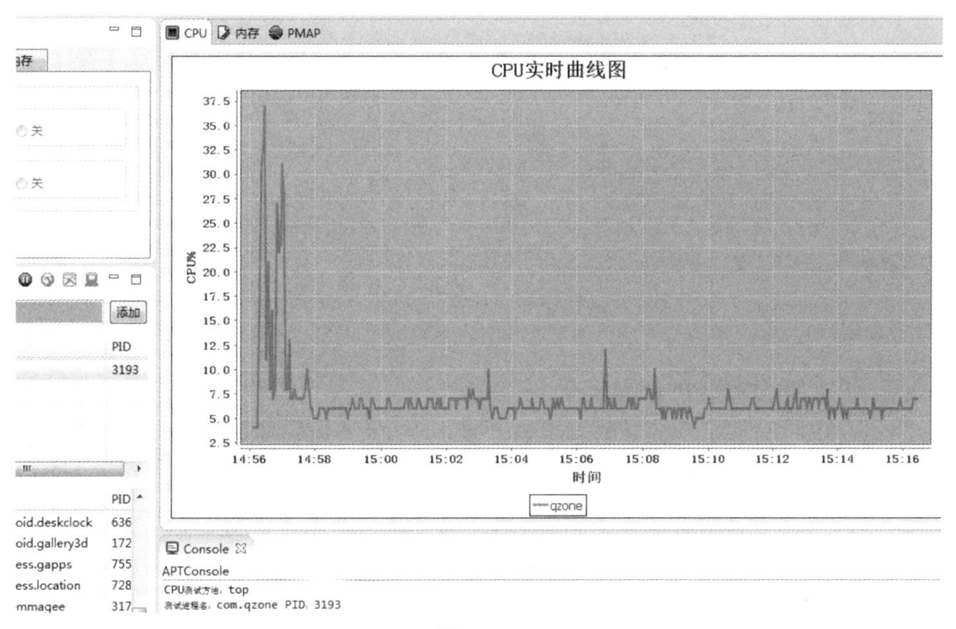

图 2-34

内存曲线展示，如图 2-35 所示。

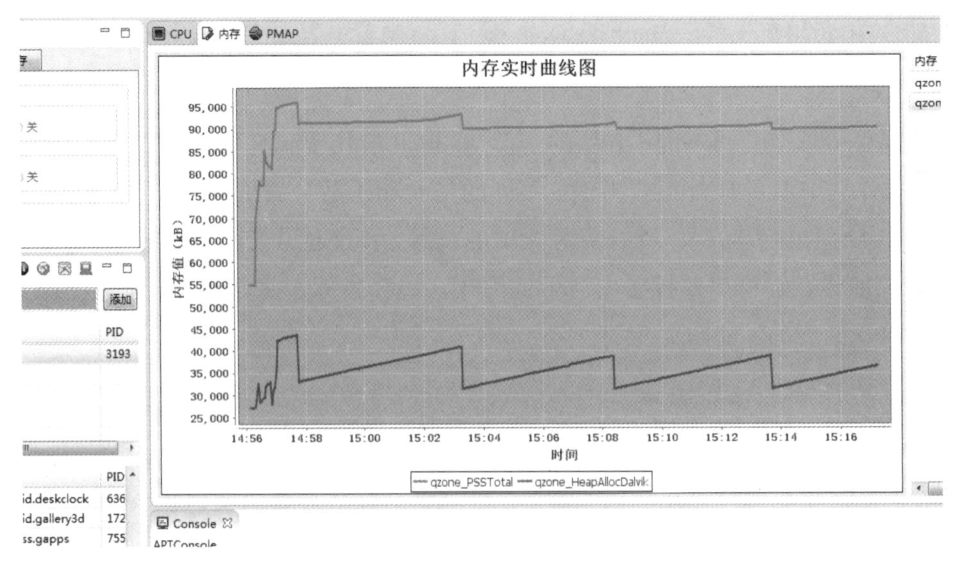

图 2-35

SMap 展示如图 2-36 所示。

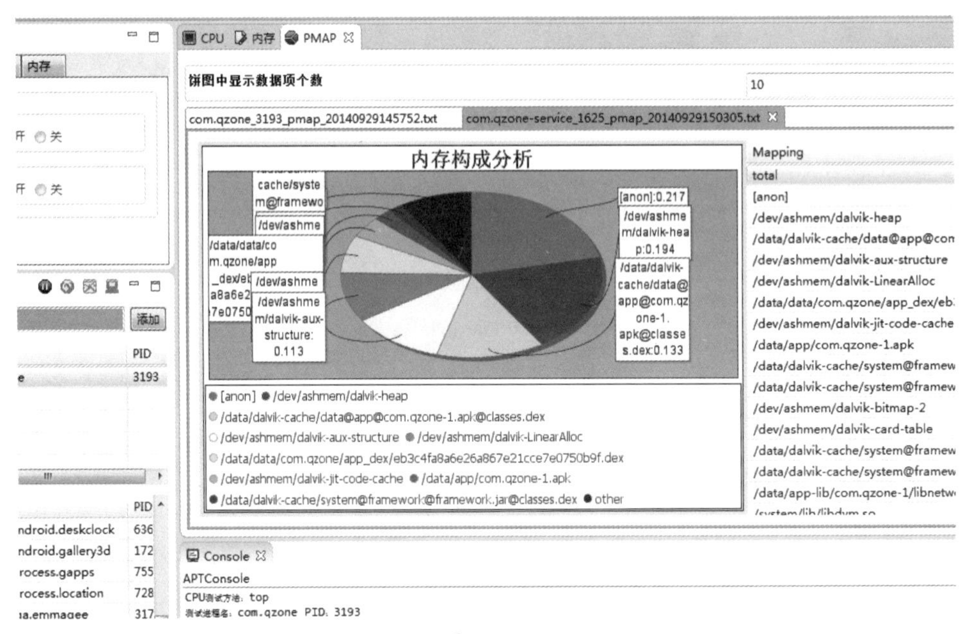

图 2-36

另外，因为 APT 实现的内存监控是调用 meminfo 分析结果来实现的，而 meminfo 每次调用会增加 Dalvik 的 HeapAlloc 值（即使 App 什么事情也没有做），但是这并不影响 App 本身功能，到一定值 HeapAlloc 会释放这部分 meminfo 调用造成增加值，所以用 APT 监控 HeapAlloc 很有可能会出现上面展示图的特征。

SMap 在一定程度上可以反映 Native 的内存分配量，但是毕竟没有监控 malloc、calloc、delete 来得直接、准确，得到的数据也混入了大量代码段占据内存空间，而这部分内存空间是 App 编码所必备的或者说很难减少、很难精简定位的，所以也不建议使用 SMap 来做 Native 内存测试。

12. GC Log

跟 GC 相关的有两个工具，一个是在 Logcat 中输出的 GC 日志，另外一个就是 Allocation Tracer。这里先介绍 Logcat 输出的日志。而日志分成 Dalvik 的 GC 日志与 ART 的 GC 日志两种。

（1）Dalvik GC 日志解析（如表 2-4 所示）

表 2-4

GC_CONCURRENT freed 2049K,	65% free 3571K/9991K,	external 4703K/5261K,	paused 2ms+2ms
GC 产生原因 回收的内存大小	currAllocated/ currFootprint	extAllocated/extLimit	暂停时间

GC 产生原因如下。

GC_EXPLICIT：通过 Runtime.gc() 与 VMRuntime.gc(), SIGUSR1 触发产生的 GC，虽不支持局部 GC, 但稍微幸运一点的是支持并发 GC。然而在列表滑动和动画播放的时候，最好还是不要出现这类日志。因为在这种高 CPU 低响应时延的场景，人工触发 GC 来消耗 CPU 的行为应该尽可能避免。

GC_FOR_[M]ALLOC：没有足够的内存空间给予即将分配的内存，这时会触发 GC。这种 GC 因为不是并发 GC, 所以对卡顿的影响更大，应该尽量避免。QQ 以内存触顶率（MaxMemoryHeap 的 80% 作为阈值）作为内存对用户影响的外网上报指标，其实归根结底就是根据 GC for Alloc 的概念提出的。

GC_FOR_CONCURRENT：当超过堆占用阈值时会自动触发。应该是最常见的 GC 了，也是最健康的 GC，因为它支持局部 GC、并发 GC。所以暂停时间也因为是并发 GC, 所以会分成mark和被修改对象的remark两部分的耗时。对于详情，读者可以再次阅读前面的“原理：GC（Garbage Collection）”一节。

GC_BEFORE_OOM：在触发OOM之前触发的GC。这种GC不能并发，不能局部GC，所以耗时长，也容易卡住界面。

GC_HPROF_DUMP_HEAP：在dump内存之前触发的GC。这种GC不能并发，不能局部GC，所以耗时长，也容易卡住界面。

- currAllocated/currFootprint：就是在App实际使用的堆中对象的数量 / 堆大小。
- extAllocated/extLimit：这部分主要包括系统Bitmap、user-defined和view-inflated的Bitmap。这部分日志，在内存在3.1版本之后，回归到Java Heap之后就没有了。
- 暂停时间：一个耗时和两个耗时的区别在于是否是并发GC。正如原理中所说，并发GC需要第二次挂起线程的机会来处理那些被标记又因并发过程中被修改的对象。

另外有一个工具（https://github.com/oba2cat3/logcat2memorygraph），可以轻易地把Dalvik的GC日志绘制成如图2-37所示的图表，可谓功能强大。

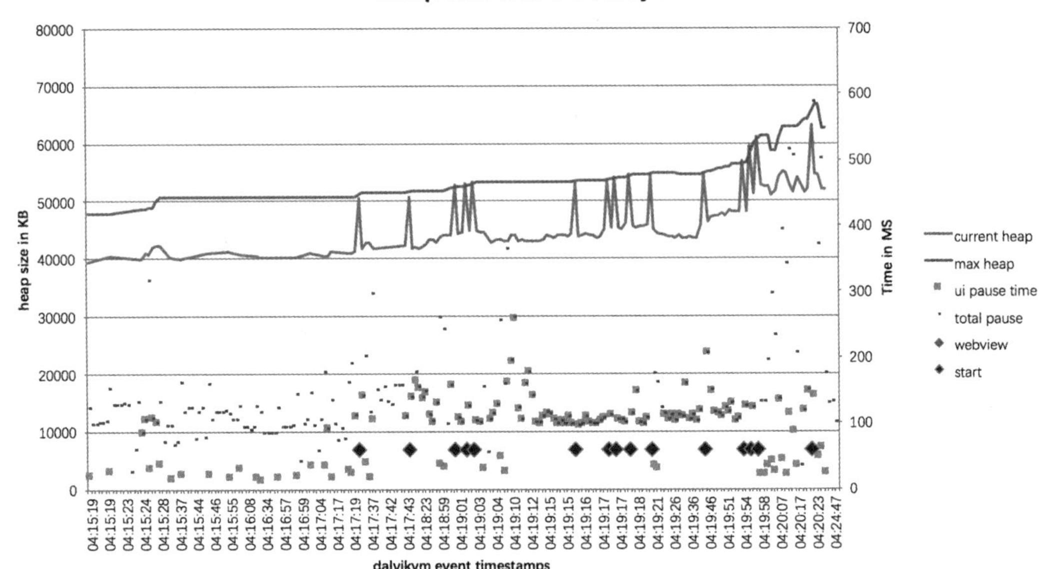

图 2-37

（2）ART 日志解析（如表 2–5 所示）

ART 的日志与 Dalvik 的日志差距非常大，除了格式不同之外，打印的时机也不同，非要在慢 GC 时才打印出来。

表 2–5

Explicit	（full）	concurrent mark sweep GC	freed 104710（7MB）AllocSpace objects,	21（416KB）LOS objects,	33% free, 25MB/38MB	paused 1.230ms total 67.216ms
GC 产生原因	GC 类型	采集方法	释放的数量和占用的空间	释放的大对象数量和所占用的空间	堆中空闲空间的百分比 和（对象的个数）/（堆的总空间）	暂停耗时

GC 产生原因如下。

- Concurrent、Alloc、Explicit: 跟 Dalvik 的基本上一样，这里就不重复介绍了。
- NativeAlloc: Native 内存不足以分配内存时触发，跟 Alloc 类似。
- Background: 后台 GC，触发是为了给后面的内存申请预留更多空间。
- CollectorTransition、HomogeneousSpaceCompact、DisableMovingGc、HeapTrim：产生的主要原因是 ART 的 GC 算法更加复杂。

GC 类型如下。

- Full: 简单可以理解为跟 Dalvik 的 FULL GC 差不多。
- Partial: 简单可以理解为跟 Dalvik 的局部 GC 差不多，策略是不包括 Zygote Heap。
- Sticky: 可以理解为另外一种局部中的局部 GC, 选择局部的策略是上次垃圾回收后新分配的对象。

GC 方式如下。

- mark sweep: 先记录全部对象，然后从 GC ROOT 开始找出间接和直接的对象并标注。利用之前记录的全部对象和标注的对象对比，其余的对象就应该需要垃圾回收了。
- concurrent mark sweep: 使用 mark sweep 采集器的并发 GC。
- mark compact：在标记存活对象的时候，所有的存活对象压缩到内存的一端，而另外一端可以更加高效地回收。

- semispace：在做垃圾扫描的时候，把所有引用的对象从一个空间放到另外一个空间，剩余在旧的空间中的对象，只要直接 GC 整个空间就可以。

通过 GC 日志，我们可以知道 GC 的量和它对卡顿的影响，也可以初步定位一些如主动调用 GC、可分配的内存不足、过多使用 Weak Reference 等问题。但是还是不知道代码行，这时就必须使用 Allocation Tracer 或者前面的 MAT 了。

13. Allocation Tracer

在 Android Studio 里面打开 Android Monitor，选择进程，这里选择了比较火的名为 FaceU 的 App 来做例子。点击 Allocation Tracer，然后经过几秒或者同步观察 GC 日志发现问题的时候，再次点击 Allocation Tracer 暂停录制，如图 2–38 和图 2–39 所示。

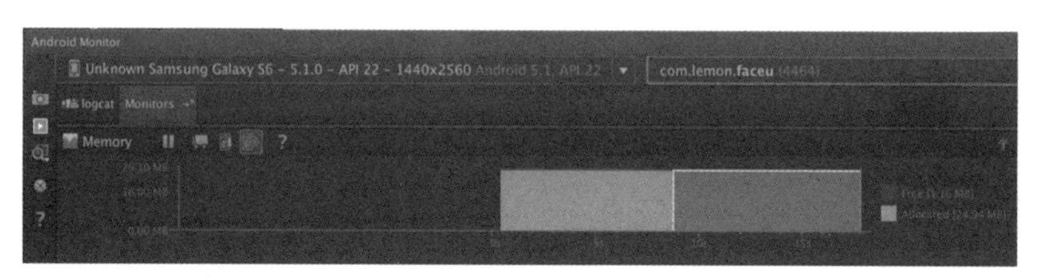

图 2–38

图 2–39

这时候，观察 Android Studio 的代码区，会出现录制结果。一般来说按照 Size 排序，然后从最大的一层层展开，如图 2–40 和图 2–41 所示。

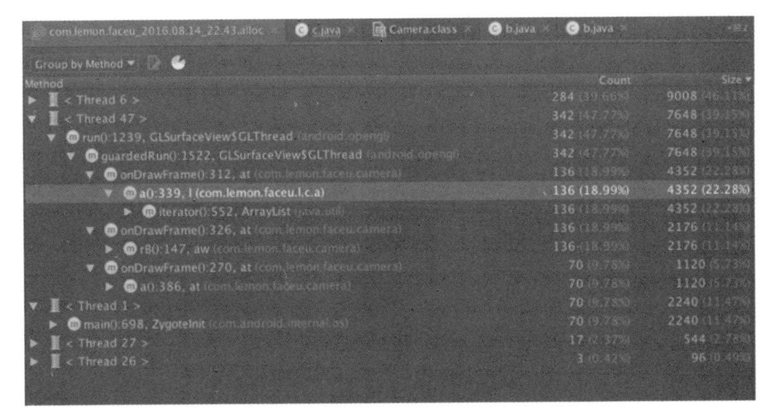
com.lemon.faceu_2016.08.14_22.43.alloc
c.java
Camera.class
b.java
b.java
Group by Method
Method
Count
Size
< Thread 6 >
284
9008
< Thread 47 >
342
7648
run():1239, GLSurfaceView$GLThread
342
7648
guardedRun():1522, GLSurfaceView$GLThread
342
7648
onDrawFrame():312, at
136
4352
a():339, l (com.lemon.faceu.l.c.a)
136 (18.99%)
4352 (22.28%)
iterator():552, ArrayList
136
4352
onDrawFrame():326, at
136
2176
rB():147, aw
136
2176
onDrawFrame():270, at
70
1120
a():386, at
70
1120
< Thread 1 >
70
2240
main():698, ZygoteInit
70
2240
< Thread 27 >
17
544
< Thread 26 >
3
96

图 2-40

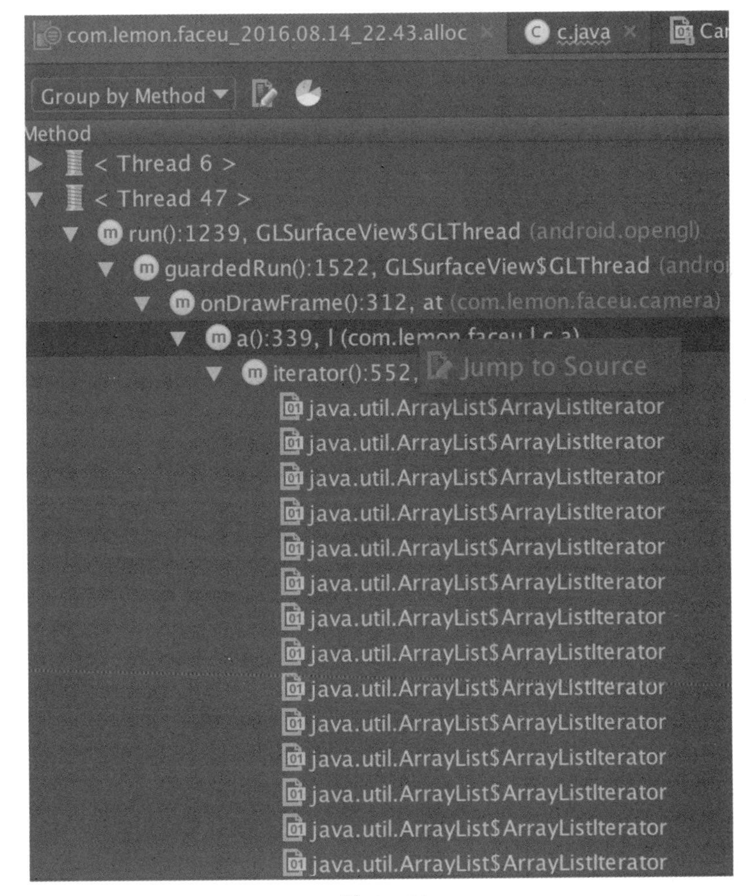
com.lemon.faceu_2016.08.14_22.43.alloc
c.java
Group by Method
Method
< Thread 6 >
< Thread 47 >
run():1239, GLSurfaceView$GLThread (android.opengl)
guardedRun():1522, GLSurfaceView$GLThread
onDrawFrame():312, at (com.lemon.faceu.camera)
a():339, l (com.lemon.faceu.l.c.a)
iterator():552,
Jump to Source
java.util.ArrayList$ArrayListIterator
java.util.ArrayList$ArrayListIterator
java.util.ArrayList$ArrayListIterator
java.util.ArrayList$ArrayListIterator
java.util.ArrayList$ArrayListIterator
java.util.ArrayList$ArrayListIterator
java.util.ArrayList$ArrayListIterator
java.util.ArrayList$ArrayListIterator
java.util.ArrayList$ArrayListIterator
java.util.ArrayList$ArrayListIterator
java.util.ArrayList$ArrayListIterator
java.util.ArrayList$ArrayListIterator
java.util.ArrayList$ArrayListIterator
java.util.ArrayList$ArrayListIterator

图 2-41

然后通过 dump to source 跳转到对应的代码行，结合申请了大量的 ArrayListIterator 结果，就可以思考一下有没有优化的方法，例如用 ArrayList.toArray 来优化。

14. 自带防泄漏功能的线程池组件

开发人员做子线程操作的时候，喜欢用匿名内部类 Runnable 来操作，敲起代码来简单、快捷、方便。然而，如果某个 Activity 放在线程池里的任务不能及时执行完毕，在 Activity 销毁时很容易导致内存泄漏。

原因为何？下面来看一段很简单的代码，如图 2-42 所示。

```
public class Outer {
  public Runnable getRunnable() {
    return new Runnable() {
      public void run() {
        System.out.println("hello");
      }
    };
  }
}
```

图 2-42

用 javac 编译之后，结果如图 2-43 所示。

```
Compiled from "Outer.java"
class Outer$1 extends java.lang.Object implements java.lang.Runnable{
final Outer this$0;

Outer$1(Outer);
  Code:
   0:   aload_0
   1:   aload_1
   2:   putfield        #1; //Field this$0:LOuter;
   5:   aload_0
   6:   invokespecial   #2; //Method java/lang/Object."<init>":()V
   9:   return

public void run();
  Code:
   0:   getstatic       #3; //Field java/lang/System.out:Ljava/io/PrintStream;
   3:   ldc     #4; //String hello
   5:   invokevirtual   #5; //Method java/io/PrintStream.println:(Ljava/lang/String;)V
   8:   return

}
```

图 2-43

可见这个匿名内部 Runnable 类持有一个指向 Outer 类的引用，这样一来如果某 Activity 里面的 Runnable 不能及时执行，就会使它外围的 Activity 无法释放，产生内存泄漏。那么，我们要想自动避免这个问题，有没有办法呢？从上面分析可见，只要在 Activity 退出时没有这个引用就可以，那我们就通过反射，在 Runnable 入线程池前先干掉它，如图 2-44 所示。

```
Field f = job.getClass().getDeclaredField("this$0");
f.setAccessible(true);
f.set(job, null);
```

图 2-44

这个任务是我们的 Runnable 对象，而“this$0”就是上面所述指向外部类的引用了。

当然，等到执行它的时候，没了这个引用可能会出问题。因此干掉它之后得“留个全尸”，找个 WeakReference“墓地”放起来，要执行了先 get 一下，如果是 null 说明 Activity 已经回收，任务就放弃执行。

15. Chrome Devtool

什么表现可能是内存泄漏问题引起的？

先看一个例子：

《疯狂打怪兽》	进入游戏黑屏	vivo y11 华为 t8954 华为 c8813dq
《疯狂打怪兽》	进入游戏 ANR	索尼爱立信 lt18i

“玩吧”这个功能的卡帕莱自动化测试结果显示，《疯狂打怪兽》这个游戏在某些机型上有黑屏、ANR。

我们用已有的测试机无法重现 Bug，不过发现游戏进行一段时间后确实有一些卡顿。用 Chrome Devtool Timeline 工具检查了一下，游戏过程中内存一直在涨，进一步抓内存快照分析发现有泄漏，如图 2-45 所示。

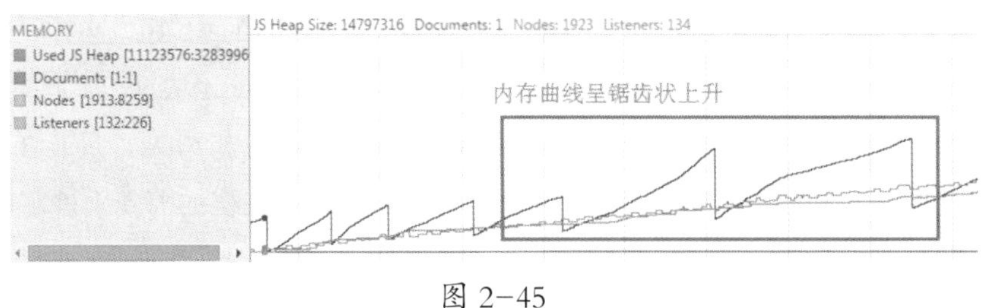

图 2-45

跟 Java 层内存泄漏类似，页面出现黑屏、ANR、卡顿，这些都很有可能是内存问题。

启动远程调试

首先，我们要有一个工具，可以实时抓到手机上的内存消耗。Java 层使用的是 ADT 工具，但是对于 HTML5 页面而言，抓取 JavaScript 的内存需要用到 Chrome Devtools 来进行远程调试。方式有两种，第一种可以先把 URL 抓取出来放到 Chrome 里访问，第二种用 Android H5 远程调试。下面具体介绍稍微复杂一点的 Android H5 远程调试，如表 2-6 所示。

表 2-6

场　　景	是否支持调试
纯 H5（手机浏览器里打开）	Chrome 支持远程调试
默认 Hybrid H5 （App 内嵌 H5 页）	系统自带的浏览器内核，Android 4.4 以前是 WebKit 内核，不支持；Android 4.4 系统开始为 Chromium 内核，支持远程调试
TBS hybrid H5 （QQ 空间、手机 QQ、微信内嵌 H5）	使用 QQ 浏览器提供的 TBS 内核，支持远程调试

不同的场景需要不同的启用远程调试的方法

前面提到，Chrome 和 TBS 都支持远程调试，接下来介绍三种场景下的调试方法。

（1）纯 H5

这个最方便，适用于 Android 4.0+ 系统。下面具体说明需要准备什么。

- 一台 PC（安装最新版 Chrome）
- 一根 USB 线
- 一部手机（安装手机 Chrome）

第 1 步：手机安装 Chrome，打开 USB 调试模式，通过 USB 连上电脑，在 Chrome 里打开一个页面，比如百度页面。然后在 PC Chrome 地址栏里访问 Chrome://inspect，如图 2–46 展示了调试目标设备和页面。

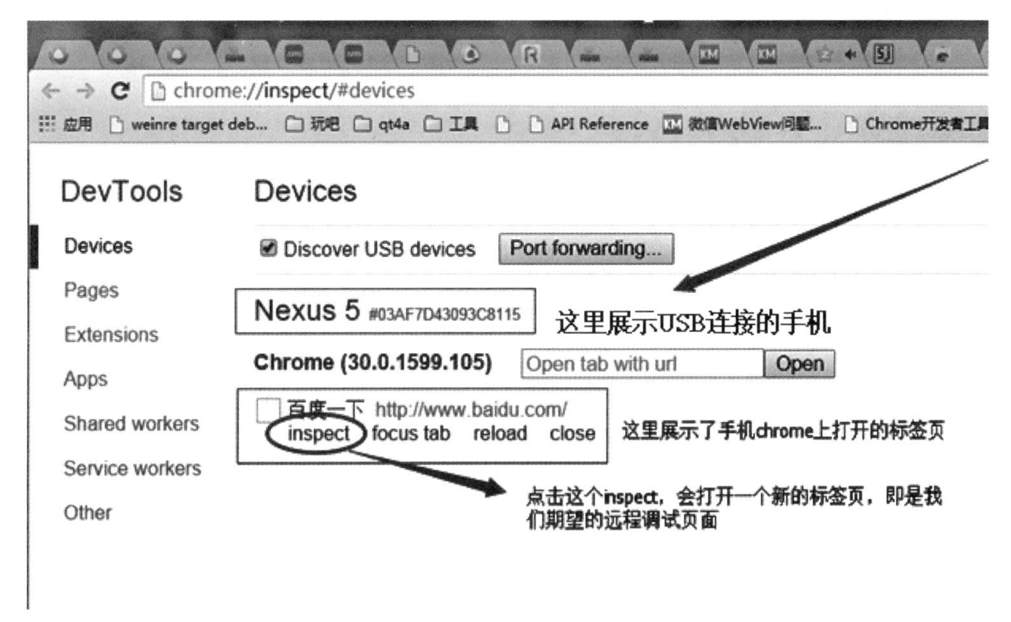

图 2–46

第 2 步：点击调试页面下的 inspect，弹出开发者工具界面，如图 2–47 所示，通过最上方的 url 可以确认调试目标。

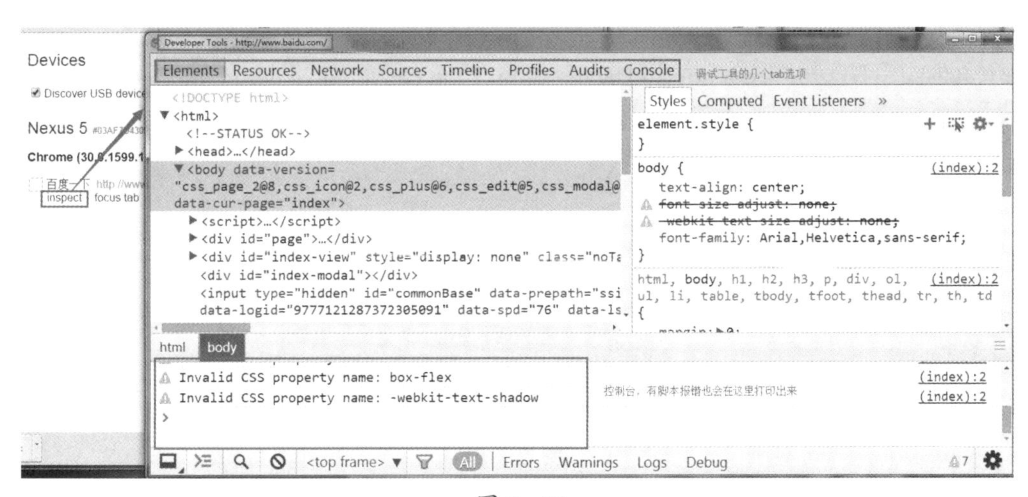

图 2–47

（2）默认 hybrid H5 调试

Android 4.4 及以上系统的系统原生浏览器就是 Chrome 浏览器，可以使用 Chrome Devtool 远程调试 WebView，前提是需要在 App 的代码里把调试开关打开，如图 2-48 所示。

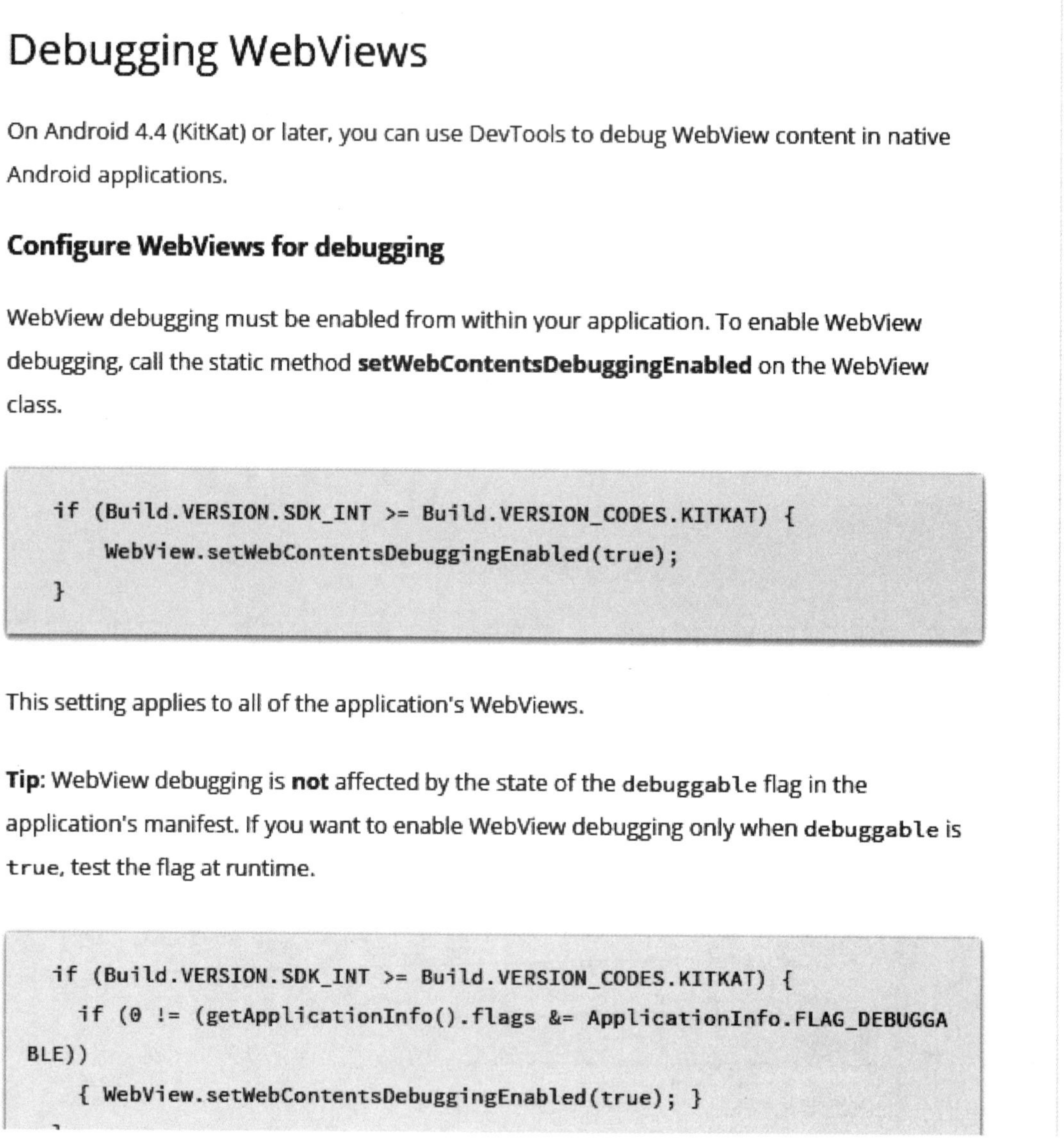

Debugging WebViews

On Android 4.4 (KitKat) or later, you can use DevTools to debug WebView content in native Android applications.

Configure WebViews for debugging

WebView debugging must be enabled from within your application. To enable WebView debugging, call the static method **setWebContentsDebuggingEnabled** on the WebView class.

```
if (Build.VERSION.SDK_INT >= Build.VERSION_CODES.KITKAT) {
    WebView.setWebContentsDebuggingEnabled(true);
}
```

This setting applies to all of the application's WebViews.

Tip: WebView debugging is **not** affected by the state of the `debuggable` flag in the application's manifest. If you want to enable WebView debugging only when `debuggable` is `true`, test the flag at runtime.

```
if (Build.VERSION.SDK_INT >= Build.VERSION_CODES.KITKAT) {
  if (0 != (getApplicationInfo().flags &= ApplicationInfo.FLAG_DEBUGGA
BLE))
  { WebView.setWebContentsDebuggingEnabled(true); }
```

图 2-48

打开后调试方法跟纯 H5 页面调试方法一致。直接在 App 里打开 H5 页面，再到 PC Chrome 的 inspector 页面，即可看到调试目标页面。

（3）TBS hybrid H5 调试

（更详尽的内容可见：http://x5.tencent.com/tbs/document/debug-detail-wifi.html ）

适用于 Android 4.0+ 系统，手机 QQ 空间 / 手机 QQ/ 微信都默认安装使用了 TBS 内核，支持远程调试。操作步骤如下。

第 1 步：打开 http://debugx5.qq.com，进入 X5 调试页面，点击“信息”选项卡，下拉找到“是否打开 TBS 内核 inspector 调试功能”复选框，勾选该复选框之后也会弹出信息框提示设置成功，重启后再进入 WebView 时会打开调试开关，如图 2-49 所示。

图 2-49

第 2 步：Aandroid 手机通过 USB 连接电脑，PC 打开 Chrome 浏览器，在地址栏中输入 chrome://inspect/#devices。

第 3 步：手机上打开你想要调试的 H5 页面，就能看到调试对象，如图 2-50 所示，QQ 空间、手机 QQ、微信都可以，点击 inspect 即可打开调试页面。

备注：如果点击 inspect 后新打开的页面为白屏，确认一下是不是 Google 被墙了，是否需要 VPN；如果首次安装后立马打开 H5 页面，可能还没有使用 TBS 内核，等 1 分钟后再杀进程重启即可，无须 ROOT 手机，无须额外安装任务工具。

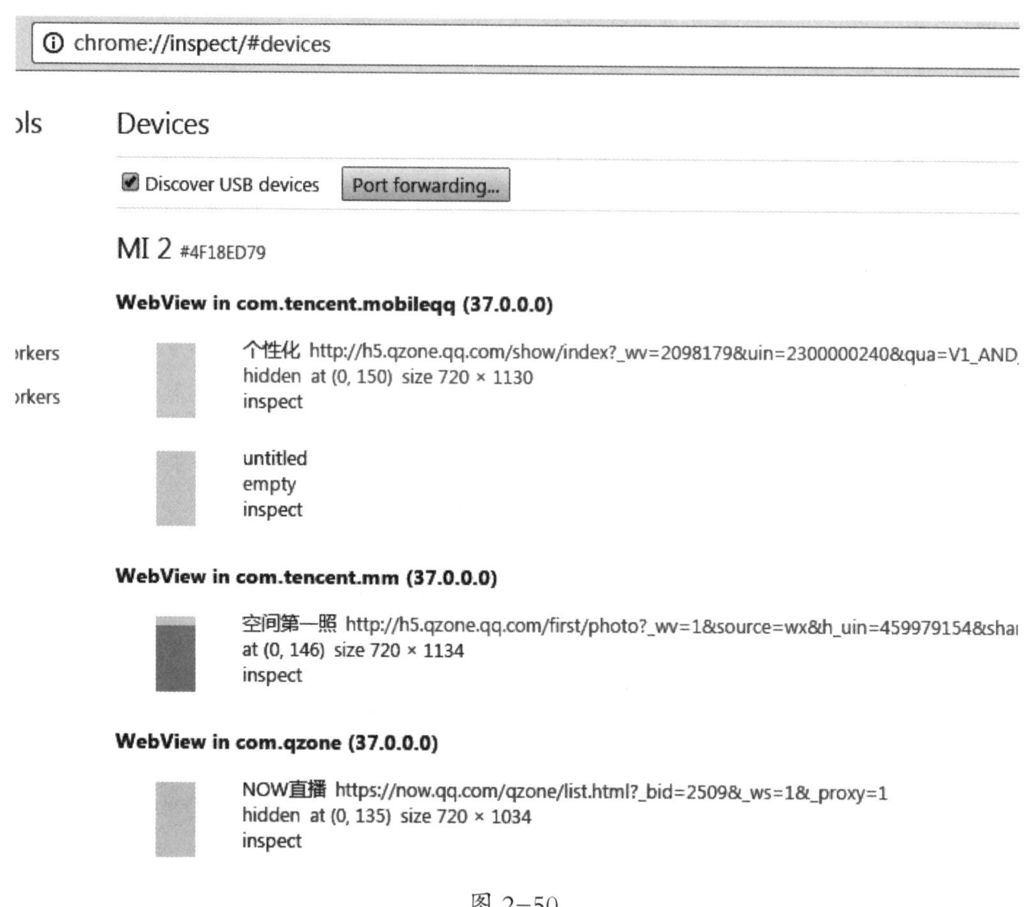

图 2-50

分析内存泄漏

掌握远程调试方法后，就可以利用 Devtool 来做内存测试了。H5 内存测试方法可以总结为以下几个步骤。

第 1 步：观察内存曲线。拿到一个新需求以后，开启 Timeline 工具的 Memory Record，重复功能操作的同时记录下内存曲线，观察内存是否一直增长。

第 2 步：记录场景并抓取内存快照。对于某些引起内存增长的操作，比如重复切换 tab、进二级页面再退回，把它们记录下来，使用类似于两遍三 dump 的方法，在 Profile 工具里抓取内存快照 Take Heap Snapshot。

第 3 步：快照分析。通过快照的 Summery、Caomparison 等视图，找出染色的对象和不合理的新增对象；分析对象的引用关系，找出是被 DOM 树中的节点 hold 住了，或是被 JS 代码里的某个对象 hold 住了。

第 4 步：确认并提单。跟开发人员确认，比如新增的对象是否合理，是不是缓存需要的；确认后提 Bug 单跟进问题，并附上截图和快照信息。

第 5 步：回归验证。修复 Bug 单后，重新执行第 2 和第 3 步，查看泄漏的地方是否修复。

详细介绍

（1）使用 Timeline 直观地查看内存曲线

在 Timeline 标签下，勾选 Capture memory，工具栏中左边有个小圆点按钮，开始是灰色的，单击后变成红色并开始记录数据，然后再单击旁边第 4 个 🗑 按钮，执行 GC 操作。在相应的 H5 页面进行一些操作，可以看到内存曲线相应地产生了变化，操作结束后再执行一次 GC，然后单击小圆点按钮停止记录。

如图 2–51 所示，记录的是游戏通关过程中内存的变化，中间有一些锯齿形的波形，是因为有内存被 GC 掉。GC 后内存没有降回游戏开始的水平，而是一直在增长。

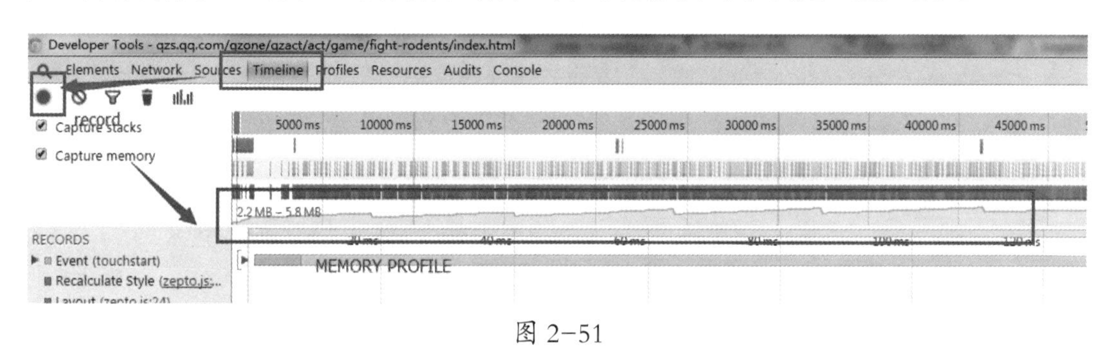

图 2–51

（2）抓取内存快照

这一步用到 Profile 里的“take haep snapshot”，分析某些可能出现泄漏的场景，在操作前后分别抓取内存，通过比较内存的变化，来定位哪些新增的 object、函数或是 DOM 节点是不合理的。

抓取内存快照的方法跟终端的两遍三 dump 类似，介绍如下。

①操作前在页面 A 先抓一个快照 1。

②操作后在页面 B 抓一个快照 2。

③返回页面 A 再抓一个快照 3。

④重复②和③（可以重复多次，如果有泄漏会更明显），再抓一个快照 4。

⑤通过对比快照 1 和快照 2，可看到页面 B 新增了哪些对象，新增的对象是否合理；对比快照 1 和快照 3 可看到，退出页面 B 后还有哪些页面 B 的对象在内存中没有被回收，是否为需要缓存的对象；对比快照 1 和快照 3、快照 3 和快照 4，如果 3 和 4 对比结果与 1 和 3 对比结果一样，有很多新增对象，那么很有可能是泄漏。

上面的例子，通过 Timeline 曲线，发现每次新开始一轮游戏，内存都会有增长。初步推测可能是开始新游戏的时候，上一轮的一些资源没有释放。

使用 Profile 工具，可以抓取内存快照，类似于 ADT 工具的 dump。每次抓取时，工具都会自动 GC，直接单击按钮即可，如图 2-52 所示。

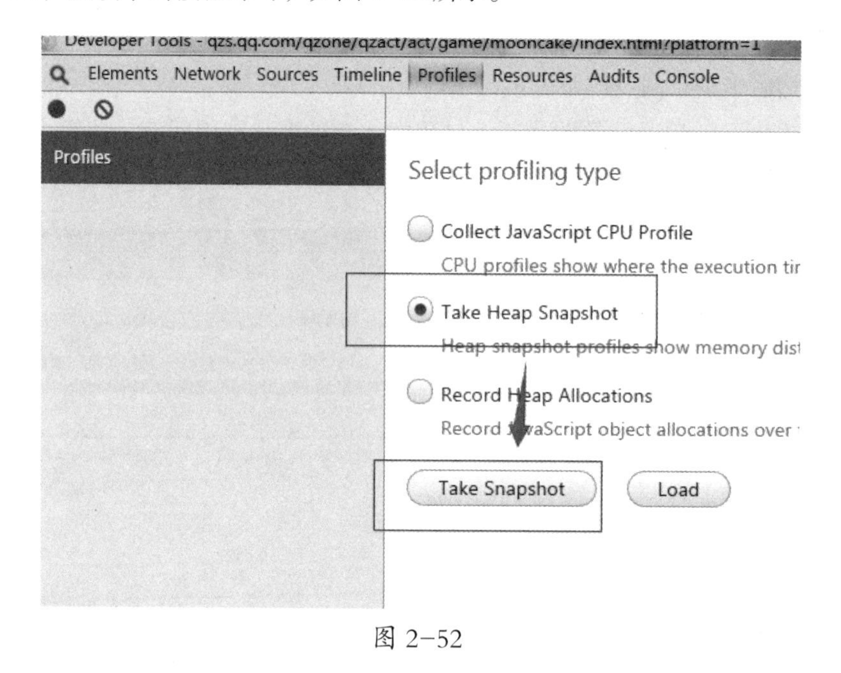

图 2-52

比如游戏中，要分析是否有泄漏，需要采用操作步骤①、步骤③、步骤④。

- 在游戏首页，抓取 heap-mainpage。
- 玩一轮游戏后，抓取 heap-round1。
- 玩两轮游戏后，抓取 heap-round2。

对比这几个文件的大小，玩一轮游戏后，内存从 2.0MB 涨到了 3.3MB，是因为加载了游戏过程中需要的一些页面元素，而两轮游戏后内存涨到了 8.5MB，这明显不合理，如图 2-53 所示。

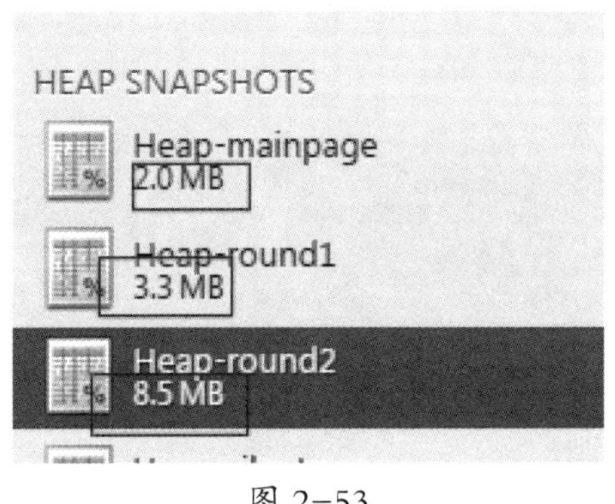

图 2-53

通过内存快照的对比定位具体问题

如图 2-54 所示，选择某个内存快照，右侧会展示内存里具体都有哪些对象及对象的大小。工具栏的下面有一个下拉选项，可以选择视图：Summery、Comparison、Containment、Statistics 四类。分析内存问题最常用到的两个视图是 Summery 和 Comparison。

选择快照 heap-round2，选择 Comparison 视图，在旁边的下拉选项里选取要对比的另一个内存快照 heap-round1，即可查看两份内存快照的详细对比，包括新增了、回收了哪些对象、节点等。类似于分析 App 泄漏的 Finder compare 操作。箭头指向的地方可以看到具体是哪里用到了，注意有一行黄色背景。一般黄色背景和红色背景都需要特别注意，这些都是工具帮你分析出来的疑似内存泄漏的点。红色背景代表这个对象被某个标了黄色背景的对象引用了，而黄色背景代表本对象被 JS 代码直接引用了。

例子中的问题是 DOM 树里的 iframe 泄漏了。

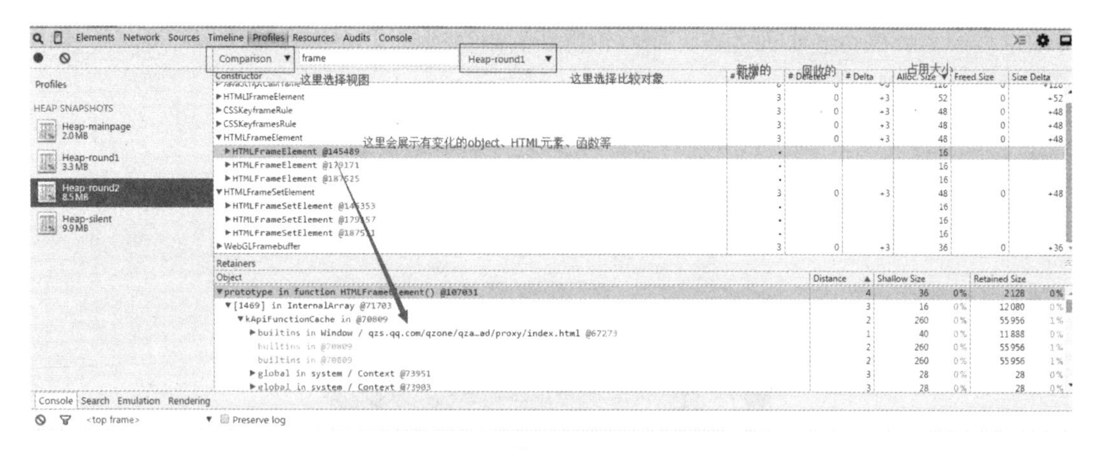

图 2-54

除了这些有颜色标记的部分，其他的对象变化需要依靠测试人员对业务的了解来判断，哪些新增的是不合理的。

Summary 视图另有一个好处。在视图下拉框旁边有个 class filter，可以根据关键字来过滤对象。选择 Summary 视图，再输入 detached 关键字，可以看到有一项 Detached DOM tree，指的就是 DOM 树中不再使用却无法回收的 DOM 节点。展开可看到具体的节点列表。选中某个节点，在控制台里输入“$0”，可以看到节点的内容。从 Detached 的第一个开始看，因为其他节点很有可能是第一个节点的子节点。从 Shallow size 比 Retained size 小很多也可以看出，第一个节点不是叶子节点，其还包含了其他子节点，如图 2-55 和图 2-56 所示。

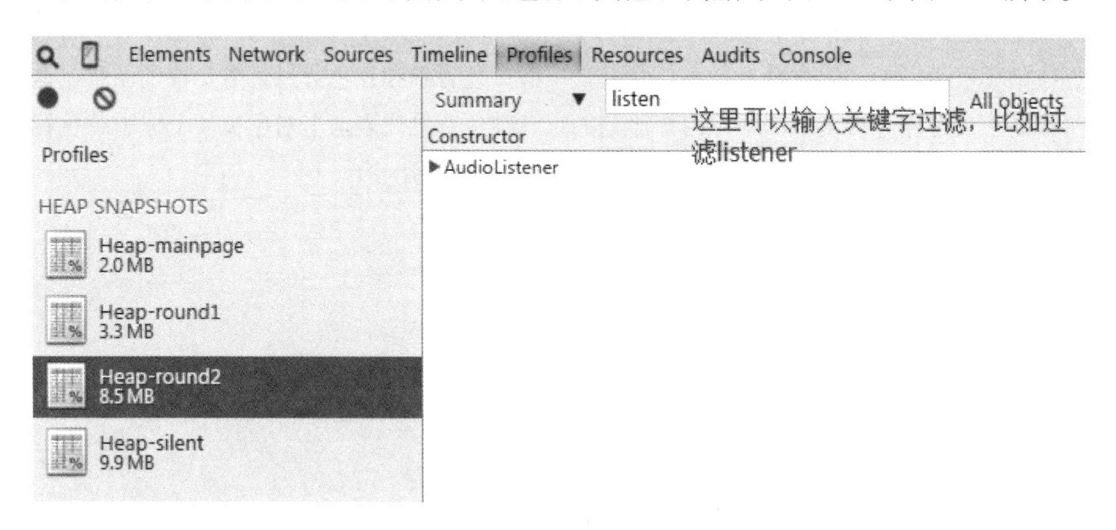

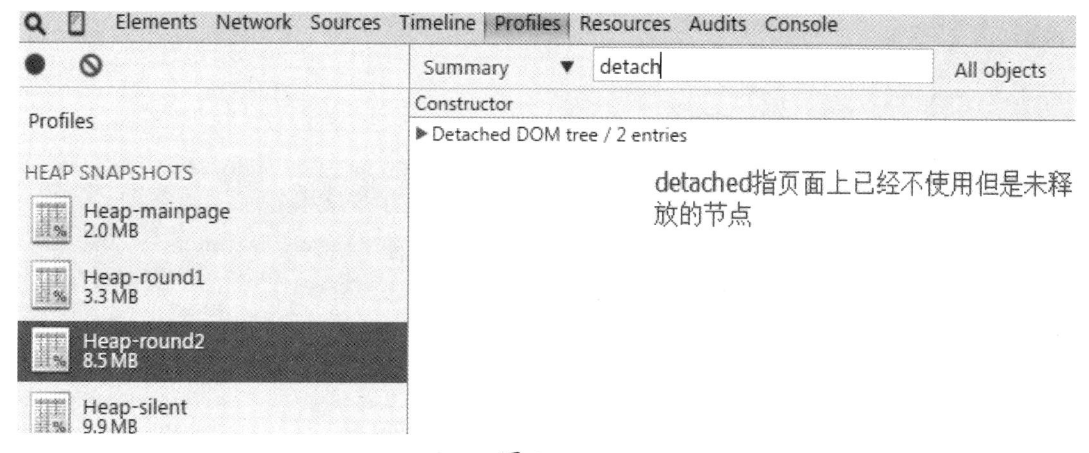

图 2-55

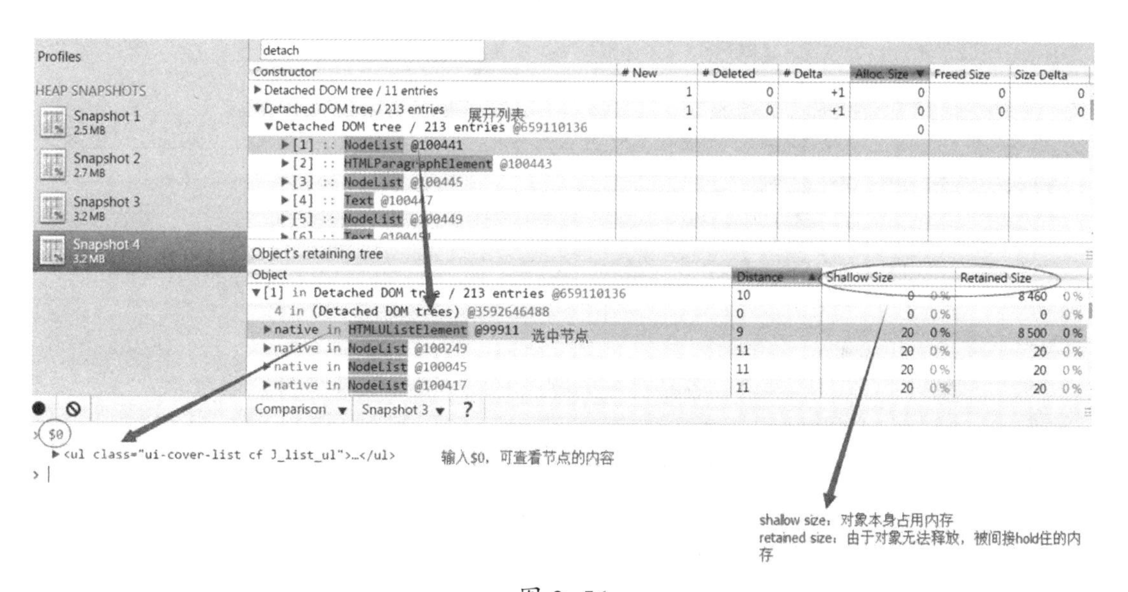

图 2-56

找到一些疑似泄漏的点，最好先和开发人员确认一下，达成共识后就可以提单，注意要附上 heapsnapshot 文件，选择对应的文件可以保存，如图 2-57 所示。

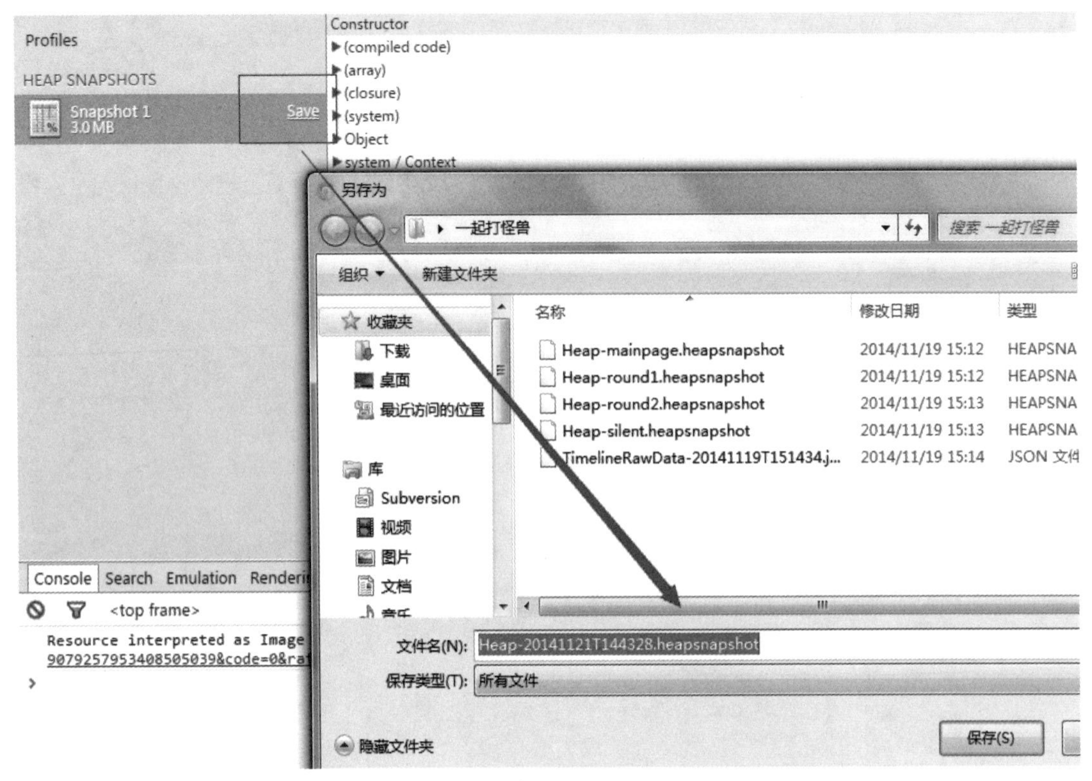

图 2-57

最后总结一下，一般来说，容易产生问题的有以下几种，需要特别留意。

- closure 闭包函数（如图 2-58 所示）。
- 事件监听。
- 变量作用域使用不当，全局变量的引用导致无法释放。
- DOM 节点的泄漏。

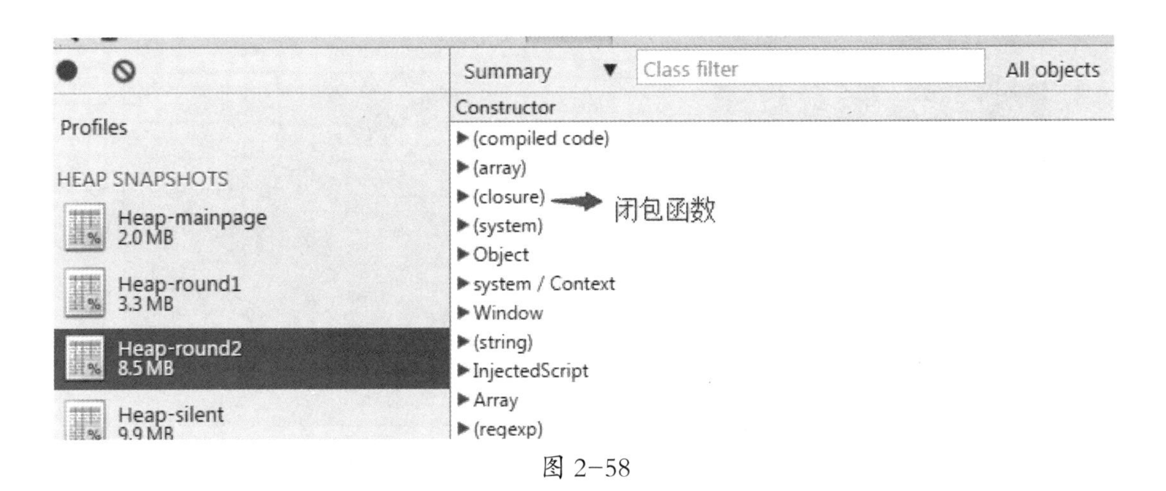

图 2-58

读者若想学习 Chrome 开发者工具使用方法，可以查看《 Chrome 开发者工具中文手册》（https://github.com/CN-Chrome-DevTools/CN-Chrome-DevTools ）。

2.3　案例 A：内类是有危险的编码方式

问题类型： Activity 泄漏

GC ROOT： 静态变量

引用方式： this$0 间接引用

解决策略： 解除引用关系

内类是一种 Java 语言的特有说法，通常情况下一个 Java 的类必须占据整个与之同名的“Java”，但是也可以在一个类的内部去定义别的类，只要保证最外层的类与 Java 文件同名，编译器就不会报错。这种方法省去了创建多个类就要建立多个 Java 文件的麻烦，如图 2-59 所示。但每个好处的背后都一定潜伏着一个麻烦。

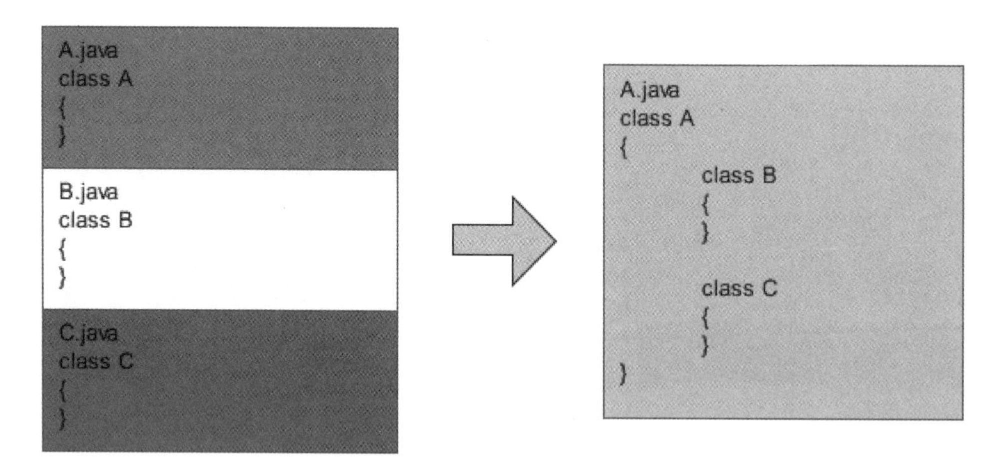

图 2-59

上面说的是内类在文件个数方面的好处，其实还有一个好处，内类对外类，即图 2-59 中的 B 或 C 对 A 的成员是具有直接访问能力的，也就是说比如 A 中有一个成员 m1，那么 B 可以直接访问或修改 m1，试想如果没有这个特征，那么开发人员要在 B 中访问 A 的成员应该怎么做？先要实例化一个 A，然后通过实例访问，或者建立 A 的单例然后再访问，这还牵扯各种访问权限问题，简直是太麻烦了。

但就是因为第二个优点的出现，给开发人员创造方便的同时，却给测试人员带来了不小的麻烦。说到内类就不得不提到“this$0”，它是一种奇特的内类成员，每个类实例都具有一个 this$0，当它的内类需要访问它的成员时，内类就会持有外类的 this$0，通过 this$0 就可以访问外部类所有的成员。引用关系是 Java 内存泄漏的根本，所以如果开发人员只图一时方便，而不清楚这一原理的话，很容易会造成内存问题。

接下来我们看一下手机 QQ 的 Bug，来更加具体地了解一下 this$0。QQ 为了能够时刻保持用户在多终端情况下消息通知及时，曾经做了一个需求：QQ 时刻在线。

测试步骤：

开启手机的“PC QQ 离线时自动启动手机”功能。

手机登录 A 账号，然后下线。

PC QQ 登录 A 账号并下线。

手机上 A 账号自动上线。

使用 Finder 查看 Activity 列表，发现有蓝色背景的 PCActiveActivity 泄漏，如图 2-60

和图 2-61 所示。

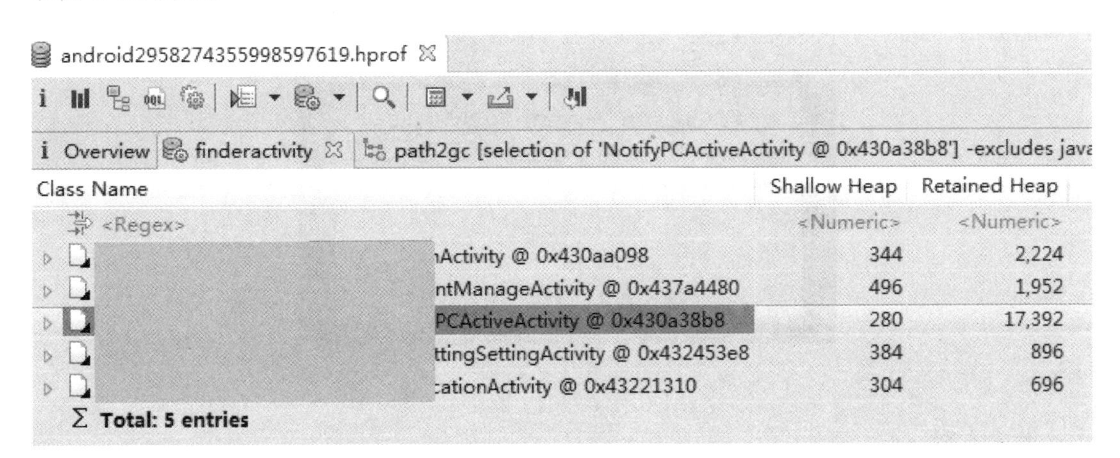

图 2-60

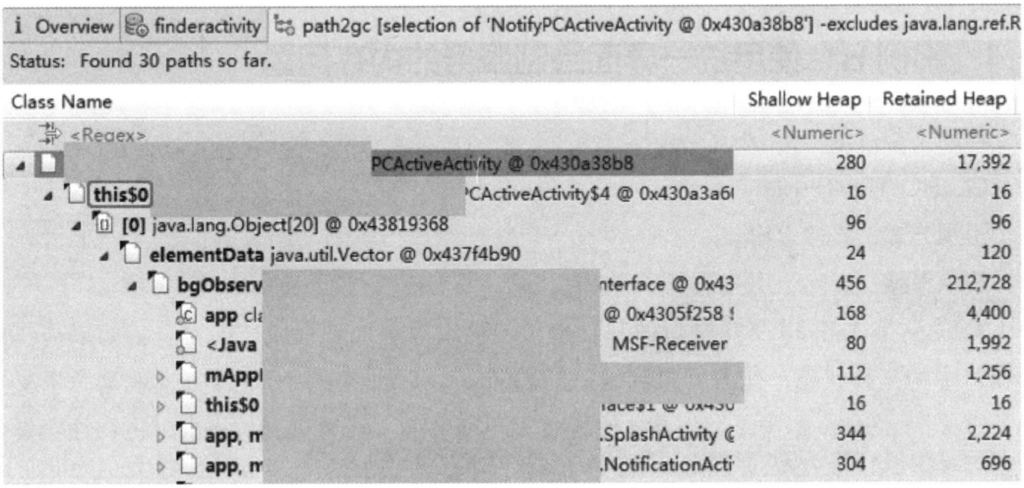

图 2-61

查看引用路径不难发现，有一个熟悉的 this$0 出现在第 2 行，在第 2 行末尾有一个奇怪的 $4。这行的正确解读是：PCActivityActivity 内部包含了一个匿名内类（4 在一般情况下指的是第 4 个匿名内类），通过 this$0 引用了 PCActivityActivity 实例。所谓匿名内类的意思就是直接 new 出来的接口、抽象类等，它并没有按照标准的继承、实现来创造一个新类，然后实例化，而是采用实现、实例化一起的做法，当然它也是内类的范畴。

这个匿名内类的用途并不难理解，主要对网络层接收到 PC 下线通知后作出反应。但恰恰是开发人员在关闭窗口的时候，没有将内类在网络层进行反注册，因此根据内类引用外类的原则，此时的外类就和内类一起泄漏了，如图 2-62 所示。

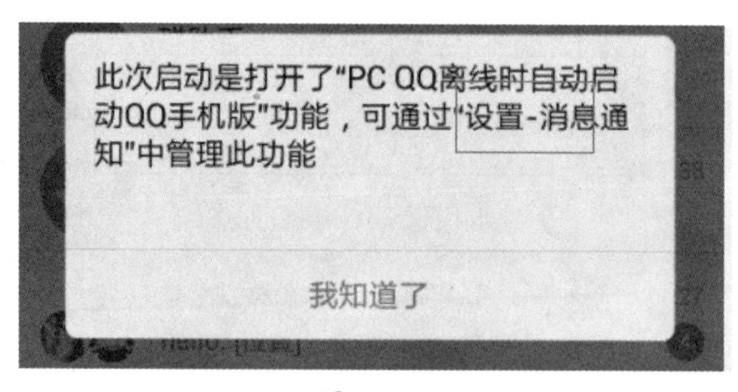

图 2-62

解决方案：

在 Activity 关闭，触发 onDestory 的时候，解除内类和外部的引用关系。

2.4 案例 B：使用统一界面绘制服务的内存问题

问题类型： Activity 泄漏

GC ROOT： Thread

引用方式： 直接引用

解决策略： 解除引用关系

Activity 是 Android 交互接口的基础单位，可以简单地理解成“窗口”。如果需要更新窗口中的某种状态，就需要得到窗口的 Context。下面将要展示的 Bug，就是源于支付服务直接把 Activity 本身缓存下来，以便将来更新界面。在手机支付需求时也往往会发生 Bug。

操作步骤如下：

1. 通过个人设置，进入手机钱包，然后返回。
2. 将第一步操作录制成 monkeyrunner 脚本，持续操作 50 次。
3. 抓取内存 Hprof 并分析。
4. 使用 Finder-Activity 发现支付界面泄漏，如图 2-63 和图 2-64 所示。

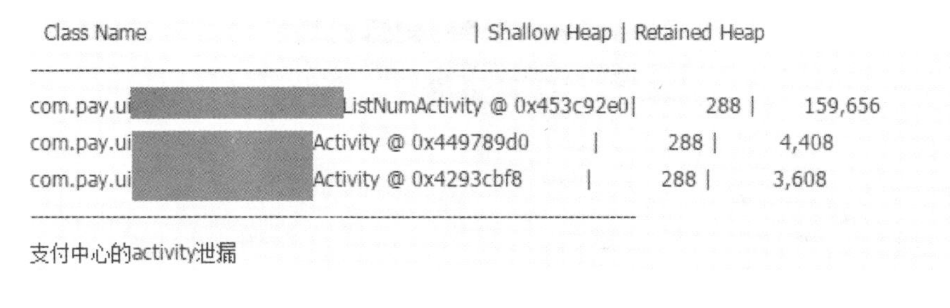

```
Class Name                                   | Shallow Heap | Retained Heap
--------------------------------------------------------------------------
com.pay.ui          ListNumActivity @ 0x453c92e0|      288 |     159,656
com.pay.ui          Activity @ 0x449789d0     |      288 |       4,408
com.pay.ui          Activity @ 0x4293cbf8     |      288 |       3,608
--------------------------------------------------------------------------
支付中心的activity泄漏
```

图 2-63

```
Class Name                                                | Shallow Heap | Retained Heap
-----------------------------------------------------------------------------------------
com.pay.ui          ChannelActivity @ 0x449789d0                    |      288 |      4,408
|- value java.util.HashMap$HashMapEntry @ 0x449eb560                |       24 |         24
|  '- [2] java.util.HashMap$HashMapEntry[4] @ 0x41e5fd48            |       32 |     66,840
|     '- table java.util.HashMap @ 0x41dd2b90                       |       48 |     66,904
|        '- b class com.pay.ui          CommonMethod @ 0x41dd2ab8 System Class|      16 |     67,064
|- mOuterContext android.app.ContextImpl @ 0x449851e8               |      104 |        728
'- Total: 2 entries                                                 |          |
-----------------------------------------------------------------------------------------
```

图 2-64

从引用路径上很容易就可以看出 ChannelActivity 是被 CommonMethod 间接引用了。为什么要这样设计呢？原因很简单，支付渠道 CommonMethod 中的 Loading 接口，而 ChannelActivity 只要把自己（this）作为参数传入，并调用这个 CommonMethod，就可以在自己的界面上绘制出一张“转菊花”的动态 loading。这样 CommonMethod 就变身成通用的绘制服务，能够在多种 Activity 上绘制“转菊花”，如图 2-65 所示。

图 2-65

但因为 XXXCommonMethod 要把 UIN 传给财付通服务器后等待其返回数据，不能立刻在传入的 Activity 上绘制，所以就要把传入的 Activity 缓存下来，等服务器返回数据后，才能绘制。这样就对传入的 Activity 有了强引用，而针对 XXXCommonMethod 的编码者而言，恰恰忘掉了把缓存的 Activity 用完之后移除，也就造成了这个“低级”的泄漏。

其实缓存 Activity 风险极高，因为 Activity 本身有状态，当一个 destoryed 状态的 Activity 因为缓存存在强引用而无法被垃圾回收器回收时，这个 Activity 中的界面是不能更新的，一旦执行，更新操作程序就会异常。

解决方案：

CommonMethod 渲染完成后移除 Activity。

2.5　案例 C：结构化消息点击通知产生的内存问题

问题类型： Activity 泄漏

GC ROOT： Thread

引用方式： mContext 间接引用

解决策略： 解除引用 mContext

聊天窗口中有一种消息，并非是用户与用户之间发送，而是一种结构化的分享消息，它有如下特点。

1. 有固定的排布，并非用户打字构成。
2. 通过分享等渠道产生数据源。
3. 可以点击，唤起被分享模块，如图 2-66 所示。

图 2-66

因为有如上的特点，开发人员在设计结构化消息的时候，实现了一个模块间的结构化消息通知服务，这样有助于统一实现从聊天窗口通知被分享模块。但这里产生了一个内存问题。

操作步骤：

1. 打开聊天窗口，点击分享消息。
2. 进入被分享模块，如地图后，回退。
3. 退出聊天窗口。
4. 抓取内存 Hprof，查看 Finder-Actvity。
5. 发现聊天窗口泄漏。

聊天窗口引用路径如图 2-67 所示。

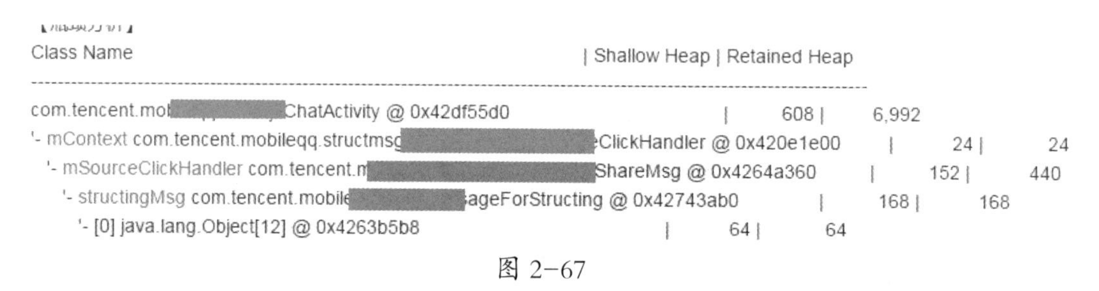

```
Class Name                                                    | Shallow Heap | Retained Heap
-------------------------------------------------------------------------------------------
com.tencent.mob ChatActivity @ 0x42df55d0                    |     608 |     6,992
'- mContext com.tencent.mobileqq.structmsg ClickHandler @ 0x420e1e00   |   24 |   24
  '- mSourceClickHandler com.tencent.m ShareMsg @ 0x4264a360   |   152 |   440
    '- structingMsg com.tencent.mobile ageForStructing @ 0x42743ab0   |   168 |   168
      '- [0] java.lang.Object[12] @ 0x4263b5b8               |    64 |    64
```

图 2-67

分析：

从引用路径可知，聊天窗口被结构化消息内部的消息 hold 住。分析原因如下：在结构化消息内部会统一处理从聊天窗口传入的用户点击操作，为了使接口通用，于是设计传入参数为聊天窗口的 Context，这样可以最大限度地访问聊天窗口中的界面元素，以得到当前被点击结构消息的信息。将获取来的结构体消息存储以备提供给被分享模块做启动参数。

在从聊天窗口获取完信息并包装成结构体消息后，这个 Context 应该是没有用了，但不知开发人员是否出于方便扩展的原因，把这个 Context 存入包装后的结构体消息内部待用，这样就造成了这个 Bug。

解决方案：

包装后的结构体消息不存储 Context。

2.6 案例 D：为了不卡，所以可能泄漏

问题泄漏：Activity 泄漏

GC ROOT：Thread

引用方式：this$0 间接引用

解决策略：用 static 来截断匿名类引用

这个 Bug 来自于 QQ 空间 Android 独立版，众所周知，相册在 QQ 空间的业务中属于核心级别的业务之一，而相册内容基本是照片，这些照片的加载需要巨大的耗时，如果不采用异步线程处理，会影响相册的启动速度。当然这一点腾讯的开发人员是非常注意的，所以专门编写了一种叫作异步 imageView 的类来做这件事情，而这个类也相对稳定，我们的 Bug 并非出现在这其中。

图片加载完成后，并不代表完成相册的所有任务。相册还有一些子业务，比如一个叫作“圈人”的业务，它是一种人脸识别技术的社交化应用。如果某张照片中存在“人脸”，那么会提示当前操作用户去把这张“脸”对应的好友给“圈”出来。这样方便正在浏览我相册的朋友去认识我的别的朋友，或者是我的照片中存在一个陌生人，但是浏览相册的朋友恰恰知道这个人，于是他可以帮我把人脸对应上名字。

对于这个需求，相册不但要加载照片，还要加载对应照片的人脸信息（人脸识别是在云端计算的），而恰恰是这一步出了一点问题。

操作步骤：

1. 进入相册，查看照片列表。

2. 浏览某张包含人脸的照片，查看人脸列表。

3. 退出人脸列表。

4. 退出相册。

5. 抓取内存快照 Hprof。

6. 使用 Finder-Activity 查看界面泄漏情况，发现 PhotoListActivity 界面泄漏。

7. 查看引用关系，如图 2-68 所示。

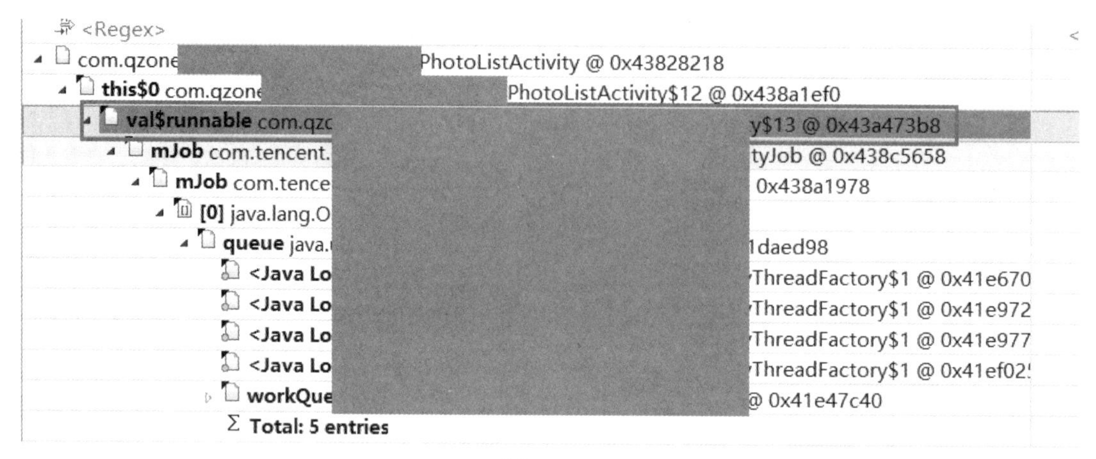

图 2-68

分析：

Bug 造成的原因非常简单，开发人员在界面的内部使用了一个继承于 Runable 的内类来实例化一个任务（工作），并将其投递给了自定义线程工厂，但是线程工厂由于任务优先级的设计，并没有及时地启动这个任务。然后测试人员在未等任务启动并完成的情况下，就退出了相册列表，抓取了内存快照，这样就有了以上的 Bug。

从技术的角度分析，是因为 PhotoListActivity 的第 12 个匿名内类持有了 Activity 的 Context（this$0），而这个匿名内类恰恰被一个线程池内未被执行的任务持有，于是 PhotoListActivity 在执行回退操作后，依然无法被有效回收。

解决方案：

这里的解决方法可以分成两种，对应不同的情况。

1. 按照官方推荐的方法，线程都应该具有一个开关来决定它自己是否继续执行，例如 ASyncTask 里面的 isCancelled 变量。在调用 ASyncTask 实例的 cancel 方法时，isCancelled 就会被置成 true，运作在线程上的代码实现对 isCancelled 的判断，来停止线程的后续操作。

2. 不去停止线程，而是从界面层（引用链的顶端）规避引用关系，要做的方法非常简单，使用 ApplicationContext 来替换 ActivityContext。

第 2 种方法的好处在于，不会使做到一半的工作停下来，比如从云端拉取了一半的图片就停下来。但如果任务的状态需要到界面反馈，比如下载进度，这种实现就有点麻烦，需要任务内部具备接口来获取此任务的状态。在某些地方保存对任务实例的引用，在需要知道任务状态的时候，使用这个引用来访问任务接口并获取执行状态。但这就要求编码者特别注意对这个引用的释放，否则会把界面泄漏变成任务对象泄漏。

在这里还要着重提出一种比较“好”的方法，大体的实现代码如图 2-69 所示。

need to invoke the outer activity's methods from within the `Handler`, have the Handler hold a `WeakReference` to the activity so you don't accidentally leak a context. To fix the memory leak that occurs when we instantiate the anonymous Runnable class, we make the variable a static field of the class (since static instances of anonymous classes do not hold an implicit reference to their outer class):

```
public class SampleActivity extends Activity {

  /**
   * Instances of static inner classes do not hold an implicit
   * reference to their outer class.
   */
  private static class MyHandler extends Handler {
    private final WeakReference<SampleActivity> mActivity;

    public MyHandler(SampleActivity activity) {
      mActivity = new WeakReference<SampleActivity>(activity);
    }

    @Override
    public void handleMessage(Message msg) {
      SampleActivity activity = mActivity.get();
      if (activity != null) {
        // ...
      }
    }
  }

  private final MyHandler mHandler = new MyHandler(this);
```

图 2-69

笔者解决界面泄漏的着眼点在内类的“this$0 引用”（这和我们上面介绍的 Bug 类似），这里变了个戏法，下面我们仔细看看是怎么做到的。

1. 把内类声明成 static，来断绝 this$0 的引用。因为 static 描述的内类从 Java 编译原理上看，“内类”与“外类”相互独立，互相都没有访问对方成员变量能力。

2. 使用 WeakReferance 来引用外部类实例。弱引用并不产生无法 GC 的强引用，所以垃圾回收器并不关心它，即当被弱引用指向的对象生命周期还未结束时，通过弱引用可以得到被指向对象，但是如果被指向的对象生命周期已结束（所有强引用都释放了对这个对象的持有），这类弱引用就只能返回空对象。这样在 Activity 被用户返回前并不影响内类对 Activity 的操作，而在 Activity 执行返回后，又不会影响 Activity 本身的回收。

这种方法为什么被列为“好”，原因很简单，它在最大程度上简化了修改这种内存 Bug 的代价，但是有可能会在某些情况下引发功能 Bug，比如没有对 WeakReferance 判空造成功能 crash，或者虽然判空了，但没有把 else 逻辑完善而造成二次打开异常等。

2.7 案例 E：登录界面有内存问题吗

问题类型：Activity 泄漏

GC ROOT：ViewRootImpl

引用方式：mContext 间接引用

解决策略：终止没有用的 Activity

背景：

登录界面和闪屏通常是一个 App最先见到的界面。在阅读下文之前，读者可以想想登录界面有什么独特之处？我们在这个 Bug 的总结处来告知您这个答案。

操作步骤：

腾讯公司在新的互联网产品上线前都需要做内存检测，拿到产品的测试人员首先对软件的登录界面 A_Activity 做了内存检测，遗憾地发现这个登录界面是有泄漏的。测试步骤如下。

- 使用账号登录软件。
- 在软件登录成功后，使用 DDMS 抓取 Hprof。
- 用 MAT-Finder 的 Activity 功能来查看当前内存中的 Activity，如图 2-70 所示。

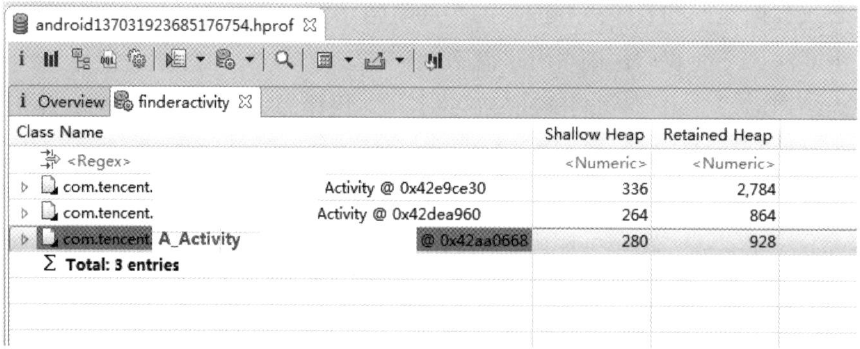

android137031923685176754.hprof

Overview | finderactivity

Class Name	Shallow Heap	Retained Heap
<Regex>	<Numeric>	<Numeric>
com.tencent. Activity @ 0x42e9ce30	336	2,784
com.tencent. Activity @ 0x42dea960	264	864
com.tencent. A_Activity @ 0x42aa0668	280	928
Σ Total: 3 entries		

图 2-70

- 发现 Hprof 中存在 A_Activity 对象，查看引用路径如图 2-71 所示。

Class Name	Shallow Heap	Retained Heap
<Regex>	<Numeric>	<Numeric>
com.tencent A_Activity @ 0x42aa0668	280	928
context1 android.view.GestureDetector @ 0x42ae5c68	104	2,592
mGesture android.view.ViewRootImpl @ 0x42afa880	496	4,632
this$0 android.view.ViewRootImpl$WindowInputEventReceiver @ 0x42e32730 Native Stack	40	192
this$0 android.view.ViewRootImpl$AccessibilityInteractionConnectionManager @ 0x42ab0408	16	16
Σ Total: 2 entries		
[0] java.lang.Object[12] @ 0x42afd1f8	64	64
array java.util.ArrayList @ 0x42afd1e0	24	88
observers com push.a @ 0x42afd1c8	16	104
a class com push.a @ 0x42afd108 System Class	8	152
mContext com.android.internal.policy.impl.PhoneWindow$DecorView @ 0x42e0ddc0	656	1,944
[0] android.view.View[2] @ 0x42ab9bc0	24	24
mViews android.view.WindowManagerGlobal @ 0x42aa8028	32	112
sDefaultWindowManager class android.view.WindowManagerGlobal @ 0x42053118 System Class	96	640
this$0 android.view.WindowManagerGlobal$1 @ 0x42de1d30	16	16
mGlobal android.view.WindowManagerImpl @ 0x42df18e8	24	24
Σ Total: 3 entries		
activity android.app.ActivityThread$ActivityClientRecord @ 0x42af6250	112	576
value java.util.HashMap$HashMapEntry @ 0x42dfaad0	24	600
next java.util.HashMap$HashMapEntry @ 0x42e0eec0	24	760
[3] java.util.HashMap$HashMapEntry[4] @ 0x42dd9dd0	32	792
table java.util.HashMap @ 0x42a9b7a0	48	840
mActivities android.app.ActivityThread @ 0x42a9b660	192	4,792

图 2-71

登录成功后会进入产品主界面 B_Activity，而且并不存在一种逻辑能够使用户再从 B_Activity 退回到 A_Activity（逻辑回退），所以按照“所见即所得”的测试基本思路，A_Activity 应该从内存中释放掉，但是在上述 Bug 中 A_Activity 在用户进入 B_Activity 后依然存在，所以测试人员定义这个现象为“泄漏”。什么原因造成这个泄漏呢？首先要简单地看一下 Activity 的生命周期，如图 2-72 所示。

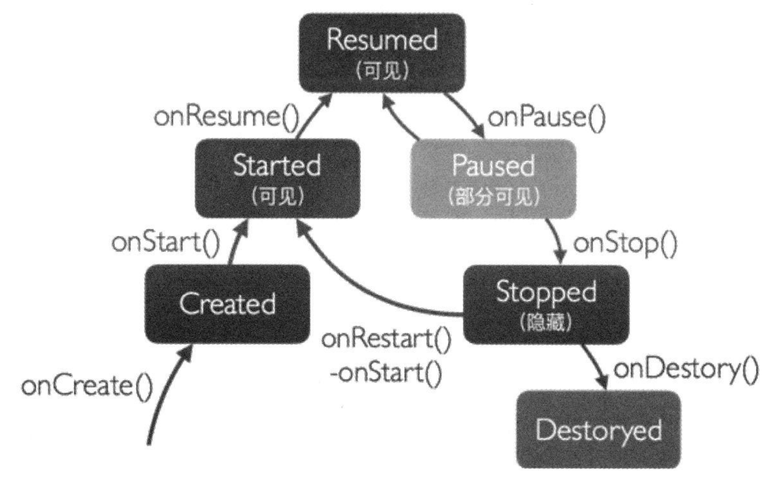

图 2-72

图 2–72 是在介绍 Activity 的生命周期时比较著名的一张图。官方叫它“生命周期金字塔”，在塔尖的状态是可见且可交互状态，其余的状态都是部分可见、不可见或者不可交互状态。那么就一个完整的 Activity 生命周期而言，至于状态是如何迁移的，这个读者可以自己去体会或者查阅相关文档，状态如何迁移不是这个 Bug 的主要构成原因，所以就不在这里赘述了。但是我们要记住一个原则，“每个 Activity 在不做特殊处理的时候，都必须拥有这么一个完全的生命周期状态节点，才能保证它最终释放，缺少或停留某些状态都会造成 Activity 无法消亡，进而造成内存泄漏”。

最后一个 destoryed 状态是指用户按下了回退键，或者显式调用了 Activity 的 finish() 方法。如果仅仅退回后台的 Activity，只会进入 stopped 状态。没有走到 destoryed 状态的 Activity 系统是不会回收的。

而前面我们说了登录界面进入主界面后会退到后台（自动退到后台或者说被主界面盖住，并非用户手动按下回退键），也就是登录界面进入了 stopped 状态。而 stopped 状态的界面并不会被系统回收，这样它就泄漏了。

那么，我们应该怎样才能把 A_Activity 从 resumed 状态转换到 destoryed 呢？很简单，调用 finish() 就可以了。

原来官方早就意识到，可能存在这么一种“过渡界面”，而这种“过渡”界面应该在 onCreate 方法中主动地调用 finish 方法，来完成 Activity 的状态转变，使它能够被系统回收。

总结：通过对这个案例的学习，我们了解了 Android 的界面基础类“Activity”生命周期和状态迁移的一些知识，了解到存在一种特殊的内存泄漏，它是由状态变更不到位而引起的，常常出现在“过渡界面”场景下，“过渡界面”由于其缺失回退操作，而无法完成整个 Activity 的所有状态，进而造成内存泄漏。因此，当测试人员再碰到类似有“过渡界面”的产品时，一定要注意这种内存 Bug 是否存在。

2.8 案例 F：使用 WifiManager 的内存问题

问题类型：Activity 泄漏

GC ROOT：Thread

引用方式：mContext 间接引用

解决策略：使用 ApplicationContext 代替

下面要介绍的这个 Bug 发生在手机 QQ 需要获取网络状态时。手机 QQ 的很多业务都需要测试当时的网络状态，会用到底层服务组件，比如 WifiManager 等。根据网络的不同状态可以优化用户体验，比如在 WiFi 下用户一般不会太关心流量，这时就可以给用户展示更加清晰的图片或者展示视频等，如图 2-73 所示。

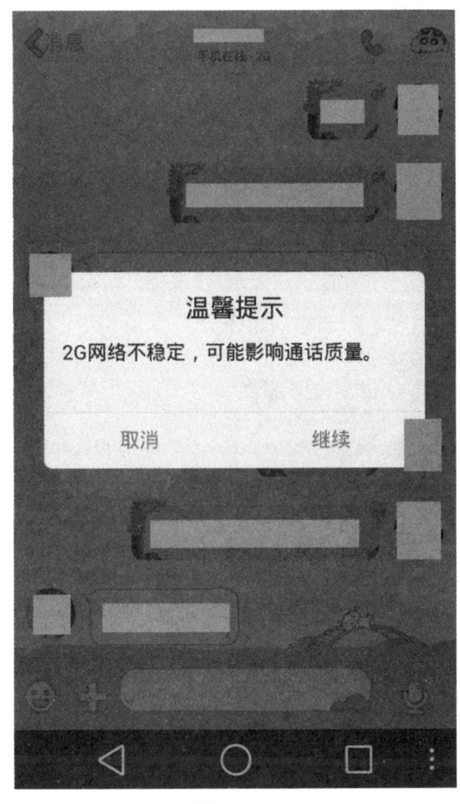

图 2-73

操作步骤：

1. 使用 New Monkey 执行 2500 下压力点击。
2. 等压力点击结束后，手动回退到主界面。
3. 抓取内存 Hprof，如图 2-74 所示，使用 Finder-Activity 分析界面泄漏。
4. 发现界面泄漏，如图 2-75 所示。

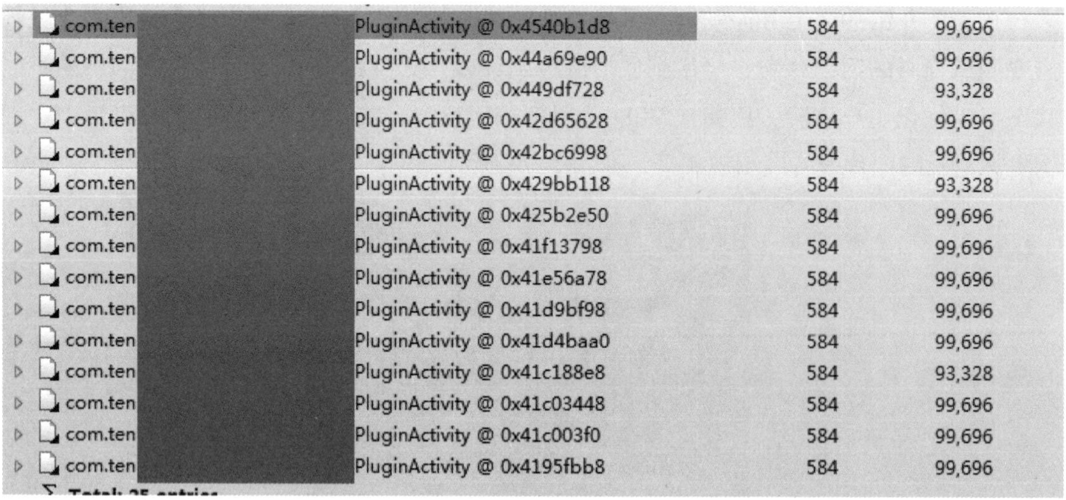

com.ten PluginActivity @ 0x4540b1d8	584	99,696
com.ten PluginActivity @ 0x44a69e90	584	99,696
com.ten PluginActivity @ 0x449df728	584	93,328
com.ten PluginActivity @ 0x42d65628	584	99,696
com.ten PluginActivity @ 0x42bc6998	584	99,696
com.ten PluginActivity @ 0x429bb118	584	93,328
com.ten PluginActivity @ 0x425b2e50	584	99,696
com.ten PluginActivity @ 0x41f13798	584	99,696
com.ten PluginActivity @ 0x41e56a78	584	99,696
com.ten PluginActivity @ 0x41d9bf98	584	99,696
com.ten PluginActivity @ 0x41d4baa0	584	99,696
com.ten PluginActivity @ 0x41c188e8	584	93,328
com.ten PluginActivity @ 0x41c03448	584	99,696
com.ten PluginActivity @ 0x41c003f0	584	99,696
com.ten PluginActivity @ 0x4195fbb8	584	99,696

图 2–74

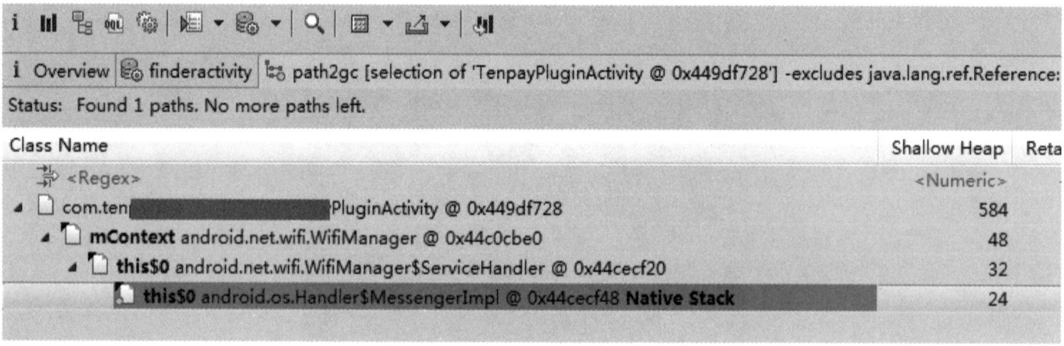

i Overview | finderactivity | path2gc [selection of 'TenpayPluginActivity @ 0x449df728'] -excludes java.lang.ref.Reference:

Status: Found 1 paths. No more paths left.

Class Name	Shallow Heap	Reta
<Regex>	<Numeric>	
com.ten PluginActivity @ 0x449df728	584	
mContext android.net.wifi.WifiManager @ 0x44c0cbe0	48	
this$0 android.net.wifi.WifiManager$ServiceHandler @ 0x44cecf20	32	
this$0 android.os.Handler$MessengerImpl @ 0x44cecf48 **Native Stack**	24	

图 2–75

从引用路径来看是 Activity 的 Context 被 WifiManager 持有所造成的，开发的代码编写方式很简单，如图 2–76 所示。

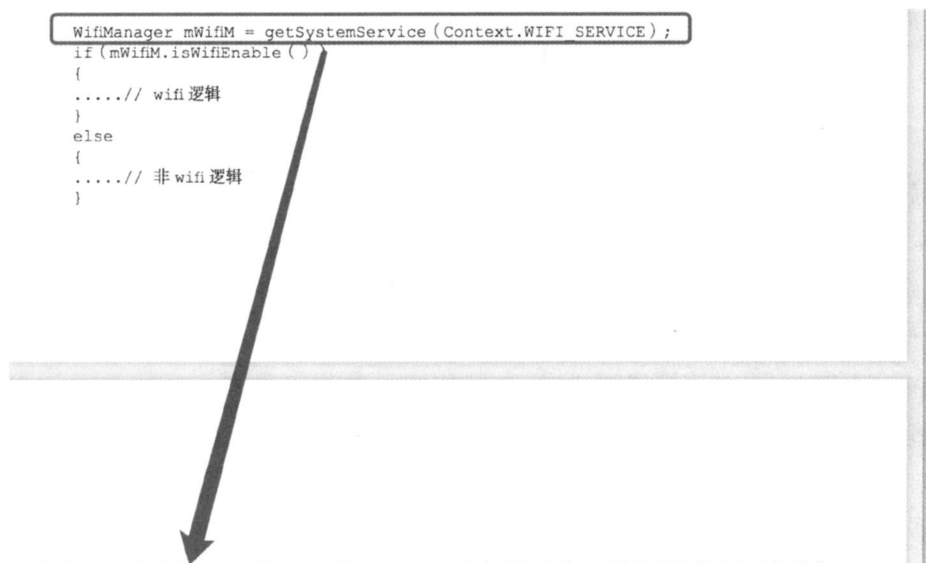

WifiManager mWifiM = getSystemService(Context.WIFI_SERVICE);
if(mWifiM.isWifiEnable())
{
.....// wifi 逻辑
}
else
{
.....// 非 wifi 逻辑
}
从引用路径来看是Activity的Context被WifiManager持有所造成的，开发的代码编写方式很简单，如图2-76所示。
注：这个Bug是非必现的，所以要使用MTTF这样的压力测试才能保证出现率。标红的这段代码，如果在Activity中调用，会默认把Activity的Context传给WifiManager服务，在某些不确定情况下，WifiManager内部会产生异常，从而hold住外界传入的Context。

图 2-76

解决方案：

把 getSystemService（Context.WIFI_SERVICE）；修改为以下代码：

getApplicationContext().getSystemService（Context.WIFI_SERVICE）；

同样的情况也发生在 AudioManager 等服务上，比如要判断当前是耳机模式或者外放模式，一样会产生这样的问题，所以都应该使用 getApplicationContext().getSystemService 来获取服务实例。

服务节点总结：

对于服务来说它们的生命周期一般是跟随 App 的完整生命周期，所以它们如果对外有引用，按照 Java 的生命周期延长法则，这些外部对象也都会被延长生命周期，进而产生内存泄漏。解决服务对外持有的方法可以总结为几点。

1. 清除引用逻辑。

2 在使用系统服务的时候尽量避免界面的 Context。

3. 提供异步工作的服务，一定要注意回调函数、handle、oberserve 等通知类型对象的注册与反注册成对出现。

2.9 案例 G：把 WebView 类型泄漏装进垃圾桶进程

问题类型：WebView 类泄露

WebView 是 Android 的 Web 页面展示控件，它继承于 View，使用 WebKit 引擎执行 Web 请求，然后将获取的数据按照 HTML 规则渲染出来。它并非是一个完整的 Web 浏览器，所以并没有导航控制或者地址栏。官方推荐它的适用范围也只有：展示用户协议（因为产品的每个版本用户协议都可能不同，或者要不定期地更新用户协议）、展示 mail 内容（mail 有相对复杂的字体、格式、段落、插画等。用 Android Layout 来做太麻烦）。

但是开发人员常常不会注意官方建议的用途，而更加关注这个控件能够做什么。因为有 WebKit 引擎的支持，WebView 有了 HTML5 代码的执行能力，与此同时 Android 的 Activity 框架还赋予了 WebView 完善 JavaScript 接口能力（Web 中的 JS 可以调用客户端 Activity 已实现的标准接口）。这下 WebView 似乎成了产品、运营，甚至开发人员最中意的控件之一。

但网络延时、引擎 Session 管理、Cookies 管理、引擎内核线程、HTML5 调用系统声音、视频播放组件等，产生的引用链条无法及时打断，造成的内存问题基本上可以用“无解”来形容。

当然，民间的牛人总有很多，他们竟然用“反射”解决掉其中的某些内存问题，比如图 2-77 所示的这个。

```
1  public void setConfigCallback(WindowManager windowManager) {
2      try {
3          Field field = WebView.class.getDeclaredField("mWebViewCore");
4          field = field.getType().getDeclaredField("mBrowserFrame");
5          field = field.getType().getDeclaredField("sConfigCallback");
6          field.setAccessible(true);
7          Object configCallback = field.get(null);
8
9          if (null == configCallback) {
10             return;
11         }
12
13         field = field.getType().getDeclaredField("mWindowManager");
14         field.setAccessible(true);
15         field.set(configCallback, windowManager);
16     } catch(Exception e) {
17     }
18 }
```

图 2-77

它就成功地解决了如图 2-78 这样的引用链问题。

```
--------------------------------------------------------------------------------
com.tencent.open.applist.QZc          Activity @ 0x42f4b030              |    448 |    4,928
|- mContext android.webkit.BrowserFrame @ 0x42b70718                    |     80 |      312
| |- <JNI Local, Java Local> java.lang.Thread @ 0x42b4dc90  WebViewCoreThread Thread|     80 |    1,224
| |- target android.os.Message @ 0x42e4a018                    |     56 |       56
| '- Total: 2 entries                                |        |
|- mContext android.webkit.WebViewCore @ 0x42f5fd38                    |    144 |      232
|- mOuterContext android.app.ContextImpl @ 0x44adfb78                   |     96 |      848
'- Total: 3 entries                                  |        |
--------------------------------------------------------------------------------
Class Name                                                  | Shallow Heap | Retained Heap
```

图 2-78

不难看出，作者使用了几次“反射”，首先“反射”得到 WebView 的内核，然后再通过“反射”从内核的 xxx 变量中得到窗口管理器回调配置，最后把一个空的窗口管理者赋给它，来替代原先的那个。这样就打断了底层的引用联调，成功地解决了 WebView 内核造成的上层 Activity 泄漏。但重点是作者最后补充了一句：这并不能适用于所有的 Android 系统，因为它们的 WebView 内核字段差异很大。

推荐将“反射”作为一种“补丁”来解决系统问题，并且鼓励使用。但是将它用在内存问题的解决上，笔者还是建议大家持谨慎态度，因为这并不是解决内存问题的正确道路，正确理解组件本身，正确调用接口，给出正确参数，采用正确调用顺序，这才是真正解决内存的根本问题所在。

上面介绍了 WebView 的内存问题，它通过网络上的一个极端解决方法来解决，也从一个侧面反映了广大的开发人员对 WebView 泄漏多么无奈。下面将要介绍的是腾讯在产品中用来统一解决 WebView 问题的方法。

早期进行专项测试时，也曾经在产品内存中看到这样的情况，当时的感觉是真叫人“触目惊心”。要知道当时是使用自动化 MonkeyRunner 在跑内存测试脚本，跑到一半我们手头的 Nexus5 就黑屏了，呈现假死状态，屏幕上的返回键、切换键完全失灵，只有 Home 键勉强有所响应。抓取内存快照后，使用 Finder-Activity 就看到了如图 2-79 所示的一幕。

Class Name	Shallow Heap	Retained Heap
com.qzone.ui.global.activity.QZ dWebActivity @ 0x42e5fa80	560	23,280
com.qzone.ui.global.activity.QZ dWebActivity @ 0x42e32b30	560	23,296
com.qzone.ui.global.activity.QZ dWebActivity @ 0x42e0fea0	560	23,296
com.qzone.ui.global.activity.QZ dWebActivity @ 0x42e0b3c0	560	23,296
com.qzone.ui.global.activity.QZ dWebActivity @ 0x42e00150	560	23,280
com.qzone.ui.global.activity.QZ dWebActivity @ 0x42de6788	560	23,280
com.qzone.ui.global.activity.QZ dWebActivity @ 0x42dbb810	560	23,280
com.qzone.ui.global.activity.QZ dWebActivity @ 0x42d76460	560	23,280
com.qzone.ui.global.activity.QZ dWebActivity @ 0x42d72fd8	560	23,280
com.qzone.ui.global.activity.QZ dWebActivity @ 0x42d60ef8	560	23,296
com.qzone.ui.global.activity.QZ dWebActivity @ 0x42cc7f80	560	23,280
com.qzone.ui.global.activity.QZ dWebActivity @ 0x42c93ad0	560	23,280
com.qzone.ui.global.activity.QZ dWebActivity @ 0x42c3b028	560	23,296
com.qzone.ui.global.activity.QZ dWebActivity @ 0x42c155a0	560	23,296
com.qzone.ui.global.activity.QZ dWebActivity @ 0x42bea3b0	560	23,280
com.qzone.ui.global.activity.QZ dWebActivity @ 0x42bca9f0	560	23,280
com.qzone.ui.global.activity.QZ dWebActivity @ 0x42b91f50	560	23,296
com.qzone.ui.global.activity.QZ dWebActivity @ 0x42b767f0	560	23,296
com.qzone.ui.global.activity.QZ dWebActivity @ 0x42afe870	560	23,280
com.qzone.ui.global.activity.QZ dWebActivity @ 0x42a34058	560	23,296
com.qzone.ui.global.activity.QZ dWebActivity @ 0x429e6328	560	23,280
com.qzone.ui.global.activity.QZ dWebActivity @ 0x429e3430	560	23,296
com.qzone.ui.global.activity.QZ dWebActivity @ 0x429613a8	560	23,280
com.qzone.ui.global.activity.QZ dWebActivity @ 0x4294f868	560	23,296
com.qzone.ui.global.activity.QZ dWebActivity @ 0x4292c8a8	560	23,280
com.qzone.ui.global.activity.QZ dWebActivity @ 0x42915438	560	23,280
com.qzone.ui.global.activity.QZ dWebActivity @ 0x428eea58	560	23,280

图 2-79

操作步骤：

1. 使用 MonkeyRunner 运行脚本，进入 250 次“来消星星的你”（这是一款 QZone 玩吧的 Web 小游戏）。

2. 结束后抓取内存快照。

3. 使用 Finder-Activity 分析界面泄漏。

4.Bug 类型：泄漏（致命）。

分析：

这里并没有展示引用联调，也不会做任何内部分析，原因很简单，问题类似本节开始的那个引用链。我们要怎么解决这样严重的 Bug 呢？腾讯开发人员解决这个问题的邮件截图，如图 2-80 所示。

```
    mHandler.removeCallbacks(sRunnable);
    mHandler = null;
}
```

9、系统控件原因导致内存泄露，目前只发生在 Android 2.x OS 上，还没有找到比较好的解决办法，可以研究下。

例如：ClearableEditText 导致 LoginActivity 泄露

10. WebView 引用导致内存泄露。

解决办法：WebView 独立进程

图 2-80

用独立进程来解决内存问题，独立进程在 Android 框架下非常简单，在官网 App manifest 的 <activity> 介绍中，讲解了有关 android:process 属性的设置，一旦设置了这个属性，这个 Activity 的启动就会被投射到一个你所命名的进程当中，最后在 Activity 的 onDestory 函数中，退出进程，这样即可基本上终结此类泄漏。

2.10　案例 H：定时器的内存问题

问题类型： Activity 泄漏

GC ROOT：Thread

引用方式：$this0 间接引用

解决策略： 在 onDestory 里面停止 Timer

这个 Bug 出现在手机 QQ Android 版本上，手机 QQ 从 Android4.5 版本后就为打通 PC 与移动终端互联互通做了非常大的努力，这有助于实现多终端资源共享，同步用户体验。其中有一个需求叫作“数据线”，它可以实现手机文件与电脑文件的互相发送、接收。这对于没有高品质摄像头的电脑来说非常管用，当然使用蓝牙传递文件也一样可以达到这样的效果，但速度与多文件传输对于默认的蓝牙服务来说简直是噩梦。

通常牵扯文件传输问题时，都会出现“进度条”，当然它着重于“加载进度”，这里将提到的进度是“处理或传输进度”。这种进度可以展示在界面，也可以脱离界面展示，数据线因为工作在多终端上，因此要实时地发送自己的进度给另一个终端，这点很容易理解，但是恰巧就是这个不难理解的场景会出现严重的内存泄漏。

测试步骤：

1. 使用 PC QQ 发送文件给手机 QQ。
2. 等待手机 QQ 提示，并在消息栏选择传文件消息。
3. 接收文件过程，注销手机 QQ 账号，重新登录。
4. 抓取内存 Hprof。
5. 使用 Finder-Top class 功能。
6. 发现出现两套账号服务，如图 2-81 所示。

i Overview | topclass

ClassName	ObjectCount	HeapSize	Percent
.*com.*	<Regex>	<Numeric>	<Numeric>
class com.tencent.the[illegible]eLoader @ 0x42118e38	1	3,069,288	0.12
class com.tencent.mobileqq.app.QQApp[illegible]ce @ 0x41ea5d68	2	2,036,544	0.079
com.tencent.mobileqq.app.QQAppIn[illegible] @ 0x41efc648	1	1,052,584	0
com.tencent.mobileqq.app.QQAppIn[illegible] @ 0x4249e098	1	983,960	0
Σ **Total: 2 entries**			
class com.tencent.mobileqq.sta[illegible]emoryCache[illegible]MQL	1	1,715,000	0.067

图 2-81

分析：

在实现定时上报下载进度功能方面，手机 QQ 要通过账号服务来接受 Push，所谓的 Push 是由服务器主动发送此命令给客户端，客户端对此做出响应动作。传文件的 Push 内容主要是说“XXX 的 PC 账号 XXX 于 XXX 时间发送来了一个 XXX 文件”。这个 Push 里面除了包含必要的文件传输信息外，Push 本身也是启动手机接收文件的启动命令。因此“数据线”服务对账号服务的依赖是很强的，于是在内部就保存了对账号服务的引用。

保存账号服务的作用并非只有接收 Push 这么简单，下一步的上传下载进度也用到了账号服务，账号服务不单单存储了本账号的信息、各种认证，同时包含了上传变更信息，接收服务器下发命令的“管道”。因此“数据线”服务就把自己持有的账号服务，原封不动地也传给上层接收文件服务。

接收文件服务会启动一个定时器，定时为 2 秒查询一下下载进度，并将其封装成 TCP 命令，交给账号服务发送到服务器。这样一个完整的 PC QQ 发文件给手机 QQ 的流程就走通了，如图 2-82 所示。

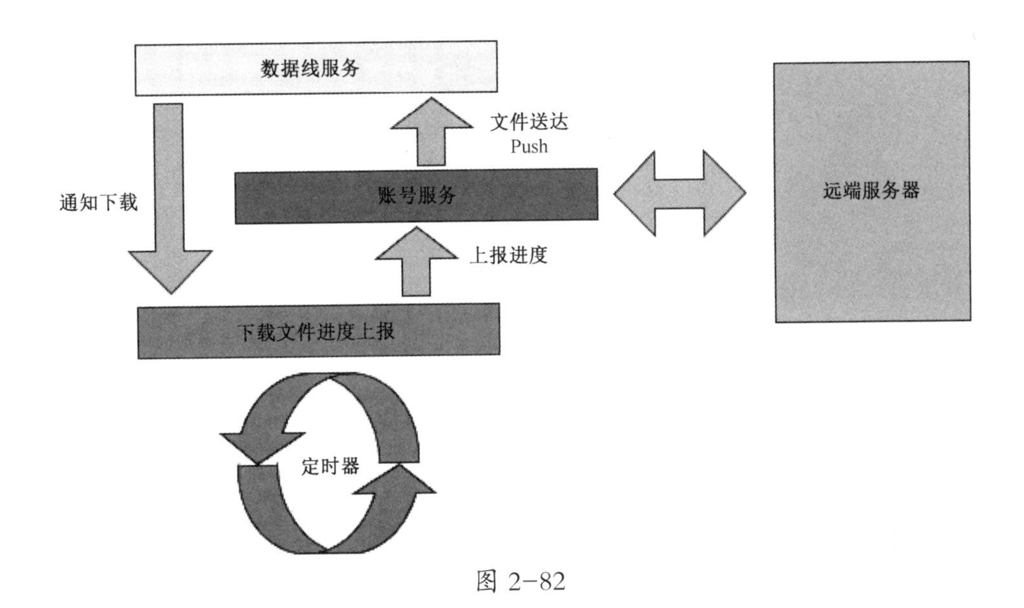

图 2-82

从设计上就可以看出，账号服务要被两个组件引用，数据先服务和下载进度上报定时器。现在问题出现了，测试人员并没有在下载完成后结束测试，而是做了一个账号注销的操作（可能在测试断点下载功能）。但在手机 QQ 的框架里，账号一旦注销，那么账号服务也应该被释放，等重新登录了新的账号后，重新构建它。但这时“数据线”的开发人员忘记了在响应账号登出接口里面停止下载文件上报定时器，这样就产生了这个 Bug。从如图 2-83 所示的引用路径上可以清楚地看到这一点。

Class Name	Shallow Heap	Retained Heap
<Regex>	<Numeric>	<Numeric>
com.tenc app.QQApp @ 0x41efc648	464	1,052,584
app com.tencent.mob .DataLine 0x428c7af8	112	608
this$0 com.tencent.mobilec .DataLine $2 @ 0x425733d8	48	48
<Java Local> java.util.Timer$TimerImpl @ 0x42571058 Timer-12 Th	88	1,552

图 2-83

解决方案：

在账号注销响应函数中，停止正在运行的 Timer，如图 2-84 所示。

```
if (timerSendRead        != null) {
    timerSendRead       .cancel();
    timerSendRead        = null;
}
```

图 2-84

也有读者会说上面这种释放方法是不是太残暴，的确官方有种比较温和的建议，只停止 Timer 中的 task（使用 timertask 的 cancel 方法），然后调用 Timer 的 purge 方法来移除这些已经停止的 timertask，当然这种方法也是可以的，但还是要记得功能退出前把 Timer cancel 掉。

2.11 案例 I：FrameLayout.POSTDELAY 触发的内存问题

问题类型：Activity 泄漏

GC ROOT：Thread

引用方式：$this0 间接引用

解决策略：调用 RemoveCallback

定时器的内存问题前文已介绍，下面我们介绍“延时器”。“延时器”在什么情况下使用呢？它和定时器又有什么区别呢？首先应该确定一点，在一定程度上定时器是可以取代延时器的，比如服务器希望客户端延时做某些事情，或者客户端自己为了启动速度考虑延时去读取某些本地文件，这些场景下都可以使用定时器来完成延时任务。但某些情况下是不能随便使用定时器的，比如定时界面刷新。启动定时器并非与启动线程相同，多线程控制界面 UI 元素会导致异常这是最基础的常识，也就是说，如果在 Activity 里面启动一个定时器，并在回调函数里面刷新界面元素内容，这是不可行的。

当然也有方法来完善它，那就是在定时器的回调函数里面对外发送消息，使用一个 Handle 来俘获这个消息，并刷新界面。因为 Handle 的最基本特质就是如果没有指定线程创建，那么被启动的 Handle 会黏附于启动它的线程，从上面俘获消息栈中的消息并处理。

但是上面是否是最简单有效的方法呢？消息满天飞，会大大增加产品维护成本，如果能像用定时器一样在回调函数里面直接表明要做的操作，而又能够达到“延时”、“线程切换”的要求，是多好的事情。Android 早就考虑到开发者的这一诉求，于是“延时器”呼之欲出。

这个 Bug 出现在手机 QQ 空间 Android 版本，进入 QQ 空间会发现应用程序的顶部有一块图片展示区域，点击它可以进入一个叫作“背景商城”的业务模块，如图 2–85 所示。

图 2–85

这个业务是用来更换空间顶部图片展示区域内容的。可以注意在这个界面的顶部，是一个可以左右滑动的图片展示控件“梦境中的记忆”。它不但可以左右滑动，而且还能自己定时轮播，从左至右循环播放几张图片。当前展示图片会在这个控件上停留几秒，然后后一张图片慢慢“滚入”，如果当前图片被用户点击然后滑动，新划入的图片也要停留几秒，然后再开始“自动滚”下一张图片。

操作步骤：

1. 进入 QQ 空间背景商城。

2. 退回 QQ 空间好友动态栏。

3. 抓取内存快照 Hprof，使用 Finder-Activity。

4. 发现存在界面泄漏，如图 2-86 所示。

Class Name	Shallow Heap	Retained Heap
<Regex>	<Numeric>	<Numeric>
com.qzonex.modu StoreFirstTabActivity @ 0x4416f568	440	27,312
com.qzonex.module.feed FeedActivity @ 0x42554638	432	1,872
com.qzonex.module.ho ui.portal.QZon eActivity @ 0x4231e498	504	1,936
com.qzonex.module.faca FacadeStoreActivity @ 0x44151758	384	3,472
com.qzone.ui.tab.QZone @ 0x424fb9c0	312	872
Σ **Total: 5 entries**		

图 2-86

查看引用路径，如图 2-87 所示。

Class Name	Shallow Heap	Retained Heap	d Heap
<Regex>	<Numeric>	<Numeric>	umeric>
com.qzonex.module.facade.ui.Qzo StoreFirstTabActivity @ 0x4416f568	440	27,312	27,312
mContext com.qzone.util.e widget.Wor eView @ 0x44192348	536	1,320	1,872
this$0 com.qzone.util.er widget.Work eView$1 @ 0x44192728	16	16	1,936
<Java Local> java.lang.Thread @ 0x418dd700 main Thread	80	4,128	3,472
callback android.os.Message @ 0x432bcdc0	56	56	872
<Java Local> java.lang.Thread @ 0x418dd700 main Thread	80	4,128	
mMessages android.os.MessageQueue @ 0x423243c8	32	152	
<JNI Local, Java Local> java.lang.Thread @ 0x418dd700 main Thread	80	4,128	

图 2-87

分析：

从引用路径上查看，非常明显这是一个内类引用 this$0，通过查询代码发现 $1 代表的 1 号内类，这是一个 Runable 对象，作用是“延时器”的回调。开发人员想实现的效果是，当图片划入完成后，开始设置一个延时，当延时完成后，开始滚动下一张图进入控件。而用户点击图片滑动时，要清除原有延时。具体是通过 FrameLayout 的 postDelayed 方法实现的，其原理类似 Handle 的 postDelayed，两者在一定程度上可互相替代。

开发人员在调用 postDelayed 方法时，塞入了延时回调内类 Runable，但在 StoreFirstTabActivity 销毁的时候，并没有调用 removeCallbacks 移除掉这个内类，以至于导致泄漏。

注意：延时器的泄漏特征在于其根部通常是一个以主线程为 GC ROOT 的 MessageQueue，这也是它与定时器泄漏最显著的区别。

解决方案：

在 StroeFirstTabActivity 注销的时候，移除实现控件内部的延时器对 Runable 内类的持有。

FrameLayout，如表 2-7 所示。

表 2-7

boolean	removeCallbacks（Runnable action） Removes the specified Runnable from the message queue.

Handler，如表 2-8 所示。

表 2-8

final void	removeCallbacks（Runnable r） Remove any pending posts of Runnable r that are in the message queue.
final void	removeCallbacks（Runnable r, Object token） Remove any pending posts of Runnable r with Object token that are in the message queue.
final void	removeCallbacksAndMessages（Object token） Remove any pending posts of callbacks and sent messages whose obj is token.
final void	removeMessages（int what） Remove any pending posts of messages with code 'what' that are in the message queue.
final void	removeMessages（int what, Object object） Remove any pending posts of messages with code 'what' and whose obj is 'object' that are in the message queue.

2.12　案例 J：关于图片解码配色设置的建议

问题类型：内存常驻（图片）

解决策略：使用 RGB565

笔者觉得在 Android 内存专项测试中，“一张图，毁十优”，意思是说，一张图片的非合理常驻，会造成十次优化的结果都白费。当然这个说法有点夸张，但图片在 Android 进程运行时内存中确实都是一些块头健硕的大家伙。

简单地量化一下，一个简单的 Activity 界面泄漏，通常泄漏大小在十几 KB 到 1MB 之间。

但如果换为一个图片，造成的内存耗损却会达到几十 KB 甚至几十 MB，两者完全不是一个量级。因此“防火防盗防图片”也是测试人员理所当然的条件反射。

以下要讲述的是有关图片的“配色设置”相关话题，它在一定程度上会影响图片内存大小。当然，我们一样先从内存 Bug 说起。

这个 Bug 发生在手机 QQ 空间，QQ 空间在发布之前会做一次必需的“专项横评”。所谓“专项横评”就是把将要发布的版本与已经发布过的上一个版本做专项方面的对比。对比项包括内存、FPS、时延、CPU、耗电等一系列指标，这样做的目的是为了保证将要发布的版本在专项方面不低于已发布版本。

操作步骤：

1. 取 Android 4.2 版本作为基线，取 Android 4.5 即将发布版本作为被测目标。

2. 测试登录后滑动 30 条 Feeds 后进行内存对比。

3. 发现 Android 4.5 版本下滑动 30 条 feeds 比 Android 4.2 版本下滑动 30 条 feeds 消耗的内存（DalvikVM heapAlloc）要多。

4. 使用 Finder-Compare 功能，分别查看 Android 4.2 版和 Android 4.5 版的内存对象新增。

5. 发现位图的内存占用差别很大，如图 2-88 所示。

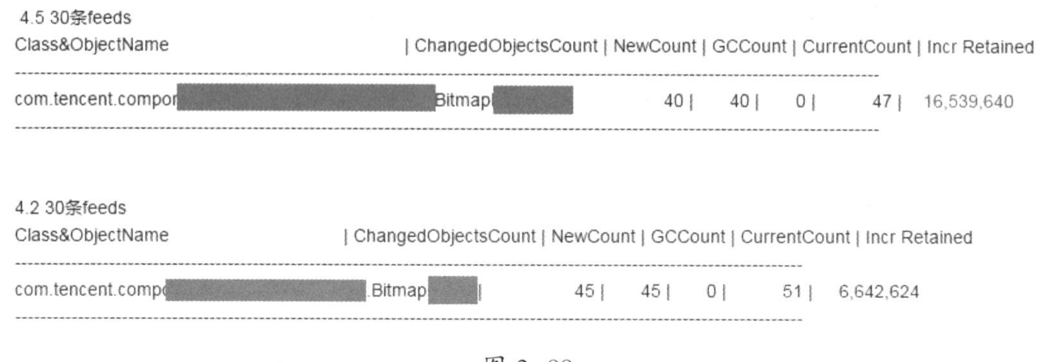

图 2-88

Bug 类型：内存浪费。

分析：

就新增对象个数分析，同样拉取 30 条 feeds，Android 4.5 版增加的图片个数比 Android 4.2 版少，但内存耗损增量却比 Android 4.2 版要大出不少，这是为什么？

测试人员取出了其中一张图片查看 Finder-Bitmap View，发现 Android 4.2 版加载的图片与 Android 4.5 版加载的图片，拥有同样的尺寸、内容，但内存耗损 Android 4.5 版的却比 Android 4.2 版的翻了一番，如图 2-89 所示。

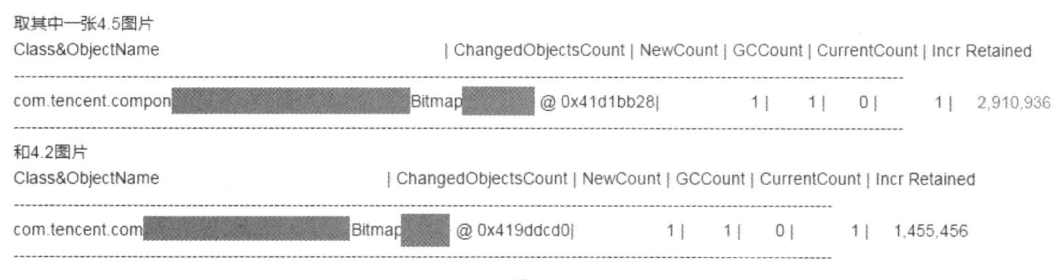

图 2-89

从肉眼判断如图 2-90 和图 2-91 所示的两张图完全一样，这下在“黑盒测试”方面已经无路可循，只能用“白盒”方式一探究竟。跟踪开发的代码变更，根据差异化分析发现，开发人员在 Android 4.2 版本上拉取 feeds 图片解码图片时，使用了 inPreferredConfig 参数。它是 BitmapFactory.Options 的一个字段，BitmapFactory.Options 可以被绝大多数 Android 图片解码 API 当作“设置”参数传入。

图 2-90

图 2-91

看一下 inPreferredConfig 字段的含义是什么：

public Bitmap.Config	inPreferredConfig	If this is non-null, the decoder will try to decode into this internal configuration.

如果不为空的情况，解码器将会使用这个内部设置。字段的官方说明比较晦涩，接着要看看它的类型的官方说明，inPreferredConfig 的类型是 Bitmap.Config，如图 2-92 所示。

public static final enum
Bitmap.Config
extends Enum<E extends Enum<E>>

Summary: Enums | Methods | Inherited Methods | [Expand All]
Added in API level 1

java.lang.Object
↳java.lang.Enum<E extends java.lang.Enum<E>>
↳android.graphics.Bitmap.Config

Class Overview

Possible bitmap configurations. A bitmap configuration describes how pixels are stored. This affects the quality (color depth) as well as the ability to display transparent/translucent colors.

Summary

Enum Values		
Bitmap.Config	ALPHA_8	Each pixel is stored as a single translucency (alpha) channel.
Bitmap.Config	ARGB_4444	*This field was deprecated in API level 13. Because of the poor quality of this configuration, it is advised to use* ARGB_8888 *instead.*
Bitmap.Config	ARGB_8888	Each pixel is stored on 4 bytes.
Bitmap.Config	RGB_565	Each pixel is stored on 2 bytes and only the RGB channels are encoded: red is stored with 5 bits of precision (32 possible values), green is stored with 6 bits of precision (64 possible values) and blue is stored with 5 bits of precision.

图 2-92

Bitmap.Config 用于配置 Bitmap 用怎样的像素格式进行存储，这会影响质量（色深），也能影响显示半透明、透明颜色。

- ALPHA_8：只有透明通道。
- ARGB_4444：质量太差，建议更换 ARGB_8888。
- ARGB_8888：每个像素 4 字节。
- RGB_565：每个像素使用 2 字节，只有 RGB 通道被解码——红色 5 位，绿色 6 位，蓝色 5 位。

到这里就彻底明白了，查看代码发现原来 Android 4.2 版 QQ 空间使用了 RGB_565 来解码 feeds 图片。而 Android 4.5 版却没有使用 inPreferredConfig。

对于没有给定 BitmapFactory.Options 参数而直接调用图片解码函数的情况，Android 系统会默认使用 ARGB_8888。通过官方文档，可以知道 RGB_565 每个像素占用的内存只有 ARGB_8888 的一半（RGB_565 每个像素使用 2 字节，ARGB_8888 每个像素使用 4 字节）。

这样的 Bug 现象中 Android 4.5 版中看似相同的图片为什么比 Android 4.2 版中的大一倍的疑问就找到了答案。

但为什么 Android 4.2 版本使用 RGB_565 来加载 feeds 图片，而 Android 4.5 版本却弃用了呢？官网解释为不同的设置会影响图片的显示质量和透明度。开发人员是否因为质量的原因刻意去掉 RGB_565 设置呢？带着问题，测试人员询问了开发人员，开发人员首先解释了 RGB_565 是如何降低图片显示质量的。

用 5 位（0~32）来解析整个红色空间与使用 8 位（0~255）来解析整个红色空间相比，就像一个稀疏的栅栏和一个紧密的栅栏相比一样，前者粗糙许多。开发人员也承认，虽然 RGB_565 会粗糙一些，但的确是因为在重构代码过程中漏了 RGB_565 的设置，才造成了测试人员发现的内存差异。拉取 feeds 操作，下载的其实都是“缩略图”，用户只想知道大概是什么内容，对图片质量并没有很高的要求，如果想要看高清大图，可以通过点击操作进入浏览界面来仔细查看，如图 2-93 所示。

图 2-93

解决方案：

在 feeds 加载并解码图片的代码中，增加 BitmapFactory.Options. inPreferredConfig 设置。

注意：使用 RGB_565 的条件。

缩略图,用户感官上认为它就不应该是一张高清图片,如果需要详细查看,可以通过“点入”操作。没有透明效果,因为RGB_565不解码透明通道内容,因此会造成透明效果丢失(但是同样依赖于透明通道的圆角图片效果，倒可以使用 RBG_565 配合 BitmapShader 实现，具体可见第 7 章流畅度中的案例）。

以此为基础，测试人员也在手机 QQ 上做了一个简单的排查，发现手机 QQ 也存在一种情况可以使用 RGB_565。虽然手机 QQ 没有大量的图片展示区，这点不像 QQ 空间，但是手机 QQ 却存在各式各样的聊天背景，这些背景图片尺寸巨大，色泽单一，恰恰没有透明效果。开发人员一直在琢磨怎么降低聊天时候出现的内存峰值，那么这个既简单又实用的小技巧真可谓雪中送炭。

2.13 案例 K：图片放错资源目录也会有内存问题

问题类型：内存常驻（图片）

解决策略：使用 Drawable.createFromStream

上面讲述的多数问题都是界面切换、控件操作发生的内存问题。下面介绍的问题和交互操作没什么关系，它们通常是因为开发人员没有明确设计而造成的。

首先，打开一个 Android 的工程目录，在 res 目录下面不难发现有很多以 drawalbe 开头的文件夹，随便打开其中一个，就会发现其中存储的是一些图片。和代码相结合阅读发现，这些图片都是随 APK 发布的，将在某个场景下展示的“本地”图片。

但 res 下有多个 drawalbe 目录，拿到一张设计师给的图片，应该放在哪个目录下才合适呢（其实放在任何目录，都不会影响应用正常的功能，但是在内存性能方面却有很大不同）？

我们通过一个 Bug 来了解这个知识点。

Android QQ 空间独立版有个叫作玩吧的业务。用户通过它可以边刷 QQ 空间边玩游戏、比排名。在一次测试玩吧业务的合流测试过程中，测试人员发现了一个奇怪的内存问题。

测试步骤：

1. 安装 Qzone。

2. 进入玩吧面板。

3. 点击某个游戏，运行。

4. 回退到玩吧界面，并抓取内存快照 Hprof。

5. 使用 Finder-Btimap 查看内存中图片尺寸。

6. 发现“未找到游戏”运营图片尺寸超过被测设备屏幕尺寸（检查图片超尺寸加载是合理必做的内存检测项目之一），如图 2-94 所示。

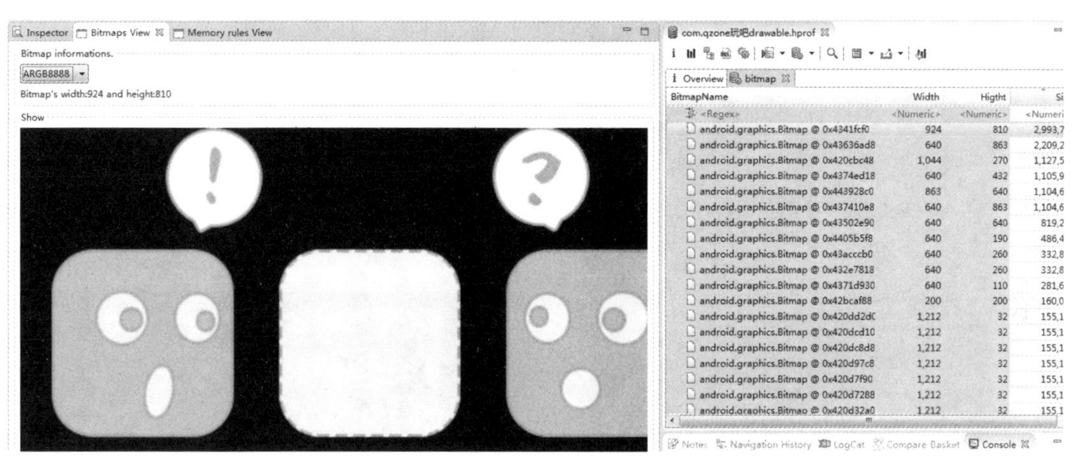

图 2-94

被测设备是 Nexus3，分辨率为 720 × 1280，但是这张图片的尺寸是 924 × 810，宽度超过屏幕的分辨率尺寸 200 多个像素点，是“图片超尺寸加载”类型的违规。所以当时的 Bug 单中给出的建议是，将图片缩小比例后加载入内存，避免不必要的内存浪费。但开发人员发现并没有用任何代码来加载这张图片，这张图片是通过 XML 布局元素直接由系统加载的，于是开发人员就怀疑是系统问题。

难道真的是系统问题？ Android 系统因为某些原因，在巨大的硬件环境差异下的确存在某些系统 Bug，但是本着实事求是的原则，还是去考证一下。通过分析，叫人大跌眼镜的是，内存问题引出的却是一个显示密度的概念。

怎么理解显示密度呢？首先看一下如图 2-95 所示的图片。

图 2-95

以上用来示意两个手机的屏幕，它们尺寸大小相同，但一个是低密度，一个是高密度。均在其屏幕上展示 500×500 的图片，情况就会变成图 2-95 这样。直观感受过现象后，我们来理解一下显示密度是什么。

官网是这样解释显示密度的，代表的是某个屏幕物理面积下像素的总数；通常使用 dpi（每英寸下的点）为单位。比如，一个低密屏在给定的物理面积下，比高密屏或正常密度屏的像素点要少。Android 把目前市面上的屏幕分为 6 个等级，低、中、高、超高、超超高、超超超高。

有了定义就不难理解上面的现象了，同样一张 500×500 的图片，在两个不同密度的手机屏幕上，的确需要“不同大小”的物理面积来显示。但对于要求体验一致的 Android 来说，这无疑是不可行的。Android 就专门为此问题，做了一套“与像素无关”的 UI 方案来应对。这里我们就不详细解说了，当然我们上面讲到的 QQ 空间玩吧合流 Bug 也是因为这套方案而产生的。但如果要通篇介绍这套方案，篇幅可能会很长，而且多数知识点离“内存”太远。

注意： 在官方的方案中，建议使用“dp”来描述控件尺寸以及布局，它的大小等于“中密度屏幕”（160dpi）的一个“像素”大小。

回到正题，通过上文我们知道一张相同的图片在不同密度的屏幕上会显示出不同的物理尺寸，而 Android 为了显示布局的体验统一，做了一套适配方案，其中图片部分的方案会在内存中按照一定“比例缩放”这张需要显示的图片，以达到“相同尺寸图片在不同密度屏幕上有相同的物理尺寸”的目的。那么，它会怎么缩放这张图片呢？

对于资源（就是放到工程目录 res 下的图片）图片而言，首先 Android 会要求资源助手寻找此图片所在的 drawable 目录，因为每个目录代表了不同的显示密度，如表 2–9 所示。

表 2–9

目录名称	Density
res/drawable	0
res/drawable-hdpi	240
res/drawable-ldpi	120
res/drawable-mdpi	160
res/drawable-xhdpi	320
res/drawable-xxhdpi	480

Android 会认为开发者非常清楚这些目录的代表密度，也清楚图片在屏幕上的用户体验，因此它要求开发者尽量将和屏幕密度相匹配的图片放置到对应目录下，比如，同样内容的图片，放在 res/drawable–mdpi 目录下的比放在 res/drawable–xhdpi 目录下的像素尺寸要小一半。而 Android 最奇葩的要求是，希望每张图片，在不同的 res/drawable 目录下都应该有一个同名副本，它们拥有不同的像素尺寸但是拥有一样的画面内容。这样可以保证好的画质与性能，这里可能存在时延问题，有兴趣的同学可以深入了解以下内容。

Provide Alternative Bitmaps

Since Android runs in devices with a wide variety of screen densities, you should always provide your bitmap resources tailored to each of the generalized density buckets: low, medium, high and extra-high density. This will help you achieve good graphical quality and performance on all screen densities.

Android 在加载这些图片前，会先一步得到当前设备的显示密度，然后到相匹配的 drawable 目录去寻找图片资源。但是如果开发人员并没有按照官方推荐的方式，每个 res/drawable 目录下都放置图片的话，Android 会按照当前设备显示密度就“近”获取图片资源，然后将其所在的目录所代表的密度与当前设备密度相比，以这个比例来缩放图片，以得到一张“合适”的图片（有对应图片就不用缩放，这也是上面官网说“好”性能的原因）。

比如，一张备显图片只放置在 mdpi 目录，而当前的设备显示器为 480dpi 的超超高密屏，这时 Android 就会按照 3 倍大小缩放这张图片，将它加载入内存。

这样是非常危险的，如果有一张 800×480 图片放置在 ldpi 目录，展示在 480dpi 的超超高密屏上时，会在内存中产生一张 3200×1920 的巨大图片，这一般会耗损 23MB 的内存，这个大玩意儿基本上等于 Android 最低适配标准手机单进程内存阈值的 1/5。官方建议图片缓冲的总大小应该为单进程内存阈值的 1/4。那么如果把这个大家伙塞进图片缓冲，得有多少无辜的小图片惨遭淘汰呀。而这恰恰是我们一开始讲述的那个空间 Bug 产生的原因，如表 2-10 所示。

表 2-10

Screen Size	Screen Density	Application Memory
small / normal / large	ldpi / mdpi	16MB
small / normal / large	tvdpi / hdpi	32MB
small / normal / large	xhdpi	64MB
small / normal / large	400dpi	96MB
small / normal / large	xxhdpi	128MB
xlarge	mdpi	32MB
xlarge	tvdpi / hdpi	64MB
xlarge	xhdpi	128MB
xlarge	400dpi	192MB
xlarge	xxhdpi	256MB

QQ 空间因为安装包大小问题，无法为每张图片在每个 drawable 目录下安置一张适配图片副本，这和大多数要控制安装包大小的产品类似。所以 QQ 空间的开发人员只能选择其中

一个目录来安置自己的业务图片，而这个开发人员因为对 Android 这块的适配并不是很清晰，于是就跟着前人，把自己的图片放在了那个 res/drawable 目录下，这个目录名后面没有带任何与密度相关的后缀，但是它所代表的屏幕密度值是“0”。可能开发人员认为这个背后不带有任何密度后缀的目录，Android 会做自动适配，这样就产生了以上的 Bug。

细心的读者可能会发现上面的解释似乎说不通，因为一个 0 密度的目录，而目标设备为任何密度，都会因除数为 0 得到一个无限大的放大倍数。而这个 Bug 其实只是将原来的图片放大了 1 倍，开发人员放到 res/drawable 目录下的图片尺寸为 462×405。原因很简单，在不同的 ROOM 下 res/drawable 会被替代成不同的密度，这个密度被称为“默认密度”。我的这台被测机默认密度为 160，而显示密度为 320，这样就产生了这个 Bug。

解决方案：

抓不准该放到那个目录的图片，就尽量问设计人员要高品质图片然后往高密度目录下放，这样在低密屏上“放大倍数”是小于 1 的，在保证画质的前提下，内存也是可控的。

拿不准的图片，使用 Drawable.createFromStream 替换 getResources().getDrawable 来加载，这样就可以绕过 Android 以上的这套默认适配法则。

2.14　案例 L：寻找多余的内存——重复的头像

问题类型：内存常驻（重复资源）

解决策略：去重

图片缓存的寻址按照经典的 Key-Value 模式，但如果我们把 Key 设置得不恰当，就很有可能出现“重复车”现象，也就是下面要讲的这个 Bug。

Bug 一样是发生在手机 QQ 中，QQ 中有很大一块资源耗损是被“头像”创造的，不管是流量或者是内存，用户对于“头像”的情有独钟造成这块耗损变成了合理的强需求，这里简单说个计算公式，一般 QQ 会员使用的高清头像尺寸为 144×144，使用 32 位方式加载，也就是说一个像素点需要 4 字节来支撑，一个头像所耗损的内存不难算出，大概是 81KB。那么当前主流 Android 设备的进程最大内存大概是多少呢？大致是 64~128MB。那么对于拥有上百个好友的用户而言，我们不需要做任何事情，只是登录 QQ，我们的内存就会有 10MB 左右被头像吃掉，而且很多用户不止上百个好友。当时开发人员使用了 UIN 作为“头像”缓存的 Key，所谓 UIN 就是 QQ 号码，这样缓存不难理解。因为业务要使用缓存的“头像”时，也会根据 UIN 来提取。这里看似没有问题，那么我们展示 Bug 的操作流。

操作步骤：

1. 在 QQ 联系人面板中，展开所有分组。
2. 用 DDMS 抓取内存快照 1.hprof。
3. 使用 Finder 的 Same Bytes 功能。
4. 对重复的 byte[] 查看 gc 路径。
5. 使用 Finder-Bitmap View 查看引用路径上的 Bitmap 对象，如图 2-96 所示。

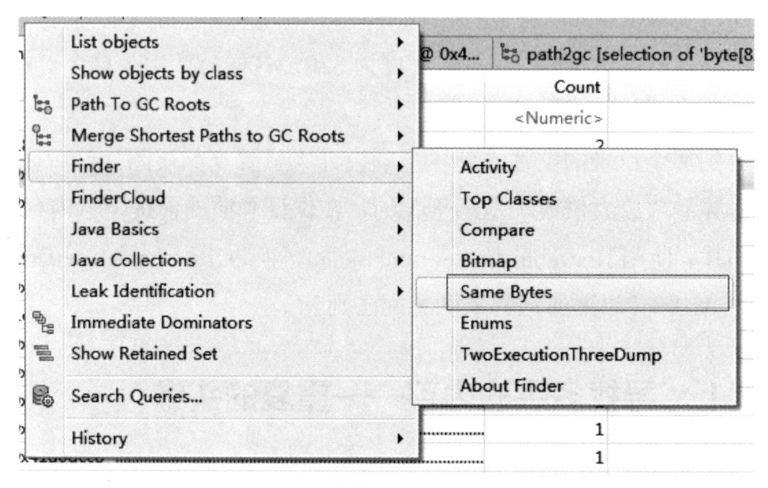

图 2-96

注： Same Bytes 会排查内存中所有非空 byte[] 数组，检查它们是否存在内容相同但对象不同的情况。

Bug 类型： 重复缓存

Finder-Same Bytes 对这个 Bug 的运行结果如图 2-97 所示。

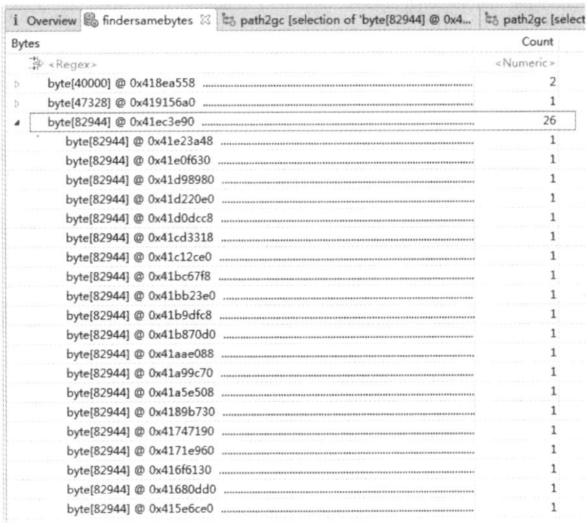

i Overview | findersamebytes | path2gc [selection of 'byte[82944] @ 0x4... | path2gc [select

Bytes	Count
<Regex>	<Numeric>
byte[40000] @ 0x418ea558	2
byte[47328] @ 0x419156a0	1
byte[82944] @ 0x41ec3e90	26
byte[82944] @ 0x41e23a48	1
byte[82944] @ 0x41e0f630	1
byte[82944] @ 0x41d98980	1
byte[82944] @ 0x41d220e0	1
byte[82944] @ 0x41d0dcc8	1
byte[82944] @ 0x41cd3318	1
byte[82944] @ 0x41c12ce0	1
byte[82944] @ 0x41bc67f8	1
byte[82944] @ 0x41bb23e0	1
byte[82944] @ 0x41b9dfc8	1
byte[82944] @ 0x41b870d0	1
byte[82944] @ 0x41aae088	1
byte[82944] @ 0x41a99c70	1
byte[82944] @ 0x41a5e508	1
byte[82944] @ 0x4189b730	1
byte[82944] @ 0x41747190	1
byte[82944] @ 0x4171e960	1
byte[82944] @ 0x416f6130	1
byte[82944] @ 0x41680dd0	1
byte[82944] @ 0x415e6ce0	1

图 2-97

从运行结果来看，上面的操作在内存中产生了 27 个（26 个复制 +1 个自我）重复的 byte[82944]，这显然存在一定的浪费，所以我们随机抽取了两个重复的 byte[82944] 对象，查看它们的引用路径，查看引用路径是 Android 内存分析最重要的一环，也是 Java 语言和 C 类语言在内存管理方面迥然不同的体现。

第 1 个 byte[82944] 对象引用路径，如图 2-98 所示。

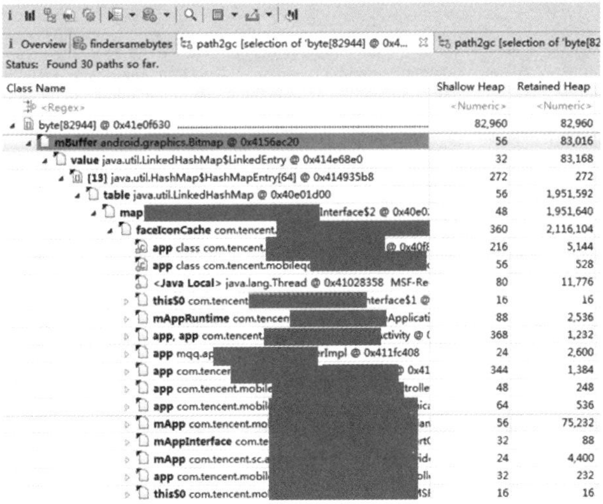

i Overview | findersamebytes | path2gc [selection of 'byte[82944] @ 0x4... | path2gc [selection of 'byte[82

Status: Found 30 paths so far.

Class Name	Shallow Heap	Retained Heap
<Regex>	<Numeric>	<Numeric>
byte[82944] @ 0x41e0f630	82,960	82,960
mBuffer android.graphics.Bitmap @ 0x4156ac20	56	83,016
value java.util.LinkedHashMap$LinkedEntry @ 0x414e68e0	32	83,168
[13] java.util.HashMap$HashMapEntry[64] @ 0x414935b8	272	272
table java.util.LinkedHashMap @ 0x40e01d00	56	1,951,592
map [illegible] Interface$2 @ 0x40e0	48	1,951,640
faceIconCache com.tencent. [illegible]	360	2,116,104
app class com.tencent. [illegible] @ 0x40f	216	5,144
app class com.tencent.mobileq [illegible]	56	528
<Java Local> java.lang.Thread @ 0x41028358 MSF-Re	80	11,776
this$0 com.tencent [illegible] nterface$1 @	16	16
mAppRuntime com.tencen [illegible] Applicati	88	2,536
app, app com.tencent. [illegible] ctivity @	368	1,232
app mqq.ap [illegible] rImpl @ 0x411fc408	24	2,600
app com.tencer [illegible] @ 0x41	344	1,384
app com.tencent.mobile [illegible] trolle	48	248
app com.tencent.mobil [illegible]	64	536
mApp com.tencent.mo [illegible]	56	75,232
mAppInterface com.te [illegible]	32	88
mApp com.tencent.sc.a [illegible]	24	4,400
app com.tencent.mobil [illegible]	32	232
this$0 com.tencent.mo [illegible] MSI	16	16

图 2-98

第 2 个 byte[82944] 对象引用路径，如图 2-99 所示。

Overview | findersamebytes | path2gc [selection of 'byte[82944] @ 0x4... | path2gc [selection of 'byte[82944] @ 0x4...

Status: Found 30 paths so far.

Class Name	Shallow Heap	Retained Heap
<Regex>	<Numeric>	<Numeric>
byte[82944] @ 0x41e23a48	82,960	82,960
mBuffer android.graphics.Bitmap @ 0x41b3fa50	56	83,016
value java.util.LinkedHashMap$LinkedEntry @ 0x41af6e58	32	83,168
prv java.util.LinkedHashMap$LinkedEntry @ 0x4138c1f0	32	83,168
[20] java.util.HashMap$HashMapEntry[64] @ 0x414935b8	272	272
table java.util.LinkedHashMap @ 0x40e01d00	56	1,951,592
map com... face$2 @ 0x4(	48	1,951,640
faceIconCache com.te... Interf	360	2,116,104
app class com.tenc... @ 0x	216	5,144
app class com.tenc... ransF	56	528
<Java Local> java.... MSF	80	11,776
this$0 com.tencent.... ace$	16	16
mAppRuntime co... Appli	88	2,536
app, app com.tenc... tivity	368	1,232
app mqq.... 1fc40	24	2,600
app com.t... @ 0	344	1,384
app com.t... Contr	48	248
app com.t... mmu	64	536
mApp com.tencent.... tingN	56	75,232
mAppInterface co... .Rep	32	88
mApp com.tencent.... etPro	24	4,400
app com.tencent.m... Cont	32	232

图 2-99

看完两个 byte[82944] 对象引用路径，发现都属于一个叫作 faceIconCache 的变量持有，而这个持有者就是头像服务的核心容器，由它来维护一个对头像的引用，以保证头像 Bitmap 对象不被垃圾回收器回收。

接着我们还可以看看这张图片到底是什么，将 Finder-Bitmap View 从 Windows 菜单中呼出，点击“引用树”上的“android.graphics.Bitmap”对象，然后调整 Bitmap informations，调至 ARGB8888 就可以看到这张图片了，情况如图 2-100 所示。

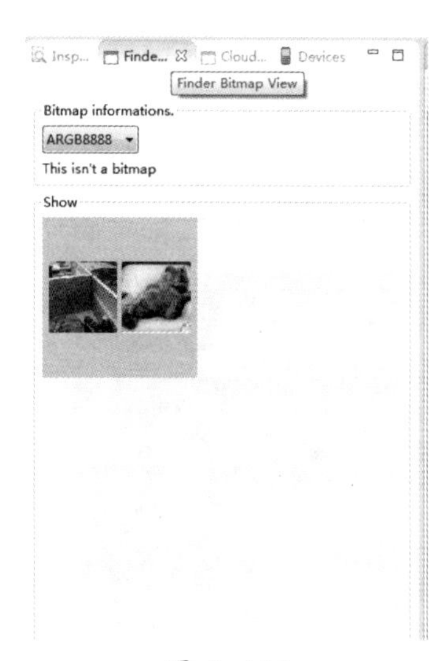

图 2-100

按照上面的分析，一个产品的内存中存在 27 张相同的图片，这显然是不合理的。合理的情况是，存在一张图片，而业务复用它，这才真正达到了图片缓存的意义。所以可以确定以上情况肯定是一个 Bug。

简单说下这个 Bug 的产生原因吧。前面我们说到开发人员使用 UIN 作为头像缓存的 Key，而测试环境下，测试号码加了数个“头像一样的不同测试号码”为好友，所以按照不同 Key 不同存储的原则，自然会有多个相同的头像缓存在内存中。现实生活中也存在这样的情况，很多用户喜欢用 QQ 的默认头像，默认头像总共也就 40 多个，那么对于拥有几百个好友的用户来说，有那么三四十个头像重复的好友是很容易出现的，如图 2-101 所示。

图 2-101

问题的解决方法：头像服务器本身对于头像是除重的，所以每个头像在腾讯的服务器上都有一个根据其内容而生成的唯一编号，内容相同的头像如果上传服务器，服务器也只会保存一份，所以客户端的 Key 应该延续这一做法，客户端保存一份 UIN 与头像编号的映射表，而将缓存的头像按照以头像编号为 Key 的方式存储，这样就从逻辑上除重了，如图 2-102 所示。

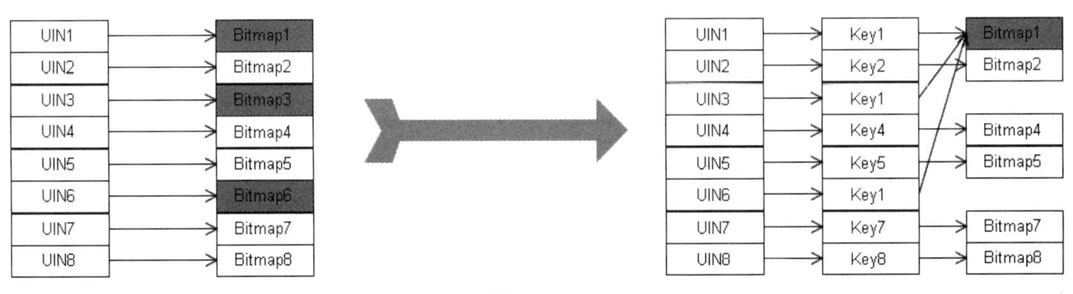

图 2-102

2.15 案例 M：大家伙要怎么才能进入小车库

问题类型：内存常驻（图片）

解决策略：利用 inSampleSize

好了，到了这里可以说我们的“停车场”已经差不多稳固了，它有了一个众所周知的地址和一个简单的“车辆验证”。那么现在停车场还会碰到什么问题呢？下面来说说超标车辆。

在服务器的思维中，它们是没有权利知道资源是被什么终端请求的（当然也能通过某些手段获取，但一般只做简单的统计，而不做区别逻辑），所以服务器不知道设备的详情，也就是说它们只会根据请求找到图片，并把它发给请求设备。那么请求设备很有可能会得到一张“大家伙”，比如单反相机照的照片（它们充满了整个空间相册服务器），这些“大家伙”有如下特点。

1. 分辨率大，1000 × 1000 分辨率司空见惯。

2. 压缩比大，通常使用很厉害的无损压缩技术来处理它们，以节省存储空间，比如 WebP。

3. 颜色绚丽、夕阳、日出、海滩、雨后花瓣美不胜收。

看到这些特征，一般用户会感觉自己买的单反相机物超所值、极其欣慰，但是对于内存测试人员来说或者是开发人员来说无疑是头痛至极。分辨率大耗损的内存就多，压缩比大使我们必须要使用图片缓存来降低展示时延，前面提到颜色绚丽逼得我们只能用比较多的字节来存储每个像素点的信息，比如 32 位。而这一切都会把辛辛苦苦建立起来的“停车库”冲得七零八落，“大家伙”解码后，很可能本身体积都超过了停车场的容积。比如一款低端手机，最大进程阈值是 32MB，那么“停车场”也就是 8MB（32/4），一张 1500 × 1500 的照片（来自 300 万像素相机，300 万像素已经低于大多数主流相机的分辨率，现实情况更加恶劣，用户很多使用 1000 万像素以上的“大炮”），解码后在内存中将会占据多大呢？

1500 × 1500 × 4/1024/1024=8.58MB

看到上述的数据读者大体已经能感觉到有问题了。其实车库被撑爆也并非是悲剧本身，悲剧的情况会发生在这时：有那么一刻“车库”停满了车，而“车库外面”也没有空地给一个“大家伙”栖身，那么这时一张“重型”图片风尘滚滚而来，会造成什么情况？下面展示一下 QQ 空间遇到的 Bug。

操作步骤：

1.QQ 空间某个版本符合灰度发布指标（灰度，即体验包，给小部分用户体验新功能，接受用户反馈的做法，大多数互联网公司都有这个发布阶段。达标，是指 Bug 解决率超过某个指标且无严重问题存在）。

2. 发布量控制在 30 万左右，半天后，查看 crash 上报（如果 QQ 空间崩溃了，会把当时的崩溃原因以及堆栈信息汇报给产品稳定性统计服务器）。

3. 发现 OOM（内存溢出）占据了 50% 以上的 crash 量。

4. 查看堆栈，OOM 主要发生在图片缓存解码堆栈（也就是图片要存入缓存的那一刻）。

Bug 类型：crash，如图 2-103 所示。

图 2-103

如图 2-103 所示，QQ 空间的这次内存溢出主要是图片缓存提供的，并且异常设备主要都是 2.3.x 的低端设备，问题很清晰了，就是“大家伙入小库”。那么我们应该怎么解决这种窘境呢？

解决方案：

在 Android 开发者论坛上有这么一篇文章“Loading Large Bitmaps Efficiently”，就是专门为解决这种情况而写的，介绍得非常全面。有兴趣的读者可以拜读一下原文，在这里我们只把最基础的做法，以及简单原理介绍一下。

1. 从服务器下载回来的图片中获取其高和宽，如图 2-104 所示；

2. 对于高或宽大于屏幕尺寸的图片计算缩放比（如图 2-105 所示），常做缩放解码，如图 2-106 所示。

3. 要对所有的图片解码 API（decodexxxx）做 OutOfMemoryError 的异常处理。

这个做法不难理解，首先是获取图片的高和宽，这并不需要解码所有的图片像素点，在图片的“头部”包含有这些信息（可以看下图片格式详解），这样就避免了大的内存申请，而缩放解码的原理就是“折半”或“成倍”减少或增加像素点，像素点的减少也对应了内存的损耗降低，大家伙就变成了小轿车。而判断依据是设备的屏幕分辨率尺寸，这是笔者的理解范畴，因为设备就算用了所有的分辨率，也只能显示 500×500 个像素点，那么展示 1500×1500 个像素点的图片，其实和展示 500×500 的图片，在这个设备上而言并没有任何差异，获取显示屏宽和高的程序如图 2-107 所示。

以下展示一下关键代码：

```
BitmapFactory.Options options = new BitmapFactory.Options();
options.inJustDecodeBounds = true;
BitmapFactory.decodeResource(getResources(), R.id.myimage, options);
int imageHeight = options.outHeight;
int imageWidth = options.outWidth;
String imageType = options.outMimeType;
```

图 2-104

```
public static int calculateInSampleSize(
            BitmapFactory.Options options, int reqWidth, int reqHeight) {
    // Raw height and width of image
    final int height = options.outHeight;
    final int width = options.outWidth;
    int inSampleSize = 1;

    if (height > reqHeight || width > reqWidth) {

        final int halfHeight = height / 2;
        final int halfWidth = width / 2;

        // Calculate the largest inSampleSize value that is a power of 2 and keeps both
        // height and width larger than the requested height and width.
        while ((halfHeight / inSampleSize) > reqHeight
                && (halfWidth / inSampleSize) > reqWidth) {
            inSampleSize *= 2;
        }
    }

    return inSampleSize;
}
```

图 2-105

```
public static Bitmap decodeSampledBitmapFromResource(Resources res, int resId,
        int reqWidth, int reqHeight) {

    // First decode with inJustDecodeBounds=true to check dimensions
    final BitmapFactory.Options options = new BitmapFactory.Options();
    options.inJustDecodeBounds = true;
    BitmapFactory.decodeResource(res, resId, options);

    // Calculate inSampleSize
    options.inSampleSize = calculateInSampleSize(options, reqWidth, reqHeight);

    // Decode bitmap with inSampleSize set
    options.inJustDecodeBounds = false;
    return BitmapFactory.decodeResource(res, resId, options);
}
```

图 2-106

```
WindowManager wm = (WindowManager) context.getSystemService(Context.WINDOW_SERVICE);
Display display = wm.getDefaultDisplay();
int width = display.getWidth();  // deprecated
int height = display.getHeight();  // deprecated
```

图 2-107

总结：有很多读者可能心里还在打鼓，那么按照屏幕来缩减的图片难道就可以说不是“大家伙”了吗？难道不会有进程阈值 32MB 的机器却有 1280×960（1080p）的巨屏这种情况吗？如果不是山寨货，那么可以保证不会发生这种情况，因为虽然 Google 对于 Android 的态度是开源且谁都可以用，但是也做了适用硬件的要求，如表 2-11 所示。

表 2-11

Screen Size	Screen Density	Application Memory
small / normal / large	ldpi / mdpi	16MB
small / normal / large	tvdpi / hdpi	32MB
small / normal / large	xhdpi	64MB
small / normal / large	400dpi	96MB
small / normal / large	xxhdpi	128MB
xlarge	mdpi	32MB
xlarge	tvdpi / hdpi	64MB
xlarge	xhdpi	128MB
xlarge	400dpi	192MB
xlarge	xxhdpi	256MB

表 2-11 来自于 Source.android.com 上的适配章节，目的是要求 ROM 编写者在知道硬件情况的前提下，给每个进程最低内存，而刚才打比方的 1080p 的屏幕应该属于 large 屏，如果不想把手机做得像盾牌那么大，起码采用的屏幕密度也应该是 xhdpi，也就是起码每个进程的内存阈值不应该低于 64MB。

有了这样的限制，那些“大家伙”按照屏幕缩放自己身材后，对与屏幕大小有关联的“停车场容积”而言也就不会那么危险了。

2.16 Android 要纠正内存世界观了

前文中的 meminfo 和 Procstats 部分就已经提到了“内存负载”的话题。由于 Android 独特的软硬件架构，会导致对一种命题的辩证：“产品的内存专项质量，是否应该用‘越小越好’来评判。”

要判别这个命题，就要理解 Android 框架对内存使用的管控。Android 首先使用的是一个去掉 swap 的 Linux 内核（至少在 Android 4.4 以前的版本中是这样），这样就阻碍了 Android 上的应用程序使用 Page out（应用程序使用的内存，对操作系统而言都是一张张 Page，而对于老化的 Page，操作系统可以将它们从内存中置换到硬盘上，这种操作叫作 Page out），这一常规的内存操作。那么是不是可以理解为 Android 应用就更应该省着用内存了呢？答案还不一定。

Android 框架对于进程内存的第二个管控特征是，每个进程都有一个内存最高阈值（纯净的 Native 内存申请不算在内），一旦进程申请内存突破了这个阈值，将会产生异常，并退出运行时的物理内存空间。简单地说，也就是 Android 为每个进程已经分好了一块蛋糕，至于你吃或者不吃，是你自己的事情。但这是否意味着 Android 应用程序为了效率考虑，应该玩命儿申请内存，使自己的内存沿着天花板滑行，这样是否最健康呢？答案也不一定。

Android 的第三个管控特征是，进程都有可能被杀。在物理内存吃紧的时候（通常在使用 meminfo 查看内存概况的 PSS 总值达到设备物理内存的 80% 左右时），Android 框架就开始根据一套自由的 LRU 进程 Cache 列表来杀死进程，被杀死的进程在死前将会得到通知，用以保存现场。而这部分被杀死的进程所腾出来的物理内存，就可以用于某些应用程序的内存申请需求。那么是不是为了不被杀死，Android 应用应该尽量减少自己内存，以降低在 LRU 进程 Cache 列表中的排名呢？答案还是不一定。

到这里我们已经了解到 Android 内存框架下的各种管控特征了。

- 没有 Page out，所以物理内存更加金贵。
- 每个进程都有一个内存上限，所以蛋糕是已经被分配好的。
- 所有的进程都有被杀的可能，所以要做好被杀准备。

读到这里，相信很多读者都开始发晕了，笔者说了这么多，到底建议怎么来定性地解释内存专项的“好与坏”呢？其实这不光是多数读者的疑惑，也是众多开发者对于 Android 平台内存专项评判标准的疑惑，感觉怎么做都不能称之为“好”，或者称之为“不好”。

于是 Android 就推出了一个“内存负载”概念。

其计算方式是：应用在“某种状态”下的运行时长乘以其平均物理内存占用（PSS）。简单地说，就是要告诉用户，某个应用在“后台”、“前台”或者是“缓冲”中的内存累计消耗。内存累计消耗高，会增加运行“新”应用的耗时，即用户所说的“手机”很卡。

因此也就多了一个统计工具 Procstats，如图 2-108 所示。

图 2-108

meminfo 在 Android 4.4 以后的版本也多出了一项叫作“Cached”的列表，如图 2-109 所示。

```
 48933 kB: System
             48933 kB: system (pid 614)
124805 kB: Persistent
            105247 kB: com.android.systemui (pid 901)
              8512 kB: com.android.phone (pid 1047)
              4114 kB: com.android.nfc (pid 1079)
              2981 kB: com.redbend.vdmc (pid 1086)
              2265 kB: com.bel.android.dspmanager (pid 1055)
              1686 kB: com.android.incallui (pid 1095)
 50835 kB: Foreground
             50835 kB: com.cyanogenmod.trebuchet (pid 1114 / activities)
  1746 kB: Visible
              1746 kB: com.android.smspush (pid 1207)
 65519 kB: Perceptible
             31398 kB: com.tencent.mobileqq (pid 7338)
             22260 kB: com.iflytek.inputmethod (pid 1026)
             11861 kB: com.tencent.mobileqq:MSF (pid 1011)
 41695 kB: A Services
             21797 kB: com.taobao.taobao (pid 1939)
             12921 kB: com.taobao.taobao:push (pid 3256)
              6977 kB: com.tencent.mm:push (pid 2858)
163541 kB: B Services
             25385 kB: com.tencent.mm (pid 2897)
             17344 kB: com.qiyi.video (pid 2575)
             16226 kB: com.tencent.Alice:xg_service_v2 (pid 1510)
             13128 kB: com.tencent.qqmusic:QQPlayerService (pid 3571)
             12122 kB: com.qzone:service (pid 2352)
             11872 kB: com.tencent.qqmusic (pid 2506)
             11308 kB: com.qiyi.video:bdservice_v1 (pid 2663)
             10263 kB: com.android.mms (pid 1625)
             10263 kB: com.tudou.android:push (pid 2562)
              9778 kB: com.UCMobile:push (pid 3243)
              9380 kB: android.process.media (pid 1191)
              9275 kB: cn.goapk.market (pid 2390)
              5236 kB: com.android.de (pid 2213)
              1961 kB: com.qualcomm.qcrilmsgtunnel (pid 2300)
 61021 kB: Cached
             16272 kB: com.taobao.taobao:notify (pid 3161)
```

图 2-109

至于 Procstats 的使用和三种“状态”的含义，前文 Procstats 相关章节中已经讲得非常清楚了，下面我们看一下腾讯 App 的内存负载排行。

获取排行的操作步骤：

1. 抽取一些明星产品，微信、QQ、QQ 空间、应用宝、QQ 浏览器。

2. 逐个使用死号登录这些应用（这里所谓的死号即好友数量少，测试时段不会收到好友消息，不会收到 Push 信息等），然后将其挂入后台。

3. 过 3~8 个小时再查看内存负载 TOP 列表。

发现如下情况：

1. 7 小时负载降序排列。微信 > 应用宝 >QQ 浏览器 >QQ（MSF）>QQ 空间（Service）

> 应用宝（Connect）> 微信（Push）> 应用宝（Uninstall）。

2. 3 小时负载降序排列。QQ 浏览器 > 微信 > 应用宝 >QQ 空间 >QQ>QQ（MSF）>QQ 空间（Service）> 应用宝（Connect）> 微信（Push）>QQ 浏览器（Service）> 应用宝（Uninstall）。

分析：

既然已经有 App 的内存负载排名了，那么怎么做到在内存负载方面优于别的目标产品呢？在关于 Procstats 的章节我们已经介绍了所谓的“潜规则”。要影响排行的顺序，就要了解排行的原因，先要看看“后台”的定义。

所谓的“后台”指哪些进程呢？就是已被用户使用物理“返回键”退回后台的进程，并且包含以下不能被杀死的理由。

1. 进程包含了服务 startService，而服务本身调用了 startForeground（要通过反射调用）。

2. 主 Activity 没有实现 onSaveInstanceState 接口。

这些原因都会告诉 Android 的 ActivityManager，后台是一个不可轻易被杀的家伙，一旦杀死它可能会造成“用户体验”问题。但这并不是一个好情况，越来越多的应用编写者为了使自己的应用“最大限度”地待在“运行时”，会故意做出以上的特点，把整个设备的物理内存用到“无可用”的状态。

解决方案：

1. 不要去实现“不可杀”特点，使程序本身运行状态可以击中 Cache 状态。

2. 实现了“不可杀”特点，但在运行一段时间（比如 3 小时）后主动保存界面进程，退出或者重启它，这样也可以有效地降低内存负载。

2.17　专项标准：内存

专项标准：内存，如表 2–12 所示。

表 2-12

遵循原则	标　　准	优　先　级	规则起源
避免内存泄漏	避免 Activity 泄漏	P0	大部分严重的内存泄漏都是 Activity 泄漏，因为这意味着被引用的 View、图片等全部泄漏
减少常驻内存	尽量使用 RGB565	P1	手机 QQ 使用 RGB565 将节省部分图片的内存，高达 50%
	避免内存重复	P1	手机 QQ 去掉头像 30% 的重复缓存，提升缓存的命中率与流畅度
	res/drawable 里的图片，建议使用 Drawable.createFromStream 来加载	P1	使用错误的文件夹，导致图片被放大，最终 App 使用的内存增加
	将图片放置到合适的资源文件夹（hdpi、xxhdpi 等）	P1	
减少 GC	Bitmap 尽量使用 inBitmap	P1	可以减少 GC, 提升流畅度
	建议使用 SpraseMap 或者 ArrayMap	P2	
	建议 StringBuilder 重用（如果有线程使用可配合 ThreadLocal）	P1	手机 QQ 与 QQ 空间的日志改造，利用 delete 来替代 new, 给予合理的初始化长度，写日志性能提升多倍

第 3 章
网络：性能优化中的不可控因素

3.1 原理

资源类性能中，磁盘、内存、CPU 是本地资源，但是除了这些之外，还有一个特别的存在——网络。特别在何处呢？特别在它是外部资源。对于移动互联网来说，它有了更加丰富的内容，或者说是更多令人困扰的事情。

而我们优化网络性能无非看三个问题：业务成功率、业务网络时延、业务宽带成本。本节也就从这三个方面来展开，普及一下概念。（推荐阅读《计算机网络》或者《TCP/IP卷一》，里面对网络和网络协议已经有很完整、翔实的解释。但是若你没有时间，没有关系，阅读后面的内容也可以。）

1. 业务成功率

有两个真实的场景是用户可能遇到的：一个是发消息时进了电梯，一个是听演唱会时分享照片。就大家的体验来说，这是最有可能发送失败的场景，也构成成功率的失败部分。刚好，这两个场景分别代表两种典型的网络差的场景，进电梯代表弱信号网络，而演唱会则代表拥塞网络，处理不当都会直接影响业务的成功率。

弱信号，可以简单看成当手机信号只有一两格的时候，这时不仅仅是信令（无线网络其实通信的都是一个个信令）发出去困难，而且还有可能导致不断切换网络、切换基站。App 能做的，就是在应用层做重试，因为很有可能这个弱信号是一时的。

另外一个是拥塞网络，简单地理解就是，堵车、排队，数据包排队，信令也在排队。这时 App 不断重试，只会使得拥塞更为严重。最多能做的就是让自己的非核心业务不要捣乱，不要也去排队，让核心业务的数据量更少，协议来回更少。

2. 业务网络延时

比起成功率，网络延时虽然影响没这么直接，但是慢带来的不爽，也是会流失用户的。这个慢就必须从一个数据包的发送历程开始说起，如图 3-1 所示。以下我们来对业务网络延时的原因作逐个分析。

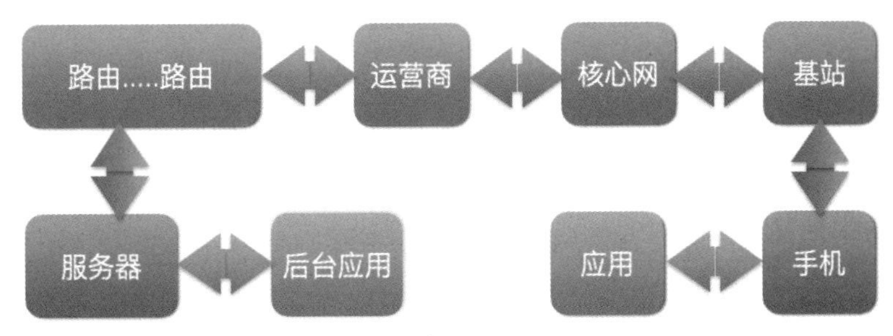

图 3-1

DNS 解释，简单来说就是域名换 IP。这一步看似简单却是充满陷阱，10 分钟的 DNS Cache 过期时间，200~2000ms 不等的 DNS 解析耗时，就像猪一样的队友，坑了无数应用。解决无非有三个策略：IP 直连、域名重用、HttpDNS（腾讯云的移动解析：https://www.qcloud.com/product/hd.html，简单来说就是利用自定义的协议获取域名对应的 IP 地址，甚至是列表）。

建立连接，大多数应用都是基于 TCP 的，所以无非就是三次握手建立 TCP 连接。这一步的耗时，如果是长连接的话，就是一次消耗，短连接则是每次都会有这个消耗。要维护长连接就必须要心跳包，心跳包多，会耗电，特别是当心跳间隔等于移动网络状态机 Active-Idle 切换间隔时，简直就是悲剧，同时对于移动网络来说还会增加信令通道的负担，也是当年那个轰动一时的微信信令风暴的部分原因；心跳包少了，会让连接在 NAT 中超时，导致长连接断开。在建立连接的过程中，TCP 会进行一些商定，其中影响网络时延最明显的就是窗口。

接收窗口，用于拥塞控制。以发送图片为例，服务器的接收窗口就像你告诉客户端，我的池子有多大，你就放多少水给我，客户端放多少水涉及同一时间发送多少 TCP 数据包，当前的带宽有没有被充分利用，直接影响发送的速度。而让窗口太少的原因无非几个：①服务器的 ReceiveBuffer 太小；②因为慢启动，而包又太小，刚刚连接，慢启动会逐步放大窗口，没有等放大完，数据就发完了；③ Window size scaling factor 失效，这里最有可能的原因是网络代理，失效的结果就是窗口最大只有 65536 字节。

窗口本身就是 TCP 拥塞控制的一部分，但有时 App 为了能自己控制，也是想尽了办法。利用应用层分片大小可以做更严格的拥塞策略；多连接和长连接一定程度上可以绕过拥塞策略中的慢启动。说这么多，但是这些让人讨厌的事情，在这个云时代真的还要大家考虑吗？ QQ 有 MSF（马师傅）、QQ 空间有 WNS（维纳斯），它们都是处理各种网络请求、提升业务成功率和网络时延的优秀组件。当年笔者就拿过它们做过专项竞品测试，结果可谓各有千秋。最后，给大家个小提示，WNS 在腾讯云上有提供服务（https://www.qcloud.com/product/wns.html）。

3. 业务宽带成本

如果说一定要考虑流量的原因，除了流量大对业务成功率和网络时延的影响外，就应该是宽带成本了。对于视频、图片这些富媒体业务，每天在宽带成本上的投入，跟烧钱没什么区别。如何节省这些成本，同时也为用户带来好处呢？策略有压缩、增量、去重复三种。

先说压缩，图片用 WebP 压缩、PNG 压缩，还可以用 progressive jpeg 的不同程度压缩来替代大中小图，视频用 H264、H265 压缩，文本用 gzip 压缩和其他 ZIP 压缩方案。除此之外还有一些细节可以说说：①图片的尺寸在不同分辨率的屏幕上要下载不同的尺寸，设计时要注意；② WebP 图片的编码和解码对于手机是有压力的，CPU 消耗是 JPEG 的 3 倍以上，编码耗时也比 JPEG 要长不少。所以使用的时候要注意，千万不要是性能压力大的场景。建议解码后在本地保存成 JPEG，以降低下次解码的压力。

增量，要做增量，协议的复杂度会上升不少。因此也不要强求，关键要看业务是不是经常变化与业务的规模。像 QQ 的好友列表，如果不是增量更新，那对于有 2000 个好友的用户来说，哪怕有一个好友更新了资料，都将是一场灾难。

最后是去重复，表面上这看是最简单的问题，但是却最常见。在 QQ 里这样的 Bug 其实不少，地图 SDK 重复下载地图块、横竖屏幕切换 WebView 的内容、重复下载这些都是普通的 Bug。有一些很是隐藏，如压缩包里面的图片和没有压缩的内容重复，CSS 里面的内嵌图片与压缩包里面的图片重复，真的没有一点强迫症都发现不了。

说了这么多，可见网络性能的重要性。下面就让我们来介绍工具和案例。

3.2　工具集

工具集，如表 3–1 所示。

表 3–1

工　具	问　题	能　力
Wireshark	最专业的网络分析工具，全部网络性能问题的分析定位都可以查看它	发现 + 定位
Har+Pagespeed	把 pcap 转成 har，上传到 http://stevesouders.com/flint/, 然后会根据雅虎军规，发现很多性能问题	发现 + 定位
fiddler	主要针对 HTTP，帮助发现 HTTP 众多性能问题，还能模拟错误和延时的 HTTP 返回	发现 + 定位
tcpdump	抓包工具，要 ROOT 权限	发现 + 定位
traceroute	定位网络路由问题，包括就近接入、跨运营商问题	发现 + 定位
ARO	无压缩、重复下载、缓存失效等，还有雅虎军规中的其他问题	自动发现 + 定位
WebP/BPG	图片压缩方案，前者基于 webm 的帧内压缩，后者基于 H.264 的帧内压缩	解决
SPDY/HTTP2.0/QUIC	网络协议，利用 FastTcpOpen 减少握手次数，利用 UDP 更好地适应网络抖动	解决
WebPageTest.org	如果要做 Web 应用的数据上报，建议参考之。它提供 LoadTime、StartRender、SpeedIndex，DOM Elements 等耗时	发现 + 定位
tPackageCapture	无 ROOT 抓包	定位
ATC	最专业的弱网络模拟工具，除能模拟窄带、延时、丢包、损坏包外，最关键的是还有包乱序的情况	发现

下面重点介绍其中几个最重要工具的用法。

1. Wireshark——流量分析神器

大家都知道 Wireshark 是非常厉害的抓包分析工具，在流量分析方面，其地位是无法替代的，不过很多人并不了解其中高级且实用的功能，希望通过下面的介绍，能让你看到一个强大无比的 Wireshark，让你一跃成为 Wireshark 高手。

1）基础篇

Wireshark 是一款开源软件，从网上可以很容易地获取到安装程序，相信 Wireshark 的安装一定不会成为你使用 Wireshark 的门槛，因此这里不再介绍安装步骤。

在开始之前，先了解一下 Wireshark 的特点。

- 支持 UNIX 和 Windows 平台。
- 可实时捕获并详细显示网络包。
- 可通过多种方式过滤查找包。
- 可进行多种统计分析。
- 开源软件，可支持插件功能。
- 不是入侵检测系统，因而其不会检测网络异常。
- 仅能监视网络，不能处理网络事务，不能修改数据包。

从上面可以看出 Wireshark 具有抓包和分析包的能力，不过这里的抓包是针对 PC 端，终端上抓包是通过抓包工具 tcpdump 实现的，上文已经介绍过，这里我们主要介绍 Wireshark 分析包的能力。

（1）过滤

从上文中得知，我们在使用 tcpdump 抓包时，可以指定过滤条件，用来过滤指定的主机和协议，但很多时候我们可能并不知道主机名，因此在抓包的时候过滤就显得无能为力，这时过滤包的重任就交给 Wireshark 了。

从 Wireshark 打开流量包文件（如图 3-2 所示）可以看出，会显示流量包的概要信息，包括源地址、目的地址、协议类型、包的长度以及包的概要信息，因此过滤数据包可以从协议和内容两个方面进行过滤。

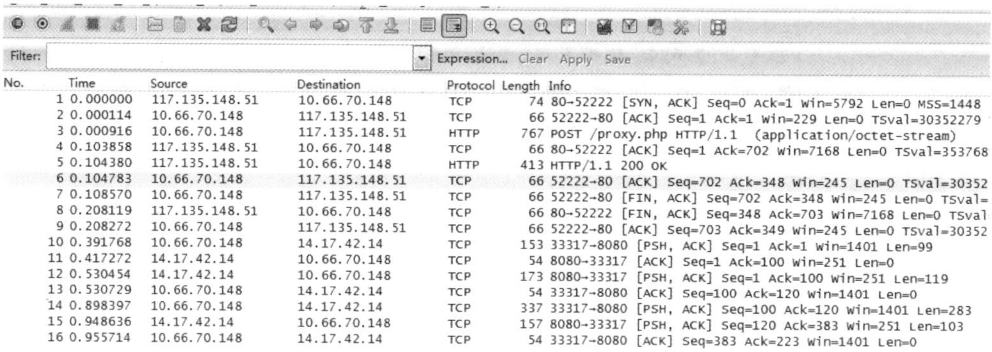

Filter: Expression... Clear Apply Save

No.	Time	Source	Destination	Protocol	Length	Info
1	0.000000	117.135.148.51	10.66.70.148	TCP	74	80→52222 [SYN, ACK] Seq=0 Ack=1 Win=5792 Len=0 MSS=1448
2	0.000114	10.66.70.148	117.135.148.51	TCP	66	52222→80 [ACK] Seq=1 Ack=1 Win=229 Len=0 TSval=30352279
3	0.000916	10.66.70.148	117.135.148.51	HTTP	767	POST /proxy.php HTTP/1.1 (application/octet-stream)
4	0.103858	117.135.148.51	10.66.70.148	TCP	66	80→52222 [ACK] Seq=1 Ack=702 Win=7168 Len=0 TSval=353768
5	0.104380	117.135.148.51	10.66.70.148	HTTP	413	HTTP/1.1 200 OK
6	0.104783	10.66.70.148	117.135.148.51	TCP	66	52222→80 [ACK] Seq=702 Ack=348 Win=245 Len=0 TSval=30352
7	0.108570	10.66.70.148	117.135.148.51	TCP	66	52222→80 [FIN, ACK] Seq=702 Ack=348 Win=245 Len=0 TSval=
8	0.208119	117.135.148.51	10.66.70.148	TCP	66	80→52222 [FIN, ACK] Seq=348 Ack=703 Win=7168 Len=0 TSval
9	0.208272	10.66.70.148	117.135.148.51	TCP	66	52222→80 [ACK] Seq=703 Ack=349 Win=245 Len=0 TSval=30352
10	0.391768	10.66.70.148	14.17.42.14	TCP	153	33317→8080 [PSH, ACK] Seq=1 Ack=1 Win=1401 Len=99
11	0.417272	14.17.42.14	10.66.70.148	TCP	54	8080→33317 [ACK] Seq=1 Ack=100 Win=251 Len=0
12	0.530454	14.17.42.14	10.66.70.148	TCP	173	8080→33317 [PSH, ACK] Seq=1 Ack=100 Win=251 Len=119
13	0.530729	10.66.70.148	14.17.42.14	TCP	54	33317→8080 [ACK] Seq=100 Ack=120 Win=1401 Len=0
14	0.898397	10.66.70.148	14.17.42.14	TCP	337	33317→8080 [PSH, ACK] Seq=100 Ack=120 Win=1401 Len=283
15	0.948636	14.17.42.14	10.66.70.148	TCP	157	8080→33317 [PSH, ACK] Seq=120 Ack=383 Win=251 Len=103
16	0.955714	10.66.70.148	14.17.42.14	TCP	54	33317→8080 [ACK] Seq=383 Ack=223 Win=1401 Len=0

图 3-2

①协议过滤语法

语　法：Protocol.String1.String2 Comparison operator Value Logical Operations Other expression（string1 和 string2 是可选项）。

例子：http.request.method == "POST" or icmp.type

依据协议过滤时，可以直接通过协议来进行过滤，也可以依据协议的属性值进行过滤。

- 按协议进行过滤

snmp || dns || icmp 显示 SNMP、DNS 或 ICMP 封包。

- 按协议的属性值进行过滤

ip.addr == 10.1.1.1。

ip.src != 10.1.2.3 or ip.dst != 10.4.5.6 。

ip.src == 10.230.0.0/16 显示来自 10.230 网段的封包。

tcp.port == 25 显示来源或目的 TCP 端口号为 25 的封包 。

tcp.dstport == 25 显示目的 TCP 端口号为 25 的封包。

http.request.method== "POST" 显示 Post 请求方式的 HTTP 封包。

http.host == "tracker.1ting.com" 显示请求的域名为 tracker.1ting.com 的 HTTP 封包。

tcp.flags.syn == 0x02 显示包含 TCP SYN 标志的封包。

你也可以在过滤条件中输入协议名来获取更多的过滤条件，如图 3-3 所示，在过滤条件中输入“ip.”可以看到与 IP 协议相关的过滤条件。

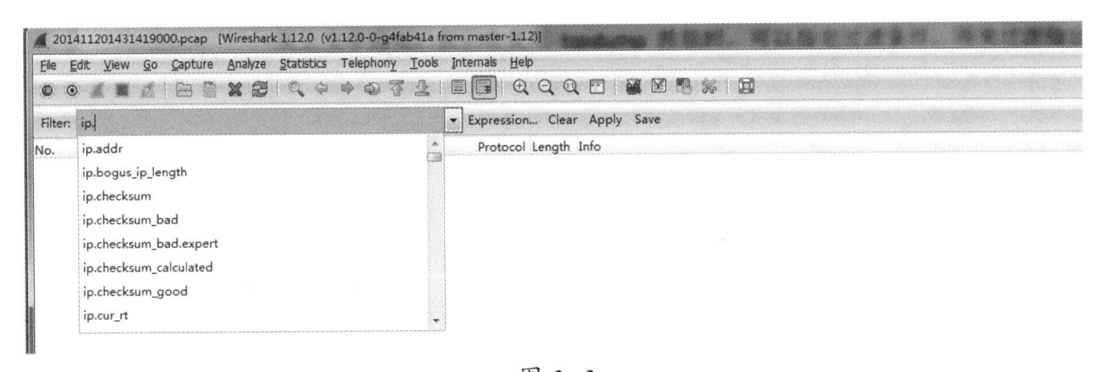

图 3-3

②内容过滤语法

- 深度字符串匹配

contains ： Does the protocol, field or slice contain a value

示例：tcp contains "http" 显示 payload 中包含 "http" 字符串的 tcp 封包。

- 特定偏移处值的过滤

tcp[20:3] == 47:45:54 /* 十六进制形式，tcp 头部一般是 20 字节，所以这里是对 payload 的前 3 个字节进行过滤 */

- 过滤中函数的使用（upper、lower）

upper（string-field） - converts a string field to uppercase

lower（string-field） - converts a string field to lowercase

示例：upper（http.request.uri） contains "ONLINE"

③过滤运算符

- 比较运算

等于 Equal eq==

不等于 Not Equal ne!=

大于 Greater Than gt >

小于 Less Than lt <

大于等于 Greater than or Equal to ge >=

小于等于 Less than or Equal to le <=

- 逻辑运算

与运算 Logical AND and &&

或运算 Logical OR or ||

非运算 Logical NOT not !

搜索和匹配参数“contains”（包含）可以搜索一个字符串或者是一个 bytes，不能用于原子字段，例如数字或者 IP 地址，“match”（匹配）支持基于 Perl 规则的正则表达式，对应协议或协议负载内的字符串。如果表达式的背景为绿色，意思是过滤器的语法是正确的，红色则说明有错误。

④使用“Follow TCP Stream”过滤包

使用“Follow TCP stream”过虑包如图 3-4 所示，在某个数据包上单击鼠标右键，在弹出的快捷菜单中选择“Follow TCP Stream”，可以快速地过滤出该包所在的连接，进而方便后面的统计分析。

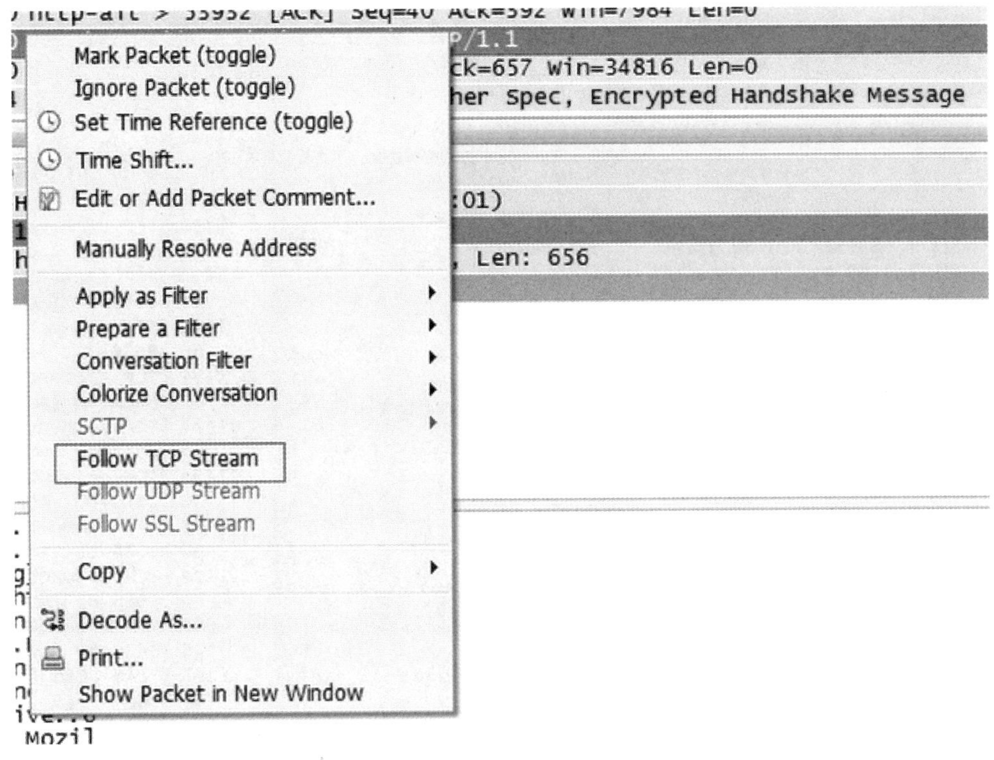

图 3-4

（2）统计

流量分析中最重要的就是分析流量的大小，你可以通过累加每个包的大小来计算流量，当然也可以使用 Wireshark 提供的更方便的功能来统计流量，如图 3-5 所示。Wireshark 菜单栏中的“Statistics”菜单包含了很多流量统计的方法，下面介绍一些 Wireshark 中常用的流量统计功能。

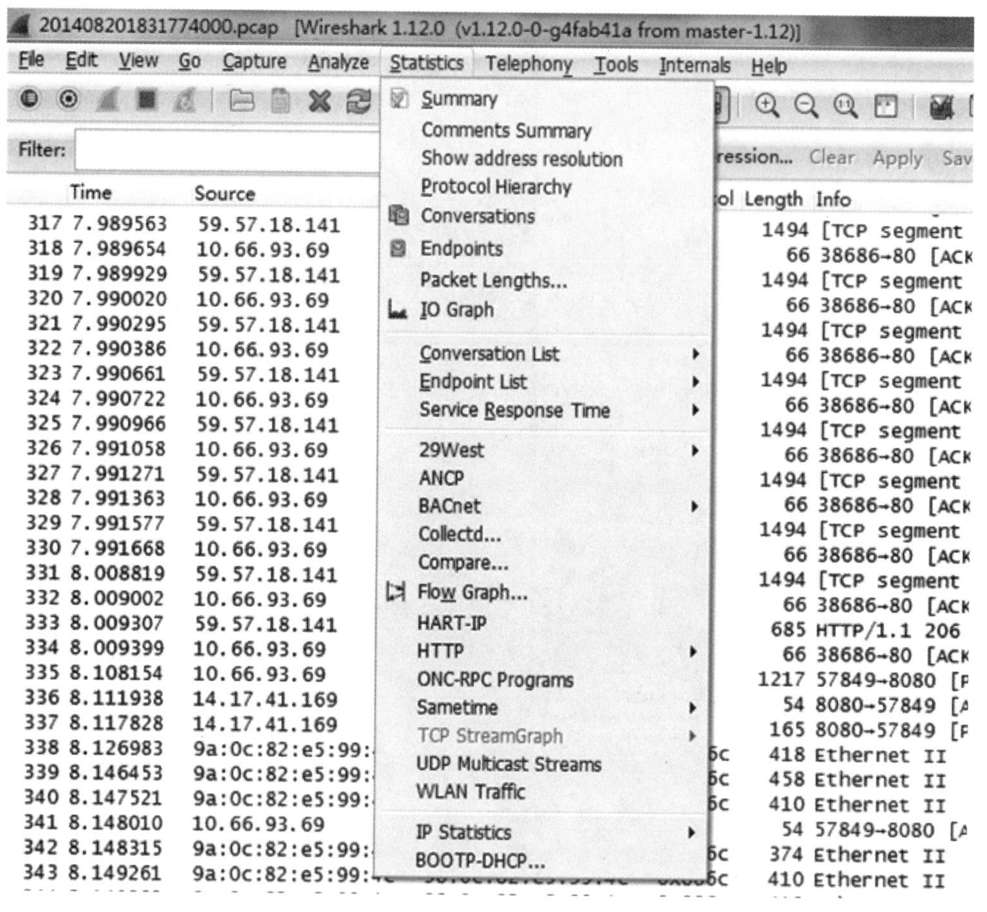

图 3-5

①“Summary”和“Comments Summary”显示流量包的概要信息，包括数据包个数、数据包大小、抓包持续的时间等，还有经过计算后的包速率和传输速率，如图 3-6 所示。

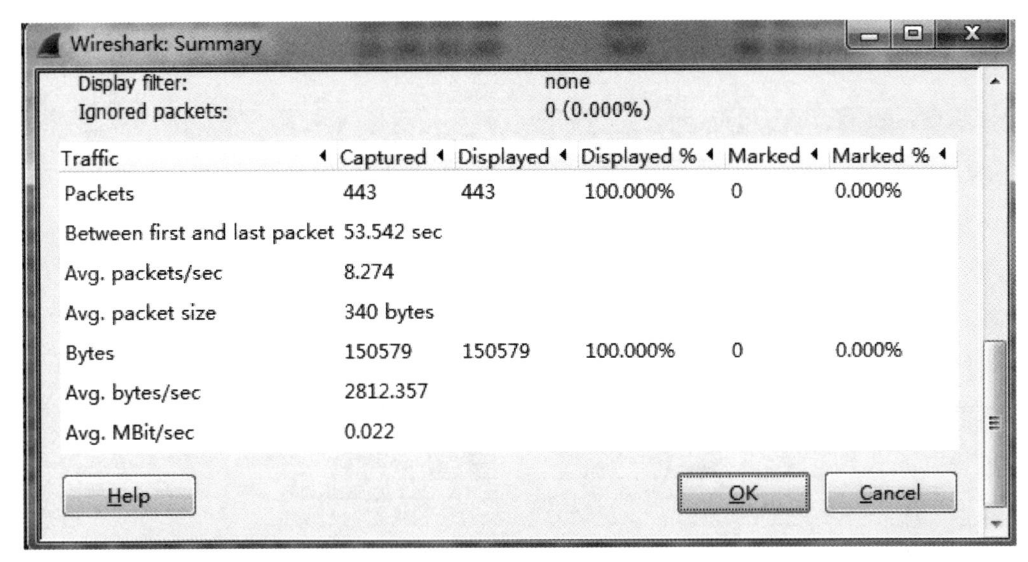

图 3-6

② “Show address resolution” 将 IP 地址解析为对应的域名，如图 3-7 所示。

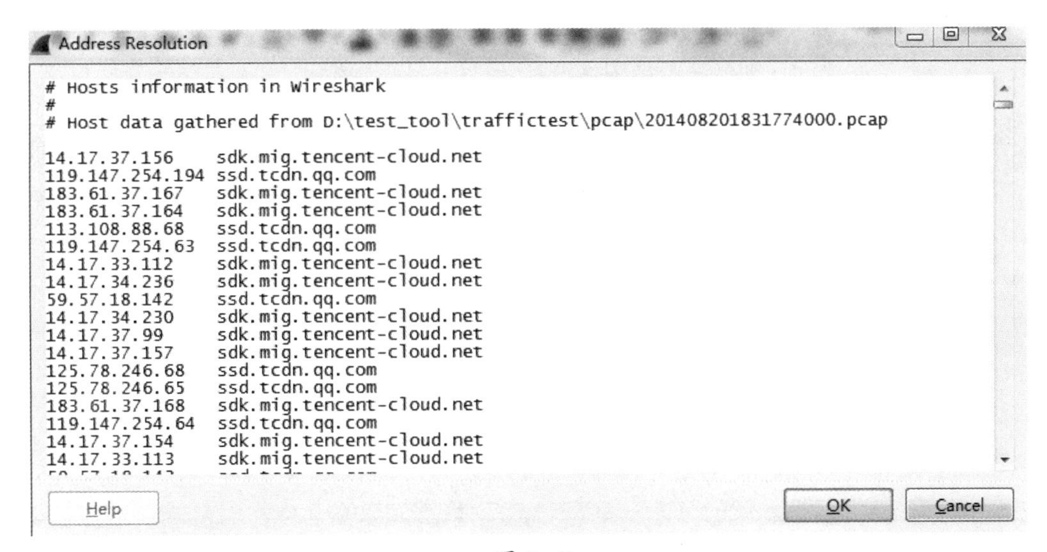

图 3-7

③“Protocl Hierarchy”按照 TCP/IP 协议模型，给出各层的流量概要信息，如图 3-8 所示。

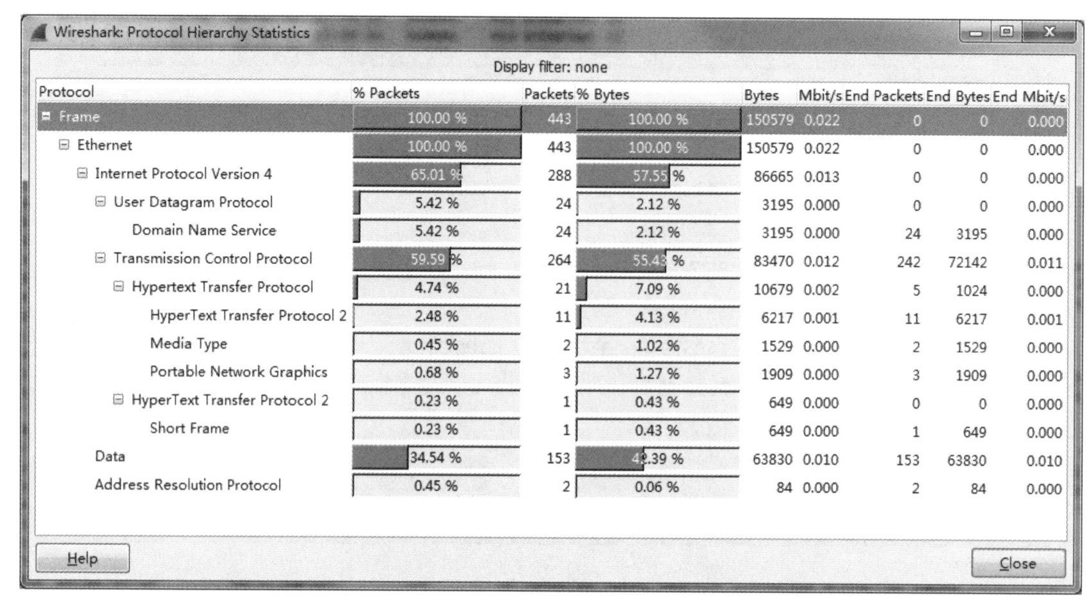

Protocol	% Packets	Packets	% Bytes	Bytes	Mbit/s	End Packets	End Bytes	End Mbit/s
Frame	100.00 %	443	100.00 %	150579	0.022	0	0	0.000
Ethernet	100.00 %	443	100.00 %	150579	0.022	0	0	0.000
Internet Protocol Version 4	65.01 %	288	57.55 %	86665	0.013	0	0	0.000
User Datagram Protocol	5.42 %	24	2.12 %	3195	0.000	0	0	0.000
Domain Name Service	5.42 %	24	2.12 %	3195	0.000	24	3195	0.000
Transmission Control Protocol	59.59 %	264	55.43 %	83470	0.012	242	72142	0.011
Hypertext Transfer Protocol	4.74 %	21	7.09 %	10679	0.002	5	1024	0.000
HyperText Transfer Protocol 2	2.48 %	11	4.13 %	6217	0.001	11	6217	0.001
Media Type	0.45 %	2	1.02 %	1529	0.000	2	1529	0.000
Portable Network Graphics	0.68 %	3	1.27 %	1909	0.000	3	1909	0.000
HyperText Transfer Protocol 2	0.23 %	1	0.43 %	649	0.000	0	0	0.000
Short Frame	0.23 %	1	0.43 %	649	0.000	1	649	0.000
Data	34.54 %	153	42.39 %	63830	0.010	153	63830	0.010
Address Resolution Protocol	0.45 %	2	0.06 %	84	0.000	2	84	0.000

图 3-8

④“Conversations”和“Conversation List”将流量包中的连接按照不同的协议划分，统计出不同类型连接的详细信息，如图 3-9 所示。

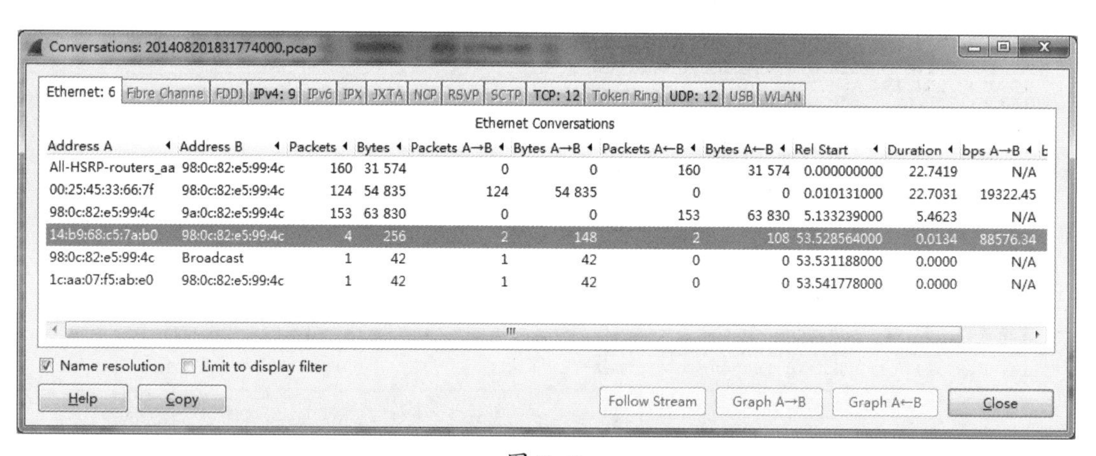

Address A	Address B	Packets	Bytes	Packets A→B	Bytes A→B	Packets A←B	Bytes A←B	Rel Start	Duration	bps A→B
All-HSRP-routers_aa	98:0c:82:e5:99:4c	160	31 574	0	0	160	31 574	0.000000000	22.7419	N/A
00:25:45:33:66:7f	98:0c:82:e5:99:4c	124	54 835	124	54 835	0	0	0.010131000	22.7031	19322.45
98:0c:82:e5:99:4c	9a:0c:82:e5:99:4c	153	63 830	0	0	153	63 830	5.133239000	5.4623	N/A
14:b9:68:c5:7a:b0	98:0c:82:e5:99:4c	4	256	2	148	2	108	53.528564000	0.0134	88576.34
98:0c:82:e5:99:4c	Broadcast	1	42	1	42	0	0	53.531188000	0.0000	N/A
1c:aa:07:f5:ab:e0	98:0c:82:e5:99:4c	1	42	1	42	0	0	53.541778000	0.0000	N/A

图 3-9

2）进阶篇

（1）IO Graph

IO Graphs 是一个强大的功能，可以配置出各种不同的图例。例如，利用 bytes_in_

flight+IO Graph，就可以很方便地对比大家的发包策略，Server 的窗口策略。如图 3-10 所示，配置 Filter 分别为，tcp.stream 等于 0，tcp.stream 等于 4，然后 Y Axis-> Unit 选择高级，之后就会有 Calc 可以填写，在里面填写 tcp.analysis.bytes_in_fight。绿色线条的手机 QQ 没有得到 ACK 的流量特别大，黑色线条的微信则相对较少，可以推断，手机 QQ 的接收窗口比微信大，手机 QQ 在差网络下更容易遇到网络拥塞，当然也有可能是服务器回复 ACK 的速度太慢导致。

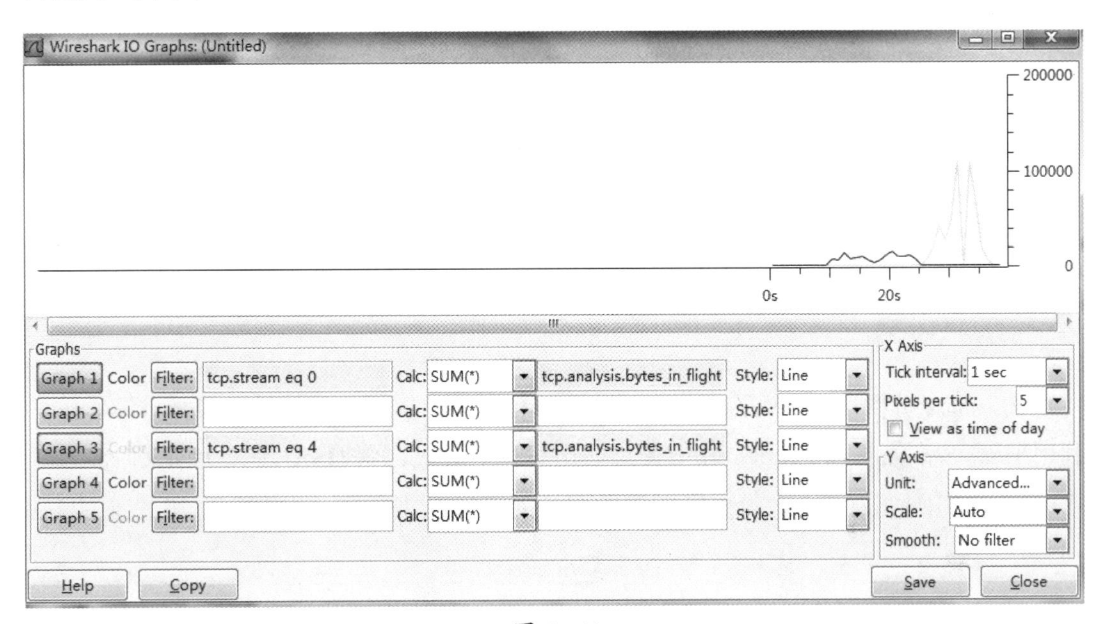

图 3-10

利用 ack_rtt 和 IO Graph，可以看到手机 QQ 的 RTT 的时间比微信 RTT 的时间略长，如图 3-11 所示，而在这种情况下，手机 QQ 居然还允许那么高的 bytes in flight，那么 QQ 的高 RTT 很有可能是拥塞导致的。

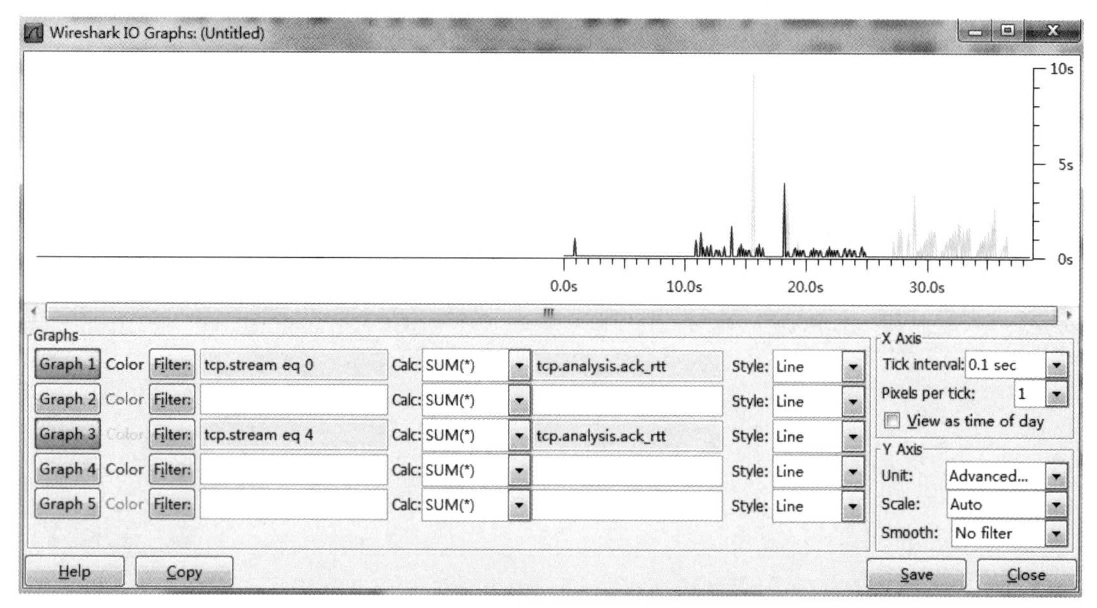

图 3-11

Wireshark 分析功能：Statistics->TCP StreamGraph->Time-Sequence Graph（Stevens）。利用 Time-Sequence Graph 可以很方便地看出发包的方式，例如 QQ 手机会同一时刻发送许多包，而微信则发送一个包等待 ACK 回复，如图 3-12 所示。

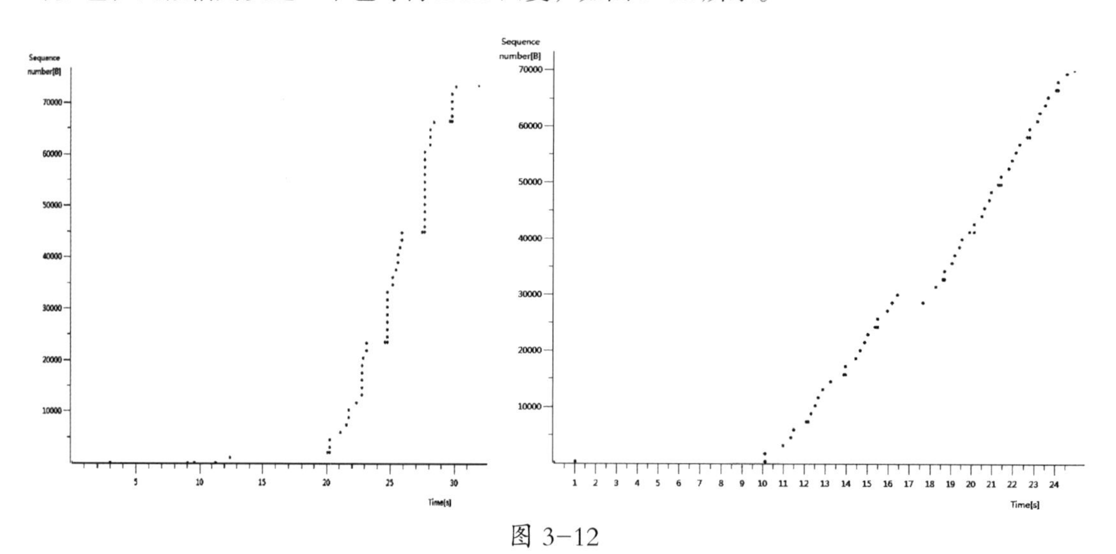

图 3-12

（2）Voip 分析

如果是 Voip，而使用的又是标准的 RTP 包，那么 Wireshark 就会显得异常强大。这里用 Line（当今国外比较火的聊天软件）来举个例子，录制数据包。

Wireshark 分析 RTP 包：如图 3-13 所示，选择 Telephony->RTP，我们可以看到全部的 Stream 分析。如图 3-14 所示，因为存在发送和接收语音，而发送是没有经过网络的，因此我们先关注接收，也就是如图 3-15 所示的数据：最大延时、最大抖动、平均抖动和丢包，通过这些数据可以和当前的语音质量形成一定的对应关系。

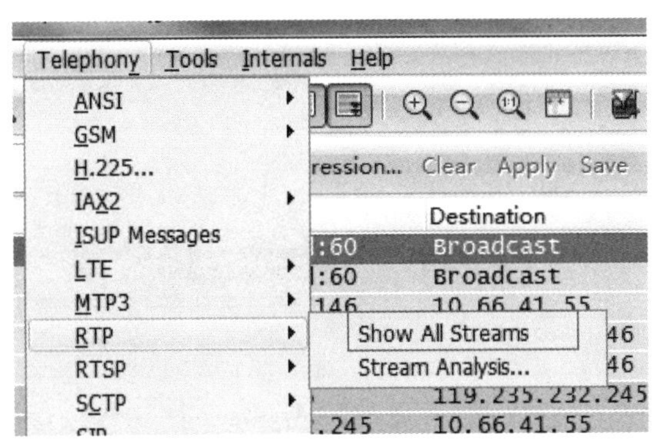

图 3-13

Wireshark: RTP Streams

Detected 2 RTP streams. Choose one for forward and reverse direction for analysis

Src IP addr	Src port	Dst IP addr	Dst port	SSRC	Payload	Packets	Lost	Max Delta (ms)	Max Jitter (ms)
10.66.41.55	34030	119.235.232.245	25514	0x7CEE8EFC	SnackWB	3117	0 (0.0%)	59.87	3.49
119.235.232.245	25514	10.66.41.55	34030	0x5E1A6D43	SnackWB	2670	107 (3.9%)	1204.59	84.23

Select a forward stream with left mouse button, and then
Select a reverse stream with Ctrl + left mouse button

Unselect　Find Reverse　Save As　Mark Packets　Prepare Filter　Copy　Analyze　Close

图 3-14

Lost	Max Delta (ms)	Max Jitter (ms)	Mean Jitter (ms)
0 (0.0%)	59.87	3.49	1.19
107 (3.9%)	1204.59	84.23	14.10

图 3-15

单击 Analyze 按钮，还可以得到更加详细的数据，包括每个包的情况、整合在一起的 IO Graphs 等，如图 3–16 所示。

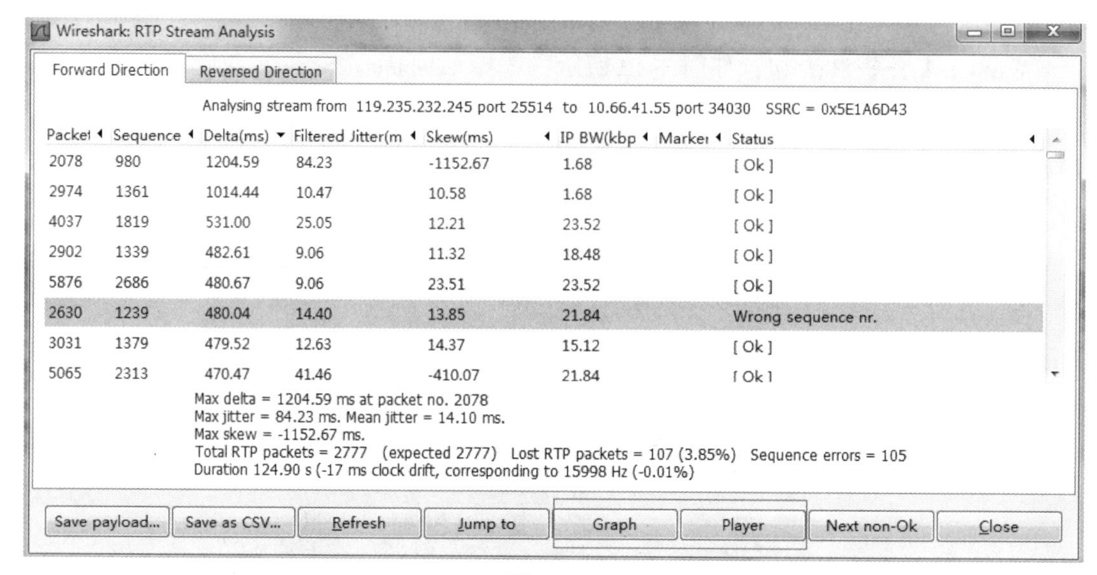

图 3–16

（3）通过 Compare 功能直连 UDP 场景下的包分析

利用 sh，对齐两 iPhone 设备时间，如图 3–17 所示。

```
# 打印远程机器 IP
Echo $1
# 获取当前本机年月日
nowdate=`date +%Y%m%d`
# 设置远程机器年月日
ssh root@$1 “date +%Y%m%d -s $nowdate”
# 同理设置时间
nowtime=`date +%T`
ssh root@$1 “date +%T -s $nowtime”
```

图 3–17

利用 tcpdump 在两个用 Line 语音通话的 iPhone 上分别抓包。完成并取出后，利用 Merge 合并包，并使用 Compare 分析，如图 3–18 所示。

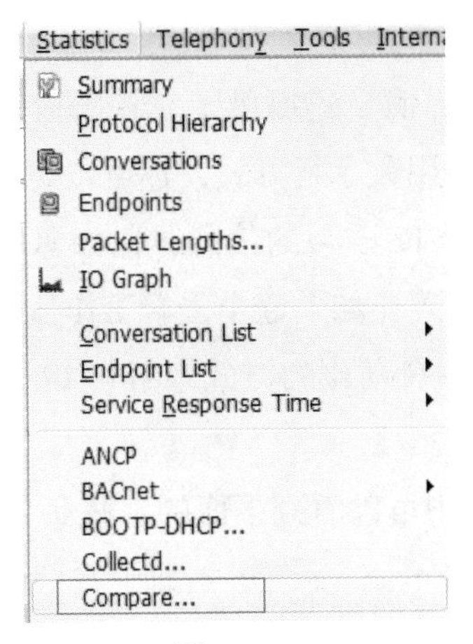

图 3-18

得到一份端到端的统计数据，可以看到 Equal packets：5622，即有 5622 个相等的包，平均时间的差距（从发到接的时间差）为 2090.072。另外，在统计数据的下面还有各种异常情况的分析，如图 3-19 所示。

Compare two capture files: (Untitled)

Compare two capture files: (Untitled)
Filter:

Compare Statistics:
Number of packets total:12243 1st file:6162, 2nd file:5897
Scopes:　start:14 stop:17
and:　start:18 stop:21
Equal packets: 5622
Allowed variation: 0.000000
Average time difference: 2090.072697

IP ID	Problem	Count	Delta
0	More than two packets	60	0.000000
6	Out of order	2	3182.088000
85	Out of order	2	3182.655000
111	Out of order	2	3183.306000
123	More than two packets	3	0.000000
137	Lost packet	1	0.000000
226	Lost packet	1	0.000000
232	More than two packets	4	0.000000
249	Out of order	2	3182.596000
253	Lost packet	1	0.000000
261	Out of order	2	3182.858000
284	Lost packet	1	0.000000
285	Lost packet	1	0.000000
289	Out of order	2	3182.963000
294	Out of order	2	3183.011000
349	Out of order	2	3183.281000

Help　　Close

图 3-19

(4) 使用命令行

Wireshark 不仅有图形化的界面，还提供了完备的命令行解析方式，你可能会问：已经有图形化的界面了，为什么还用命令行方式，你可以想象一下下面的场景。

场景：我们得到了 100 多个 Pcap 包的信息，比如源主机地址、目的主机地址、源主机发包流量、目的主机发包流量等，如果逐个去看工作量将会是巨大的。

其实这个问题的本质就是用自动化的方式来解析 Pcap 包，自动化测试流量对于一个专业的测试人员，怎能不具备呢？

在 Wireshark 的安装文件夹中可以看到下面的一些命令，如图 3-20 所示，这些命令都是可以在命令行中执行的，在 Wireshark 图形界面中看到的大部分功能都可以用命令行实现，所有的命令都有 Wireshark 官方文档的详细介绍，下面我们就以常用的 tshark 命令为例进行简单的介绍，参数如表 3-2 所示，更多参数请参考官方文档。

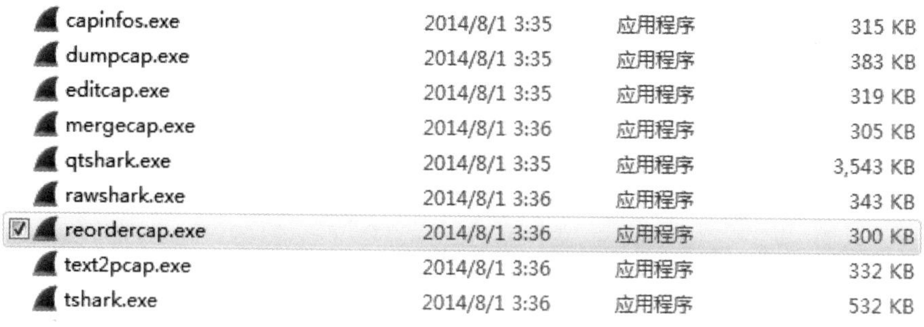

capinfos.exe 2014/8/1 3:35 应用程序 315 KB
dumpcap.exe 2014/8/1 3:35 应用程序 383 KB
editcap.exe 2014/8/1 3:35 应用程序 319 KB
mergecap.exe 2014/8/1 3:36 应用程序 305 KB
qtshark.exe 2014/8/1 3:35 应用程序 3,543 KB
rawshark.exe 2014/8/1 3:36 应用程序 343 KB
reordercap.exe 2014/8/1 3:36 应用程序 300 KB
text2pcap.exe 2014/8/1 3:36 应用程序 332 KB
tshark.exe 2014/8/1 3:36 应用程序 532 KB

图 3-20

表 3-2

参　数	说　明	实　例
-r infile	指定带解析的 Pcap 文件	-r a.pcap
-R Read filter	在读取文件时指定过滤条件	-R http.request
-n	解析网络对象名不可用，如域名	
-q	不输出包的详细信息，当使用 -z 进行统计分析时有用	
-z conv,type	创建一个表格来列出所有的会话，type 用来指定会话的类型	-z conv,tcp

续表

参　数	说　明	实　例
-z http,tree	显示 HTTP 请求的模式以及状态码	
-z http_req,tree	通过服务器统计 HTTP 请求，返回服务器名和 URI	
-z http_srv,tree	对于 HTTP 请求，显示的是 IP 地址和服务器的主机名，对于 HTTP 的响应，显示的是服务器的 IP 地址和状态	

3）扩展：流量自动化测试方案

从上文的介绍中，我们已经可以通过 tcpdump 抓包， 甚至是无 ROOT 抓包，同时通过 Wireshark 命令行来统计 Pcap 包中指定的流量，那么自动化测试流量就显得轻而易举了。

采用 tcpdump+tshark 来进行流量自动化测试的方案尽管很方便且具备分析能力但并不完美，在有些情况下是存在问题的，比如当在抓包时并没有精确地过滤出待测 App 的流量（做到这一点往往也是困难的，因为 IP 地址经常改变），那么统计出来的流量就会包括其他 App 或者手机服务的流量，造成测试结果不准确。

以下提供了一种流量自动化测试方案，可以使统计流量更准确。

（1）通过 tcpdump 抓包得到 Pcap 文件，具体步骤不再赘述。

（2）获取操作过程中 App 使用的套接字。

①获取被测 App 的 UID

通过 adb 命令，可以在“/data/system/packages.list”中获取包名对应的 UID，如图 3-21 所示，com.android.defcontainer 的 uid 是 10018。

```
shell@android:/ # cat /data/system/packages.list
cat /data/system/packages.list
com.android.defcontainer 10018 0 /data/data/com.android.defcontainer
com.tencent.mm 10123 0 /data/data/com.tencent.mm
com.sec.phone 10071 0 /data/data/com.sec.phone
com.fmm.ds 10028 0 /data/data/com.fmm.ds
com.android.contacts 10005 0 /data/data/com.android.contacts
com.tencent.mm.test 10125 0 /data/data/com.tencent.mm.test
com.sec.android.gallery3d 10074 0 /data/data/com.sec.android.gallery3d
com.sec.android.fotaclient 10029 0 /data/data/com.sec.android.fotaclient
com.fmm.dm 10027 0 /data/data/com.fmm.dm
com.sec.android.app.gamehub 10030 0 /data/data/com.sec.android.app.gamehub
com.sec.android.motions.settings.panningtutorial 10050 0 /data/data/com.sec.andr
oid.motions.settings.panningtutorial
com.android.htmlviewer 10075 0 /data/data/com.android.htmlviewer
com.kingroot.kinguser 10058 0 /data/data/com.kingroot.kinguser
com.android.providers.calendar 10067 0 /data/data/com.android.providers.calendar
```

图 3-21

②通过 UID 获取操作过程中 App 使用的套接字

通过 /proc/net/tcp 和 /proc/net/tcp6 文件，来获取 App 在操作过程中使用的套接字，两者分别保存的是 IPv4 和 IPv6 的套接字信息，如图 3-22 所示，UID 为 10034 的套接字信息是：IP 地址 5746420A，端口 E844，两者均为十六进制数，需要转换为十进制数。这一步是我们能精确过滤出被测 App 消耗的流量的至关重要的一步。

```
   5: 0000000000000000FFFF00005746420A:E844 0000000000000000FFFF0000A808FEB6:005
0 08 00000000:00000001 00:00000000 00000000 10034        0 86834 1 00000000 43 4
 22 10 -1
   6: 0000000000000000FFFF00005746420A:BDDC 0000000000000000FFFF0000C9EB7D4A:005
0 01 00000000:00000000 00:00000000 00000000  1000        0 83200 1 00000000 57 4
 24 10 -1
   7: 0000000000000000FFFF00005746420A:D4C0 0000000000000000FFFF0000FD39A9B4:17D
A 01 00000000:00000000 00:00000000 00000000 10121        0 86488 1 00000000 31 4
 24 10 -1
   8: 0000000000000000FFFF00005746420A:B62A 0000000000000000FFFF0000A808FEB6:005
0 08 00000000:00000001 00:00000000 00000000 10034        0 86835 1 00000000 48 4
```

图 3-22

（3）通过 tshark 命令行解析 Pcap 文件

使用上文介绍的 tshark 命令：tshark -r aaa.pcap -qz conv,tcp，得到如图 3-23 所示的结果，可以看到第 1 列就是会话的 IP 地址和端口号。

```
D:\Program Files\Wireshark>tshark -r D:\test_tool\traffictest\pcap\2014111920022
47000.pcap -qz conv,tcp
================================================================================

TCP Conversations
Filter:<No Filter>
                                                  |       <-      | |       ->
 | |      Total      |     Relative      |   Duration    |
                                                  | Frames  Bytes | | Frames  Bytes
 | | Frames  Bytes |       Start       |               |
10.66.70.148:49553   <-> 183.60.17.203:80            8       657      10       749
9      18      8156    14.940213000          0.4120
10.66.70.148:38944   <-> 14.17.41.169:8080           5      1330       8       158
0      13      2910     0.647839000         15.2271
10.66.70.148:46658   <-> 101.227.131.153:80          4       619       5       103
1       9      1650     0.000000000          0.2068
10.66.70.148:39279   <-> 183.60.18.193:80            3       227       4        28
7       7       514    14.665707000          0.2720
10.66.70.148:52567   <-> 183.60.18.193:80            3       227       4        28
7       7       514    14.594365000          0.1332
--------------------------------------------------------------------------------
```

图 3-23

（4）通过匹配步骤（2）中获取的端口号，即可准确地得出被测 App 在该过程中消耗的流量。

至此，我们已经完美地把被测 App 消耗的流量用自动化的方式统计出来了，你也可以利用其他的命令行来做更多的自动化分析。

2. 手机 QQ 分业务流量统计实现

手机 QQ 为了更好地优化流量，已经实现了针对不同业务每条流量消耗情况的统计和上报，如何做到准确并且没有遗漏地统计各个业务消耗的流量，成为后续流量优化的关键步骤，如果上报的流量有问题，后续的优化将无从下手。

由于手机 QQ 的业务庞杂，在多个地方都会进行网络通信，并且会使用不同的方式，如有直接使用 Socket 的，有使用 HTTP 连接的，如果在应用层做流量统计，显然会异常复杂，这里找到了一个巧妙的方法：在传输层做流量统计，这样整个实现就会简单得多。

1）流量统计上报模型

流量统计上报模型的流程图，如图 3-24 所示。

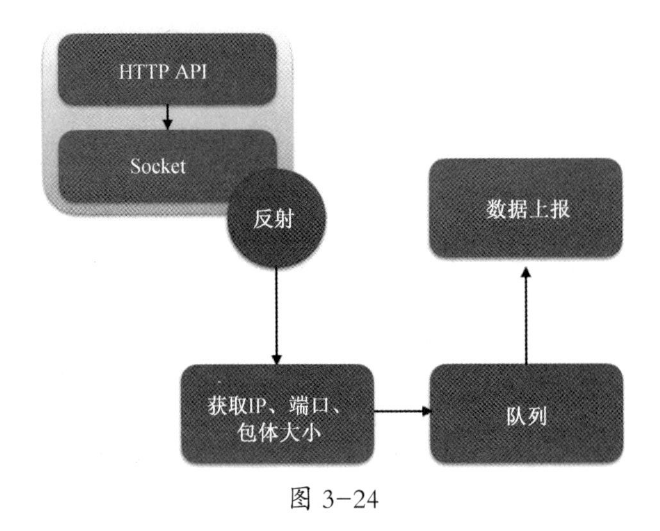

图 3-24

2）实现细节

（1）在 Application 进行初始化

①启动新线程。

②调用 Socket 的 setSocketImplFactory() 方法，来设置 SocketImlFactory 替换 Socket 的内部实现，如图 3-25 所示。

```
/**
 * Sets the internal factory for creating socket implementations. This may
 * only be executed once during the lifetime of the application.
 *
 * @param fac
 *            the socket implementation factory to be set.
 * @throws IOException
 *             if the factory has been already set.
 */
public static synchronized void setSocketImplFactory(SocketImplFactory fac)
        throws IOException {
    if (factory != null) {
        throw new SocketException("Factory already set");
    }
    factory = fac;
}
```

图 3-25

（2）系统 Socket 替换实现

① MonitorSocketImplFactory：extends SocketImplFactory，通过 createSocketImpl() 方法来创建 MonitorSocketImpl 对象，如图 3-26 所示。

```
@Override
public SocketImpl createSocketImpl() {
    return new MonitorSocketImpl(socketClass, context);
}
```

图 3-26

② MonitorSocketImpl：extends SocketIml，通过反射实例化出系统的 SocketImpl 对象，覆写 getInputStream() 和 getOutputStream 方法，分别如图 3-27 和图 3-28 所示。

```
protected OutputStream getOutputStream() throws IOException{
    try {
        Method method = getMethod(sIclass, "getOutputStream");
        method.setAccessible(true);
        OutputStream os = (OutputStream) method.invoke(mSocketImpl);
        return mos = new MonitorSocketOutputStream(os, this, context);
    }
    catch (Exception e){
        throw new IOException(e.toString());
    }
}
```

图 3-27

```
protected OutputStream getOutputStream() throws IOException{
    try {
        Method method = getMethod(sIclass, "getOutputStream");
        method.setAccessible(true);
        OutputStream os = (OutputStream) method.invoke(mSocketImpl);
        return mos = new MonitorSocketOutputStream(os, this, context);
    }
    catch (Exception e){
        throw new IOException(e.toString());
    }
}
```

图 3-28

③ MonitorSocketInputStream：extends InputStream，覆写 read() 方法如图 3-29 所示，首先调用系统原有的 read 方法，然后把下载的大小（readLen）、host、端口、网络类型保存到 MAP 中。

```
public int read(byte[] buffer, int offset, int length) throws IOException {
    int readLen = mInputStream.read(buffer, offset, length);
    try{
        int networktype = 0;
        if(readLen == -1){
            return readLen;
        }
        MonitorDataFlow readDataFlow = null;
            readDataFlow = monitorSocketImpl.  MAP .get(monitorSocketImpl.connTag.hashCode());
            if(readDataFlow == null){
                readDataFlow = new MonitorDataFlow(monitorSocketImpl.host, null, monitorSocketImpl.port, 1, readLen, networktype);
                readDataFlow.status = MonitorSocketStat.STATUS;
                readDataFlow.mType = MonitorSocketImpl.DEFAULTMTYPE;
                monitorSocketImpl.  MAP .put(monitorSocketImpl.connTag.hashCode(), readDataFlow);
            }
```

图 3-29

④ MonitorSocketOutputStream：extends OutputStream，覆写 write() 方法，如图 3-30 所示，首先调用系统原有的 write 方法，然后跟 read 一样，把下载的大小（count）、host、端口、网络类型存放到 MAP 中。

```
public void write(byte[] buffer, int offset, int count) throws IOException {
    mOutputStream.write(buffer, offset, count);
    try{
        int networktype = 0;
        byte[] reqType = new byte[4];
        System.arraycopy(buffer, 0, reqType, 0, reqType.length);
        String refer = null;
        String urlTag = "";
        MonitorDataFlow writeDataFlow = null;
            writeDataFlow = monitorSocketImpl.  MAP  .get(monitorSocketImpl.connTag.hashCode());
            if(writeDataFlow == null){
                writeDataFlow = new MonitorDataFlow(monitorSocketImpl.host, refer, monitorSocketImpl.port, 0, count, networktype);
                writeDataFlow.status = MonitorSocketStat.STATUS;
```

图 3-30

（3）整体流程图

整体流程图，如图 3-31 所示。

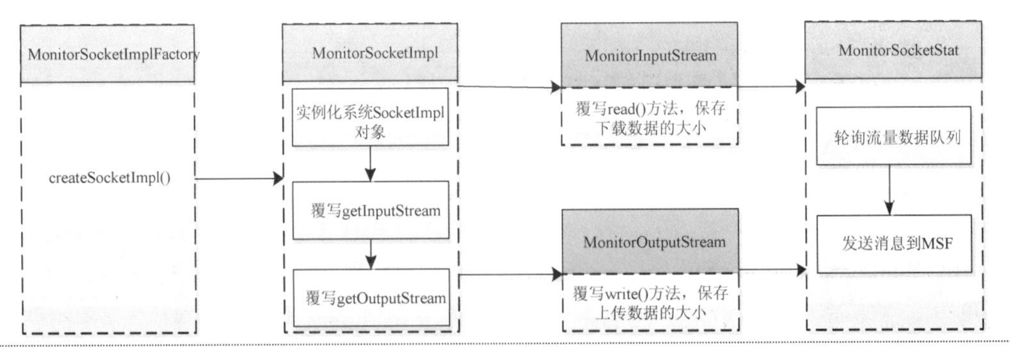

图 3-31

（4）业务类型判断

在复写的方法中，还可以获取堆栈，如图3-32所示。获取堆栈后，可以根据方法名，判断所属的业务类型，如图3-33所示。

```
StringWriter sw = new StringWriter();
PrintWriter pw = new PrintWriter(sw);
new Throwable("MonitorSocketDump").printStackTrace(pw);
```

图 3-32

```
if(monitorSocketImpl.theadDump.contains("业务名") ||
    monitorSocketImpl.mType = "业务名";
    writeDataFlow.mType = monitorSocketImpl.mType;
}
else if(monitorSocketImpl.theadDump.contains("map")){
    monitorSocketImpl.mType = "Map";
    writeDataFlow.mType = monitorSocketImpl.mType;
}
```

图 3-33

3）Demo验证

Demo验证的程序代码，如图3-34所示。

```
Writer writer = new OutputStreamWriter(socket.getOutputStream());
   writer.write("Hello Server.");
   writer.write("eof");
   writer.flush();
   //写完以后进行读操作
   Reader reader = new InputStreamReader(socket.getInputStream());
   char chars[] = new char[64];
   int len;
   StringBuffer sb = new StringBuffer();
   String temp;
   int index;
   while ((len=reader.read(chars)) != -1) {
       temp = new String(chars, 0, len);
       if ((index = temp.indexOf("eof")) != -1) {
           sb.append(temp.substring(0, index));
           break;
       }
       sb.append(new String(chars, 0, len));
   }
   System.out.println("from server: " + sb);
   writer.close();
   reader.close();
```

图 3-34

Logcat 日志，如图 3-35 所示。

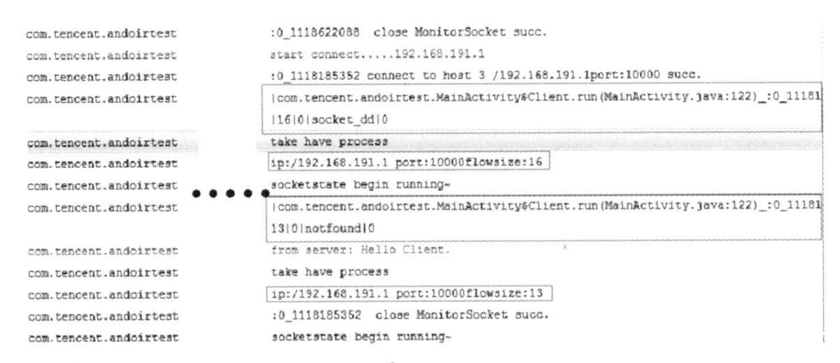

图 3-35

3. Fiddler-HTTP 协议测试神器

Fiddler 是一个 HTTP 协议调试代理工具，它能够记录并检查所有电脑和互联网之间的 HTTP 通信，查看所有“进出”Fiddler 的数据（指 Cookie、HTML、JS、CSS 等文件）。在 PC 时代，Fiddler 是前端调试和测试的利器，但是到了移动时代，Fiddler 就被历史淘汰了吗？答案当然是否定的。

在移动端，很多 App 都使用了 WebView 页面，WebView 的流量往往是很大的，因此发现其中的流量优化点，对于节约用户流量效果是很明显的。下面就给大家展示一下 Fiddler 在移动端流量优化中的过人之处。

1）Fiddler 的工作原理

Fiddler 在 WININET API 和服务器之间做一个代理，通过定制这个代理的功能可以实现监控 HTTP 请求和前端调试的功能，这里我们主要用 Fiddler 来监控 HTTP 请求，从而找出其中的优化点。

2）手机使用 Fiddler

（1）准备工作

因为手机是用 Fiddler 作为代理来上网的，所以确保手机跟电脑在一个局域网内，可以用处于相同 Wi-Fi 下的笔记本电脑和手机。

（2）手机设置，如图 3-36 所示

①进入手机的设置功能，打开 WLAN 并连到指定 Wi-Fi。

②长按 Wi-Fi 进入设置界面，选择“修改网络配置”。

③在网络修改界面将代理设置为手动，同时输入代理主机名和代理服务器端口，这里的主机名为 PC 的 IP 地址，端口号为 8888（Fiddler 默认端口号）。

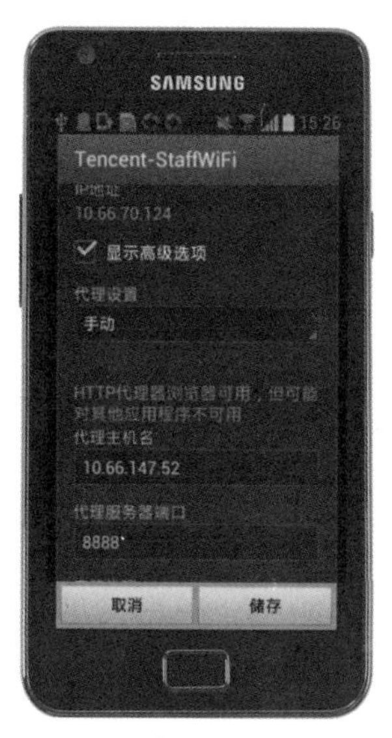

图 3-36

④存储后，手机的设置就完成了。

（3）设置 Fiddler

进入 Fiddler 主菜单 Tools -> Fiddler Options…-> Connections，如图 3-37 所示，选中 Allow remote computers to connect，同时也在“HTTPS”选项卡中通过设置使 Fiddler 支持 HTTPS 协议，完成后重新启动 Fiddler。

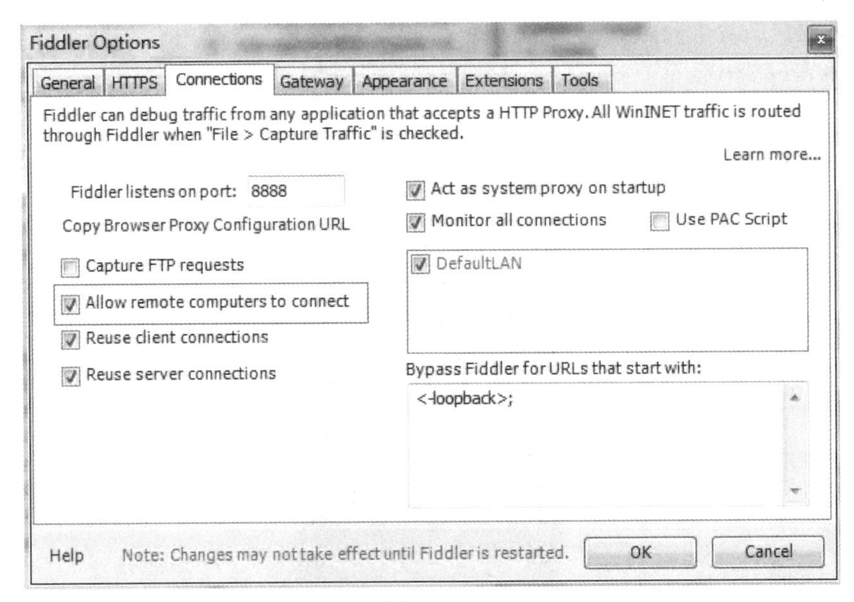

图 3-37

（4）再次打开 Fiddler，就可以在 Fiddler 中看到手机的 HTTP 会话。左侧为 HTTP 的会话列表，右上部为 HTTP Request 的详细信息，右下部为 HTTP Response 的详细信息，Request 和 Response 都有很多功能选项卡，部分功能的说明如表 3-3 所示。

表 3-3

	选　项　卡	说　　明
Request	Headers	显示请求的头部和状态
	TextView	以文本形式显示请求体信息
	HexView	以十六进制数显示请求体信息
Response	Transformer	去除 GZip、DEFLATE 等编码
	Headers	显示响应的头部和状态
	TextView	以文本形式显示响应体信息
	HexView	以十六进制数显示响应体信息
	ImageView	将响应体显示为图片

3）HTTP 流量优化之路

优化 HTTP 的流量主要是减少 Response 的大小，可以使用的方法有缓存和压缩。

（1）缓存

缓存是节约流量最有效的方式，客户端能够使用缓存来存储 Response 资源，后面再有相同的请求时，就可以直接从缓存中读取资源，而不需要通过网络重新下载。

① Request 缓存设置

客户端在发送 Request 时，Request 头部的缓存可以用于如表 3-4 所示的设置。

表 3-4

	选　项	说　明
1	Pragma:no-cache	去服务器拉取最新的资源，不使用缓存
2	If-Modified-Since:datetime	如果资源在客户端提供的时间后发生改变，服务器会返回新的资源，否则使用缓存
3	If-None-Match:etagvalue	如果资源的标识和服务器不同，返回新的资源

当 Request 的头部是 2 和 3 时，如果服务器的资源没有修改，则服务器会返回 HTTP/304 Not Modified，客户端会使用缓存的 Response，如图 3-38 所示。

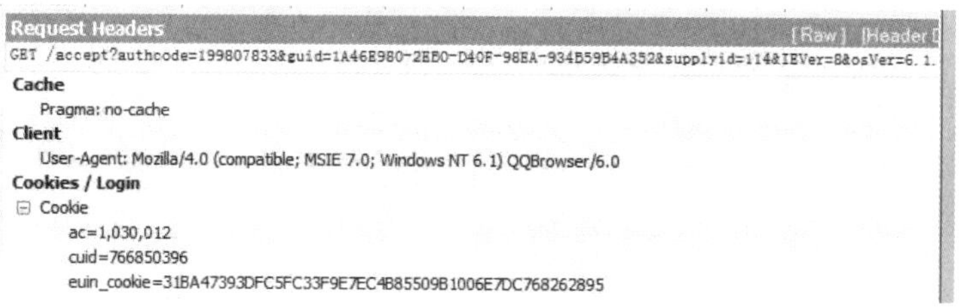

图 3-38

在图 3-38 中，HTTP 请求的缓存策略就设置为 Pragma:no-cache，即不使用缓存，也可直接去服务器拉取新的资源。

② Response 缓存设置

HTTP Response 是否可以缓存是由 Response 的头部控制的，服务器可以通过 Expires 和 Cache-Control 控制 Response 如何在客户端缓存。

Expires：Expires 头部会包含一个日期，即该资源缓存的有效期，客户端有新的相同请求时，如果缓存资源没有过期，则使用缓存资源，服务器不会返回任何东西，如图 3-39 所示。

Session #2

<no HTTP request is made; cached version is used automatically>

图 3-39

Cache-Control 可以标明 Response 如何存储及其如何使用，选项如表 3-5 所示。

表 3-5

选　项	说　明
public	Response 可以存储在任何 Cache 中，包括共享的 Cache
private	Response 存储在私有 Cache 中，只能被一个用户使用
no-cache	Response 将来不会被使用
no-store	Response 将来不会被使用，也不会写到磁盘上
max-age=#seconds	Response 在设定的时间内可以被重复使用
must-revalidate	和原始服务器确认 Response 是最新后，可以使用缓存

通过 Fiddler 可以很清晰地看到各 Response 的 Cache 情况，如图 3-40 所示。

31	200	HTTP	support.weixin.qq.c...	/cgi-bin/mmsupport-bin/re...	5	
32	200	HTTP	wx.qlogo.cn	/mmhead/ver_1/vsjQKjmm...	3,653	max-age=2592000
33	200	HTTP	wx.qlogo.cn	/mmhead/Q3auHgzwzM74...	3,376	max-age=2592000
34	200	HTTP	wx.qlogo.cn	/mmhead/Q3auHgzwzM74...	3,376	max-age=2592000
35	200	HTTP	wx.qlogo.cn	/mmhead/Q3auHgzwzM74...	3,376	max-age=2592000
36	200	HTTP	wx.qlogo.cn	/mmhead/ver_1/4xZkIrWJ...	3,376	max-age=2592000
37	200	HTTP	wx.qlogo.cn	/mmhead/Q3auHgzwzM74...	3,376	max-age=2592000
38	200	HTTP	miserupdate.aliyun....	/data/2.4.1.2/brfversion.xml	226	max-age=300; Expi
39	200	HTTP	miserupdate.aliyun....	/data/brf2.dat_20141127...	52,256	max-age=300; Expi
40	200	HTTP	miserupdate.aliyun....	/data/2.4.1.2/version.xml	526	max-age=300; Expi
41	301	HTTP	ps.browser.qq.com	/plugin	184	no-cache
42	200	HTTP	plugin.browser.qq.c...	/plugin	360	no-cache
43	200	HTTP	ps.browser.qq.com	/accept?authcode=19980...	9,801	no-cache
44	200	HTTP	res.imtt.qq.com	/qbfilepush/qqbrowser/clo...	75,437	max-age=2592000;

图 3-40

后面会有案例专门介绍 WebView 缓存以及如何排查 WebView 缓存可能存在的问题。

（2）HTTP 压缩

HTTP 压缩可以减少传输资源的大小，对于节省流量也是很有效的手段，对于 HTML、XML、CSS 和 JS 可以通过压缩减少 50% 以上，所以对于文本资源推荐使用压缩后传输。

在 Fiddler Response 中的“Headers”选项卡中可以很直观地看到 Response 是否有压缩以及压缩的格式，如图 3-41 所示，该 Response 用的是 gzip 压缩方式。

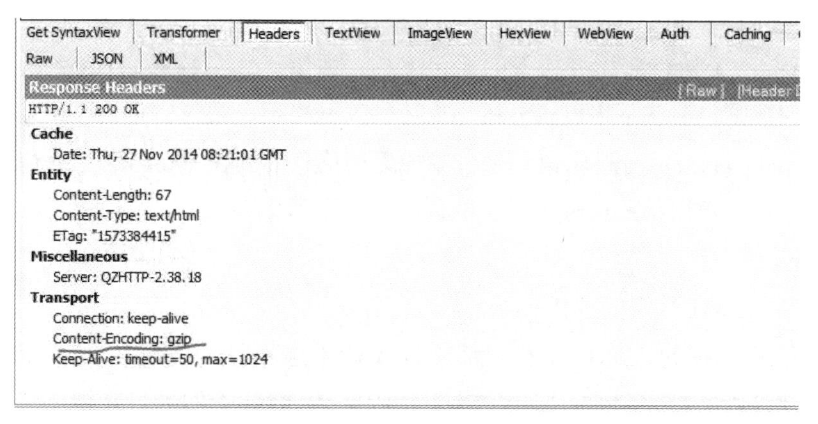

图 3-41

另外，可以使用“Transformer”来解压缩 Response，如图 3-42 所示，可以看到压缩前后 Response body 的大小，可以看到压缩前 184KB，通过 gzip 压缩后节省了 70% 的流量。

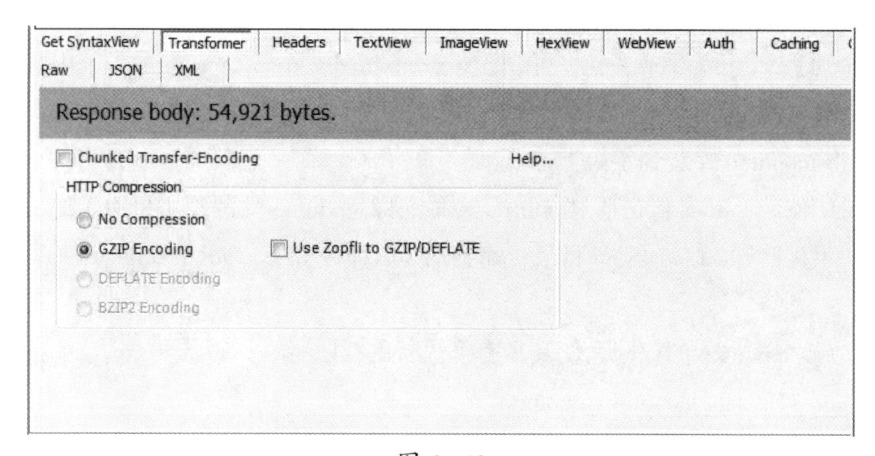

图 3-42

至此，Fiddler 的使用就介绍完毕了，希望你使用 Fiddler 在流量优化中发挥更大的价值。

4. tcpdump 抓包的不二选择

从前面我们介绍的案例，可以看出几乎所有的流量问题都可以通过分析流量包来分析定位，但是前提是你得有对应的流量包。如何在手机上抓包呢？这时 tcpdump 就闪亮登场了，或许你对 tcpdump 还比较陌生，不过没关系，通过下面的介绍，你会发现 tcpdump 的功能如此强大，它也注定会成为你工具宝箱中的一员。在介绍如何使用 tcpdump 之前，我们有必要对它的来头进行简单的介绍，以帮助大家对它产生一个大致的认识。

tcpdump 是一个运行在命令行下的抓包工具，适用于大多数的 UNIX 系统，它可以将网络中传送的数据包截获下来以供分析，支持针对网络层、协议、主机、网络或端口的过滤，并提供 and、or、not 等逻辑语句来过滤掉无用信息。其在 Windows 下对应的版本称为 WinDump，相信经常在 Windows 上抓包的读者一定不陌生。

1）准备工作

（1）获取 ROOT 权限的手机一部

要想在手机上抓包，你得先有一部手机才行（这不是废话吗？），Android 手机和 iPhone 手机都可以通过 tcpdump 抓包，这里我们以 Android 为例进行介绍，其实这里的重点是手机要有 ROOT 权限。或许你会说，如果我的手机没有 ROOT 权限怎么办？确实有一些特别的 Android 手机是没办法获取 ROOT 权限的，没关系，后面我们会介绍不需要 ROOT 权限的方法。

（2）下载 tcpdump

tcpdump 是一个开源的软件，你可以在 www.androidtcpdump.com 获取到它的最新版本。

2）开始抓包之旅

（1）将 tcpdump 安装到手机上

这里说的安装，其实就是通过 adb push 命令将 tcpdump 复制到手机指定的文件下，这里推荐使用手机的 /data/local/tmp 目录，完整的 adb 命令如下：adb push tcpdump /data/local/tmp。

（2）修改 tcpdump 的权限，使其具有可执行的权限：

```
chmod 777 /data/local/tmp/tcpdump
```

（3）接下来只需要执行 tcpdump 抓包就可以开始，如图 3-43 所示，按组合键 Ctrl+C 可以停止抓包。

```
20:21:33.787449 IP 117.27.243.114.www > 10.66.147.145.36853: . 4806206:4807654(1
448) ack 615 win 124
20:21:33.787558 IP 117.27.243.114.www > 10.66.147.145.36853: . 4807654:4809102(1
448) ack 615 win 124
20:21:33.788537 IP 117.27.243.114.www > 10.66.147.145.36853: . 4809102:4810550(1
448) ack 615 win 124
```

图 3-43

（4）如何把抓到数据包的信息保存为 Pcap 文件，只需要在执行 tcpdump 后加上 -w 参数：tcpdump-w /data/local/tmp/tcp.pcap。

（5）把 Pcap 复制到电脑上，就可以用 Wireshark 按照我们之前介绍的方法来分析流量问题了。

按照以上操作步骤，你可以很方便地抓到数据包，但是 tcpdump 还有很多强大的功能，有些功能可以很好地过滤出想要的数据包，方便后续的分析，一些常用的参数，如表 3-6 所示。

表 3-6

常用参数	描　　述
-c count	tcpdump 在接收到 count 个数据包后退出
-D	输出系统中有 tcpdump 可以在其上进行抓包的网络接口，包括接口的编号、名称以及可能的网络接口描述，配合参数 -i 使用，指定网络接口
-i interface	指定 tcpdump 需要监听的接口，如果没有指定，tcpdump 会从系统接口列表中搜寻编号最小且已配置好的接口，在找到符合条件的接口后，搜寻结束
-r file	从文件 file 中读取包数据，如果 file 字段为“-”，则从标准输入读取数据
-s snaplen	设置 tcpdump 的数据包抓取长度为 snaplen，如果不设置，默认是 68 字节，需要注意的是，采用长的抓取长度会增加包的处理时间，并且会减少 tcpdump 可缓存的数据包的数量，从而导致数据包的丢失，所以在能抓取到想要包的前提下，抓取长度越小越好，把 snaplen 设置为 0，意味着 tcpdump 自动选择长度来抓取数据包
-v	当分析和打印的时候，产生详细的输出，比如包的生存时间、标识以及总长度等
-vv	产生比 -v 更详细的输出，比如 NFS 回应包中的附加域将会被打印
-vvv	产生比 -vv 更详细的输出， 比如 Telent 时所使用的 SB、 SE 选项将会被打印

3）tcpdump 高级应用

表达式是 tcpdump 最为有用的高级用法，可以利用它来匹配一些符合规则的数据包，便于后续分析，也可以减轻落地到 Pcap 的 I/O 压力。如果 tcpdump 中没有表达式，那么 tcpdump 会输出网卡上的所有数据包，否则会将被 expression 匹配的包输出。

在表达式中一般有如下三种类型的关键字。

（1）关于类型的关键字，主要包括 host、net、port，如果没有指定类型，默认的类型是 host。

（2）确定传输方向的关键字，主要包括 src 、dst 、dst or src、dst and src，这些关键字指明了传输的方向。如果没有指明方向关键字，则默认是 dst or src 关键字。

（3）协议的关键字，主要包括 ether、ip、arp、rarp、tcp、udp 等类型。ether 是匹配网卡，其他的几个关键字就指明了监听的包的协议内容。如果没有指定任何协议，则 tcpdump 将会监听所有协议的信息包。

除了这三种类型的关键字之外，其他重要的关键字如下：gateway、broadcast、less、greater，还有三种逻辑运算，取非运算是 not、!，与运算是 and、&&，或运算是 or、||，这些关键字可以组合起来构成强大的组合条件。

注意：

除了 tcpdump 之外，其实在 Android 上还有一种无 ROOT 抓包的方法，例如 tPackageCapture 原理就是利用本地自建的 VPN 服务，让手机连接后，来实现无 ROOT 抓包。比起使用 VPN，tcpdump 虽然没有那么灵活，但胜在方便简单。

5. chaosreader: Pcap 中 HTTP 文件自动导出分析工具

使用 tcpdump 抓取 Pcap 包，解析 Pcap 包，分析其中的每一个 tcp 请求，将每一个 tcp 连接作为一个 session。分析每一个 session 对应的应用层协议，并将应用层的数据以文件形式导出到一个文件夹中（通过 HTTP 协议传输的文件也会导出）。同时记录每一个 session 对应的应用层协议的详细信息。使用 chaosreader 工具实现。

最终导出的文件列表如图 3-44 所示，文件按照对应的 session 来命名。

```
session_0008.part_01
session_0008.web.html
session_0009.part_01.jpeg
session_0009.web.html
session_0010.part_01
session_0010.web.html
session_0012.web.html
session_0013.part_01.data
session_0013.web.html
session_0014.part_01.jpeg
session_0014.web.html
session_0015.web.html
session_0016.part_01.data
session_0016.web.html
session_0017.web.html
session_0018.part_01.data
session_0018.web.html
```

图 3-44

记录的 session 信息如图 3-45 所示。

```
web: 10.36.191.139:58473 -> 112.90.77.170:80

File D:\webview\1.pcap, Session 2

GET /mqq_photo/0/a7af0b313a94de682c769f70b8cd012a2e812c3101/640 HTTP/1.1
Host: ugc.qpic.cn
Accept:: */*
Accept-Encoding: gzip
Accept-Language: en-us
Connection: close
Q-UA: V1_IPH_SQ_5.2.0_5_HDBM_T
User-Agent: QQ 5.2 rv:5.2.0.111 (iPhone; iPhone OS 7.0.4; zh_CN)

HTTP/1.1 200 OK
Server: ImgHttp3.0.0
Connection: keep-alive
Content-Type: image/jpeg
```

图 3-45

针对导出的 HTTP 文件，根据不同的文件类型做不同的处理，session 信息是通过文件名进行对应的，所以导出的文件文件名要特殊处理。

（1）Zip 文件、gz 文件：解压其中的文件至当前目录，导出的文件使用原来的 Zip 文件名字作为前缀，如图 3-46 所示。

session_0019.part_01.zip
session_0019.part_01_0d271ef8.icon_refunded.png
session_0019.part_01_1c0c44a7.category.js
session_0019.part_01_1eafbbe8.coupon_invalid.png
session_0019.part_01_3b692bff.icon_movie.png
session_0019.part_01_3df975cc.moviedetail.js
session_0019.part_01_5b3130ea.seed.js
session_0019.part_01_7c84e806.proxy-wd.css
session_0019.part_01_8a0f6875.msg.js
session_0019.part_01_9c4aa298.msgExpire.js
session_0019.part_01_11bf49cc.seat-wd.js
session_0019.part_01_18ffe701.mymovie.js
session_0019.part_01_21f7628d.default_logo.png
session_0019.part_01_0032adf9.refund.js
session_0019.part_01_35c79d95.icons-locked.png
session_0019.part_01_38fe3bf6.movielist.js
session_0019.part_01_067a7741.shop.js

图 3-46

（2）文本文件：导出其中的图片。文本文件中出现 "(?<=data\:image/\;base64\,)[\w\W]+(?=\))"，说明该文本文件中包含了图片，导出相应图片文件至当前目录，导出的文件使用原来的文本文件的名字作为前缀，如图 3-47 所示。

session_0019.part_01_22872f72.centercoupon.css
session_0019.part_01_22872f72.centercoupon.css_0.png
session_0019.part_01_22872f72.centercoupon.css_1.png
session_0019.part_01_22872f72.centercoupon.css_2.png
session_0019.part_01_22872f72.centercoupon.css_3.png
session_0019.part_01_22872f72.centercoupon.css_4.png
session_0019.part_01_22872f72.centercoupon.css_5.png
session_0019.part_01_22872f72.centercoupon.css_6.png
session_0019.part_01_22872f72.centercoupon.css_7.png

图 3-47

（3）重复文件：分析所有文件的 md5 值，如果存在相同 md5 值的文件，则记录下来，并确认相应的 session 信息。

图片超标：判断所有文件的类型，如果是图片文件，则分析文件大小，看是否超过了 60KB，记录超标的图片以及相应的 session 信息。

如果不用命令行，Wireshark 就有 Export HttpObject 的功能。

3.3　案例 A：WebView 缓存使用中的坑

问题类型：业务宽带成本

解决策略：缓存

当我们使用浏览器上网时，浏览器会把网页的信息保存下来，以便下次再浏览该网页时，可以使用户迅速得到响应，并且节省网络资源，在移动端节省网络资源就是为用户省钱，所以在移动端使用缓存显得尤为重要。现在很多应用使用了 WebView 页面，Android 也为 WebView 提供了完善的缓存策略，缓存的资源会在 /data/data/ 应用 package 下生成 database 与 cache 两个文件夹，但是理想是丰满的，现实是骨感的，实际中，开发人员总是因为这样或那样的原因没有使用缓存，从而造成流量浪费。当我们在打开手机 QQ 的大表情页面时，就会抓到开发类似的问题，下面就来看看我们是如何抓到的？

1. 发现问题

（1）安装后首次打开手机 QQ 的大表情页面，使用 tcpdump 获取 Pcap 文件。

（2）使用 Wireshark 打开获取的 Pcap 文件，统计整个过程消耗的流量，如图 3–48 所示，Wireshark 统计流量的方法有多种（通过连接类型、IP 地址等，这些方法后文会详细介绍），这里我们用一种简单的方法即可说明问题，即统计整个文件的所有流量。

①选择 Statistic → Protocal Hierarchy。

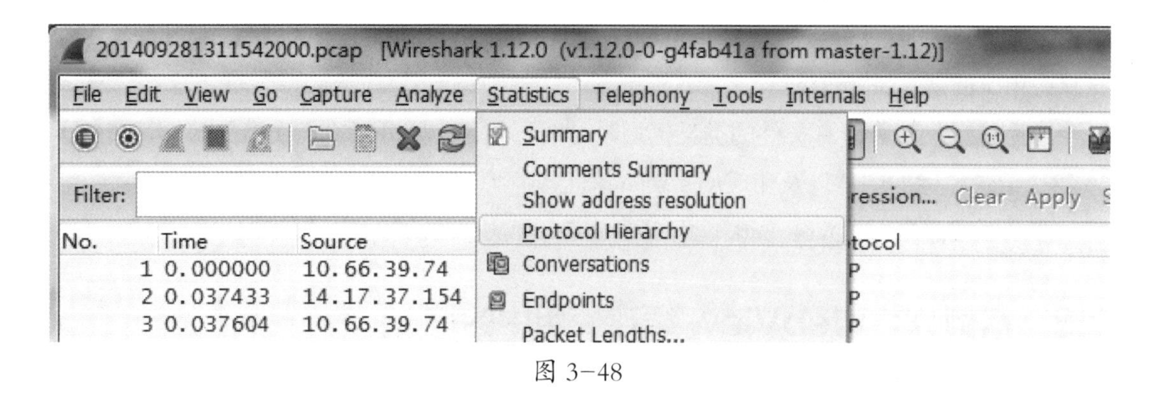

图 3-48

②统计得到该 Pcap 文件中所有包的大小为 1.39MB，如图 3-49 所示。

Wireshark: Protocol Hierarchy Statistics

Display filter: none

Protocol	% Packets	Packets	% Bytes	Bytes	Mbit/s	End Packets	End Bytes	End Mbit/s
⊟ Frame	100.00 %	2262	100.00 %	1459102	0.233	0	0	0.000
⊟ Ethernet	100.00 %	2262	100.00 %	1459102	0.233	0	0	0.000
⊟ Internet Protocol Version 4	100.00 %	2262	100.00 %	1459102	0.233	0	0	0.000
⊟ Transmission Control Protocol	99.20 %	2244	99.84 %	1456703	0.233	2116	1335123	0.213
⊟ Hypertext Transfer Protocol	5.48 %	124	7.92 %	115604	0.018	64	51841	0.008
⊟ HyperText Transfer Protocol 2	0.57 %	13	0.49 %	7168	0.001	11	5726	0.001

Help Close

图 3-49

③退出手机 QQ 进程，然后重新打开手机 QQ，进入到大表情页面，使用相同的方法得到该页面使用的流量为 1.19MB，手机的大表情页面为 WebView 页面，包含了大量的图片和文本信息，且每次打开时展示的页面基本相同，所以当重新打开该页面时，消耗这么多流量是不合理的。

④使用上文介绍的方法，导出 Pcap 包中的 HTTP 对象（如图 3-50 所示），发现有大量的重复资源，这里可以得到初步结论：该 WebView 页面没有使用缓存，从而导致再次进入该页面时，资源通过网络又被重新拉取了一遍。

图 3-50

2. 分析

如何成功应用缓存策略？可以简单地理解为：（1）待请求的资源是否已经在本地保存，（2）在客户端程序中指明该请求的响应可以从 Cache 中加载资源，两者缺一不可。下面就从这两方面对我们遇到的问题进行分析。

（1）待请求的资源是否已经在本地保存

方法一：查看手机磁盘

查看资源是否在本地保存最直接的方法就是，查看手机的磁盘上是否有对应的文件，Android 的 WebVeiw 的缓存策略会在 /data/data/ 应用 package 下生成 database 与 cache 两个文件夹，database 可以存放多个数据库文件，数据库中保存的是请求的 url（手机 QQ 大表情页面的缓存 url 保存在 webviewCookiesChromiumPrivate.db 中），database 中的数据库文件可以用 Android 的 SDK 中的 sqlite3.exe 打开，图 3-51 就是 WebViewCookiesChromiumPrivate.db 中的内容，读者可以清晰地看到大表情请求的资源是在本地有保存的。

```
13057663004376127|.bns.kuyoo.com|p_uin|o0204589393|/|0|0|0|13057663004376127
13057663004376443|.sklr.kuyoo.com|p_uin|o0204589393|/|0|0|0|13057663004376443
13057663004922169|.ptlogin2.qq.com|superkey|zOOqhAJeKHUjy18ox9202Q-DRzlemkXod0b-
Czo4DLk_|/|0|0|1|13057663004922169
13057663004923302|.ptlogin2.qq.com|supertoken|3595125048|/|0|0|0|130576630049233
02
13057663004925852|.qq.com|skey|MHfjInfhdC|/|0|0|0|13057663004925852
13057663004927625|.qq.com|vkey|SclZGWSUQ9kUuJTnpdWbl7CkfaDe6zvx0c31c9510201==|/|
0|0|0|13057663004927625
13057663007417910|.qq.com|pgv_info|ssid=s56756774|/|0|0|0|13057663007417910
13057663007420440|.mobile.biaoqing.qq.com|ts_last|mobile.biaoqing.qq.com/busines
s/bubble/html/index.html|/|13057664807000000|0|0|13057663007420440
```

图 3-51

而 Cache 文件夹中存放对应的缓存资源，如图 3-52 所示，我们可以导出其中某个文件进行验证，从导出的 f_000089 文件中可以更直观地看出，大表情资源已在本地保存，如图 3-53 所示。

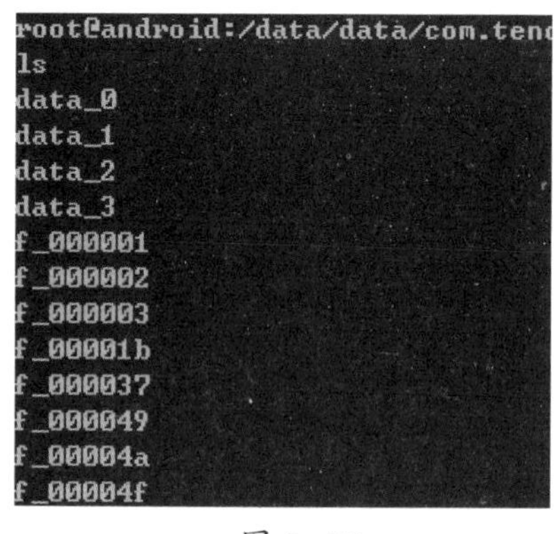

图 3-52

图 3-53

方法二：使用 Fiddler 工具

Fiddler 是一个 HTTP 协议调试代理工具，它能够记录并检查电脑和互联网之间的 HTTP 通信，现在也可以用它来捕获手机上的 HTTP 请求（操作步骤后文会介绍），图 3-54 为 Fiddler 的操作界面，左边为手机的 HTTP 请求的列表，右边为指定 HTTP 请求的详细信息，包括时间统计、请求内容等信息，这里对 Fiddler 的功能不再详细介绍，仅仅介绍我们需要的部分。

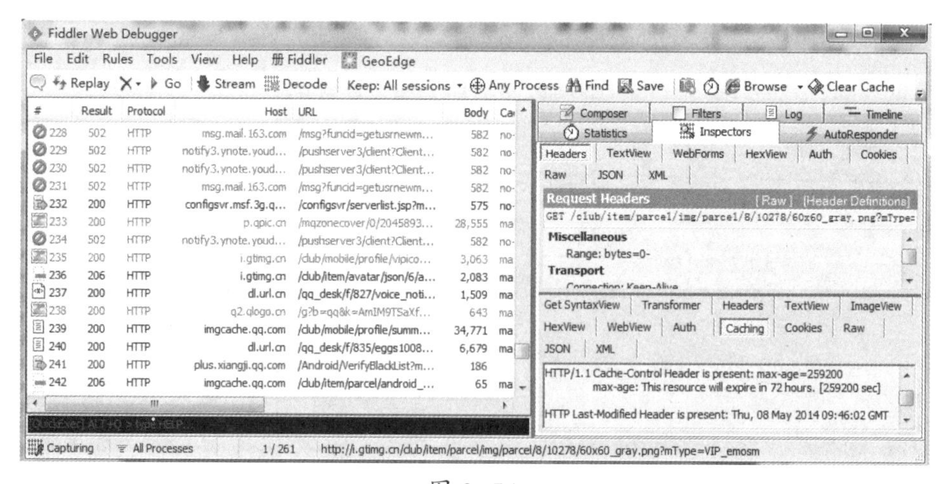

图 3-54

①在左边的 HTTP 请求中，选择一个下载表情的请求，右边显示该请求的详细信息。单击“ImageView”，该请求为大表情的请求，如图 3-55 所示。

Statistics
Inspectors
AutoResponder
Composer
Filters
Log
Timeline
Headers
TextView
WebForms
HexView
Auth
Cookies
Raw
JSON
XML
This request did not send any cookie data.
Get SyntaxView
Transformer
Headers
TextView
ImageView
HexView
WebView
Auth
Caching
Cookies
Raw
JSON
XML
26,421 bytes
286w x 166h
Format: JPEG
Baseline
Subsample@4:4:4 (non-opt)
APP1 Data (22 bytes)
APP1 Data (877 bytes: 3%)
Non-Exif
HuffmanTables: 1
Autoshrink

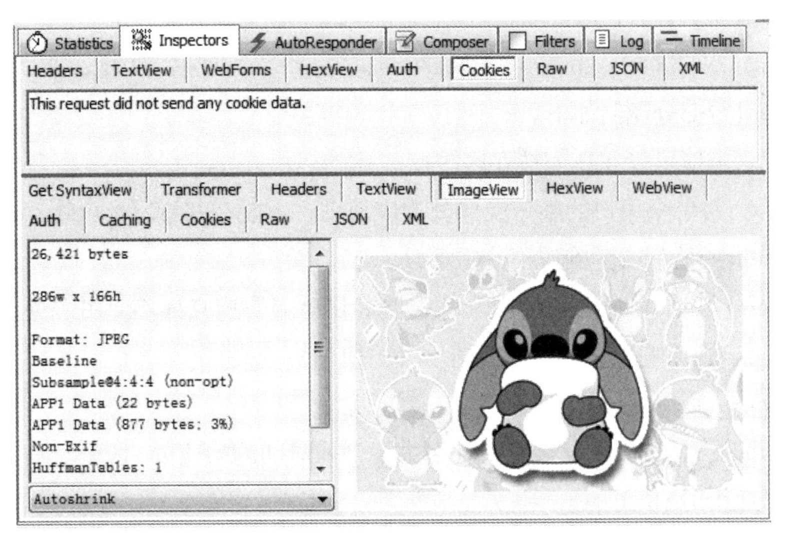

图 3-55

②单击“Caching”，如图 3-56 所示，可以得到该 HTTP 请求头部中声明的 Cache-Control 为 max-age，其对应的值为 31536000 秒，对应的是 365 天，从下面的解释可以得出，该资源的有效期为 365 天，即如果在没有人为删除的情况下，这个资源将在磁盘中存在长达 365 天之久，也验证了方法一得出的结论。

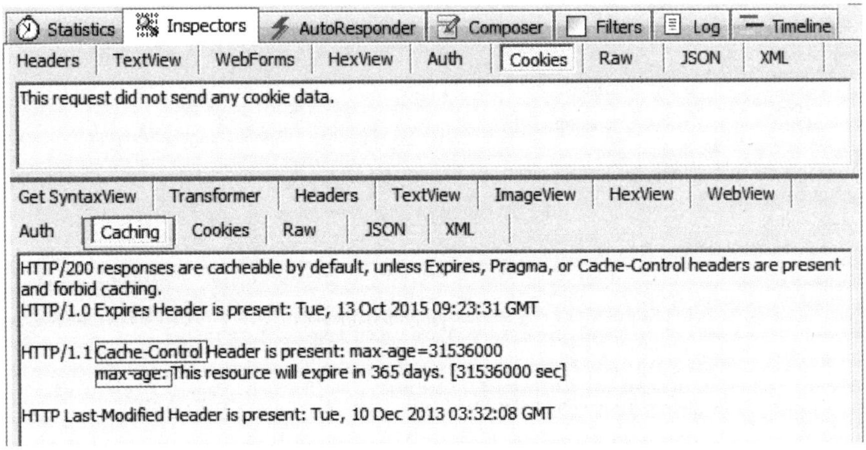

Statistics
Inspectors
AutoResponder
Composer
Filters
Log
Timeline
Headers
TextView
WebForms
HexView
Auth
Cookies
Raw
JSON
XML
This request did not send any cookie data.
Get SyntaxView
Transformer
Headers
TextView
ImageView
HexView
WebView
Auth
Caching
Cookies
Raw
JSON
XML
HTTP/200 responses are cacheable by default, unless Expires, Pragma, or Cache-Control headers are present and forbid caching.
HTTP/1.0 Expires Header is present: Tue, 13 Oct 2015 09:23:31 GMT
HTTP/1.1 Cache-Control Header is present: max-age=31536000
max-age: This resource will expire in 365 days. [31536000 sec]
HTTP Last-Modified Header is present: Tue, 10 Dec 2013 03:32:08 GMT

图 3-56

这里对 HTTP 的 Cache-Control 进行简单的介绍，HTTP Request 的 Cache-Control 可以是 no-cache、no-store、max-age、max-stale、min-fresh、no-transform、only-if-cached 以及 cache-extension，HTTP Response 的 Cache-Control 为 public、private、no-cache、no-transform、must-revalidate、proxy-revalidate、max-age、s-maxage 以及 cache-extension。这些 Cache 策略进行部分说明如下。

- public：响应可以在任何缓存区缓存。
- private：对单个用户的整个或部分响应消息，不能在共享缓存区缓存。
- no-cache：请求或者响应不使用缓存。
- no-store：如果在请求中使用，则该请求和对应的响应都不使用缓存，如果在响应中使用，则该响应和其对应的请求都不使用 cache。
- max-age：资源在客户端的最大生命周期。
- max-stale：客户端可以接收生存期大于当前时间的响应。

方法三：使用 HAR+PageSpeed

HAR 和 PageSpeed 的操作步骤上文已经有介绍，这里就不再赘述，我们在 HAR Viewer 中选择某个连接，可以得到该连接的详细信息，如图 3-57 所示，从图 3-56 中，我们也可以得出该 Response 的 Cache-Control 为 31536000 秒。

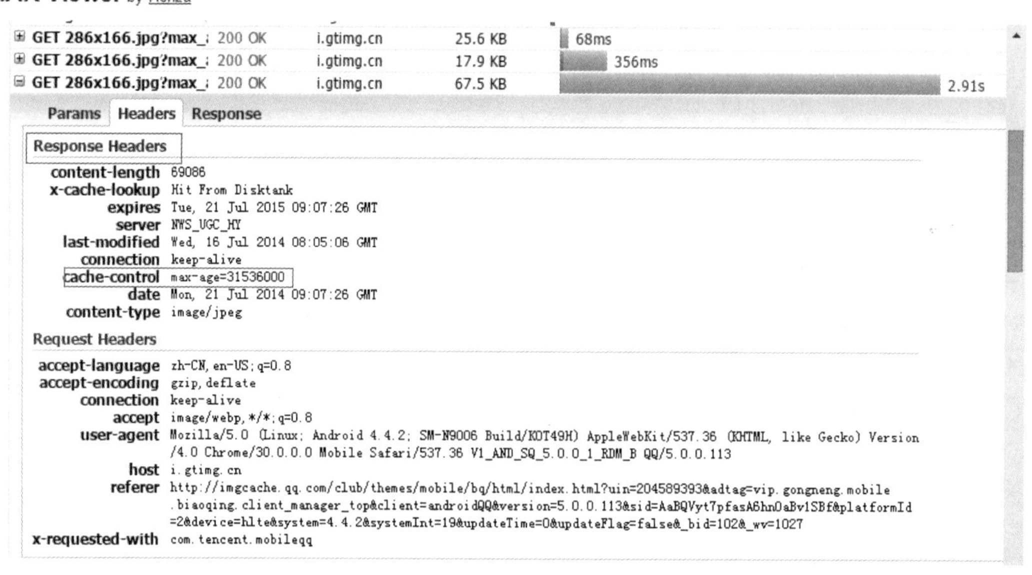

图 3-57

通过以上方法，我们可以得到：大表情的资源其实已经使用了缓存并在手机磁盘上成功保存，那为什么还会再次拉取呢？这就引出了使用缓存的第二个条件：在客户端程序中指明从 cache 中加载资源。

（2）客户端程序中指明该请求的响应可以从 Cache 中加载资源

在完成了缓存请求资源后，还需要在客户端程序发送 HTTP 请求时指定该请求的响应资源可以从缓存中获取，否则，即使缓存中有对应的响应资源，客户端也不会使用，会重新通过网络下载一遍，这涉及客户端发送 HTTP 请求时的缓存模式，客户端可以指定 5 种缓存模式，分别如下。

- LOAD_CACHE_ONLY: 不使用网络，只读取本地缓存数据。
- LOAD_DEFAULT: 根据 Cache-Control 决定是否从网络上取数据。
- LOAD_CACHE_NORMAL: API level 17 中已经废弃，从 API level 11 开始作用同 LOAD_DEFAULT 模式。
- LOAD_NO_CACHE: 不使用缓存，只从网络获取数据。
- LOAD_CACHE_ELSE_NETWORK：只要本地有，无论是否过期，或者 NO-CACHE，都使用缓存中的数据。

下面来看看手机 QQ 是不是遇到了同样的问题，找到对应的代码如下：

WebSettings.setCacheMode(WebSettings.LOAD_NO_CACHE);

因为如果是 API15，创建 db 失败就会导致手机 QQ 崩溃，堆栈如图 3-58 所示。

```
java.lang.NullPointerException
at android.webkit.WebViewDatabase.initDatabase(WebViewDatabase.java:232)
at android.webkit.WebViewDatabase.init(WebViewDatabase.java:209)
at android.webkit.WebViewDatabase.access$000(WebViewDatabase.java:38)
at android.webkit.WebViewDatabase$1.run(WebViewDatabase.java:190)
```

图 3-58

问题代码出在如图 3-59 所示的方框的地方。

```
private void initDatabase(Context context) {
    try {
        mDatabase = context.openOrCreateDatabase(DATABASE_FILE, 0, null);
    } catch (SQLiteException e) {
        // try again by deleting the old db and create a new one
        if (context.deleteDatabase(DATABASE_FILE)) {
            mDatabase = context.openOrCreateDatabase(DATABASE_FILE, 0,
                    null);
        }
    }

    mDatabase.enableWriteAheadLogging();
    if (mDatabase == null) {
        mInitialized = true;
        notify();
        return;
```

后面倒判空的，这里还直接用。都怀疑有没有做过静态检查

图 3-59

所以开发人员在这里一开始就简单粗暴地设置缓存策略为 LOAD_NO_CACHE，即所有的数据都只从网络上获取。优化后，也就是加上版本判断，只在 API15 关闭缓存。但有没有更好的方法呢？应该有的，但是笔者没有试过，workaround 方法可以从这个地址获取：http://stackoverflow.com/questions/17478097/webview-crash-nullpointerexception-android-webkit-webviewdatabase-initdatabasew。

3.4 案例 B：离线包下载失败导致重复下载

问题类型：业务宽带成本

解决策略：避免重复下载

1. 发现过程以及影响

在进行 Android 5.6 上线排查的时候，使用专项组开发的工具 webpagemonitor，通过自动抓取 Pcap，并导出 Pcap 中的 HTTP 文件比较 md5 值，发现兴趣部落的离线包存在重复下载的情况。同时通过观察大盘数据发现，每天在线资源使用量（直接访问线上资源）增加 100 万到 200 万，而离线资源使用量（使用离线包）每天减少 100 万到 200 万；在线：

离线比从 3:7 变成了 5:5，而且比例仍然在变大。

2. 问题定位以及解决方案

而手机 QQ 的离线包下载功能，原理上不会针对同一个 url 多次下载，除非下载失败。经过进一步分析发现，通过离线包下载功能下载的离线包，无法直接使用。原因是下载的离线包虽然已经被压缩过，但是被 HTTP 自带的 gzip 又进行了一次压缩，导致离线包下载功能无法识别出离线包，所以每次都认为下载失败，多次重试后，最终打开 WebView 页面时无法使用离线包，只能直接访问线上资源。

看到这里，一切仿佛已经找到答案了。但是有一个常识问题出现了，离线包本来就是压缩包，为什么又要 gzip 呢？答案是新上线的 CDN 自动开启了 gzip 压缩能力。而离线包的初衷就是为了在打开页面时，省去从网络抓取资源的过程，直接使用本地离线资源，加快响应速度，可惜因为 CDN 的一个错误配置，导致重复下载离线包的问题。解决办法就是，对应的 CDN 服务器关闭 gzip 压缩。

3.5　案例 C：使用压缩策略优化资源流量

问题类型：业务宽带成本

解决策略：压缩

现在的 App 很多功能使用了 WebView 页面，在手机 QQ 里面，例如游戏中心和大表情页面，用户在打开页面时都会拉取大量的文本资源，这些资源若能压缩（图片资源也可以压缩），毫无疑问是可以大量减少流量，加速页面加载的。

基于此，我们开始了专项排查。首先，我们使用 tcpdump 来搜集犯罪现场证据，然后逐个 WebView 界面都打开一下（也可以使用 Monkey 配合），获取了我们的证据 Pcap 文件。下面我们使用两个方法来定位问题。

方法一：使用 Wireshark

（1）Wireshark 提供导出 HTTP 对象的功能，可以快速地导出 HTTP 中包含的对象便于分析，具体操作步骤如下。

①选择 File → Export Objects → HTTP，得到如图 3-60 所示的 Wireshark: HTTP object list 界面。

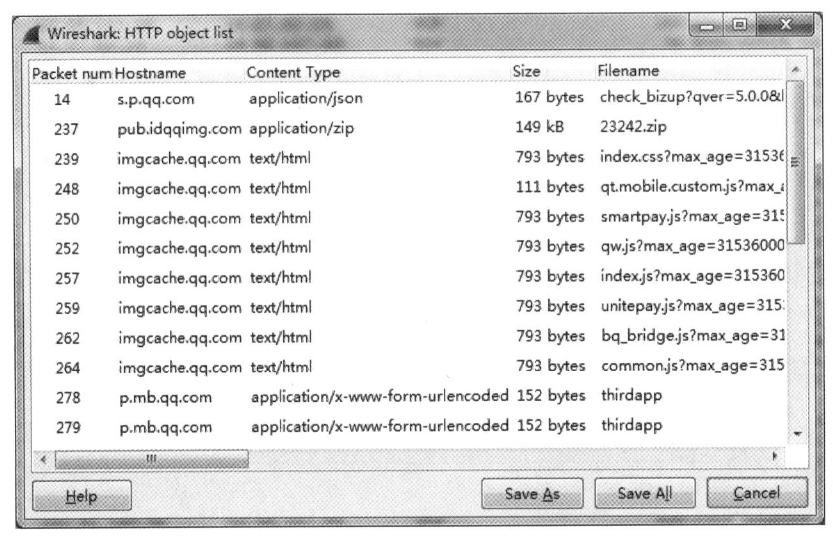

图 3-60

②单击“Save All”按钮保存所有的 HTTP 对象，如图 3-61 所示，接下来就可以对导出的 HTTP 对象进行分析

（2）从导出的 HTTP 对象中可以看到如下内容。

①“游戏中心”页面存在一个 111KB 的 HTML 文件和 108KB 的 JS 文件没有压缩。

index.zip	2014/7/21 19:09	好压 ZIP 压缩文件	288 KB
img.zip	2014/7/21 19:09	好压 ZIP 压缩文件	179 KB
index.html%3fplat=qq&tt=1&qappid=537038879&osv...	2014/7/21 19:09	2&_WV=3&STAT...	111 KB
package.js%3fe91805	2014/7/21 19:09	JS%3FE91805 文件	108 KB
803_full_20140721024810.jpg	2014/7/21 19:09	JPEG 图像	51 KB
js.zip	2014/7/21 19:09	好压 ZIP 压缩文件	35 KB
804_full_20140721101253.jpg	2014/7/21 19:09	JPEG 图像	32 KB
805_full_20140721101606.jpg	2014/7/21 19:09	JPEG 图像	30 KB

图 3-61

如果压缩之后，将由原来的 219KB 减少为 63KB，从而为用户减少了 156KB 的流量。

②“表情商城”页面同样存在大量的文本文件未压缩的情况，如图 3-62 所示。

data_4.7+_2.json	2014/7/21 20:00	JSON 文件	355 KB
23160.zip	2014/7/21 20:00	好压 ZIP 压缩文件	195 KB
bq.js%3fmax_age=31536000&tt=34	2014/7/21 20:00	JS%3FMAX_AGE...	131 KB
qw.js%3fmax_age=31536000&tt=34	2014/7/21 20:00	JS%3FMAX_AGE...	112 KB
common.js%3fmax_age=31536000&tt=34	2014/7/21 20:00	JS%3FMAX_AGE...	106 KB
286x166(8).jpg%3fmax_age=31536000&t=0);.jpg	2014/7/21 20:00	JPEG 图像	87 KB
286x166(18).jpg%3fmax_age=31536000&t=0);.jpg	2014/7/21 20:00	JPEG 图像	68 KB
qt.mobile.custom.js%3fmax_age=31536000&tt=34	2014/7/21 20:00	JS%3FMAX_AGE...	61 KB
286x166(5).jpg%3fmax_age=31536000&t=0);	2014/7/21 20:00	JPG%3FMAX_AG...	47 KB
286x166(15).jpg%3fmax_age=31536000&t=0);	2014/7/21 20:00	JPG%3FMAX_AG...	45 KB
286x166(3).jpg%3fmax_age=31536000&t=0);	2014/7/21 20:00	JPG%3FMAX_AG...	37 KB
smartpay.js%3fmax_age=31536000&tt=34	2014/7/21 20:00	JS%3FMAX_AGE...	36 KB

图 3-62

从图 3-62 可以看出，未压缩的文本达到了 801KB，同样经过压缩后，这些文本资源减少为 237KB，从而为用户减少了足足 564KB 流量，这带来的效益是非常明显的。

方法二：使用 HAR+PageSpeed

（1）将 PCAP 文件转化为 HAR 文件

①打开 http://pcApperf.Appspot.com/，如图 3-63 所示。

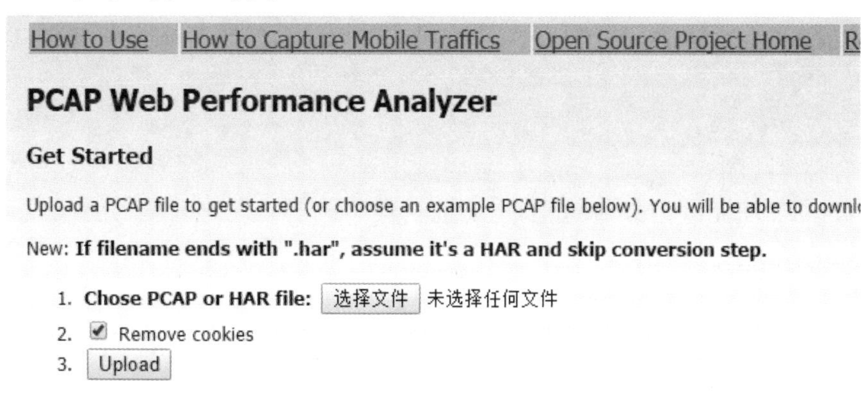

图 3-63

②单击“选择文件”按钮，选择待分析的 PCAP 文件，单击“Upload”按钮，转化完成后出现如图 3-64 界面，单击“DownLoad HAR”，即可保存对应的 HAR 文件。

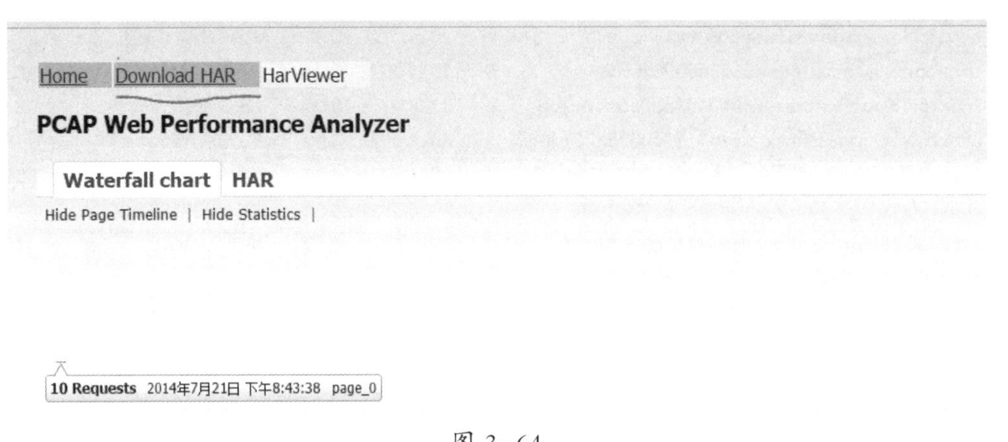

图 3-64

（2）通过 PageSpeed 分析 HAR 文件

①打开 http://stevesouders.com/flint/index.php，这个网站可以为 HAR 文件生成对应的 PageSpeed 分数，如图 3-65 所示。

stevesouders.com

Generate PageSpeed scores from a HAR (HTTP Archive format) file. (Use pcapperf to convert pcap files to HAR.)

HAR file: 选择文件 未选择任何文件

Upload

examples: CNN, Google search, Yahoo search, Wikipedia.

Create your own HAR files using Firebug and NetExport.

图 3-65

②上传刚刚生成的 HAR 文件，即可生成对应的分数，如图 3-66 所示。

85 PageSpeed

0 Minimize DNS lookups
14 Combine external JavaScript
80 Enable compression
86 Leverage browser caching
98 Minimize request size
99 Minify HTML
100 Avoid bad requests
100 Combine external CSS
100 Minify CSS
100 Minify JavaScript
100 Minimize redirects
100 Optimize the order of styles and scripts
100 Serve resources from a consistent URL
100 Specify a cache validator
100 Specify a character set early

图 3-66

③第 3 项为“Enable compression”，即列出了可以压缩的文件，单击右边的箭头，可以看到详细的压缩建议，如图 3-67 所示。

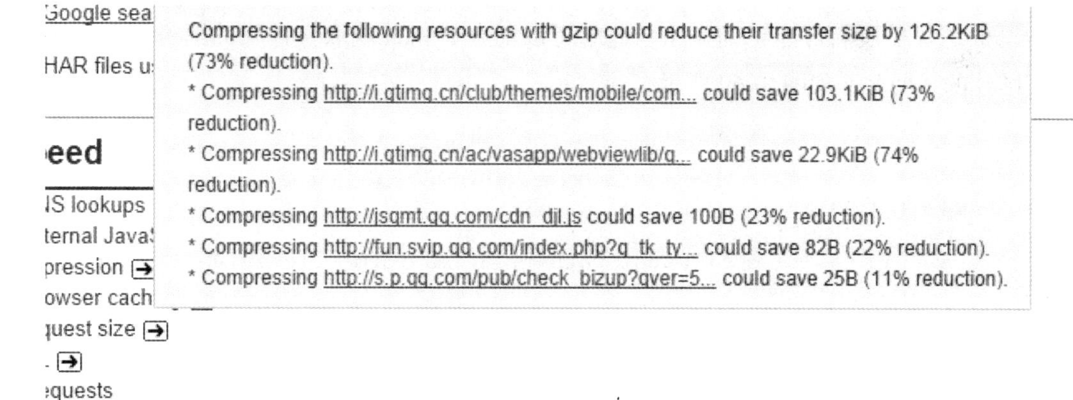

Compressing the following resources with gzip could reduce their transfer size by 126.2KiB (73% reduction).
* Compressing http://i.gtimg.cn/club/themes/mobile/com... could save 103.1KiB (73% reduction).
* Compressing http://i.gtimg.cn/ac/vasapp/webviewlib/g... could save 22.9KiB (74% reduction).
* Compressing http://jsqmt.qq.com/cdn_djl.js could save 100B (23% reduction).
* Compressing http://fun.svip.qq.com/index.php?g_tk_ty... could save 82B (22% reduction).
* Compressing http://s.p.qq.com/pub/check_bizup?qver=5... could save 25B (11% reduction).

图 3-67

除了文本可以压缩，图片当然也可以压缩。之前在手机 QQ，我们就遇到过这种情况，使用 tcpdump 录制登录和登录后 5 分钟，使用刚刚提到的“方法一”，发现将近 1MB 的流量，其中 800 多 KB 为 PNG 图片，而且大多数是没有 Alpha 通道的。这时，使用 JPEG 压缩的优化效果是非常显著的，当时优化近 30% 的流量，如图 3-68 所示。

g%3fb=mqq&k=Joic9ouXVK2d8lCcq3iafR3Q&t=1356513581&refer=mqq&s=100.png	2013/5/28 14:09	PNG 文件	28 KB
g%3fb=mqq&k=K9xib6LMgGwgXgDgLaaKAiaA&t=1367319755&refer=mqq&s=100.png	2013/5/28 14:09	PNG 文件	5 KB
g%3fb=mqq&k=l6IcoFAicu44XXou3U7hicmw&t=1182513011&refer=mqq&s=40.png	2013/5/28 14:09	PNG 文件	5 KB
g%3fb=mqq&k=LIjwFJhh84ja3DwGzIxOdw&t=1366876746&refer=mqq&s=100.png	2013/5/28 14:09	PNG 文件	22 KB
g%3fb=mqq&k=M3O8AAQTn6OiaCnvlcoKatQ&t=1336019614&refer=mqq&s=100.png	2013/5/28 14:09	PNG 文件	16 KB
g%3fb=mqq&k=N3knbeK6zlcvmH7s5Rsnibg&t=186&refer=mqq&s=100.png	2013/5/28 14:09	PNG 文件	4 KB
g%3fb=mqq&k=nvLP0I7ZM3icj4tcsEIy1hA&t=1364725141&refer=mqq&s=100.png	2013/5/28 14:09	PNG 文件	20 KB
g%3fb=mqq&k=ouHo0G7s1DchrfobictQUkQ&t=1354257991&refer=mqq&s=100.png	2013/5/28 14:09	PNG 文件	15 KB
g%3fb=mqq&k=P5R6Cj86ZnuwtXziaFibgMOA&t=1335153664&refer=mqq&s=100.png	2013/5/28 14:09	PNG 文件	20 KB
g%3fb=mqq&k=pDWZVIxTgdcuO1FRRU5BHQ&t=1367319710&refer=mqq&s=100.png	2013/5/28 14:09	PNG 文件	12 KB
g%3fb=mqq&k=pj6LicXjLiaaiaJWpjliagziaAw&t=1177753678&refer=mqq&s=40.png	2013/5/28 14:09	PNG 文件	5 KB
g%3fb=mqq&k=q54qc2CMZjhsN6j3LKNJMQ&t=1317371586&refer=mqq&s=100.png	2013/5/28 14:09	PNG 文件	26 KB
g%3fb=mqq&k=rV8c1POa4xOZU0rWR4cukQ&t=1364399498&refer=mqq&s=100.png	2013/5/28 14:09	PNG 文件	16 KB
g%3fb=mqq&k=rYNLBJYib61UJoDNqibfP5icg&t=1367047062&refer=mqq&s=100.png	2013/5/28 14:09	PNG 文件	22 KB
g%3fb=mqq&k=Sht6YgtQhiaRwRzgCLTVhLQ&t=1361237590&refer=mqq&s=100.png	2013/5/28 14:09	PNG 文件	29 KB
g%3fb=mqq&k=U62YsMaSdXCICgsdT73nBw&t=1367055645&refer=mqq&s=100.png	2013/5/28 14:09	PNG 文件	21 KB
g%3fb=mqq&k=Ulz1LzHWxXX1Htxu0ovJCA&t=1366885725&refer=mqq&s=100.png	2013/5/28 14:09	PNG 文件	22 KB
g%3fb=mqq&k=VaGfMqYggg3ATnzHzHqgOA&t=1367654616&refer=mqq&s=100.png	2013/5/28 14:09	PNG 文件	27 KB
g%3fb=mqq&k=W2XMURbSIibtYkUExE7bEpQ&t=1325228548&refer=mqq&s=100.png	2013/5/28 14:09	PNG 文件	15 KB
g%3fb=mqq&k=W99LTezRqKkTMnPJRDgogw&t=1350476648&refer=mqq&s=100.png	2013/5/28 14:09	PNG 文件	14 KB
g%3fb=mqq&k=WiaKMppAiafxtebN6gaAicJdg&t=1365415239&refer=mqq&s=100.png	2013/5/28 14:09	PNG 文件	11 KB
g%3fb=mqq&k=YAAkDuDDicYxtfysTHVNNfw&t=189&refer=mqq&s=100.png	2013/5/28 14:09	PNG 文件	3 KB
g%3fb=mqq&k=YnYVyQAJJq8VnJUd2eO9aA&t=1367319706&refer=mqq&s=40.png	2013/5/28 14:09	PNG 文件	2 KB
g%3fb=mqq&k=yq3s3QdA4536XBqbUMqnIA&t=1366462848&refer=mqq&s=100.png	2013/5/28 14:09	PNG 文件	17 KB

图 3-68

但是在有些场景下，排查并非那么顺利，因为通过 WireShark export 的 HTTP object，并非全部的图片扩展名都能正确显示。这时可以配合 Python 获取文件头的图片类型描述来更正图片的扩展名，如图 3-69 所示。

```
import Image
…..
ima = Image.open(path)
if ima.format == "PNG":
   os.system('mv "%s" "%s"'%(path, path+"."+ ima.format.lower())
…..
```

图 3-69

扩展名正确后，也可以尝试使用本章介绍的图片压缩工具尝试进行压缩。

3.6 案例 D：手机 QQ 发图速度优化

问题类型：业务网络时延

解决策略：调整分片策略

1. 背景

对于即时通信的App来说，发送图片是最基础的功能，图片发送的快慢直接影响到用户体验，手机QQ为了提高图片的发送速度，和微信进行了发图速度的对比，不比不知道，一比才知道和微信之间存在不少的差距。

测试场景为：使用100KB的图片分别在3G网络和Wi-Fi下，对手机QQ和微信进行发图速度的对比，测试结果如图3-70所示，从测试结果可以得出如下结论。

（1）Wi-Fi场景：网络传输，手机QQ的耗时是微信的耗时的3.5倍。

（2）3G场景：网络传输，手机QQ的耗时是微信的耗时的1.07倍。

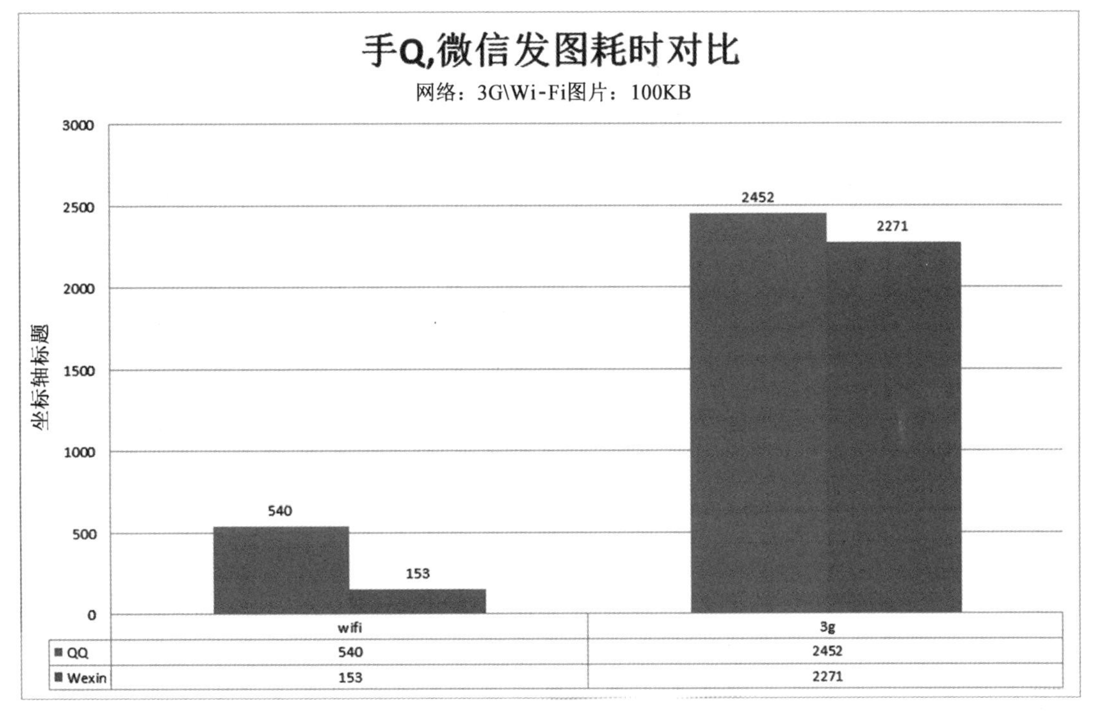

	wifi	3g
■ QQ	540	2452
■ Wexin	153	2271

图3-70

从以上测试结果可以看出，在Wi-Fi环境下，手机QQ的发图速度和微信存在很大的差距，说明手机QQ在Wi-Fi环境下发图速度还有很大的优化空间，但是该如何优化呢？

还记得前面原理中说的吗？上行的场景，关键要看服务器的RecieveBuffer和对应的接收窗口。那么发送图片就是一个典型的上行场景。因此，首先我们通过抓包，使用

Wireshark 的 IO Graphs 功能，查看 TCP 连接来自服务器的 ACK 带的 tcp.window_size（接收窗口）与网络上未确认的字节数 tcp.analysis.bytes_in_flight（没有被服务器用 ACK 确认接收的，正在飞的数据量）的关系，如图 3-71 所示。

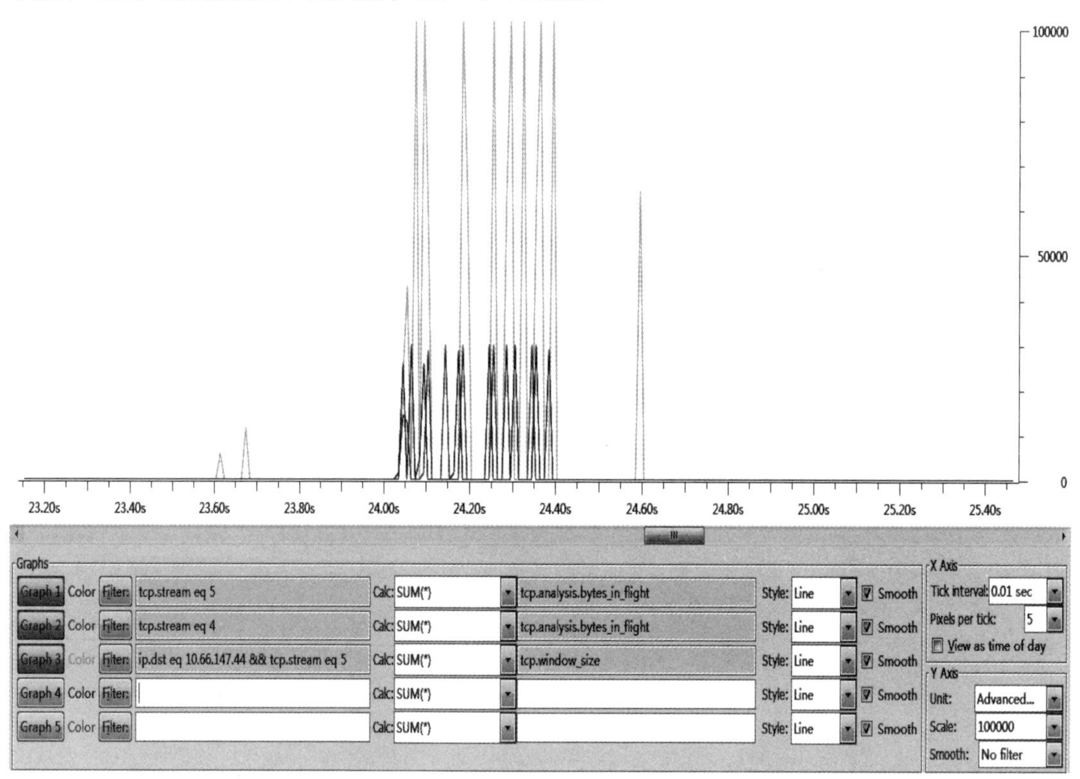

图 3-71

从图 3-70 可以看出，window_size（绿色）比 bytes_in_flight（红色、黑色）大很多，说明客户端发送的数据速率并没有充分利用链路和接收端的接收能力，把链路比作一个水管的话，我们每次发送的数据只使用了水管的一部分，并没有把水管全部占满。因此，提高客户端的发送速率可以充分利用带宽的处理能力，提高图片的发送速度。

那为什么没有充分利用呢？其中一个原因，就是客户端在应用层使用了分片策略，将图片分成小片，调用 send 方法向内核传送分片，如果分片过小，那么可以说跟绕过 TCP 做自己的拥塞控制差不多了。最后发现确实是小了点，仅仅只有 8KB。调整为 32KB 后，有效地提高了客户端的数据传输速率，如图 3-72 所示。再看下 window_size 和 bytes_in_flight 的数据，可以看出 window_size 和 bytes_in_flight 非常接近，那就说明客户端已经充分利用链路和服务器的处理能力了。

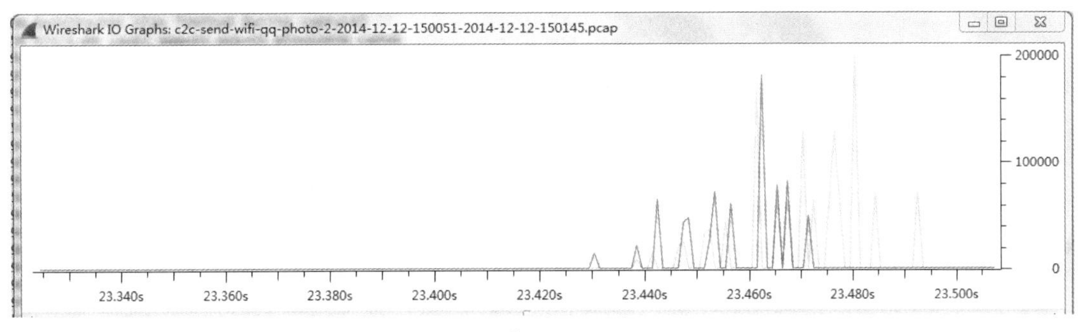

图 3-72

2. 服务器

我们知道服务器的 RcvBuffer 决定着滑动窗口的大小，因此可以增大 RcvBuffer 来增加滑动窗口的大小，我们将 RcvBuffer 由 3MSS（最大报文段）调整到 10MSS，通过 Wireshark 的 Time-Sequence Graph 可以看出，RcvBuffer 调整到 10MSS 后，传输耗时明显减少。

3. 优化验证

在完成以上优化后，又对手机 QQ 和微信进行了图片发送速度的竞品对比，如图 3-73 所示，可以看出手机 QQ 的发图速率在 Wi-Fi 环境下优于微信。

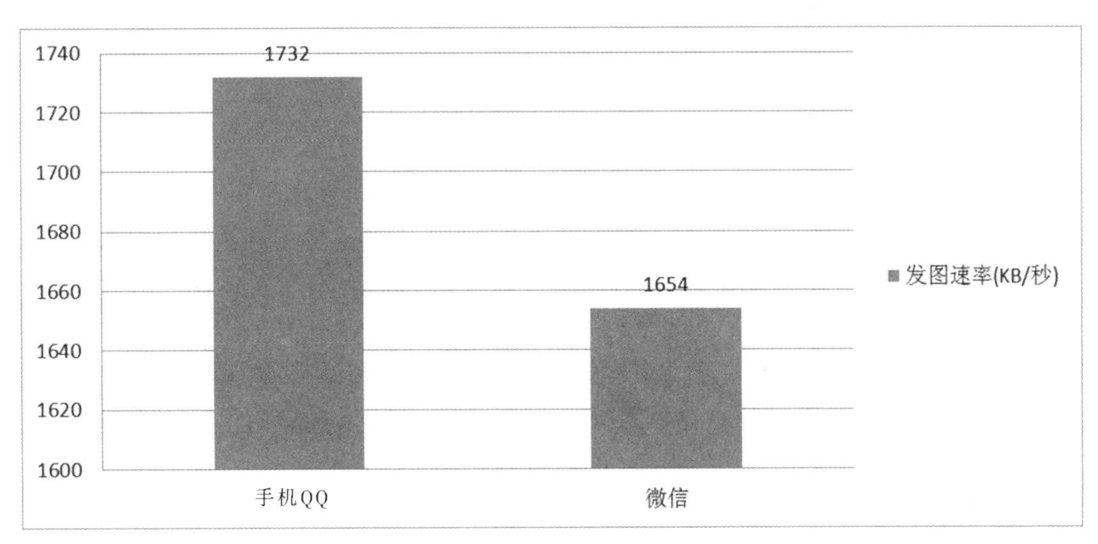

图 3-73

3.7 案例 E：手机 QQ 在弱网下 PTT 重复发送

问题类型： 业务宽带成本

解决策略： 只重复发送失败的分片

1. 背景

弱网情况下，就要求我们的通信传输协议要考虑到更复杂的情况。对于弱网下误码率较高的问题，需要通过重传来保证数据的正确性，重传必然会带来流量的耗费，这里我们用流量来换取数据的可靠性。因此，在弱网下，我们要尽量优化传输协议，达到节省流量的目的。

目前手机 QQ 遇到了这样的场景，用同样的手机发送 PTT，手机 QQ 流量耗费是微信的 2 倍，到底是什么原因造成如此大的差距，下面就让我们一步一步地揭开真相的面纱。

2. 案例分析

（1）测试结果

在联通 3G 网络下，用 Nexus5 手机对比手机 QQ 和微信发送 20 秒 PTT 的流量耗费，从测试结果看出，手机 QQ 流量为 41KB，是微信的将近 2 倍，如表 3-7 所示。

表 3-7

场　　景	手机 QQ（KB）	微信（KB）	倍　　率
3G 网络发送 20 秒 PTT 流量	41	22	1.9

（2）结果分析

①从如图 3-74 所示的手机 QQ 日志看，原来 Nexus5 手机在联通 3G 网络下，连接非常不稳定，PTT 发送过程中出现连接中断，同时证实，微信在发送 PTT 的过程中也出现类似情况，但是为什么手机 QQ 的流量是微信的 2 倍呢？我们继续往下看。

```
11:36.853  2076  2226 D MSF.C.NetConnTag: [E]pa ok: 100068
11:36.853  2076  2226 D MSF.C.NetConnTag: [E]netSend appid:537039956 appSeq:62 ssoSeq:100068 uin:*9393 cmd:StreamSvr.UploadStreamMsg len:1019
11:36.903  2076  2413 D MSF.C.NetConnTag: [E]read DataError java.net.SocketException: recvfrom failed: ETIMEDOUT (Connection timed out)
11:36.903  2076  2413 D MSF.C.NetConnTag: [E]close Socket[address=/112.90.140.220,port=0,localPort=0] by readError
11:38.023  2076  2088 D MSF.C.NetConnTag: [D]add ToServiceMsg msName:unknown ssoSeq:100071 appId:537039956 appSeq:64 sName:com.tencent.mobileqq.msf.service.M
11:38.023  2076  2226 D MSF.C.NetConnTag: [E]resetUserSimpleHead not connect network
11:38.023  2076  2226 D MSF.C.NetConnTag: [E]pa ok: 100071
11:38.023  2076  2226 D MSF.C.NetConnTag: [W]NetChanged selectAndConnect...
11:38.023  2076  2226 D MSF.C.NetConnTag: [W]NetChanged start connect...
11:38.023  2076  2226 D MSF.C.NetConnTag: [E]try open Conn /112.90.78.168:8080 noneProxy
11:38.023  2076  2226 D MSF.C.NetConnTag: [E]try conn time: 95998
11:38.023  2076  2226 D MSF.C.NetConnTag: [E]conn start time: 96000
11:38.033  2076  2226 D MSF.C.NetConnTag: [E]conn exception time: 96004
11:38.033  2076  2226 D MSF.C.NetConnTag: [E]open /112.90.78.168:8080 failed connError_unreachable costTime: 7 configTimeout: 8000 noneProxy
11:38.033  2076  2226 D MSF.C.NetConnTag: [W]connect_ip (112.90.78.168:8080) failed!
11:39.153  2076  2089 D MSF.C.NetConnTag: [D]add ToServiceMsg msName:unknown ssoSeq:100073 appId:537039956 appSeq:66 sName:com.tencent.mobileqq.msf.service.M
11:40.293  2076  2088 D MSF.C.NetConnTag: [D]add ToServiceMsg msName:unknown ssoSeq:100075 appId:537039956 appSeq:68 sName:com.tencent.mobileqq.msf.service.M
11:41.473  2076  2089 D MSF.C.NetConnTag: [D]add ToServiceMsg msName:unknown ssoSeq:100077 appId:537039956 appSeq:70 sName:com.tencent.mobileqq.msf.service.M
11:42.623  2076  2580 D MSF.C.NetConnTag: [D]add ToServiceMsg msName:unknown ssoSeq:100079 appId:537039956 appSeq:72 sName:com.tencent.mobileqq.msf.service.M
```

图 3-74

②从如图 3-75 所示的后台服务器日志看，手机 QQ 在发送 7 个分片后，因网络超时导致长连接断开，后又建立短连接继续发送数据。手机 QQ 在重连后，继续将剩余的 8~18 分片传完，后因在断网期间 4~7 分片丢失，服务器要求这 4 片重传。

```
3|oprType=0|FromUin:204589393|ToUin:848888603|BufferSize:1600|PackNum:0|EOF:0|AppID:537039956|SSOIP:10.135.12.165|ID:878704753465301216|SessionID:878704753465301216|FlowLayer:0|MsfStatus:1|msfAppid:537040514|TankS
1775978922|PackSeq:2|FromUin:204589393|ToUin:848888603|MsgId:1421809888|Seq:561287205|SendTime:1421809889|MsfOnline: 1|UoOnline: 0|AbilityStreamPtt: 1|ToAppID:537040514|RemoteIP:3909996810|RemotePort:18000|Type:0|
):3909996810|ssoport:18000|clientip:1885415369|clientport:0|clientid:100384|state:10|MsgId:1421809888|shVersion:10|FromUin:204589393|ToUin:848888603|packSeq:3|layer:0|PackNum:0|State:
3|oprType=0|FromUin:204589393|ToUin:848888603|BufferSize:2400|PackNum:0|EOF:0|AppID:537039956|SSOIP:10.135.12.165|ID:878704753465301216|SessionID:878704753465301216|FlowLayer:0|MsfStatus:1|msfAppid:537040514|TankS
1775978922|PackSeq:3|FromUin:204589393|ToUin:848888603|MsgId:1421809888|Seq:561287231|SendTime:1421809888|MsfOnline: 1|UoOnline: 0|AbilityStreamPtt: 1|ToAppID:537040514|RemoteIP:3909996810|RemotePort:18000|Type:0|
):3909996810|ssoport:18000|clientip:1885415369|clientport:0|clientid:100384|state:10|MsgId:1421809888|shVersion:10|FromUin:204589393|ToUin:848888603|packSeq:8|layer:0|PackNum:0|State:
n:204589393|ToUin:848888603|MsgId:1421809888|msgTime:0|fileKey:|iHide:0|result:0
earley|shVersion:10|MsgId:1421809888|FromUin:204589393|ToUin:848888603|reciveLayer:1|msgSeq:13263|random:1775978922
):3909996810|ssoport:18000|clientip:1885415369|clientport:0|clientid:100384|state:10|MsgId:1421809888|shVersion:10|FromUin:204589393|ToUin:848888603|packSeq:9|layer:0|PackNum:0|State:
n:204589393|ToUin:848888603|MsgId:1421809888|msgTime:0|fileKey:|iHide:0|result:0
n:10|MsgId:1421809888|FromUin:204589393|ToUin:848888603|reciveLayer:1|msgSeq:13263|random:1775978922
):3909996810|ssoport:18000|clientip:1885415369|clientport:0|clientid:100384|state:10|MsgId:1421809888|shVersion:10|FromUin:204589393|ToUin:848888603|packSeq:10|layer:0|PackNum:0|State:
n:204589393|ToUin:848888603|MsgId:1421809888|msgTime:0|fileKey:|iHide:0|result:0
on:10|MsgId:1421809888|FromUin:204589393|ToUin:848888603|reciveLayer:1|msgSeq:13263|random:1775978922
):3909996810|ssoport:18000|clientip:1885415369|clientport:0|clientid:100384|state:10|MsgId:1421809888|shVersion:10|FromUin:204589393|ToUin:848888603|packSeq:11|layer:0|PackNum:0|State:
n:204589393|ToUin:848888603|MsgId:1421809888|msgTime:0|fileKey:|iHide:0|result:0
on:10|MsgId:1421809888|FromUin:204589393|ToUin:848888603|reciveLayer:1|msgSeq:13263|random:1775978922
):3909996810|ssoport:18000|clientip:1885415369|clientport:0|clientid:100384|state:10|MsgId:1421809888|shVersion:10|FromUin:204589393|ToUin:848888603|packSeq:12|layer:0|PackNum:0|State:
n:204589393|ToUin:848888603|MsgId:1421809888|msgTime:0|fileKey:|iHide:0|result:0
on:10|MsgId:1421809888|FromUin:204589393|ToUin:848888603|reciveLayer:1|msgSeq:13263|random:1775978922
):3909996810|ssoport:18000|clientip:1885415369|clientport:0|clientid:100384|state:10|MsgId:1421809888|shVersion:10|FromUin:204589393|ToUin:848888603|packSeq:13|layer:0|PackNum:0|State:
n:204589393|ToUin:848888603|MsgId:1421809888|msgTime:0|fileKey:|iHide:0|result:0
on:10|MsgId:1421809888|FromUin:204589393|ToUin:848888603|reciveLayer:1|msgSeq:13263|random:1775978922
):3909996810|ssoport:18000|clientip:1885415369|clientport:0|clientid:100384|state:10|MsgId:1421809888|shVersion:10|FromUin:204589393|ToUin:848888603|packSeq:14|layer:0|PackNum:0|State:
n:204589393|ToUin:848888603|MsgId:1421809888|msgTime:0|fileKey:|iHide:0|result:0
on:10|MsgId:1421809888|FromUin:204589393|ToUin:848888603|reciveLayer:1|msgSeq:13263|random:1775978922
):3909996810|ssoport:18000|clientip:1885415369|clientport:0|clientid:100384|state:10|MsgId:1421809888|shVersion:10|FromUin:204589393|ToUin:848888603|packSeq:15|layer:0|PackNum:0|State:
n:204589393|ToUin:848888603|MsgId:1421809888|msgTime:0|fileKey:|iHide:0|result:0
on:10|MsgId:1421809888|FromUin:204589393|ToUin:848888603|reciveLayer:1|msgSeq:13263|random:1775978922
):3909996810|ssoport:18000|clientip:1885415369|clientport:0|clientid:100384|state:10|MsgId:1421809888|shVersion:10|FromUin:204589393|ToUin:848888603|packSeq:16|layer:0|PackNum:0|State:
n:204589393|ToUin:848888603|MsgId:1421809888|msgTime:0|fileKey:|iHide:0|result:0
on:10|MsgId:1421809888|FromUin:204589393|ToUin:848888603|reciveLayer:1|msgSeq:13263|random:1775978922
):3909996810|ssoport:18000|clientip:1885415369|clientport:0|clientid:100384|state:10|MsgId:1421809888|shVersion:10|FromUin:204589393|ToUin:848888603|packSeq:17|layer:0|PackNum:0|State:
n:204589393|ToUin:848888603|MsgId:1421809888|msgTime:0|fileKey:|iHide:0|result:0
on:10|MsgId:1421809888|FromUin:204589393|ToUin:848888603|reciveLayer:1|msgSeq:13263|random:1775978922
):3909996810|ssoport:18000|clientip:1885415369|clientport:0|clientid:100384|state:10|MsgId:1421809888|shVersion:10|FromUin:204589393|ToUin:848888603|packSeq:18|layer:0|PackNum:18|State:
FromUin:204589393|ToUin:848888603|Appid:537039956|Ip:10.133.36.144|Port:18000
omUin:204589393|ToUin:848888603|Appid:537039956|Ret:0|StatusSize:1|CostTime:5|Ip:10.133.36.144|Port:18000
FromUin:204589393|ToUin:848888603|Appid:537039956|AppUin:848888603|AppListSize:0
Ip:10.242.129.84|Port:10888|FromUin:204589393|ToUin:848888603|Appid:537039956|Ip:10.242.129.84|Port:10888
4589393|ToUin:848888603|Appid:537039956|BubbleId:0|CostTime:3|Ip:10.242.129.84|Port:10888
```

图 3-75

问题：为什么 4~7 片文件丢失，却要重传 4~18 分片，造成流量耗费？

原来手机 QQ 的 PTT 采用的是流式传输，即一边录音，一边进行传输，这样文件的传输过程采用的是分片传输，即文件达到限定的大小之后就进行传输。而传输一些再传输时，除最后两个分片，其他分片并没有确认机制，在发生分片丢失的情况下，为了确保可靠性，客户端只能重传剩下的 4~18 分片，导致流量出现倍增。

从以上分析可以看出，因为手机 QQ 的传输协议在弱网下，针对重传机制设计得并不完善（如图 3-76 所示）而导致在出现丢包的情况下，需要从丢失分片到当前录音文件的最后一个分片都进行重传，造成了大量不必要的消耗。

```
public static int getReSendPackSliceSize(String key) {
    int shSliceSize = 0;
    HashMap<String, StreamFileInfo> StreamMemoryMap = StreamMemoryPool
            .getStreamMemoryMap();
    if ( null != StreamMemoryMap ) {
        if (StreamMemoryMap.containsKey(key)) {
            StreamFileInfo sfi = StreamMemoryMap.get(key);
            if ( null != sfi ) {
                shSliceSize =  sfi.getStreamData().size();
                if (shSliceSize >= 1) {   // 最后一片，如果没发过，那么要hold住，不然，导致server丢弃这个包
                    if (!sfi.getStreamData().get(shSliceSize - 1).getIssend())
                        shSliceSize = shSliceSize - 1;
                }
                return shSliceSize;
            }
        }
    }
    return shSliceSize;
```

图 3-76

（3）结论

从上面的分析可以看出，当处于弱网环境下，发生丢包重传时，我们的传输协议若可以做到只发送丢失的分片，而不重传没有丢失的分片，那么可以避免不必要的重传，在网络不稳定的情况下，节省用户流量。

当然，针对我们发现的编码问题，也说明重传逻辑的复杂性，在处理这块逻辑时，更是要谨慎有加，任何疏忽，都有可能给用户造成损失。

3.8 专项标准：网络

专项标准：网络，如表 3-8 所示。

表 3-8

遵循原则	标　　准	优　先　级	规则起源
避免无效流量消耗	避免重复上传与下载	P0	
	JS/CSS/HTML 需要进行压缩	P0	手机 QQ 之前部分 JSON 没有使用 gzip，优化后成功率上升 50%，速度提升 2 倍

续表

遵循原则	标　准	优 先 级	规则起源
避免无效流量消耗	使用更优的图片压缩	P1	QQ 空间装扮 WebP 优化后，图片下载 / 图片展示的速度提升了，带宽优化 20%
	前台网络 I/O<60KB（要依赖网络下载完成才能展示内容）	P1	大于 60KB 用户体验极差
	定时网络请求尽量合并在一个时间进行	P2	无论是 4G 还是 3G 都有所谓的网络状态机，合并请求可以让网络尽量处在低功耗的状态
	网络请求失败的重试必须有明显的结束条件	P2	会导致严重耗电和服务器压力过大
降低流量风险	流量兜底能力	P0	微信发现流量异常会通过后台服务器终止协议交互。这是不让问题恶化的好方法

第 4 章
CPU：速度与负载的博弈

4.1 原理

在经典的性能问题中，一般我们会说两种问题：一种是 I/O 密集型问题，另外一种就是 CPU 密集型的问题。I/O 的问题在前面的磁盘、网络部分已经介绍过了，剩下的就是 CPU 了。CPU 问题无非分为以下三类。

- CPU 资源冗余使用

关于这个问题，可以是算法太糙，明明可以遍历一次的却遍历两次，主要出现在查找、排序、删除等环节；也可以是没有 cache，明明解码过一次的图片还重复解码。还有，明明使用 int 就足够，偏偏要用 long，导致 CPU 的运算压力多出 4 倍。

- CPU 资源争抢

资源争抢也有几种经典情况。

（1）抢主线程的 CPU 资源。这是最常见的问题，关键是主线程起码在 Android 6.0 版之前，没有 renderthread 的时候，其繁忙程度就决定了是否会引发用户的卡顿问题。最经典的例子就是主线程的 Handler 优化。

（2）抢音视频的 CPU 资源。跟主线程的情况不同，音视频编解码本身就消耗了大量的 CPU 资源，同时音视频编解码对于解码的速度是有硬要求的，达不到就会有产生播放流畅度的问题，试想下，听歌的时候总卡，是不是很难受。所以最常见的一种情况就是 CPU 满负载，除了在耗电上有非常恶劣的影响外，还会让音视频没有足够的资源保持流畅播放。怎么办？通过两点挪走压垮骆驼的稻草：第一、排除非核心业务的消耗，如下面说的 QQ 音乐的案例，还有贴耳检测的频率控制；第二、优化自身的性能消耗，把 CPU 负载转化为 GPU 负载，最经典的就是利用 renderscript 来处理视频中的影像信息。

（3）大家平等，相互抢。前面两点都有主次之分，强弱之别，但是如果是 QQ 相册，我开了 20 个线程做图片解码，那就是相互抢，我们曾经就遇到过这样的问题，效果就是导致图片的显示速度非常慢。这简直就是三个和尚没水喝的典型案例。因此按照核心数、控制线程数还是很有道理的。

- CPU 资源利用率低

CPU 就是速度与负载的博弈，用得多会耗电、会卡顿，用得少也会有问题，像启动、界面切换、音视频编解码这些场景，为了保证其速度，不好好利用 CPU，真对不起核心数的不断飙升。而导致无法充分利用 CPU 的因素，除了前面说的磁盘和网络 I/O 外，还有锁操作、sleep 等。其中锁的优化，一般在锁的范围上，主要是尽可能地缩减范围。

下面我们就通过例子与工具，让大家初步了解是如何测和评定位分析 CPU 性能的。

4.2　工具集

1. TOP 软件

TOP 软件大家应该是非常熟悉的了，依靠 adb shell top 就可以简单地列出进程的各种信息。缺点就是 TOP 本身的性能消耗就不少，所以我们在自动化测试里面的取值，一般不用 TOP。下面举几个 TOP 的小例子，如图 4-1 所示。

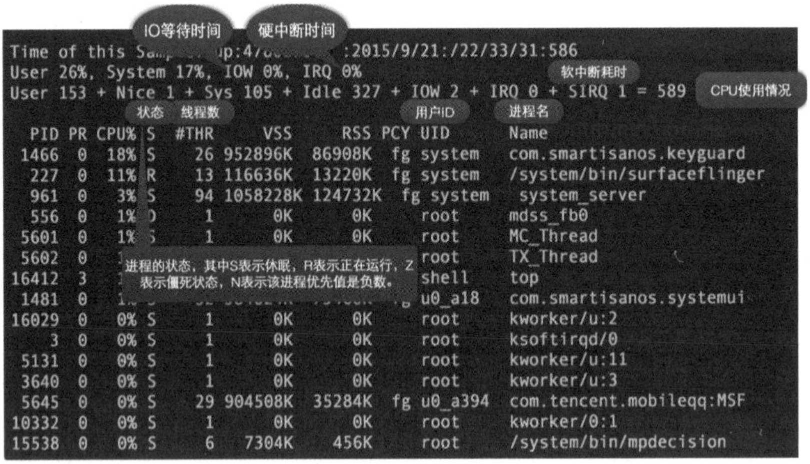

IO等待时间 硬中断时间 软中断耗时 CPU使用情况 状态 线程数 用户ID 进程名

```
Time of this Sam... up:4/......:2015/9/21:/22/33/31:586
User 26%, System 17%, IOW 0%, IRQ 0%
User 153 + Nice 1 + Sys 105 + Idle 327 + IOW 2 + IRQ 0 + SIRQ 1 = 589

  PID PR CPU% S  #THR     VSS     RSS PCY UID      Name
 1466  0  18% S    26 952896K  86908K  fg system   com.smartisanos.keyguard
  227  0  11% R    13 116636K  13220K  fg system   /system/bin/surfaceflinger
  961  0   3% S    94 1058228K 124732K fg system    system_server
  556  0   1% D     1      0K      0K     root     mdss_fb0
 5601  0   1% S     1      0K      0K     root     MC_Thread
 5602  0                                  root     TX_Thread
16412  3                                  shell    top
 1481  0                                  u0_a18   com.smartisanos.systemui
16029  0   0% S     1      0K      0K     root     kworker/u:2
    3  0   0% S     1      0K      0K     root     ksoftirqd/0
 5131  0   0% S     1      0K      0K     root     kworker/u:11
 3640  0   0% S     1      0K      0K     root     kworker/u:3
 5645  0   0% S    29 904508K  35284K  fg u0_a394  com.tencent.mobileqq:MSF
10332  0   0% S     1      0K      0K     root     kworker/0:1
15538  0   0% S     6   7304K    456K     root     /system/bin/mpdecision
```

进程的状态，其中S表示休眠，R表示正在运行，Z表示僵死状态，N表示该进程优先值是负数。

图 4-1

（1）排除 0% 的进程信息： adb shell top | grep -v '0% S'。

（2）只打印 1 次按 CPU 排序的 TOP 10 的进程信息： adb shell top -m 10 -s cpu -n 1。

（3）指定进程的 CPU、内存等消耗，并设置刷新间隔：adb shell top -d 1 | grep com.tencent.mobileqq。

2. PS 软件

adb shell ps -p -t -P -x -c [PID] 的例子，即用 PS 软件来形象地处理进程的身份标识，如图 4-2 所示。

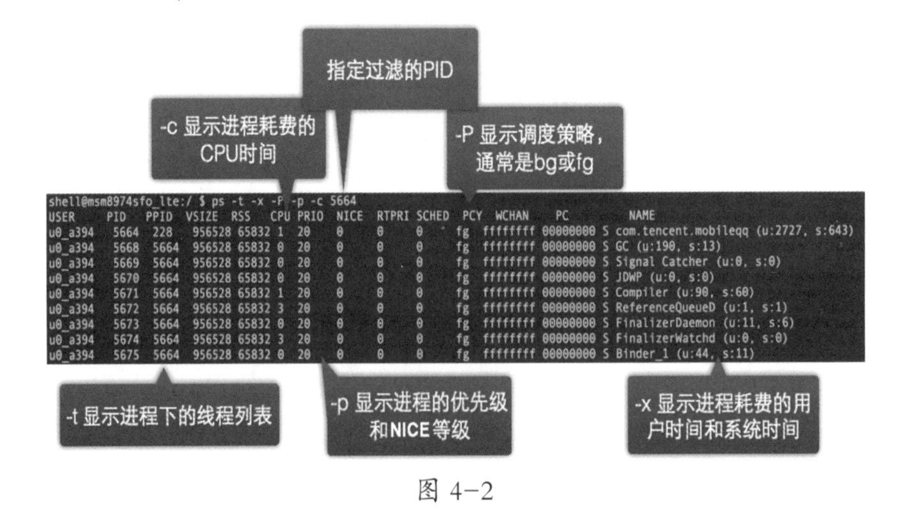

图 4-2

3. proc 下的 CPU 信息

cat /proc/[pid]/stat，如图 4-3 所示。

```
/proc/5738 $ cat stat
5738 (encent.mobileqq) S 226 226 0 0 -1 4194624
114664 587 802 14 3780 958 0 2 20 0 57 0 2189433
1039511552 16932 4294967295 1 1 0 0 0 0 4612 0
38136 4294967295 0 0 17 3 0 0 0 0 0 0 0 0
```

图 4-3

下面只重点介绍图 4-3 中几个关键数值的含义：

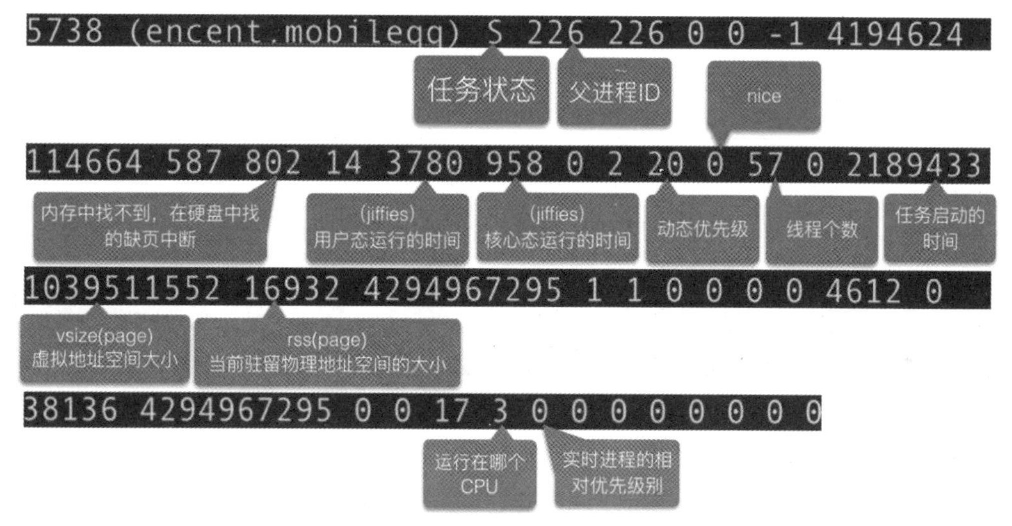

其字段和内容如表 4-1 所示。

表 4-1

字　　段	内　　容
pid	进程号
tcomm	执行程序
state	进程状态
ppid	父进程号
pgrp	pgrp of the process
sid	session id

续表

字　段	内　容
tty_nr	tty the process uses
tty_pgrp	pgrp of the tty
flags	task flags
min_flt	number of minor faults
cmin_flt	number of minor faults with child's
maj_flt	number of major faults
cmaj_flt	number of major faults with child's
utime	用户态 CPU 消耗（user mode jiffies）
stime	内核态 CPU 消耗（kernel mode jiffies）
cutime	子进程用户态 CPU 消耗（user mode jiffies with child's）
cstime	子进程内核态 CPU 消耗（kernel mode jiffies with child's）

计算指定进程的 CPU Jiffies 的例子，如图 4–4 所示。

```
HUANGWENXINdeMacBook-Pro:~ victorhuang$ echo $(adb shell ps | grep com.tencent.mobileqq:MSF | 
wk '{ system("adb shell cat /proc/" $2 "/stat");}' | awk '{print $14+$15;}')
1090
```

图 4–4

4. dumpsys cpuinfo

通过执行 adb shell dumpsys cpuinfo 可以获取如图 4–5 所示的信息，这个信息比起 TOP 更加简洁精练。

```
dumpsys cpuinfo
Load: 17.21 / 17.49 / 17.32
CPU usage from 15513ms to 5410ms ago:
  5.5% 992/system_server: 2.9% user + 2.5% kernel / faults: 8 minor
   3% 29415/com.tuicool.activity: 2.4% user + 0.5% kernel / faults: 472 
minor
  1.7% 724/com.duokan.reader: 1.1% user + 0.5% kernel
  1.1% 222/surfaceflinger: 0.3% user + 0.7% kernel
   0.5% 2290/com.tencent.mobileqq: 0.3% user + 0.1% kernel / faults: 1 
minor
   0.3% 1974/com.smartisanos.systemui: 0.3% user + 0% kernel / faults: 2 
minor
```

```
0.3% 2244/com.tencent.mobileqq:MSF: 0.1% user + 0.1% kernel / faults: 4
minor
  0.2% 2447/mpdecision: 0% user + 0.2% kernel
  0.1% 28691/com.tencent.mm:exdevice: 0% user + 0.1% kernel
   0.1% 32479/com.smartisanos.smartfolder:fwd: 0.1% user + 0% kernel /
faults: 1 minor
  0% 3/ksoftirqd/0: 0% user + 0% kernel
  0% 159/mmcqd/0: 0% user + 0% kernel
  0% 2102/com.cootek.smartinputv5.smartisan: 0% user + 0% kernel
  0% 2426/irq/33-cpubw_hw: 0% user + 0% kernel
  0% 2932/adbd: 0% user + 0% kernel
  0% 4729/com.tencent.mm: 0% user + 0% kernel / faults: 2 minor
  0% 8016/kworker/0:0: 0% user + 0% kernel
  0% 30173/com.hexin.plat.android: 0% user + 0% kernel / faults: 3 minor
  0% 30412/kworker/u:3: 0% user + 0% kernel
  0% 31866/kworker/u:1: 0% user + 0% kernel
14% TOTAL: 8.9% user + 5% kernel + 0.1% iowait
```

图 4-5

5. Systrace 、 Traceview 与 Trepn

这些工具都跟 CPU 相关。Systrace 和 Trace View 作为定位工具，而 Trepn 会作为耗电的分析工具在后面再重点介绍。

4.3　案例 A：音乐播放后台的卡顿问题

问题类型： CPU 资源争抢

解决策略： 减少非核心需求的 CPU 消耗

用户反馈，QQ 音乐在小米 3 手机上锁屏播放时会出现概率性的断断续续，但亮屏时是不卡的。为什么呢？猜测会不会是降频。果然不出所料，小米 3 在锁屏情况下，我们查看“cat /sys/devices/system/cpu/cpu0/cpufreq/scaling_cur_freq”，发现降频很明显，以至于 CPU 开销占用到 99% 左右，导致播放线程没有争抢到足够的 CPU 资源出现播放卡顿。

下一步就要看，谁是压垮骆驼的最后一根稻草了。通过 Trace View 发现，明明已经灭屏了，居然解析绘制歌词、解析歌词的函数还在工作。果断改之，效果如图 4-6 所示。

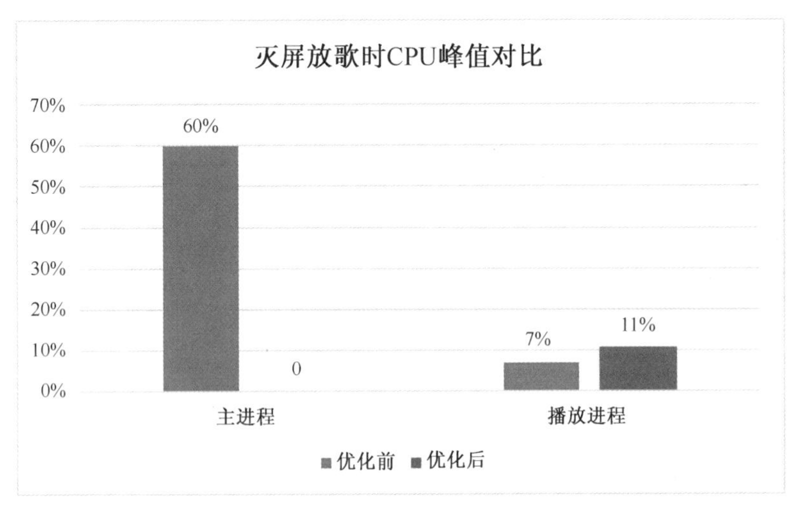

图 4-6

现在很多手机，虽然 CPU 频率很高，核心也多，但是为了省电（或者是提供给用户的省电模式）就总会降频、降核。这时，除了如音乐的音频应用之外，如直播的视频应用，都要控制好自己的 CPU 消耗，以免当 CPU 处理能力下降的时候被最后一根稻草压垮。

4.4 案例 B：要注意 Android Java 中提供的低效 API

问题类型： CPU 资源冗余使用

解决策略： 优化算法

开发 Android 应用，一般都用 Java。用 Java 就肯定涉及它那些“好用”但性能差的 API。数据量不大的时候没发现，数据量一旦暴增，这些 API 就扛不起来。这个例子就出现在手机 QQ 的锁屏界面，来自外网卡顿上报。

在锁屏界面上，程序需要过滤掉那些不要展示在锁屏界面的消息，流程如图 4-7 所示。

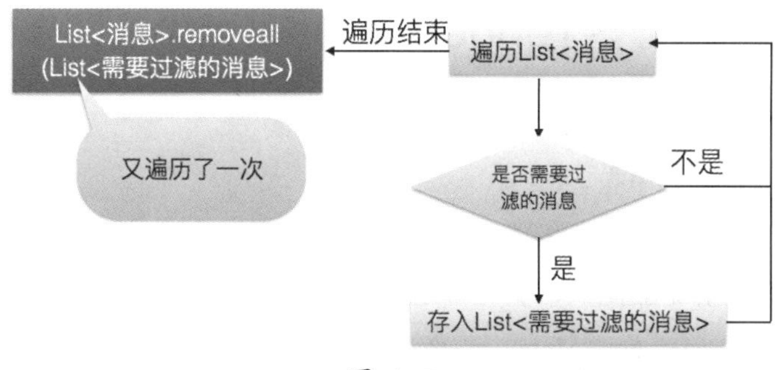

图 4–7

修改方法（伪代码）如图 4–8 所示。

```
to = 0
FROM = 0
final int size = List< 消息 >.size();
while ( From < size ) {
       消息 = List< 消息 >.get(pFrom);

       if (是不需要过滤的){
             List< 消息 >.set( To++, 消息 );
       }
       pFrom++;
}
List< 消息 >.subList(To, size).clear();
```

图 4–8

运行如图 4–8 所示的程序，就可以通过一次遍历过滤消息。这里大家可能会有疑问，究竟多大的消息量，或者说什么情况下，才需要这么去做算法呢？

（1）这是主线程操作，根据我们的数据上报，当时耗时是 1.4 秒，所以必须优化。

（2）这是 CPU 资源稀缺的场景。因为锁屏弹框功能本身就极有可能是在手机刚刚从休眠中唤醒，CPU 正在从低频率往高频率升，其他的手机应用也趁机默默做一些事情，因此 CPU 资源当时很稀缺。除了提升算法效率之外，别无他法。

实验室：那些用错的 Java API

其实严格来说，没有低效的 API，只有用错的 API。因为 Java 设计这些接口的时候，强大而又简单，只是当你不需要那么强大且简单，只想要性能的时候，就没有那么合适了。除了上面案例说的 List.removeall 之外，还有什么 API 是有效率问题的呢？可登录以下网站查看：https://www.zhihu.com/question/50981262?guide=1。

4.5 案例 C：用神器 renderscript 来减少你图像处理的 CPU 消耗

问题类型： CPU 资源争抢

解决策略： CPU 消耗转换为 GPU 消耗

最近经常要做性能竞品测试，主要就是各种人脸识别应用，如 faceu、Snow、天天 P 图。发现我们应用的 CPU 消耗总比 SNOW 要高一些，如图 4-9 所示。

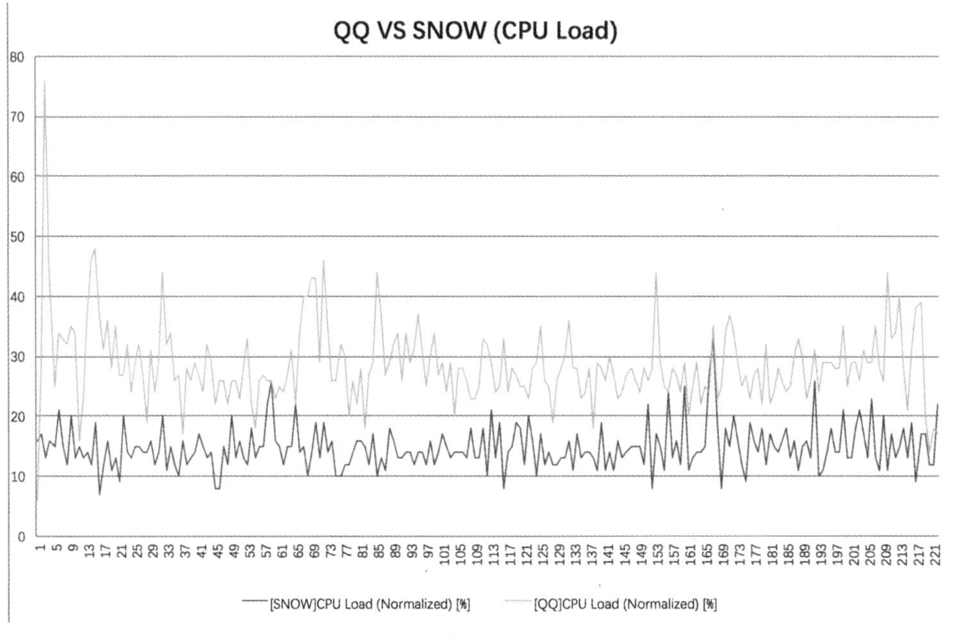

图 4-9

这里要分析，可能有许多影响因素，包括视频的分辨率、码率、转换制式等。用排除法各种操作，不如直接通过反编译代码，看看区别在什么地方。

（1）在 GitHub 上找一键反编译的命令行。

因为笔者用的是 MAC 电脑，所以直接在 GitHub 上搜索了这个项目：https://github.com/lxdvs/apk2gold，专业反编译 APK。然后把代码直接放到 Android Studio 里面看。

（2）搜索视频录制应用的关键系统 API：onPreviewFrame，阅读如图 4-10 所示的代码。

```
public void onPreviewFrame(final byte[] paramArrayOfByte, final Camera paramCamera)
{
  final Camera.Size localSize = paramCamera.getParameters().getPreviewSize();
  if (this.b == null)
    this.b = new byte[4 * (localSize.width * localSize.height)];
  if (this.m.isEmpty())
    a((Runnable) () → {
        b.convert(paramArrayOfByte, localSize.width, localSize.height, n.this.b);
        n.a(n.this, r.loadTexture(ByteBuffer.wrap(n.this.b), localSize, n.a(n.this)));
        paramCamera.addCallbackBuffer(paramArrayOfByte);
        if (n.b(n.this) != localSize.width)
        {
          n.b(n.this, localSize.width);
          n.c(n.this, localSize.height);
```

图 4-10

这可能会有两个疑问点，第一点，PreviewSize 返回的长宽究竟是多少，因为除了影响申请内存的大小外，也直接影响后续数据处理的数据量以及对 CPU 运算的压力；第二点，convert 这个函数究竟里面做了什么呢？继续阅读代码，发现原来是做 YuvToRGB，如图 4-11 所示。这里就命中了，用 renderscript 来做这个运算，CPU 转换到 GPU。做到这一切就结束了吗？，当然不是。

```
private static RenderScript a = RenderScript.create(NbApplication.getApplication());
private static ScriptIntrinsicYuvToRGB b = ScriptIntrinsicYuvToRGB.create(a, Element.U8_4(a));

public static void convert(byte[] paramArrayOfByte1, int paramInt1, int paramInt2, byte[] paramArrayOfByte2)
{
  a(paramArrayOfByte1, paramInt1, paramInt2);
  c.copyFrom(paramArrayOfByte1);
  b.setInput(c);
  b.forEach(d);
  d.copyTo(paramArrayOfByte2);
}
```

图 4-11

（3）再 Hook 一把。让静态的代码运转起来，通过 Hook 来获取运行时的数据，如图 4-12 所示。最简单可以获取的就是 Preview 的尺寸，例如 SNOW 是 1080×1920。而手机 QQ 连 SNOW 一半都没有。但回想一下前面，就是这样，CPU 消耗也不比 SNOW 要高。为什么呢？相信 renderscript 肯定有贡献。

```
public class Tutorial implements IXposedHookLoadPackage {
    @Override
    public void handleLoadPackage(XC_LoadPackage.LoadPackageParam loadPackageParam) throws Throwable {

        if (!loadPackageParam.processName.contains("com.tencent.mobileqq")
                && !loadPackageParam.processName.contains("com.snapchat.android")
                && !loadPackageParam.processName.contains("com.tencent.mm")
                && !loadPackageParam.processName.contains("com.campmobile.snow")
                && !loadPackageParam.processName.contains("com.android.camera")){
            return;
        }

        findAndHookMethod("android.hardware.Camera", loadPackageParam.classLoader,
                "setParameters", Camera.Parameters.class, new XC_MethodHook() {
                    @Override
                    protected void afterHookedMethod(MethodHookParam param) throws Throwable {
                        Camera.Parameters parm = (Camera.Parameters)param.args[0];
                        Log.d("MYTESTS", "setParameters, height: " + parm.getPreviewSize().height + " width: " + parm.getPreviewSize().width);
```

图 4-12

是否这样就结了束呢？能 Hook API 来获取 API 的参数内容，那是否能通过 Hook 获取更多关于 CPU 消耗的信息呢？大家一定想起 Traceview 了吧。对的，大家可以分别在 Hook 的 beforeHookMethod 和 afterHookMethod 中添加 DeBug.startMethodTracing 和 DeBug.stopMethodTracing，这样就可以精准地获取这个方法调用产生的具体的 CPU 消耗和实际耗时。让你的产品如虎添翼。

4.6 专项标准：CPU

专项标准：CPU，如表 4–2 所示。

表 4–2

遵循原则	标准	优先级	规则起源
核心场景 CPU 算法最优	建议能用 int 的不要用 float	P2	比较两个 float 数值大小的执行时间是 int 数值的 4 倍左右。这是因为 CPU 的运算架构所致
	选择合适的容器	P0	一般的容器：Vector、HashMap、LinkedHashMap 等； Android 提供在内存稀缺的性能场景使用的容器：ArrayMap、SparseArray 等； 基于线程安全，ConcurrentHashMap 等
	使用缓存和批量预处理来提升算法效率	P1	QQ 空间装扮 WebP 优化后，图片下载 / 图片展示的速度提升了，带宽优化 20%
充分利用 CPU	根据 CPU 性能，选择合适的线程数	P0	

第 5 章 电池：它只是结果不是原因

5.1 原理

讨论耗电问题时，我们其实在讨论它的结果而不是原因，因为应用程序不会直接消耗电池中的电能，而是通过使用的硬件模块消耗相应的电能，也就是前面说的资源类性能（加上屏幕、GPU 等）的总和。具体的模块都有哪些？我们不妨从每台手机都会有的 power_profile.xml 开始着手。PowerProfile，在手机厂家出 ROM 的时候，Android 官方建议厂商通过下面介绍的 PowerMonitor 之类的工具来测试每个硬件模块的耗电情况，并配置好 power_profile.xml 文件。这里必须强调一下，PowerProfile 不像某些瞎扯的网文所说，改变它能改变耗电，因为它仅仅是一个为了让 Android 系统能通过硬件调用频率和强度来计算耗电的配置而已。虽然很多厂商提供的这个文件基本乱配，但是我们从文件的内容还是可以知道 Android 官方认为耗电的硬件都有什么？如图 5-1 所示，我们从文件中可以提取出几个考量耗电的硬件，包括 CPU、Wi-Fi、Radio（数据网络）、Sensor（感应器）、BlueTooth（蓝牙）、Screen（屏幕）、GPS，还有其实不属于硬件模块的视频和音频的耗电。下面我们来逐个介绍几个重要的硬件模块。

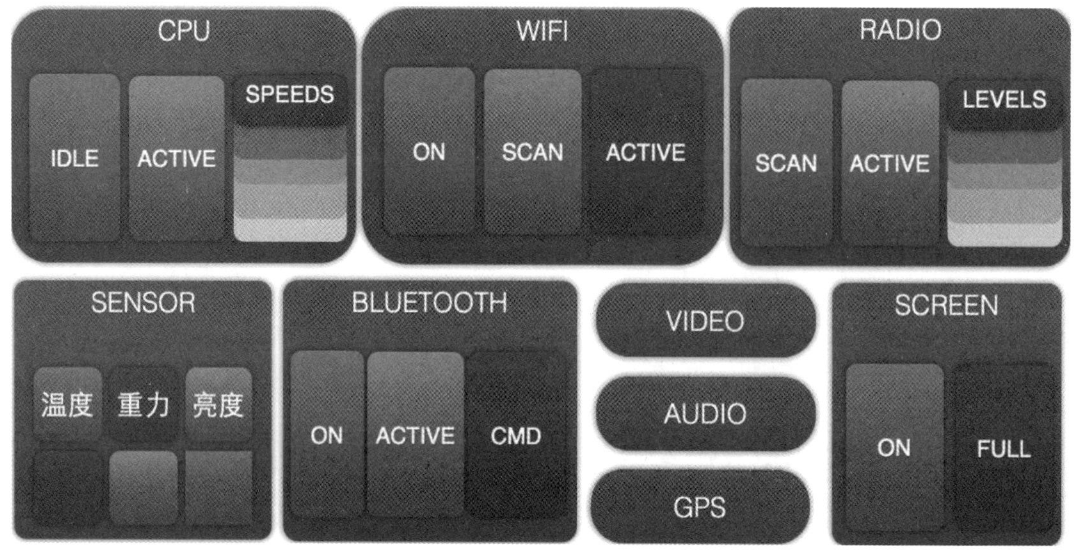

图 5-1

1. CPU

Android 手机包含 AP 和 BP 两个 CPU。AP 即 Application Processor，所有的用户界面以及 App 都是运行在 AP 上的。BP 即 Baseband Processor，手机射频都是运行在这个 CPU 上的。而一般我们说的耗电，PowerProfile 里面的 CPU，其实是 AP。

CPU 耗电无非两种情况，一种是长期频繁唤醒，原本可以仅仅在 BP 上运行，消耗 5mA 左右，但是因为唤醒， CPU（AP）就会运作，不同手机情况不一样，至少会导致 20 ~ 30mA 左右的耗电；另一种就是 CPU 长期高负荷，例如 App 退到后台的时候没有停止动画，或者程序有不退出的死循环等，导致 CPU 满频、满核地跑。[1]

先谈第一种情况，唤醒。要说唤醒就必须要知道休眠，而 Android 就这个事情来说，会比 Linux 多出几个状态。[2]

- NoPower、Off 和 Active 基本上不是重点，NoPower 即没电，Off 就是接上电源但没有开机，而 Active 就是开机之后。
- Early Suspend：当使用者过一段时间没有动作，或者按下电源键，屏幕变暗的时候。这时重力感应等 Sensor 也会关闭，但系统其实依旧处于运行状态。

[1] Baseband_processor：https://en.wikipedia.org/wiki/Baseband_processor
[2] Android Power Management：http://clhjoe.blogspot.sg/2012/03/android-power-management.html

- Late Resume：唤醒在 Early Suspend 被休眠的设备，例如屏幕。比较经典的场景是当有电话打进来了，PowerManagerServer 就会写“on”到 /sys/power/state 来执行 late resume 的设备。
- Suspend：当系统刚进入 Early Suspend，而且 WakeLock 已经都 release 了之后。而所谓唤醒就是让系统从 Suspend 状态转到 Resume work 或者 Active，或者是从 Early Suspend 转到 Active。怎样做到呢？主要靠 AlarmManger 和 WakeLock 来完成。以下介绍几个重点。

① AlarmManager[3] 有 RTC 和 ELAPSED 两种闹钟，前者是绝对时间，后者是相对时间，请不要搞错。

② AlarmManager 有 WAKEUP 和非 WAKEUP 两种方式。因为后者不会唤醒手机，而是等到手机被其他原因唤醒了，才触发闹钟，所以非 WAKEUP 方式更省电。

③ WakeLock[4] 是很复杂的，除了自己 App 直接需要的 WakeLock 外，间接使用的或者内核使用的 WakeLock 还有一大堆。例如应用间接调用 Media Server 播放音乐的时候，也会 WakeLock。网络不稳定，IP 不断续租的时候，会触发 wlan_rx_wake 的 WakeLock，所以四处是坑。

④ 除了 WakeLock，为了确保 Wi-Fi 不休眠，还有 WifiLock。在有些手机上面要配合 WakeLock 一起使用才能确保 Wi-Fi 不会休眠。

另外一种耗电的情况就是 CPU 本身的高负荷。虽然大部分的 POWER_PROFILE 都不靠谱，但是我们姑且相信大厂，如三星的。观察这些 PowerProfile 会发现一个规律，耗电在频率走向高位的时候，会更被放大。如图 5-2 所示，我们以 GT-I7100 机型为例，随着 CPU 工作频率的提高，耗电速度明显加快。因此让 CPU 高负荷工作是耗电的一个主要原因。GT-19300 耗电与 CPU 频率的关系如图 5-3 所示。

---

[3] AlarmManger：http://developer.android.com/reference/android/App/AlarmManager.html.
[4] 唤醒锁——检测 Android 应用中的 No-Sleep（无法进入睡眠）问题：https://software.intel.com/zh-cn/android/articles/wakelocks-detect-no-sleep-issues-in-android-Applications。

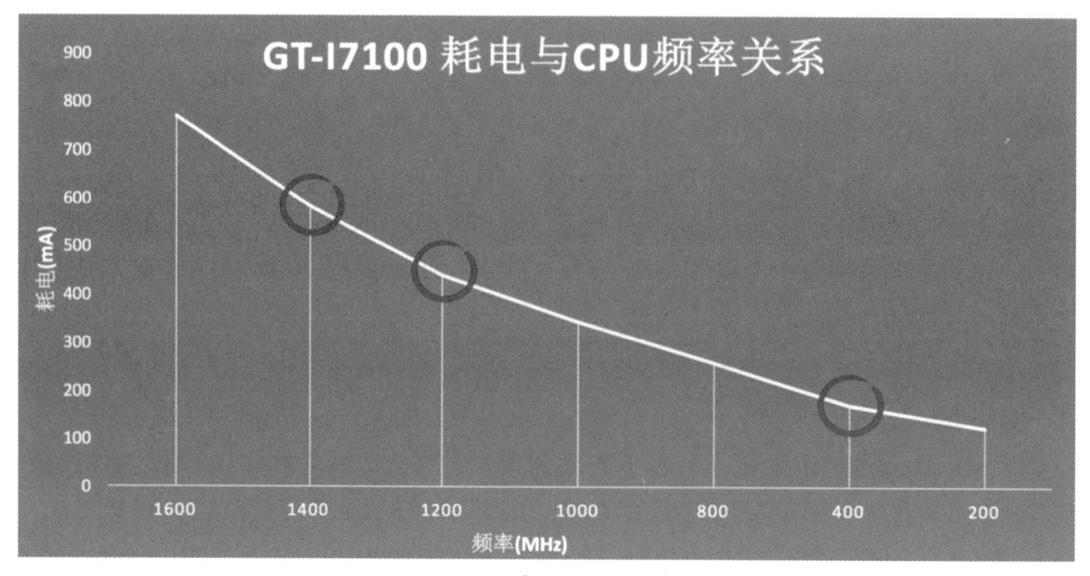
GT-I7100 耗电与CPU频率关系
900
800
700
600
500
400
300
200
100
0
耗电(mA)
1600
1400
1200
1000
800
400
200
频率(MHz)

图 5-2

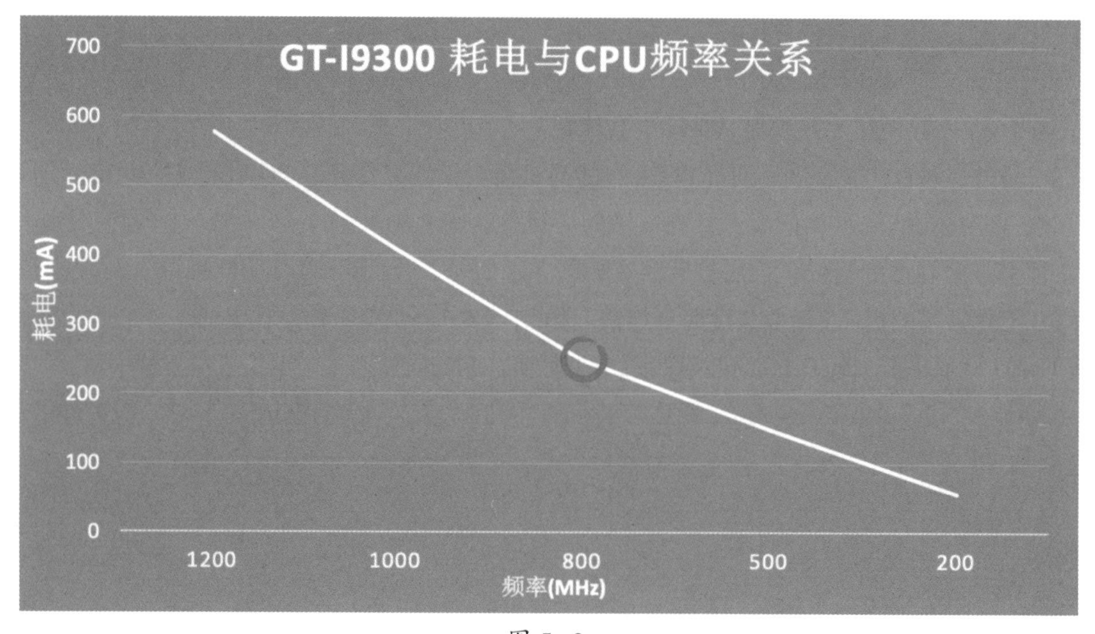
GT-I9300 耗电与CPU频率关系
700
600
500
400
300
200
100
0
耗电(mA)
1200
1000
800
500
200
频率(MHz)

图 5-3

2. Screen

按屏幕的材质分类，目前智能手机主流的屏幕可分为两大类，：一类是 LCD（Liquid Crystal Display）[5]，即液晶显示器。另一类是 OLED（Organic Light-Emitting Diode）[6] 即有机发光二极管。目前市面上比较常见的 TFT 以及 SLCD 都属于 LCD 的范畴。而三星引以为傲的 AMOLED 系列屏幕，则属于 OLED 的范畴。

LCD 屏幕本身是不发光的，白色光线由其背后的灯管发出，穿透屏幕，照射到我们的眼睛，所以我们能够看到图像。在显示黑色屏幕的时候，虽然 LCD 屏幕已经是全黑了，但是背面的灯管还是发出亮光，所以我们会在边缘看到白色的光斑。

OLED 屏幕的显示机制与 LCD 不同，其屏幕的每一个像素是可以独立发光的。当显示全黑时，所有的像素都不发光，其效果近似于关屏，因此黑色的显示效果要好于 LCD 屏幕，且功耗更低。

3. Radio 与 Wi-Fi

网络上已经有许多文章介绍过如何集中收发、预拉取、退避重试等。这里既然要说原理，可以给大家介绍下原因，图 5-4 是指 3G 网络的状态机，但对于 2G、4G、Wi-Fi，也会有类似的状态机的概念。所以真正的耗电不仅仅在于流量大小，更在于对网络激活的次数和间隔。

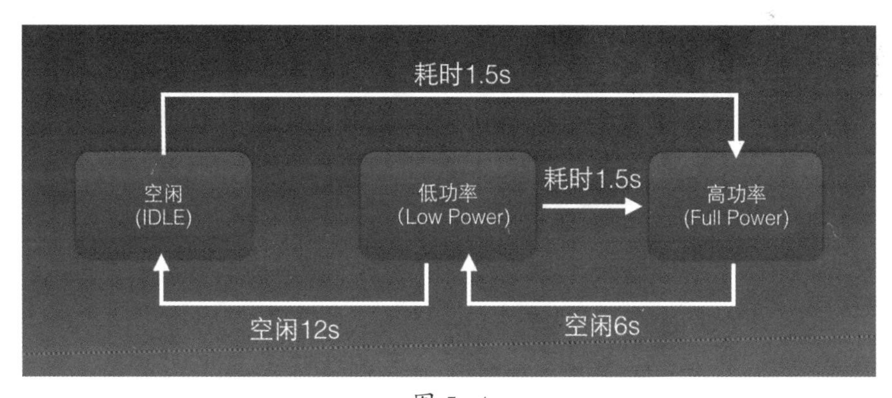

图 5-4

[5] LCD（https://en.wikipedia.org/wiki/Liquid-crystal_display）.
[6] OLED（https://en.wikipedia.org/wiki/OLED）.

4. GPS

GPS 耗电处于工作状态的时间长短，直接决定了它是否耗电。所以应用不要动不动就请求地理位置。

5.2 工具集

下面我们将介绍一系列的工具。实际上对于大部分的低级错误，这些工具都可以查出来。但是我们到现在为止，大部分的耗电成因还都是产品需求，因此测评非常重要，而 POWER MONITOR 就是测评工具，可以估算出手机的待机时间，并让产品经理决策。

1. 分析工具：Qualcomm 移动设备监控工具 Trepn Profiler（以下简称 TP）

1）TP 工作原理

Trepn Profiler 的工作原理，如图 5-5 所示。

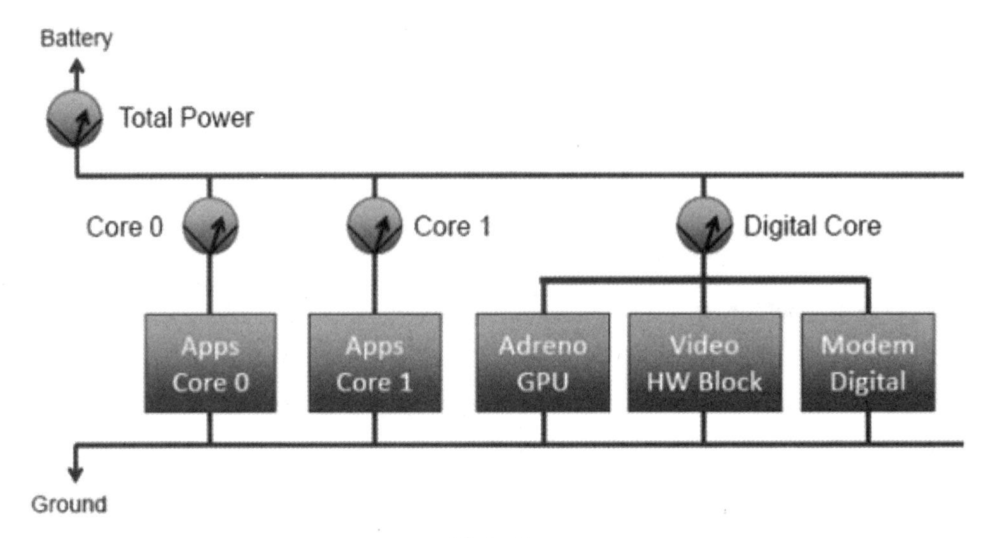

图 5-5

软件通过 SnapDragon800+ 系列移动芯片架构中所使用的特殊 EPM 电路以及电池电量计芯片（如 DS2780 、MAX17048 等）直接获取电流数据，可以理解成 SnapDragon800+ 系列芯片专门在如每个 CPU 核心、数字核心、电量监控等处创建了多个 Sensor，当开始运行 Trepn Profiler 时 Sensor 就开始工作，并将数据通过图表形式展现出来，基本上可以算是从硬件直接获取数据了。

说到这里有必要简单介绍一下 Fuel Gauge IC（即电量计芯片），因为手机需要确定电池的可用电量以及充电状态（SOC），这主要是根据剩余电量与电池容量的比来确定的，而手机电池经过多次充放电导致电池容量变化，以及电压与电量之间的关系不明确。所以为了达到足够高的电量计量精度，引入了 Fuel Gauge IC，如图 5-6 所示是现在使用比较广泛的 MAXIM DS2786（http://www.maximintegrated.com/en/App-notes/index.mvp/id/4224）。

不过也基于依赖 Fuel Gauge IC 获取数据的原因，电池类型不同芯片肯定不同，手机不同芯片也有可能不同，所以某些设备的数据并不准确，如已知有以下几款（都是三星的机型）。

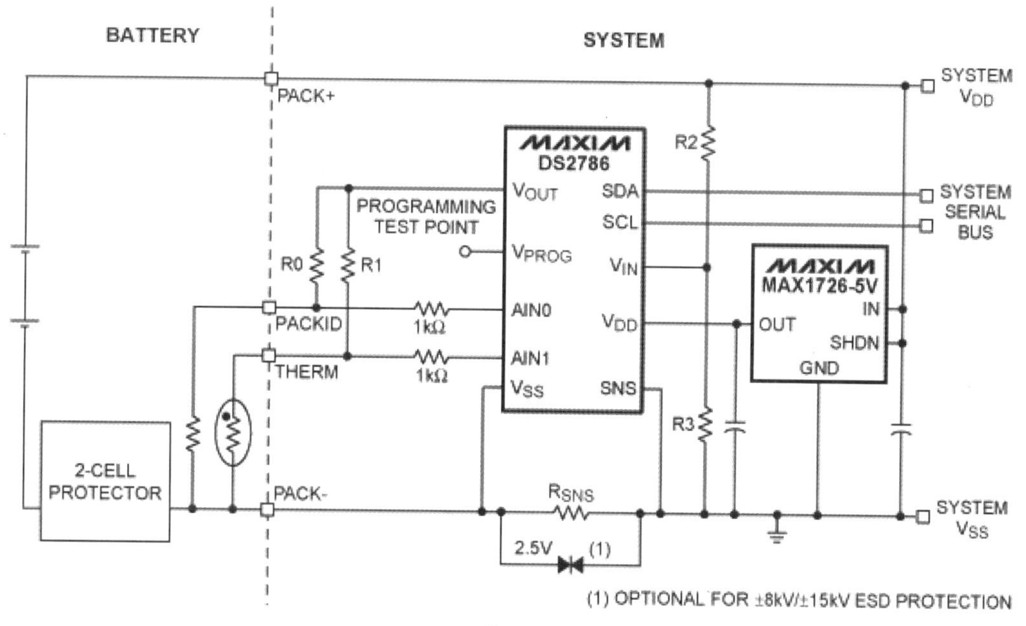

图 5-6

- Samsung Galaxy S III (SCH-I535)
- Samsung Galaxy S4 (SCH-I545)
- Samsung Galaxy S5
- Samsung Galaxy Note II
- Samsung Galaxy Note 3 (SM-N900V)

- DragonBoard (all versions)
- Inforce IFC6410 SBC

这里推荐使用以下几款经 Qualcomm 测试确认数据无误的手机。

- Google/ASUS Nexus 7
- LG Nexus 4
- LG Nexus 5
- HTC One (2013)
- Sony Xperia ZL
- HTC Droid DNA
- LG Optimus G Pro

2）软件用法

高通公司在提供 TP 的同时，也提供了相应的 Eclipse 插件 TP for Eclipse Plug-in，在前文中也提到过，鉴于上面大家提到的一些问题，这次专门介绍一下这个 TP 的插件，让 TP 的使用更加得心应手（部分内容翻译自 Trepn Plug-in for Eclipse Getting Started）。

首先，安装 Eclipse TP 插件，如图 5-7 所示，需要以下软件。

- Eclipse with the ADT bundle。
- ADB v1.0.31 或更高版本。
- Eclipse Juno 或更高版本。

其次，从 Eclipse 上安装：

在软件安装处填入插件地址：https://developer.qualcomm.com/docs/trepn/eclipse/，然后按提示进行下一步操作即可。其中会弹出一个提示确认是否安装没有签名的插件，单击“确认”按钮。

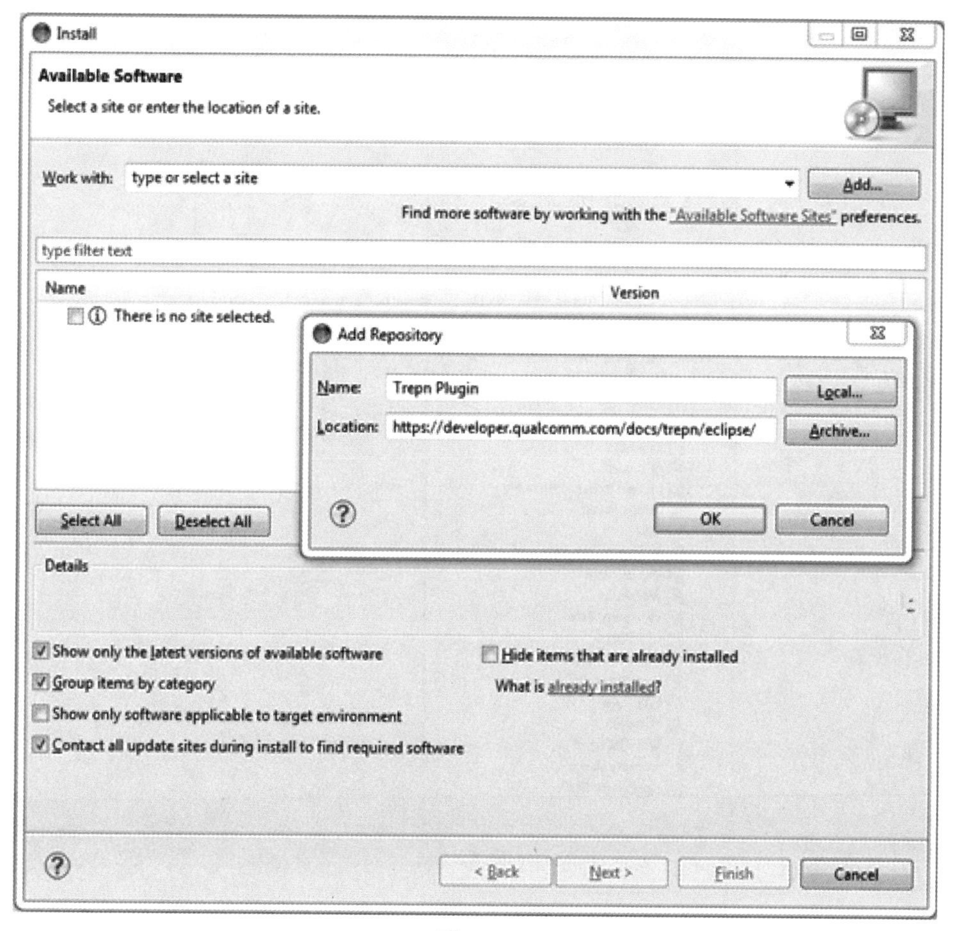

图 5-7

安装完并重启后，就可以在 Perspective 处选择 TP 插件了，这里有可能找不到这个 Trepn 选项，如图 5-8 所示。

图 5-8

这时则需要在 Window → Open Perspective 里手动选择 TP 插件，此时会提示安装对应的 jar 包，安装完就能看到 Trepn Control 这个选项，如图 5-9 所示。

图 5-9

打开视窗之后，在 Settings 选项卡中就可以看到各种设置项了，如采样频率，默认是 100ms，以及下面数据采集项的选项，需要注意的是：这里的复选项是实际监控的数据项，而 Control 选项卡上的则是数据采集完后用来过滤视图的，所以要监控哪些数据，需要在这里设置，如图 5-10 所示，而非 Control 选项卡设置。

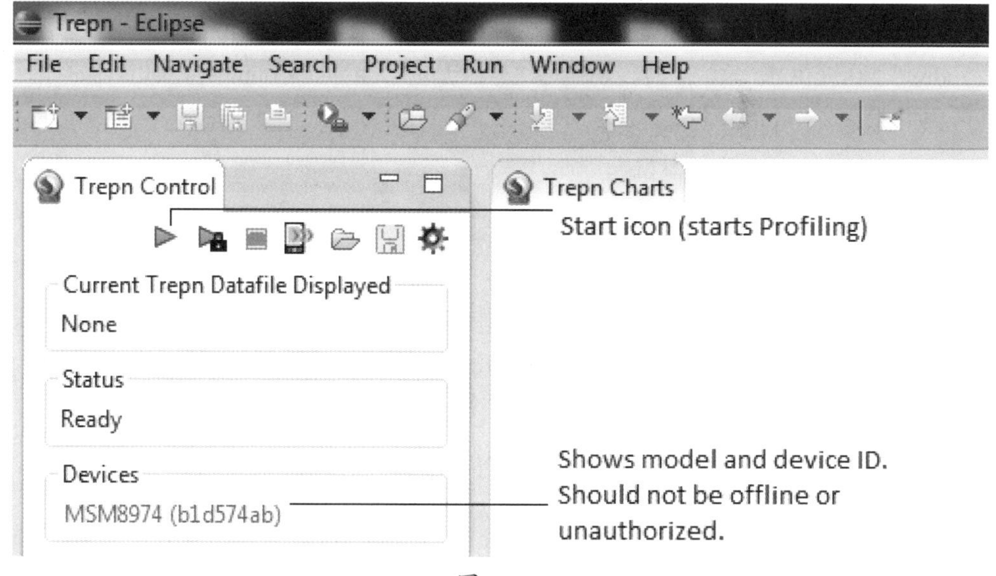

图 5-10

后面就简单了，单击按钮开始录制，然后会先向手机推一个 TP，这时可能会弹出一些权限提示信息，需要在手机上确认。之后就开始操作手机，完成之后单击按钮停止，数据会自动记录到 PC 上，打开文件的默认目录就可以找到 (workspace_trepn\logs)，这里要注意的是数据并不会实时同步到 PC，而是要在停止之后才会传到 PC 上，这时才能在 Charts 里看到数据，所以开始后看不到数据先不要惊慌。

到这里 TP for Eclipse Plug-in 就介绍完毕了，可以基本解决读者使用 TP 时的问题，希望大家能继续学习 TP APK。

从官网下载安装（安装 Eclipse 插件后，使用时也会自动在手机上安装）（https://developer.qualcomm.com/mobile-development/increase-App-performance/trepn-profiler）。

①右上角的 Trepn Profiler 是设置页面 DATA POINTS，可以选择监控电量、CPU、内存、GPS、屏幕等多个选项。

② 选择监控的 App Profile App。

③ 选择 Graph 查看监控的结果，Stop Profling 停止监控，导出文件。

缺点

测试相关电量的时候，使用的是 USB 数据线，因为手机连接到 PC 之后处于充电状态，所以这时一切关于电量的数据都是不准的，而这就意味着跟自动化测试结合基本无缘。

2. 分析工具：Developer Tools for Battery Usage

Android 5.0 提供了一个工具，用于获取耗电量，adb shell dumpsys batterystats，这个工具可以获取各个 App 的 WakeLock、CPU 时间占用等信息，同时增加了一个 Estimated power use (mAh) 功能，预估耗电量。

简单分析一下如图 5-11 所示的这个命令

```
$ adb shell dumpsys batterystats -h
Battery stats (batterystats) dump options:
  [--checkin] [--history] [--history-start] [--unplugged] [--charged] [-c]
  [--reset] [--write] [-h] [<package.name>]
  --checkin: format output for a checkin report.
  --history: show only history data.
   --history-start <num>: show only history data starting at given time
offset.
  --unplugged: only output data since last unplugged.
  --charged: only output data since last charged.
  --reset: reset the stats, clearing all current data.
  --write: force write current collected stats to disk.
  <package.name>: optional name of package to filter output by.
  -h: print this help text.
Battery stats (batterystats) commands:
  enable|disable <option>
    Enable or disable a running option.  Option state is not saved across
boots.
     Options are:
       full-history: include additional detailed events in battery history:
           wake_lock_in and proc events
       no-auto-reset: don't automatically reset stats when unplugged
```

图 5-11

这个命令有如图 5-11 所示的几个选项，如果我们只执行 adb shell dumpsys batterystats 不加任何参数，所有信息都会被打印出来，可以分成 4 个部分

（1）History，历史信息，如图 5-12 所示。

```
Battery History (1% used, 2768 used of 256KB, 58 strings using 3412):
                    0 (9) RESET:TIME: 2014-10-31-04-12-24
                    0 (2) 074 status=charging health=good plug=usb temp=283 volt=4091 +runn
                    0 (2) 074 proc=u0a4:"android.process.acore"
                    0 (2) 074 proc=1001:"com.qualcomm.qcrilmsgtunnel"
                    0 (2) 074 proc=u0a3:"com.android.cellbroadcastreceiver"
                    0 (2) 074 proc=u0a23:"com.google.android.googlequicksearchbox:interacto
                    0 (2) 074 proc=u0a60:"com.tencent.mobileqq"
                    0 (2) 074 proc=u0a30:"com.android.calendar"
                    0 (2) 074 proc=1027:"com.android.nfc:sendui"
                    0 (2) 074 proc=u0a8:"com.google.android.gms"
                    0 (2) 074 proc=1000:"WebViewLoader-armeabi-v7a"
                    0 (2) 074 proc=u0a33:"com.google.android.configupdater"
                    0 (2) 074 proc=1001:"com.redbend.vdmc"
                    0 (2) 074 proc=u0a8:"com.google.process.location"
                    0 (2) 074 proc=u0a23:"com.google.android.googlequicksearchbox"
                    0 (2) 074 proc=1001:"com.android.server.telecom"
                    0 (2) 074 proc=u0a8:"com.google.process.gapps"
                    0 (2) 074 proc=1000:"com.android.settings"
                    0 (2) 074 proc=u0a34:"com.google.android.deskclock"
                    0 (2) 074 proc=u0a6:"android.process.media"
                    0 (2) 074 proc=u0a21:"com.android.systemui"
                    0 (2) 074 proc=1027:"com.android.nfc"
                    0 (2) 074 proc=1001:"com.android.phone"
                    0 (2) 074 proc=u0a38:"com.google.android.gallery3d"
                    0 (2) 074 proc=u0a2:"com.android.providers.calendar"
```

图 5-12

（2）Per-PID Stats 每个进程的信息，如图 5-13 所示。

```
Per-PID Stats:
  PID 0 wake time: +2s61ms
  PID 752 wake time: +1s465ms
  PID 2065 wake time: +19ms
  PID 1524 wake time: +76ms
  PID 0 wake time: +15s195ms
  PID 1489 wake time: +106ms
  PID 752 wake time: +26ms
  PID 1379 wake time: +4h5m34s72ms
  PID 1706 wake time: +27ms
  PID 2065 wake time: +3s254ms
  PID 0 wake time: +345ms
  PID 752 wake time: +61ms
```

图 5-13

（3）Statistics since last charge 上次充电到现在的系统耗电状态，其中有一项是预估的耗电量，如图 5-14 所示。

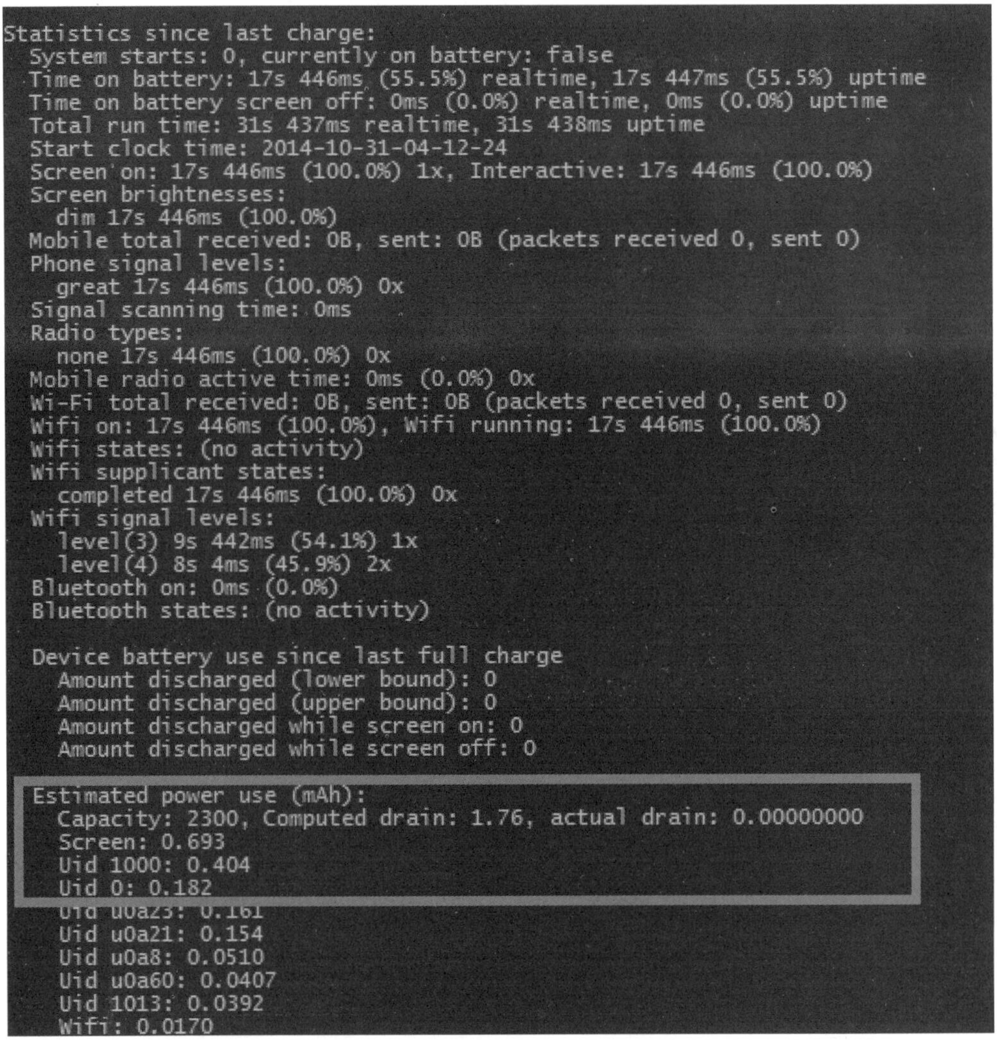

```
Statistics since last charge:
  System starts: 0, currently on battery: false
  Time on battery: 17s 446ms (55.5%) realtime, 17s 447ms (55.5%) uptime
  Time on battery screen off: 0ms (0.0%) realtime, 0ms (0.0%) uptime
  Total run time: 31s 437ms realtime, 31s 438ms uptime
  Start clock time: 2014-10-31-04-12-24
  Screen on: 17s 446ms (100.0%) 1x, Interactive: 17s 446ms (100.0%)
  Screen brightnesses:
    dim 17s 446ms (100.0%)
  Mobile total received: 0B, sent: 0B (packets received 0, sent 0)
  Phone signal levels:
    great 17s 446ms (100.0%) 0x
  Signal scanning time: 0ms
  Radio types:
    none 17s 446ms (100.0%) 0x
  Mobile radio active time: 0ms (0.0%) 0x
  Wi-Fi total received: 0B, sent: 0B (packets received 0, sent 0)
  Wifi on: 17s 446ms (100.0%), Wifi running: 17s 446ms (100.0%)
  Wifi states: (no activity)
  Wifi supplicant states:
    completed 17s 446ms (100.0%) 0x
  Wifi signal levels:
    level(3) 9s 442ms (54.1%) 1x
    level(4) 8s 4ms (45.9%) 2x
  Bluetooth on: 0ms (0.0%)
  Bluetooth states: (no activity)

  Device battery use since last full charge
    Amount discharged (lower bound): 0
    Amount discharged (upper bound): 0
    Amount discharged while screen on: 0
    Amount discharged while screen off: 0

  Estimated power use (mAh):
    Capacity: 2300, Computed drain: 1.76, actual drain: 0.00000000
    Screen: 0.693
    Uid 1000: 0.404
    Uid 0: 0.182
    Uid u0a23: 0.161
    Uid u0a21: 0.154
    Uid u0a8: 0.0510
    Uid u0a60: 0.0407
    Uid 1013: 0.0392
    Wifi: 0.0170
```

图 5-14

（4）Statistics since last unplugged 上次拔掉电源到现在的系统耗电状态，其中有一项是预估的耗电量，如图 5-15 所示。

```
Statistics since last unplugged:
  Time on battery: 17s 446ms (93.9%) realtime, 17s 447ms (93.9%) uptime
  Time on battery screen off: 0ms (0.0%) realtime, 0ms (0.0%) uptime
  Total run time: 18s 586ms realtime, 18s 587ms uptime
  Start clock time: 2014-10-31-04-12-24
  Screen on: 17s 446ms (100.0%) 0x, Interactive: 17s 446ms (100.0%)
  Screen brightnesses:
    dim 17s 446ms (100.0%)
  Mobile total received: 0B, sent: 0B (packets received 0, sent 0)
  Phone signal levels:
    great 17s 446ms (100.0%) 0x
  Signal scanning time: 0ms
  Radio types:
    none 17s 446ms (100.0%) 0x
  Mobile radio active time: 0ms (0.0%) 0x
  Wi-Fi total received: 0B, sent: 0B (packets received 0, sent 0)
  Wifi on: 17s 446ms (100.0%), Wifi running: 17s 446ms (100.0%)
  Wifi states: (no activity)
  Wifi supplicant states:
    completed 17s 446ms (100.0%) 0x
  Wifi signal levels:
    level(3) 9s 442ms (54.1%) 1x
    level(4) 8s 4ms (45.9%) 2x
  Bluetooth on: 0ms (0.0%)
  Bluetooth states: (no activity)

  Device is currently plugged into power
    Last discharge cycle start level: 74
    Last discharge cycle end level: 74
    Amount discharged while screen on: 0
    Amount discharged while screen off: 0

  Estimated power use (mAh):
    Capacity: 2300, Computed drain: 1.76, actual drain: 0.00000000
    Uid 0: 39.6
    Screen: 0.693
    Uid 1000: 0.404
    Uid u0a23: 0.161
    Uid u0a21: 0.154
    Uid 1013: 0.0392
    Wifi: 0.0170
    Uid u0a43: 0.00833
    Cell standby: 0.00538
    Uid 1001: 0.00364
    Uid u0a4: 0.000965
```

图 5-15

Android 5.0 的这个命令可以预估耗电量，对我们是很有帮助的。可以通过 adb shell dumpsys batterystats --charged 命令获取距上次充电的耗电量。

测试过程如下：

（1）手机连接 PC, 在 PC 上执行 adb shell dumpsys batterystats --reset，清空之前的记录。

（2）断开手机与 PC 的连接，然后操作手机。

（3）重新连接手机和 PC，然后执行 adb shell dumpsys batterystats --charged，得到预估的耗电量。

当然这个方法的缺点也很明显，如果手机一直用 USB 连接着电脑，就获取不到预估的耗电量，每次预估的都是距上次充电或者拔掉电源的耗电量，这样不利于耗电量的自动化测试。

3. 分析工具：Battery Historian 2.0

Android 5.0 之后，引入了 Battery Historian 电量分析工具。这里推荐这个工具的 2.0 版本，更好用，但是有点成本。使用方法详见：Battery Historian 安装说明（https://github.com/google/battery-historian）。

4. 分析工具：ChkBugREPORT

ChkBugREPORT 源自 SONY，如果使用 Android 5.0 之前的系统，则不能使用 Battery Historian, 那就推荐它了。唯一可惜的是，这个工具现在已经很少更新了，不过它的能力依旧非常强悍。就电量分析来说，比那个干巴巴的 Bugreport 要好得多。

（1）观察整体耗电情况，初步确定耗电的原因，如图 5-16 所示。

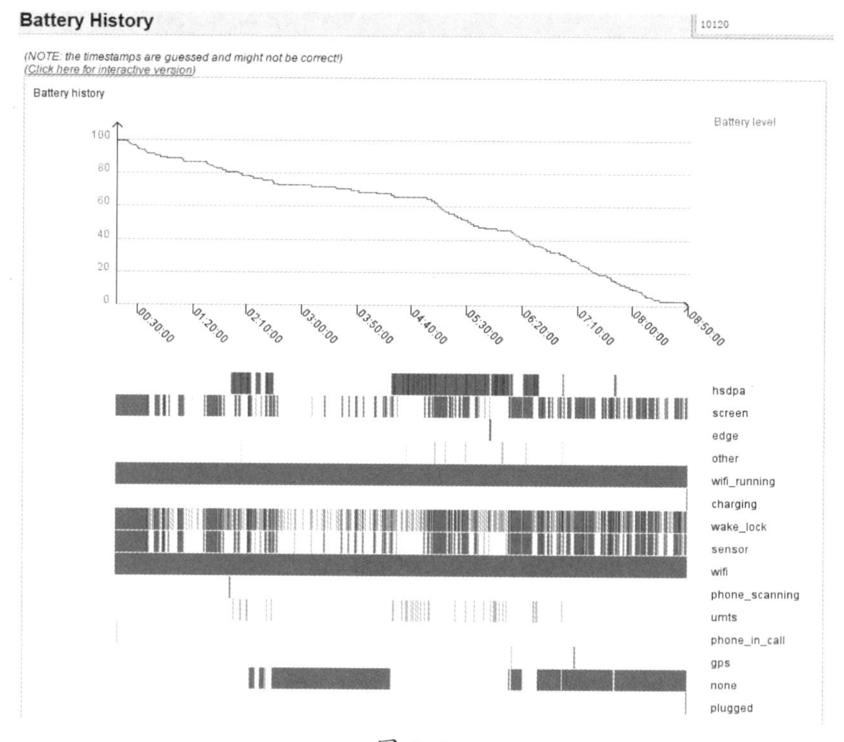

图 5-16

（2）假如是前文提到的唤醒所导致的耗电，还可以用来分析 Alarm 和对应唤醒的次数，如图 5-17 所示。Alarm 的统计列表如图 5-18 所示。

Alarm stats

10120　第 2 条，共 6 条

(A CSV format version is saved as: ../raw/alarm_stat.csv)
(HINT: Click on the headers to sort the data. Shift+click to sort on multiple columns.)

Pkg	Runtime(ms)	Wakeups	Alarms
com.tencent.wsrd.rdmtip	123546	0	616
com.sec.android.killbackground	2	0	1
android	998853	352	3354
com.tgrape.android.radar	25381	0	62
com.wssyncmldm	576	10	10
com.tencent.mm	107894	1906	1906
com.sec.chaton	3508	2	2
com.xcar.activity	10198	206	206
com.android.phone	49816	2	639
vStudio.Android.Camera360	26466	533	533
jp.naver.line.android	40615	762	812
com.myzaker.ZAKER_Phone	25689	488	488
com.tencent.mobileqq	23570	482	482
com.android.providers.calendar	12411	5	5
com.youdao.dict	658	17	17
com.sec.android.app.sysscope	22	0	2
com.google.android.gms	200	4	4
com.sec.spp.push	15473	195	195

图 5-17

List of alarms (88):

(A CSV format version is saved as: ../raw/alarm_list.csv)
(HINT: Click on the headers to sort the data. Shift+click to sort on multiple columns.)

Type	Pkg	Time	Time(ms)	Interv(ms)	Count	OpPkg	OpMet
RTC_WAKEUP	com.sec.android.fotaclient	+1d2h12m0s940ms	94320940	0	0	com.sec.android.fotaclient	startService
RTC_WAKEUP	com.tencent.mobileqq	+21h45m28s502ms	78328502	0	0	com.tencent.mobileqq	broadcastIntent
RTC_WAKEUP	com.tencent.mobileqq	+21h23m3s131ms	76983131	0	0	com.tencent.mobileqq	broadcastIntent
RTC_WAKEUP	com.tencent.mobileqq	+20h36m32s56ms	74192056	0	0	com.tencent.mobileqq	broadcastIntent
RTC_WAKEUP	com.tencent.mobileqq	+20h5m50s257ms	72350257	0	0	com.tencent.mobileqq	broadcastIntent
RTC_WAKEUP	com.android.providers.calendar	+19h48m47s649ms	71327649	0	0	com.android.providers.calendar	broadcastIntent
RTC_WAKEUP	jp.naver.line.android	+17h6m11s443ms	61571443	0	0	jp.naver.line.android	startService
RTC_WAKEUP	com.google.android.gms	+9h11m42s787ms	33102787	86400000	1	com.google.android.gms	startService
RTC_WAKEUP	com.tencent.mobileqq	+6h46m43s806ms	24403806	0	0	com.tencent.mobileqq	broadcastIntent
RTC_WAKEUP	com.tencent.mobileqq	+2h27m47s421ms	8867421	0	0	com.tencent.mobileqq	broadcastIntent
RTC_WAKEUP	com.google.android.gms	+1h40m41s872ms	6041872	0	0	com.google.android.gms	broadcastIntent
RTC_WAKEUP	com.wssyncmldm	+1h31m32s596ms	5492596	0	0	com.wssyncmldm	broadcastIntent
RTC_WAKEUP	jp.naver.line.android	+1h29m2s11ms	5342011	0	0	jp.naver.line.android	broadcastIntent
RTC_WAKEUP	com.youdao.dict	+55m4s86ms	3304086	0	0	com.youdao.dict	startService
RTC_WAKEUP	jp.naver.line.android	+31m35s142ms	1895142	3600000	1	jp.naver.line.android	startService
RTC_WAKEUP	com.xcar.activity	+7m28s0ms	448000	0	0	com.xcar.activity	broadcastIntent
RTC_WAKEUP	com.tencent.mobileqq	+3m35s489ms	215489	0	0	com.tencent.mobileqq	broadcastIntent
RTC_WAKEUP	jp.naver.line.android	+2m35s641ms	155641	202336	1	jp.naver.line.android	startService
RTC_WAKEUP	com.tencent.mm	+1m18s717ms	78717	0	0	com.tencent.mm	broadcastIntent
RTC_WAKEUP	com.tencent.mm	+25s254ms	25254	900000	1	com.tencent.mm	broadcastIntent
RTC_WAKEUP	com.myzaker.ZAKER_Phone	+4s553ms	4553	300000	1	com.myzaker.ZAKER_Phone	broadcastIntent
RTC_WAKEUP	vStudio.Android.Camera360	+3s810ms	3810	300000	1	vStudio.Android.Camera360	broadcastIntent
RTC	android	+19h8m47s810ms	68927810	0	0	android	broadcastIntent
RTC	jp.naver.line.android	+4m44s848ms	284848	0	0	jp.naver.line.android	startService
RTC	jp.naver.line.android	+1m21s452ms	81452	0	0	jp.naver.line.android	startService
RTC	jp.naver.line.android	+17s956ms	17956	0	0	jp.naver.line.android	startService
ELAPSED_WAKEUP	vStudio.Android.Camera360	+4h40m20s494ms	16820494	0	0	vStudio.Android.Camera360	broadcastIntent

图 5-18

5. 测评工具：专业设备 PowerMonitor

(详细操作教程见 http://msoon.github.io/powermonitor/PowerTool/doc/Power%20Monitor%20Manual.pdf)

PowerMonitor 的简单模式，如图 5-19 所示。

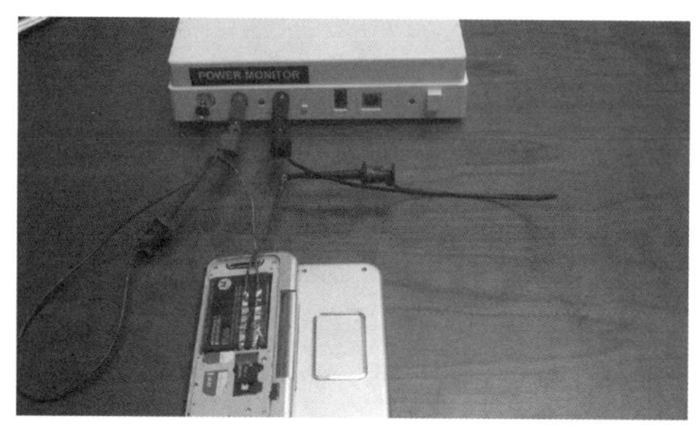

图 5-19

（1）将手机电池的线路导出并与 PowerMonitor 相连，用胶带将电池的一个电极封住，最终将所有的电流都导入到 PowerMonitor。手机最后由 PowerMonitor 来供电，跳过了电池，此时 PowerMonitor 就相当于手机的电池了，PowerMonitor 供电的同时捕获手机电流，确定手机的耗电量。

（2）开启 PowerMonitor 的电源，并与电脑相连，PowerMonitor PC 连接线在 PowerMonitor 的后面，如图 5-20 所示。

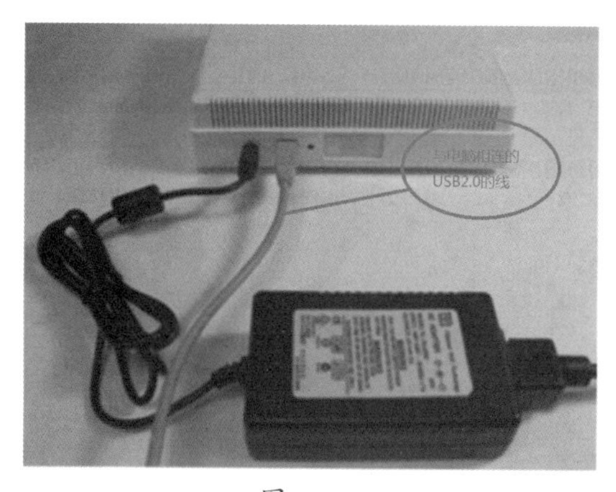

图 5-20

（3）然后在电脑上安装相应的驱动软件（http://msoon.github.io/powermonitor/），最后打开 PC 端软件 PowerTool，PowerTool PC 用户操作界面如图 5-21 所示。

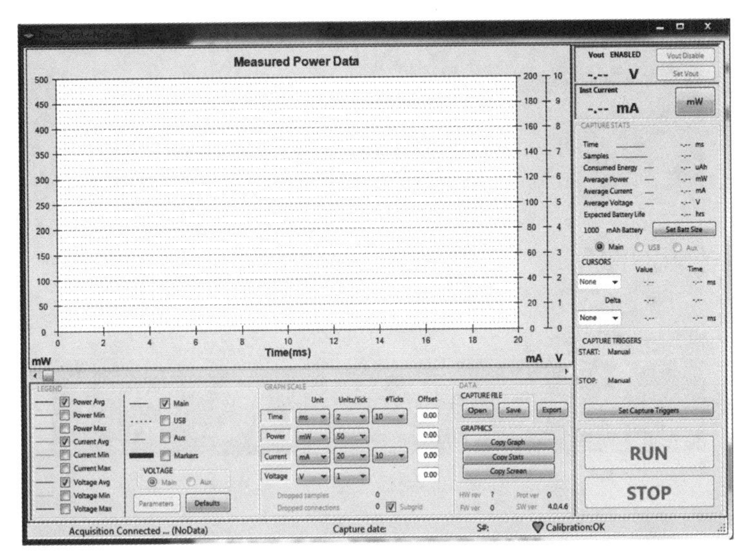

图 5-21

（4）然后单击图 5-22 右上角的 Vout Enable 按钮，PowerMonitor 上的 Output 指示灯亮，如图 5-23 所示。

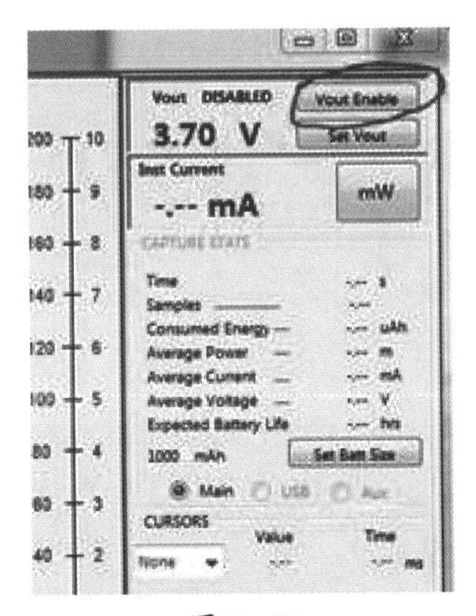

图 5-22

图 5-23

（5）打开手机，PowerTool 右上角会显示当前的电流值，如图 5-24 所示。

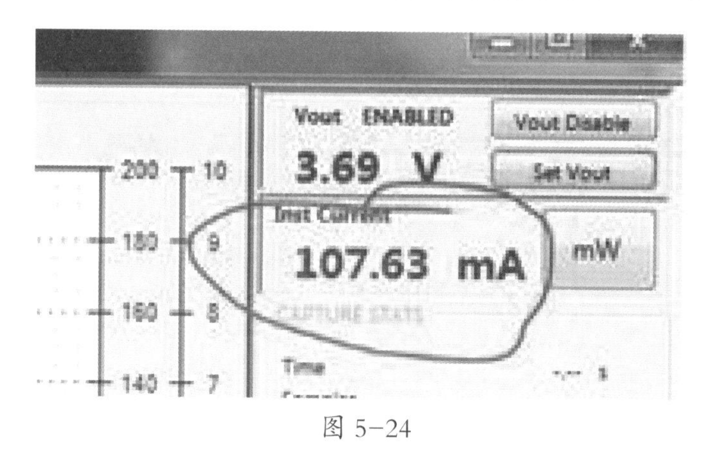

图 5-24

（6）然后单击 RUN 按钮就开始捕获当前的电流值，如图 5-25 所示。

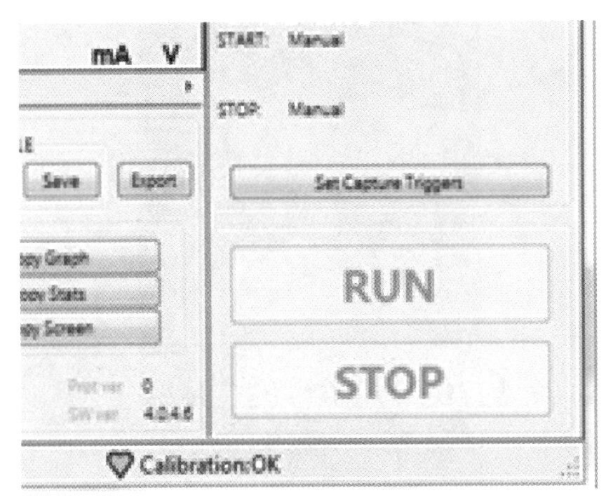

图 5-25

（7）捕获完成后，单击 STOP 按钮测试停止，在 CAPTURE STATS 看到这段时间电量消耗的信息，如图 5-26 所示。

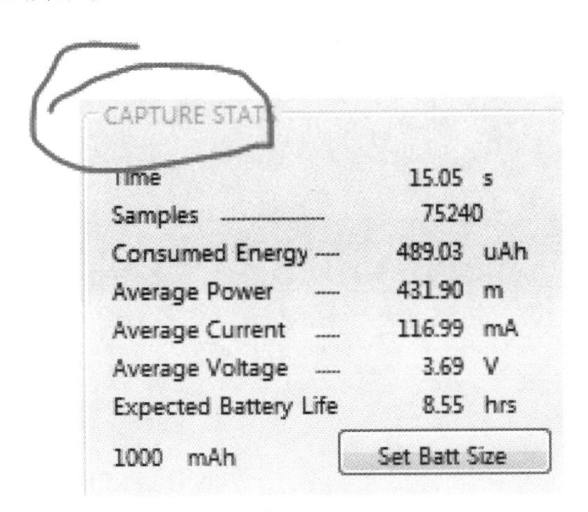

图 5-26

普通模式下最大的问题就是在测耗电量的时候，不能连接 USB 调试。如果在普通模式下用USB数据线将被测手机连接到PC上，你会发现PowerMonitor的电流读数变成负的了，相当于手机的电池已经不供电，而是在消耗电能（即手机电池在充电），这种情况下充当电池功能的就是 PowerMonitor。

为了方便通过 PC 对手机进行操作，安装应用传输数据，PowerMonitor 提供了一个多设备连接的方法，如图 5-27 所示。

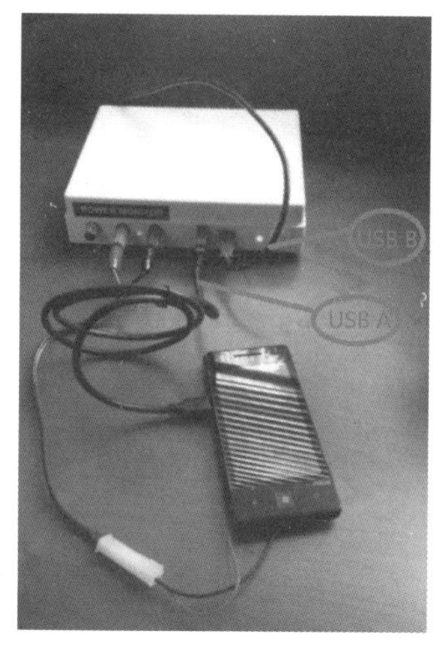

图 5-27

USB A 连接要测试的手机，USB B 连接电脑，然后在软件上将 USB passthrough mode 设置成 Auto 模式，如图 5-28 所示。

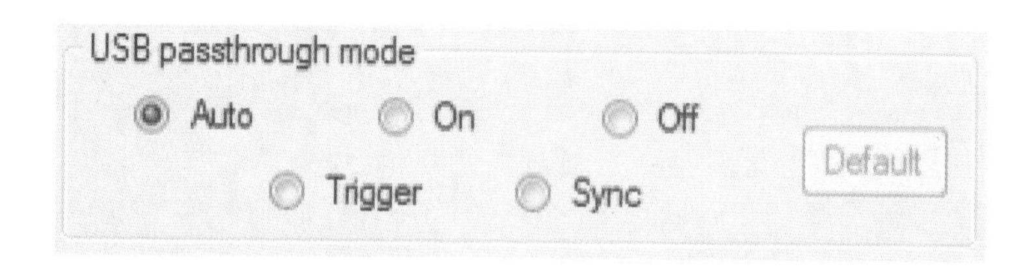

图 5-28

其他的设置和简单模式下完全一样。

在这样的设置下，在开始取样之前（就是单击 Run 之前），USBpassthrough = On，此时电脑与手机正常连接，USB 调试、数据传输都是可用的（当然 USB 也在干扰 PowerMonitor）；然后单击开始取样（单击 Run），USBpassthrough = Of，此时电脑与手机连接断开，USB 调试、数据传输不可用，USB 不再干扰 PowerMonitor 获取的电流；最后单击停止取样的时候（单击 Stop），USBpassthrough = On，USB 调试又可以用了。

这种模式的好处：方便操作，去除了插拔 USB 数据线的过程，也方便了远程操作，尤其是在 PowerMonitor 设备数量有限的情况下，远程操作会很方便。

5.3　案例 A：QQWi-Fi 耗电

问题类型： Radio 与 Wi-Fi

解决策略： 添加黑屏判断

手机 QQ（Android）v5.2 增加了 QQWi-Fi 以扫描当前的 Wi-Fi 热点，并提示用户连接的功能。获取了几台手机的 PowerProfile，发现 WIFISCAN 设置在 220mA 左右，而 SCREENFULL 的设置也就是 160~300mA，可见 Wi-Fi 扫描是一个可以比拟屏幕耗电的过程，因此在理论上用户黑屏状态下，完全不应该进行 Wi-Fi 扫描。

实际测试过程中发现，当网络发生变化时，无论是否黑屏，都会触发 QQWiFi 的扫描，当网络频繁变化时，耗电增加会比较明显。有用户反馈，仅一个晚上手机电量就消耗殆尽，这类用户反馈如图 5-29 所示。

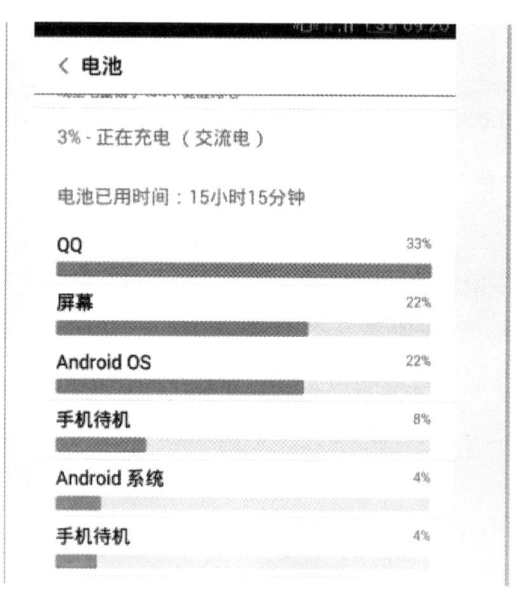

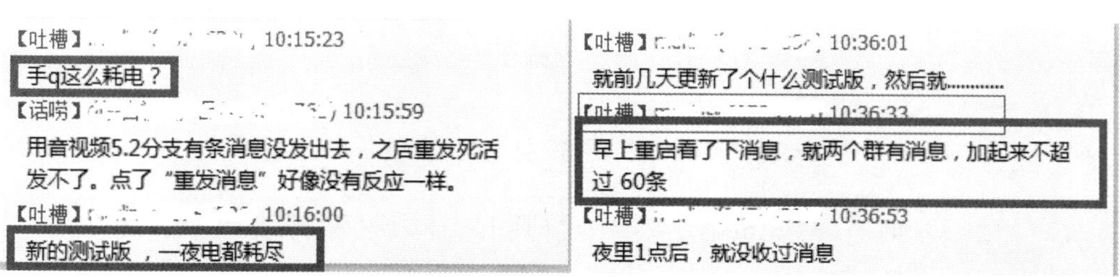

图 5-29

解决方案：

有较多的地方会调用 QQWiFi，调用的时候并没有判断当前屏幕状态。后来开发人员改成在任何地方调用 QQWiFi 进行扫描前，都需要先判断当前手机是否黑屏，如果黑屏了就不进行扫描。在大型项目中，为了节省资源，从源头上避免问题，这样做真的必不可少，例如通过二次封装和静态检查直接让图片 Decode 的默认配置就是 RGB565，可以减少许多无谓的排查。

5.4 案例 B：QQ 数据上报逻辑优化

问题类型： CPU

解决策略： AlarmManager 合并

手机 QQ（Android）v5.3 版本增加了一个数据上报功能，使用周期性的 AlarmManager，如图 5-30 所示。

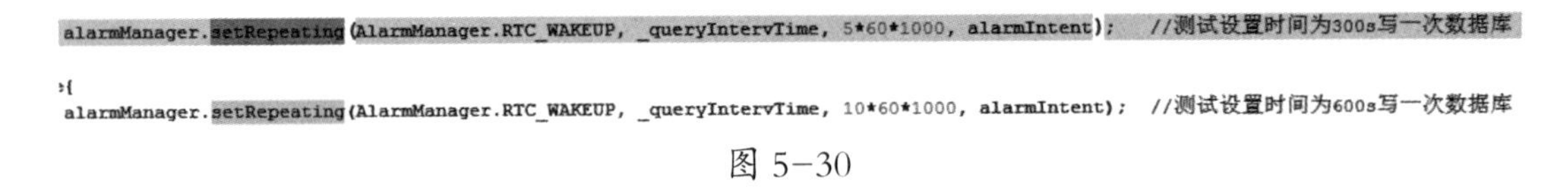

图 5-30

经过测试发现这套逻辑存在如下的问题。

（1）手机的心跳包已经注册了一个 AlarmManager，而且针对不同的网络、用户状态已经有了较成熟的策略。如今再增加一套 AlarmManager，显得多余。

（2）数据上报功能在用户被踢下线后，逻辑设计有缺陷，会注册过多的 RTC_WAKEUP（主要是在重试），大大增加了手机的耗电。使用 adb shell dumpsys alarm 命令查看，同一时刻内手机注册了 70 个 RTC_WAKEUP，如图 5-31 所示。

```
  RTC_WAKEUP #27: Alarm{42470d20 type 0 com.tencent.mobileqq}
    type=0 when=+2m41s659ms repeatInterval=600000 count=1
operation=PendingIntent{41df3f30: PendingIntentRecord{42483f70 com.
tencent.mobileqq  broadcastIntent}}
```

图 5-31

最终导致 2 小时内，手机的电量从 90% 降到 15% 以下（测试机型 C8813D）。

解决方案：

心跳包和数据上报放到一起，统一用同一个 AlarmManager 实现。在心跳包中的 AlarmManager 的广播接收函数中（PushManager 的 onReceive）加上流量统计。

根据调用时机，以及针对不同网络、用户状态的判断，数据上报可以复用心跳包的逻辑。之后修改维护都只用维护一套，更加易于维护修改。

启发

（1）使用 AlarmManager 时一定要考虑到多种情况，尤其是要充分考虑网络变动、用户登录状态改变等场景。

（2）如果有多个功能需要通过 AlarmManager 实现时，最好能够将多个功能合并到一个 AlarmManager 的广播接收函数中实现（在函数中调用多个功能）。尤其是当这几个功能的唤醒周期、异常处理逻辑比较相近时，一定要放在一起实现，后续维护也会更加方便。

5.5　案例 C：动画没有及时释放

问题类型：CPU

解决策略：添加黑屏判断

1. 发现过程以及影响

手机 QQ（Android）v5.8 版本上线了一个附近群友的功能，界面上的动画效果十分酷炫，如图 5-32 所示。

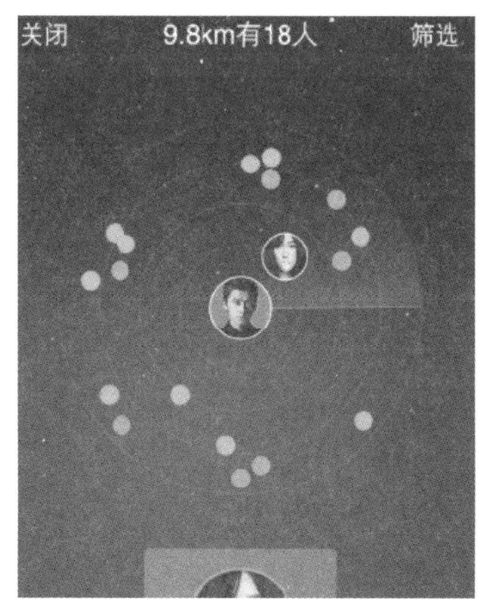

图 5-32

界面中的雷达会不停地转，显示附近的群友。

新功能的发布标准中有一条是“挂机（灭屏，放后台）5 分钟后 CPU 占用 0%”。在测试该功能时发现：停留在附近的群友页面，灭屏，持续观察 CPU 占用，5 分钟后 CPU 占用率还保持在 40% 左右，如图 5-33 所示。

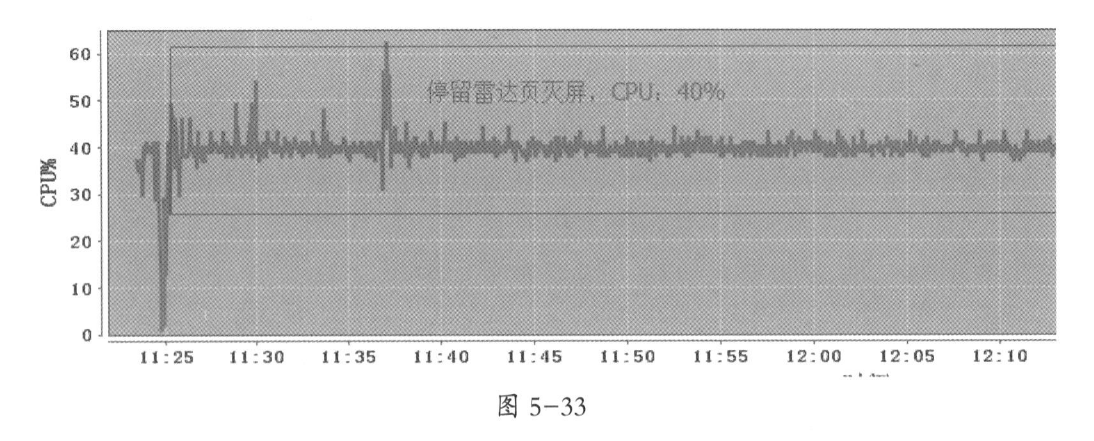

图 5-33

灭屏后如此高的 CPU 占用明显是不正常的，会大大增加耗电。

2. 问题定位以及解决方案

对于动画效果比较炫的界面，灭屏后 CPU 占用率仍然很高，最可能的原因就是动画没有及时释放。分析灭屏后占用 CPU 的线程，属于 surfaceView，而这个 surfaceView 就是用来绘制界面上的动画的。

surfaceView 是用来实现在主线程之外向屏幕绘图的，它会起一个自己的线程，避免阻塞主线程。该功能设计之初并没有考虑灭屏相关的场景，所以灭屏后 surfaceView 的线程仍然在运行，占用了 CPU。

解决方案：

监听灭屏以及亮屏的广播，在灭屏的时候停止 surfaceView 的动画绘制；亮屏的时候，恢复动画的绘制。

5.6 案例 D：间接调用 WakeLock 没有及时释放

问题类型： CPU

解决策略： WakeLock 及时释放

1. 发现过程以及影响

在上线前排查的时候，我们会做一些耗电量问题的排查。排查方法如下。

随机操作 App（主要针对新功能进行随机操作），然后按 Home 键将 App 放入后台，再使用 adb shell dumpsys power 命令查看系统当前的耗电信息，如图 5-34 所示。

```
eld=true)
  mPreventScreenOnPartialLock=UnsynchronizedWakeLock(mFlags=0x1 mCount=0 mHeld=f
alse)
  mProximityPartialLock=UnsynchronizedWakeLock(mFlags=0x1 mCount=0 mHeld=false)
  mProximityWakeLockCount=0
  mProximitySensorEnabled=false
  mProximitySensorActive=false
  mProximityPendingValue=-1
  mLastProximityEventTime=0
  mLightSensorEnabled=false
  mLightSensorValue=-1.0 mLightSensorPendingValue=-1.0
  mLightSensorPendingDecrease=false mLightSensorPendingIncrease=false
  mLightSensorScreenBrightness=-1 mLightSensorButtonBrightness=-1 mLightSensorKe
yboardBrightness=-1
  mLightSensorScreenBrightnessUpperLimit=-1
  mLightSensorScreenBrightnessLowerLimit=-1
  mUseSoftwareAutoBrightness=false
  mAutoBrightessEnabled=false
  mMaxBrightness=-1
  mScreenBrightness: animating=false targetValue=20 curValue=20.0 delta=-9.2

mLocks.size=3:
  SCREEN_DIM_WAKE_LOCK          'StayOnWhilePluggedIn Screen Dim' activated (mi
nState=1, uid=1000, pid=510)
  PARTIAL_WAKE_LOCK             'StayOnWhilePluggedIn Partial' activated (minSt
ate=0, uid=1000, pid=510)
  PARTIAL_WAKE_LOCK             'MediaScannerService' activated (minState=0, ui
```

图 5-34

该命令会打印出手机屏幕、各个感应器的状态以及当前的 WakeLock 列表。我们主要关注其中的 WakeLock 列表，不同 Android 版本显示的标题会略有不同，WakeLock 列表会以“mLocks.size”或者“Wake Locks：size”开头。如图 5-34 所示，WakeLock 列表信息就是以 mLocks.size 开头的。

经过一系列操作，然后按 Home 键将 App 放入后台，手机中多了一个 WakeLock，如图 5-35 所示，但此时并没有任何功能需要持有 WakeLock（WakeLock 常用于后台播放音视频、录制音视频、下载文件的情况）。

图 5-35

2. 问题定位以及解决方案

（1）分析 WakeLock 的详细信息。

adb shell dumpsys power 显示出的 WakeLock 列表中的每一项都包含了 WakeLock 的类型、名称、UID（对应申请该 WakeLock 的 App 的 UID）、PID（对应申请该 WakeLock 进程的 PID）。

根据 WakeLock 信息中的 UID 以及 PID 信息，查询对应的 App，如图 5-36 所示。

图 5-36

以相应 PID 的 App 为例，发现是属于 Mediaserver 的，如图 5-37 所示。

```
media     112  1     83048  3220  ffffffff 400e08b0 S /system/bin/mediaserver
```

图 5-37

表面来看，不是手机持有的 WakeLock，似乎和手机无关，需要进一步分析。

（2）分析 Mediaserver

Mediaserver 是 Android 的系统服务，是媒体功能的核心，音视频的播放、照相、摄像、录音等功能都需要用到 Mediaserver。App 可以调用 Mediaserver 实现各种媒体相关的功能。

在 App 调用 Mediaserver 的某些功能时，例如音视频录制等，Mediaserver 会申请 WakeLock。当使用手机录制视频的时候，Mediaserver 也会持有一个 WakeLock，如图 5-38 所示。

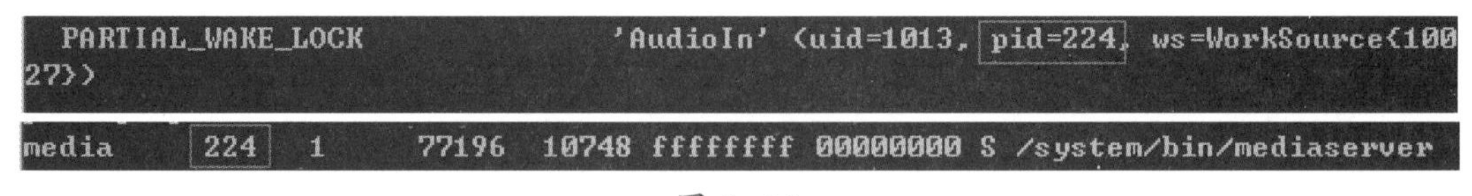

图 5-38

所以可能是手机调用了 Mediaserver 的某些功能，Mediaserver 实现这些功能的时候持有了 WakeLock，相当于手机间接地调用了 WakeLock。

（3）确认手机调用 Mediaserver 的功能模块

App 一般用 android.media 中的库调用 Mediaserver 的功能。通过排查代码，发现手机的 PTV 功能（通过手机摄像头录制一段视频并发送）使用了 android.media.AudioRecord 类，同时回溯 Bug 出现时的操作路径，确实用到了手机的 PTV 功能。

可以确定是手机的 PTV 功能导致了该问题。

（4）确认问题

进一步使用 PTV 功能，发现在录制 PTV 的过程中，按 Home 键将手机切入后台，便出现了该问题，如图 5-39 所示。

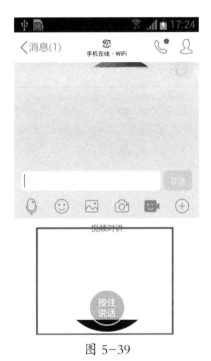

图 5-39

Android.media.AudioRecord 类用于录制音频，使用时会申请一个 WakeLock 避免手机进入休眠状态影响音频的录制；当不需要录制时，需要调用 release() 函数释放相应的资源（包括 WakeLock），但是在 PTV 录制过程中，按 Home 键将手机切入后台时，虽然 PTV 已经停止录制了，但是却没有调用 release() 函数释放相应的资源，手机通过 Mediaserver 仍然间接持有了一个 WakeLock。

同时长时间地调用 Mediaserver，在部分机型上还出现了 Mediaserver 不稳定的情况，导致 PTV 功能受到影响。再次启动 App，PTV 录制失败，无法获取摄像头画面，如图 5-39 方框中的 PTV 录制功能区域捕获到的画面为空白画面。

解决方案：

PTV 录制过程中，如果切换到了后台，就释放 Mediaserver 资源。

（1）切换到后台时会调用 onPause 函数，在 onPause 中调用 rmStateMgr.mAI.destory() 来释放资源，如图 5-40 所示。

```
@Override
public void onPause(){
    RMVideoStateMgr rmStateMgr = RMVideoStateMgr.getInstance();
    if(rmStateMgr.mAI != null){
        mIsInited      = false;
        rmStateMgr.mAI.removeOnAudioRecordListener(rmStateMgr.mAudioListener);
        rmStateMgr.mAI.destory();
        rmStateMgr.mAI = null;
    }
}
```

图 5-40

（2）在 rmStateMgr.mAI.destory 函数中调用系统 android.media.AudioRecord 类的 stop 以及 release 方法，如图 5-41 所示。

```
public void stopMic()
{
    if (mAudioRecord != null && isCreate && isStart)
    {
        mAudioRecord.stop();
        isStart = false;
    }
    mContext = null;
}

public void releaseMic()
{
    if (mAudioRecord != null)
    {
        mAudioRecord.release();
        mAudioRecord = null;
        isCreate = false;
    }
    mContext = null;
}
```

图 5-41

5.7　案例 E：带兼容性属性的 WakeLock 释放的巨坑

问题类型：CPU/Screen

解决策略：设置 WakeLock 计数为 False

1. 发现过程以及影响

WakeLock 的不合理使用会造成严重的耗电问题，为了避免该问题，会定期针对使用了 WakeLock 的模块进行重点排查。

通过搜索源代码，确认了使用 WakeLock 的功能模块，然后使用相应的功能模块，再按 Home 键将程序放入后台，查看表现是否正常。

通过逐个排查，发现手机文件管理中的文件浏览器模块，有一个功能是播放手机中的视频，在播放过程中按 Home 键将程序放入后台，手机屏幕常亮。在播放视频过程中屏幕常亮是正确的，但是切到后台后，不应该再出现屏幕常亮的现象，这是典型的 WakeLock 没有及时释放所致的 Bug。

2. 问题定位以及解决方案

在 Bug 复现时，即按 home 键回到主界面时，使用 adb shell dumpsys power 命令，查看系统中存在的 WakeLock 信息，如图 5-42 所示。

```
mLocks.size=1:
  SCREEN_BRIGHT_WAKE_LOCK          'LocalVideoFileView' activated (minState=3, uid
=10066, pid=3752)
```

图 5-42

存在一个让屏幕常亮的 WakeLock，被 LocalVideoFileView 持有，对应的 UID 和 PID 都属于手机 QQ。

（1）最初的解决方案

采取修改 LocalVideoFileView 的办法，界面切换时在调用的 doOnPause 函数中，加上 WakeLock 的释放，如图 5-43 所示。

```
@Override
public void doOnPause() {
    stopPlayTimer();
    mMusicService.setFileviewMusicEvent(null);
    if (mMusicService.isPlayThis(mStrFilePath)) {

        if( wakeLock.isHeld() ){
            wakeLock.release();
        }
```

图 5-43

这个方案代码改动不多，开发人员很快就解决了。

（2）遇到的坑

开发人员解决上述问题后，再次进行同样的操作，问题还是出现了。

和开发人员二次确认，其表示“我绝对解决了，在我手机上都不出现了，是不是你手机设置了屏幕常亮？”

翻查手机设置，确认设置的是“无操作 15 秒后灭屏”，而且手机也没有打开充电时屏幕常亮的设置，通过 adb shell dumpsys power 命令查看，发现对应的 WakeLock 还在。

继续和开发人员交流，确认是不同机型表现得不一样的原因。WakeLock 有一个接口 setReferenceCounted，用来设置 WakeLock 的计数机制，官方默认为计数。true 为计数，false 为不计数。所谓计数即每一个 acquire 必须对应一个 release；不计数则是无论有多少个 acquire，一个 release 就可以释放。虽然官方说默认是计数的，但是有的第三方 ROM 做了修改，使默认是不计数的（开发人员就是拿到了这种手机）。代码中并没有调用 setReferenceCounted，所以用的是系统的默认值，在出现多次 WakeLock 的 acquire 操作后，相同的代码在不同的手机上就出现了不同的表现。

（3）最终解决方案

最后采用修改 LocalVideoFileView 的办法，将 WakeLock 的计数机制设为 false，如图 5-44 所示，同时界面切换时在调用的 doOnPause 函数中，加上 WakeLock 的释放，如图 5-45 所示，问题才彻底得到解决。

```
wakeLock = pm.newWakeLock(PowerManager.
wakeLock.setReferenceCounted(false);
```

图 5-44

```
@Override
public void doOnPause() {
    stopPlayTimer();
    mMusicService.setFileviewMusicEvent(null);
    if (mMusicService.isPlayThis(mStrFilePath)) {

        if( wakeLock.isHeld() ){
            wakeLock.release();
        }
```

图 5-45

5.8　专项标准：电池

专项标准：电池，如表 5-1 所示。

表 5-1

遵循原则	标　　准	优　先　级	规则起源
尽量让 CPU 休眠	锁屏、灭屏、程序放置后台时，释放或停止 Android 涉及耗电的服务	P1	包括 GPS、WifiManager、Sensor 等
	锁屏、灭屏释放 WakeLock	P0	必须释放 WakeLock，无论是间接还是直接的，否则会让 CPU 无法休眠，导致严重的耗电问题
	使用缓存和批量预处理来提升算法效率	P1	QQ 空间装扮 WebP 优化后，图片下载 / 图片展示的速度提升了，带宽优化 20%
避免无端电量消耗	程序后台 CPU 不能连续工作 5 分钟且平均超高 5%	P0	

第 2 部分

交互类性能

性能优化主要有由上而下和由下而上两种优化方法。前面说了资源类性能，其实说的是一种由下而上的性能优化方法，只要资源使用合理，资源类性能肯定会有优化效果，这种方法适合于做性能优化，提出来的 Bug 通常比较简单易改；同时，对比响应时延总有较大的波动，会掩盖问题。而换个角度看，资源消耗更稳定波动小，问题更易于复现。而从交互类性能出发，则可以理解为是由上而下的性能优化方法，主要用于修复那些相对稳定重现的卡顿问题，分析的时候要分解影响的因素，利用二八原则找出关键问题，然后修改。本部分主要介绍交互类性能优化方法。

第 6 章 原理与工具集

6.1 原理

性能优化主要有由上而下和由下而上两种优化方法，如图 6-1。

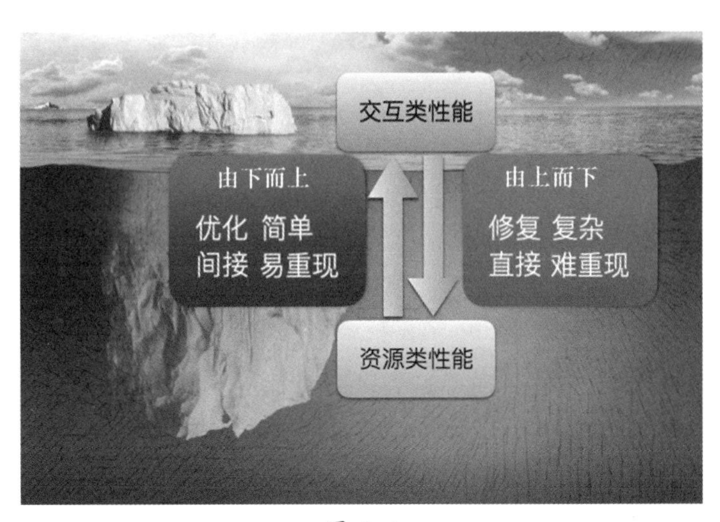

图 6-1

前面说了资源类性能，其实说的是一种由下而上的性能优化方法，观点很简单，只要资源使用合理，资源类性能肯定会有优化效果，这种方法适合做性能优化，提出来的 Bug 通常比较简单易改；同时，对比响应时延总有较大的波动，会掩盖问题（例如手机 QQ 启动速度取样 5 次，3 次 500ms、2 次 1s 与 3 次 1s、2 次 500ms，究竟是有问题还是没有问题呢？），而换个角度看，资源消耗更稳定、波动小，问题更易于复现。而从交互类性能出发，则可以理解为是由上而下的性能优化方法，主要用于修复那些相对稳定、可重现的卡顿问题，分析的时候要分解影响因素，利用二八原则找出关键问题，然后修改。好处不言而喻，直接命中性能痛楚，坏处呢？当然就是对随机问题的修复效率会比较低。下面我们用最经典的列表流畅度作为例子，简单说一下是如何分解问题的。

在图 6-2 的绘制流程图中，我们拿最经典的 ListView 滑动场景来看，从 Drag-Drop 事件开始，ListView 会触发 Adapter.getView() 的操作，再之后系统会根据需要来执行 Measure 测量和 Layout 布局的操作，最后就是绘制，绘制分为硬件加速和软件加速两种。软件加速相对来说简单很多，在 Draw 的时候触发直接交给 skia 栅格化来完成，硬件加速相对比较常见和复杂，图 6-2 的 Draw 部分描述的就是硬件加速下的情况。

更新：在 Android 5.0 以上的系统中，情况稍微发生了一些改变，引入了 RenderThread。引入之后，整体性能真的有了质的飞跃。

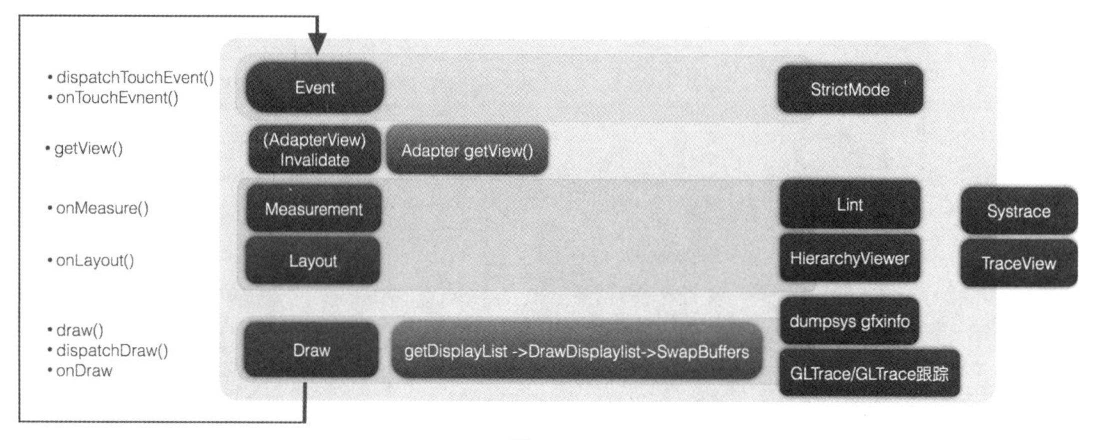

图 6-2

如图 6-3 所示，CPU 与 GPU 处于 getDisplayList(UpdateDisplayList) 与 DrawDisplayList 之间，因为 getDisplayList 其实是生成一系列 OpenGL 的指令，而 DrawDisplayList 是真正通过 GPU 根据这些指令去绘制的。

配合图 6-2，这里 Systrace 和 Trace View 可以快速地帮助进行初步分析，根据问题所属的位置，再进一步使用不同的工具进行分析，例如 dumpsys gfxinfo 与 opengl tracer 是专门针对 draw 部分的，而 HierachyViewer 对于 Measure、Layout 就有到每个 View 的对应耗时的详尽信息。这些工具在整个生成运算绘制流程下，各司其职，在下面我们会详细地介绍这些工具以及对应的经典案例。

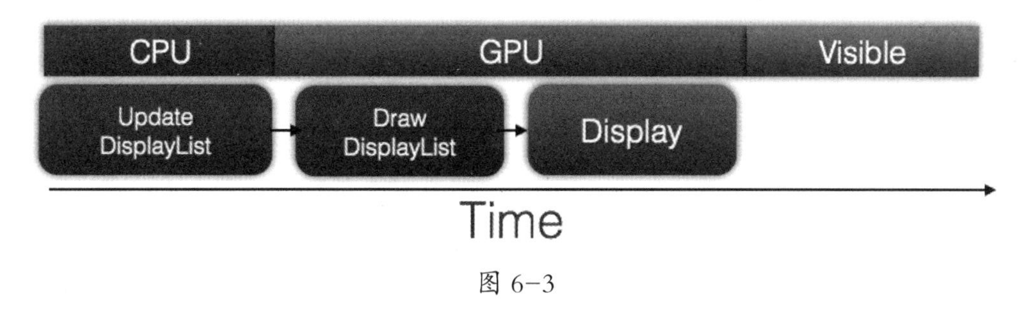

图 6-3

6.2　工具集

工具集，如表 6-1 所示。

表 6-1

工　具	问　题	能　力
PerfBox	FPS、Activity 打开速度	发现
Systrace	分析绘制时流程导致的卡顿，能大约定位是 GC、I/O、贴图太大，还是没用 ViewHolder 的问题	发现 + 初步定位
TraceView	能深入定位分析各种流畅度与时延问题，但是只能初步定位 XML 布局和 OpenGL 绘制的性能问题	发现 + 定位
Gfxinfo/ Slickr	定位硬件加速下的性能问题	发现 + 初步定位
Hierarchy Viewer	定位 XML 布局导致的性能问题	自动发现 + 定位
Tracer for OpenGL/ Adreno/ UXTune	具体定位绘制性能问题	发现 + 定位
Chrome Devtool	定位具体的 H5 卡顿问题	发现 + 定位

6.2.1　Perfbox 自研工具：Scrolltest

我们利用 SurfaceFlinger 获取的数据，如图 6-4 所示，然后统计出 FPS 和 Janky 的工具。

涵盖了标准的拖曳能力设定，直接用于 FPS 数据的获取和流畅度的测评。下面将介绍如何使用。

```
shell@android:/ $ dumpsys SurfaceFlinger --latency com.tencent.mobileqq/com.tenc
ent.mobileqq.activity.SplashActivity
cy com.tencent.mobileqq/com.tencent.mobileqq.activity.SplashActivity          <
16383773
42999417419360  42999430969164  42999432586596
42999434814379  42999447509692  42999448638842
42999449096606  42999464019701  42999464721606
42999465301440  42999480255053  42999480956957
42999481536791  42999496612475  42999497497485
```

开始绘制 垂直同步 刷新该帧到屏幕

```
shell@android:/ # service call SurfaceFlinger 1013
service call SurfaceFlinger 1013
Result: Parcel(000013ab    '....')
```

Buffer交换次数

图 6-4

1. 环境准备

开源工具下载：待定。

检测工具：Scrolltest。

手机需要有 ROOT 权限。

安装 Python 2.7.X（http://www.python.org/getit/），并将 Python 的安装目录设置到系统环境变量 PATH 中。注意，当前脚本仅支持 2.6.X、2.7.X 版本的 Python。请不要使用 3.3.X 版本。

注意：测试 FPS 值，为避免 Debug 版本输出的大量日志对测试结果的影响，请务必使用 Release 版本。

2. 脚本使用方法

快捷方式：

- 仅监控 FPS，执行 runFPSmonitor.bat。

- 自动滑动并监控 FPS，执行 runScrolltest.bat。

注意：若 PC 连接了多部手机，请在批处理文件中添加 -s 参数，指定设备序列号。

高级选项：

cmd 命令行窗口定位到 Scrolltest 目录。

- 仅监控 FPS：执行 python fpsmonitor.py [options]。

参数：

-s 设备序列号，当连接多部手机时，须指定设备序列号。

-f FPS 取样频率（默认 1s）。

-o 测试结果的文件名，CVS 格式（默认 result.csv）。

-u 当指定该参数时总是使用 page_flip 统计帧率，此时反映的是全屏内容的刷新帧率。当不指定该参数时，对 Android 4.1 以上的系统将统计当前获得焦点的 Activity 的刷新帧率。

- 自动滑动并监控 FPS，执行 python scrolltest.py [options]，如图 6-5 所示。

参数：

-a (必选参数) 滑动的方向为 u 向上滑动、d 向下滑动、ud 上下交替滑动、du 下上交替滑动（可指定多个，如 -a u -a d）。

-c 滑动的次数 (默认 20 次)。

-f FPS 取样频率（默认 1s）。

-s 设备序列号，当连接多部手机时，须指定设备序列号。

-o 测试结果的文件名，CVS 格式（默认 result.csv）。

-t 每次滑动的时间间隔 (默认 1s)。

-u 当指定该参数时总是使用 page_flip 统计帧率，此时反映的是全屏内容的刷新帧率。当不指定该参数时，对 Android 4.1 版以上的系统将统计当前获得焦点的 Activity 的刷新帧率。

--ds 指定屏幕分辨率（如 --ds 宽 × 高），通常不需要此参数，但当 Monkey 取不到时，需要用户指定。

打开要测试 FPS 值的界面，准备测试场景，执行 Scrolltest 脚本，并等待脚本自动执行结束。

```
C:\windows\system32\cmd.exe
D:\workspace\MobileTestTools_proj\speed\android-fps\scrolltest>python D:\workspa
ce\MobileTestTools_proj\speed\android-fps\scrolltest\scrolltest.py -a ud
Starting ...
正在连接设备...
正在连接设备...
正在连接设备...
屏幕分辨率: 480*800
FPS monitor has start!
FPS:55  jank:0
FPS:54  jank:0
FPS:47  jank:1
FPS:50  jank:0
FPS:51  jank:0
FPS monitor has stop!
结果保存在: D:\workspace\MobileTestTools_proj\speed\android-fps\scrolltest\resul
t.csv
终止批处理操作吗(Y/N)? _
```

图 6-5

6.2.2 Systrace（分析）

Systrace 则提供了强大的初步定位能力，作为 Android 4.1 引入的一套用于性能分析的工具，它可以输出各个线程当前的函数调用状态，并且可以跟当前 CPU 的线程运行状态、VSYNC、SurfaceFlinger 等系统信息在同一个时间轴上进行对比。但可惜的是，这个工具要求很多，只有寥寥可数的几款机型可以使用，遇到一些不能用的机型的卡顿问题，就束手无策了。但是它确实有不可替代的地位，所以我们下面还是具体介绍一下。如图 6-6 所示，手机 QQ 空间 App（后续简称手空）滑动好友动态列表，Systrace 里的 SurfaceFlinger 信息。

图 6-6

如果 SurfaceFlinger 服务在每个 VSYNC 信号中断时就调用一次，就意味着 App 显示非常流畅。如图 6-7 所示，每个 VSYNC 信号的上升沿或下降沿都有一个对应的 SurefaceFlinger 服务的调用。那我们就来放大看一看 VSYNC 和 SurefaceFlinger 服务具体信息。

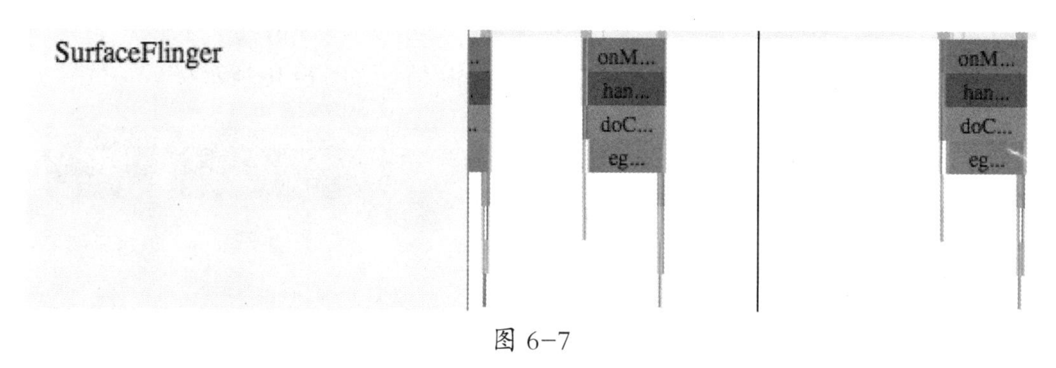

图 6-7

很明显，在 VSYNC 的上升沿 SurfaceFlinger 服务并没有被调用，导致了掉帧，如图 6-8 所示。有三种原因会导致这种情况的发生。

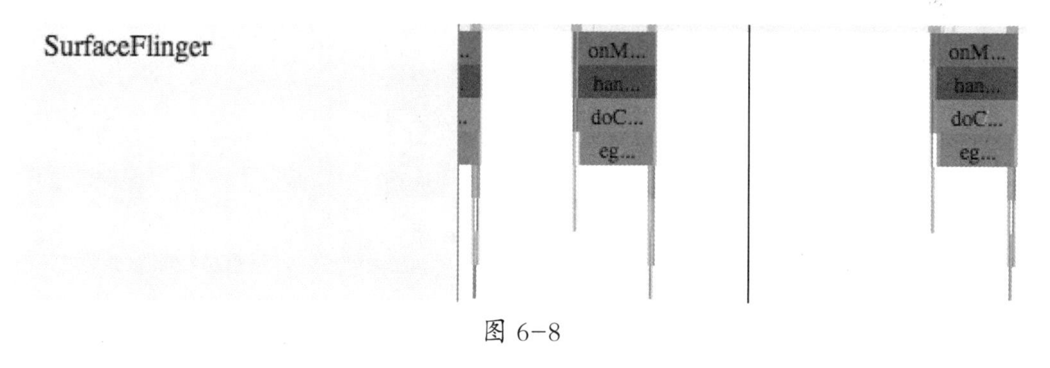

图 6-8

（1）CPU 负载过大，这种情况多发生在单核的低端机型上，以放大的 CPU 信息图（如图 6-9 所示）为例。

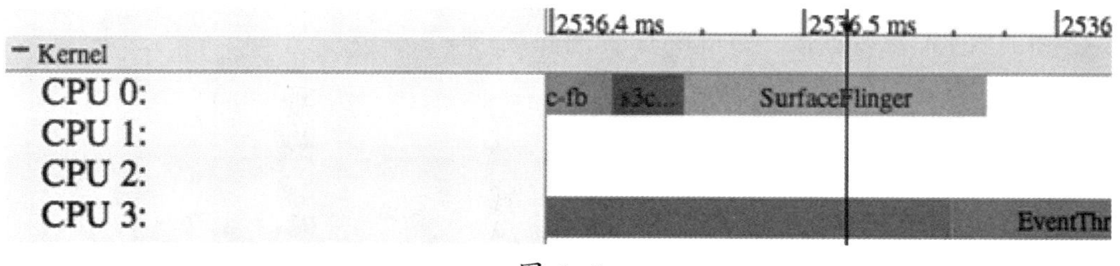

图 6-9

如果在竖线处（即 VSNYC 中断信号），CPU 负载过大，无暇调用 SurfaceFlinger 服务，就会发生一次掉帧。如果此时 CPU 在执行其他进程的任务，那么我们无能为力，但如果此时 CPU 是在运行手空，那么就需要进一步分析（下文中会提到）。

（2）应用侧没有完成绘制，而这个原因又可以细分为三个原因。

①应用内部忙于处理业务逻辑，performTraversals 信息如图 6–10 所示。

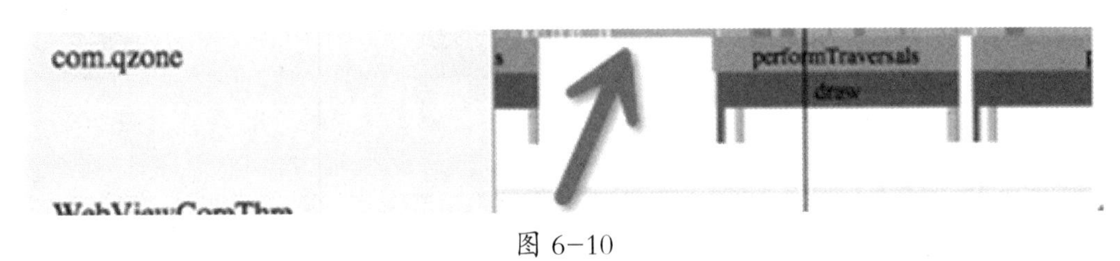

图 6−10

由于手机 QQ 空忙于执行其他的逻辑，没有进行绘制，这里还需要进一步分析（下文中会提到）。

②应用忙于分发响应事件，如图 6–11 所示。

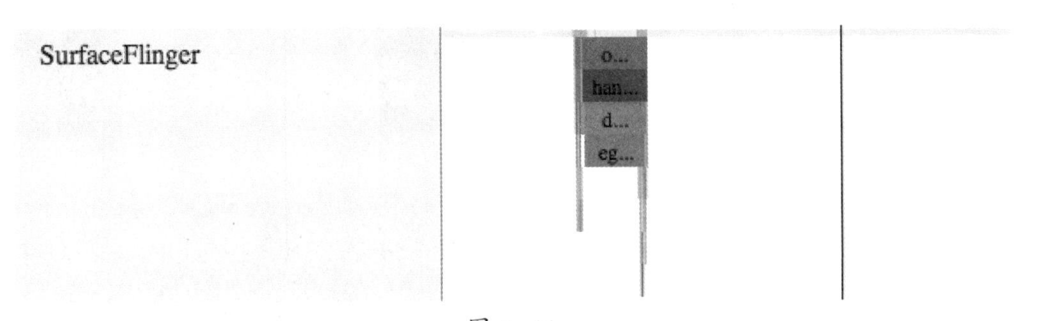

图 6−11

这说明当前窗口的视图过多、布局嵌套太深，导致查找响应输入事件的控件耗时太长，最后导致应用无暇绘制 UI。

③当前帧绘制耗时过长，如图 6–12 和图 6–13 所示。

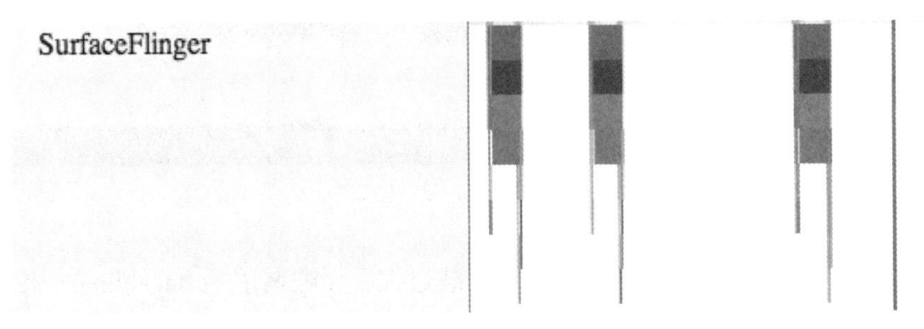

图 6−12

Selected slice:

Title	"performTraversals"
Start	"2073.621 ms"
Duration	"39.576 ms"

图 6-13

可以看到，当前帧应用侧绘制时间超过 39ms，造成了 1~2 帧的卡顿。追究其原因，还是因为视图过多、布局嵌套太深造成的。

（3）系统侧渲染时间过长，onMessageReceived 信息如图 6-14 所示。

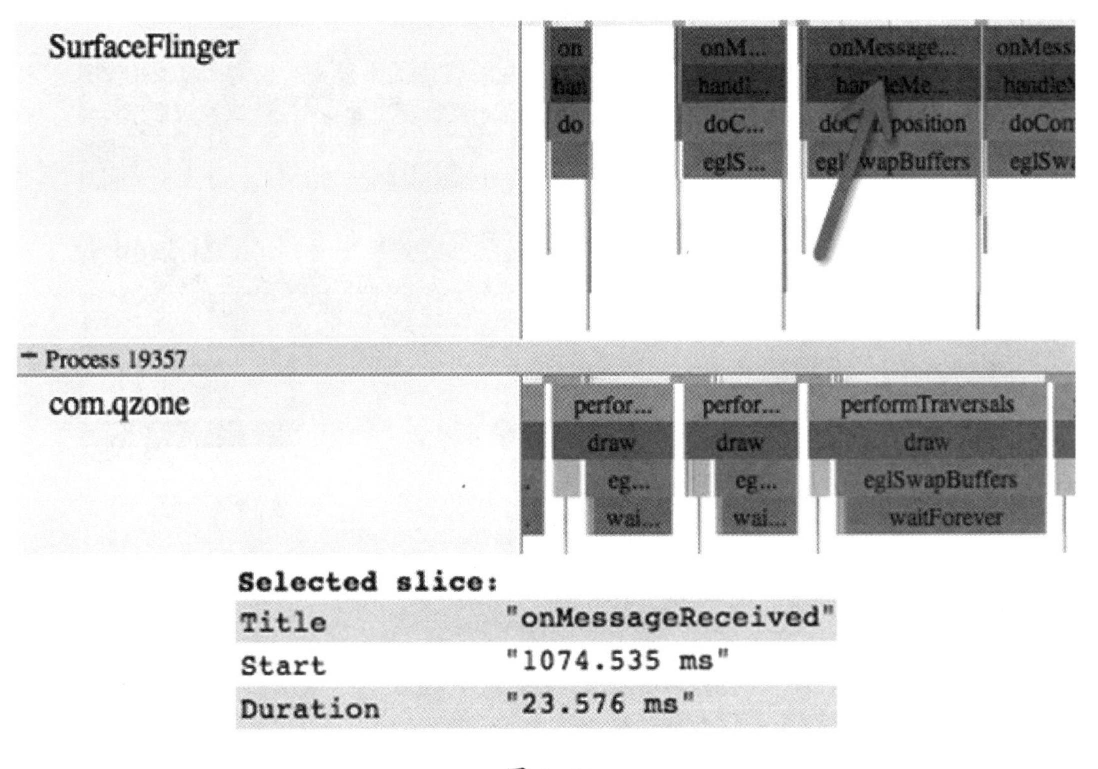

图 6-14

SurfaceFlinger 服务渲染的时间达到了 23ms，至少造成了 1 帧的卡顿。从交换 Buffer 的时间过长（几乎 23ms）推测可能是使用了三重缓冲机制，导致在处理缓冲区排序、交换时耗时过长。回想使用三重缓冲机制的原因，还是因为视图过多、布局嵌套太深导致。

综上所述，表现层影响应用流畅度的主要原因还是在应用侧视图过多、布局嵌套太深，优化措施可以参照 Lint 的 12 条规则。

更新：在 Google I/O 2015，Systrace 有了一些不错的新功能。里面会提示下面的警告（Alert）。

① Inefficient View alpha usage

这个告警要 Android 5.1 以上系统才会有。这个错误是基于 Render Thread 信息提供。所以说明设置 0 ~ 1 的透明度对 GPU 执行渲染的性能的消耗是有比较大影响的，View 的 Alpha 信息如图 6–15 所示。

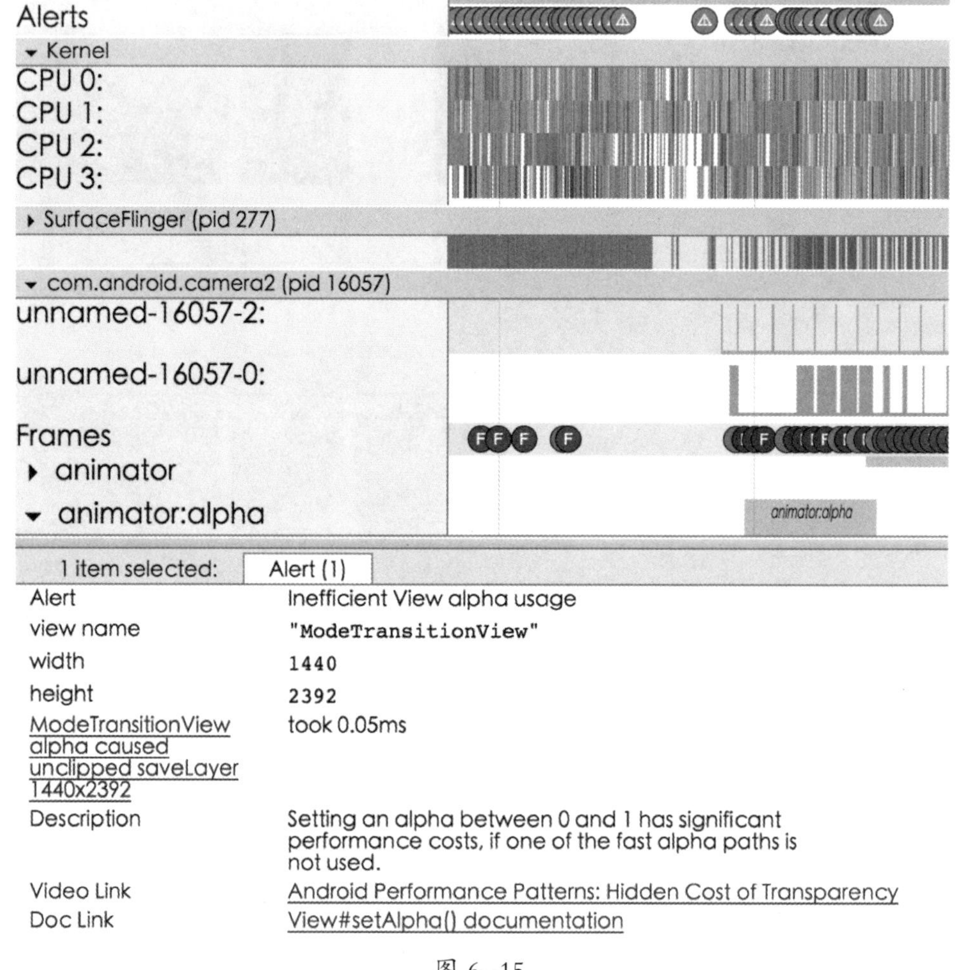

图 6–15

② Expensive rendering with Canvas.saveLayer()

Canvas.saveLayer() 会有高昂代价的渲染性能损耗。它们会打断绘制过程中的渲染管道。替换使用 View.LAYER_TYPE_HARDWARE 或者 static Bitmaps。这会让离屏缓存复用相邻两帧间的数据，同时避免了渲染目标由于切换被打断。

③ Path Texture Churn

在使用遮罩纹理绘制的时候可以利用“绘制路径”减少性能损耗。当路径修改或者更新的时候，纹理必须重新生成并上传到 GPU 进行处理，确认各个帧有共同的缓存路径，并且不需要调用 Path.reset()。这样就可以通过共享路径的方式减少更改路径的次数，体现在 Drawables 和 Views 之间绘制的性能损耗减小。

④ Expensive Bitmap uploads

Bitmaps 在硬件加速下，修改和图像的变化都会上传到 GPU，如果 Bitmaps 像素总量比较大，对 GPU 来说就有比较大的成本， 建议在每帧中减少这些图片的修改。这个经常出现在调用 setLayerType 为 LAYER_TYPE_SOFTWARE 之后，因为这时整个屏幕会变成一张图片。

⑤ Inflation during ListView recycling

没有使用 ListView 的复用机制造成 inflate 单个 Item 的 getView 成本过高，ListView recycling 信息如图 6-16 所示。

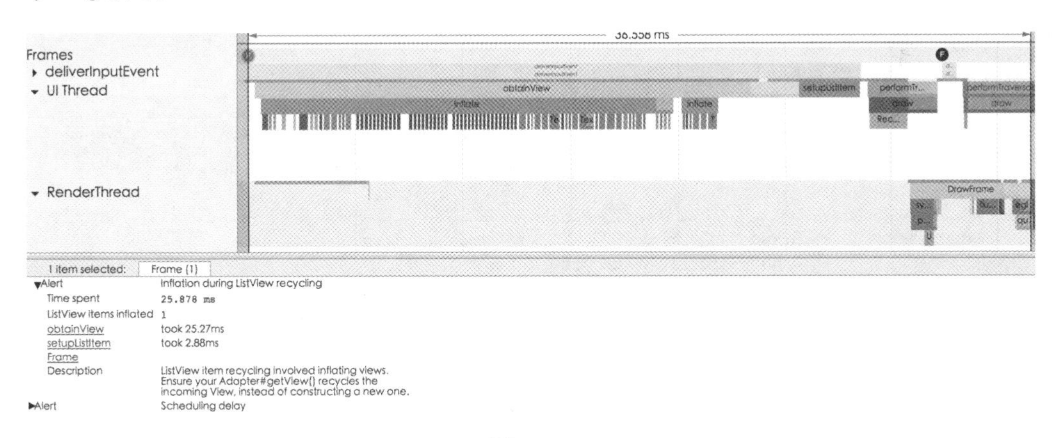

图 6-16

⑥ Inefficient ListView recycling/rebinding

每帧的 ListView recycling 耗时过长，需要看一下 Adapter.getView() 绑定数据的时候是否高效，如图 6-17 所示。

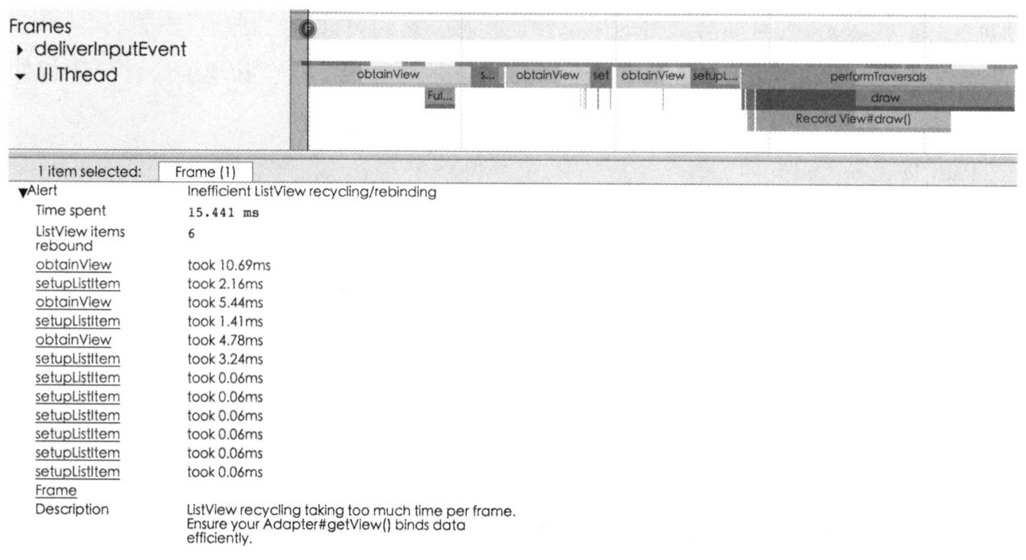

图 6-17

⑦ Expensive Measure/Layout pass

Expensive Measure 信息如图 6-18 所示。

Measure/Layout 耗费了一定的时间从而导致 jank。当动画的时候，避免触发 Layout。

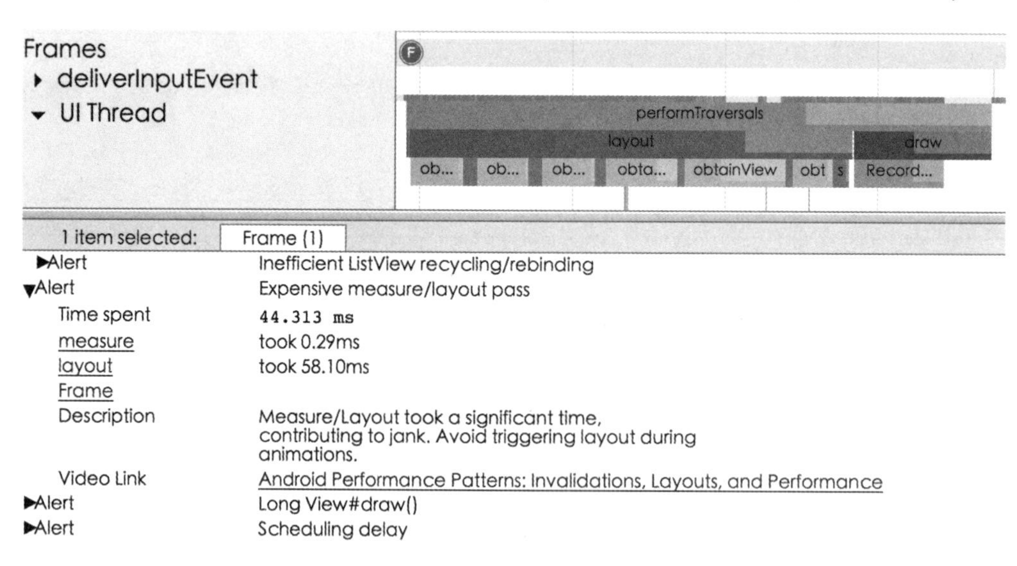

图 6-18

Layout pass 信息如图 6-19 所示。

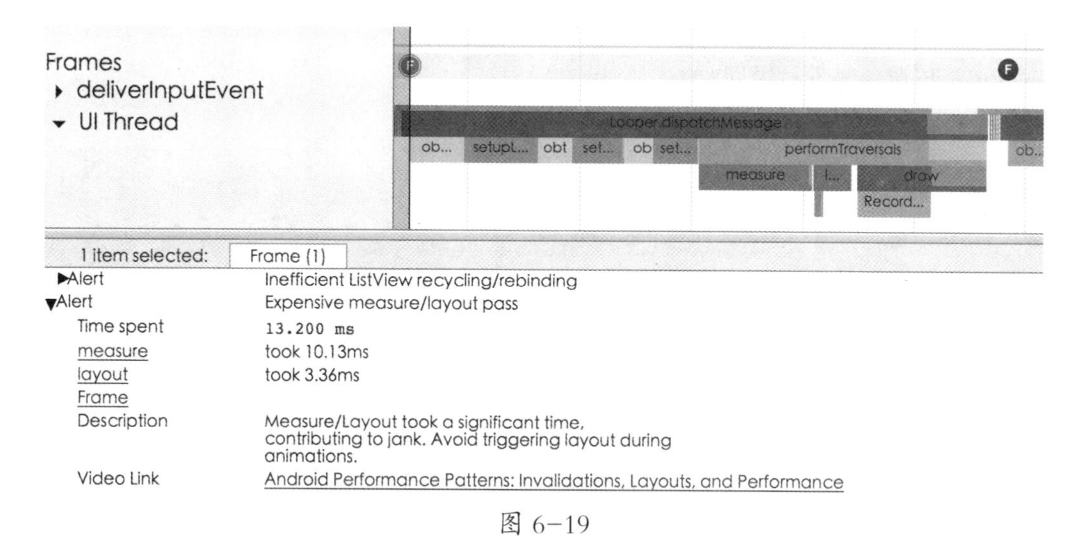

图 6-19

⑧ Long View.draw()

Long View.draw() 信息如图 6-20 所示。

Draw 本身耗费了很长的时间。避免在 View 或者 Drawable 的 onDraw 里面执行任务繁重的自定义操作，特别是申请内存或者绘制 Bitmap。

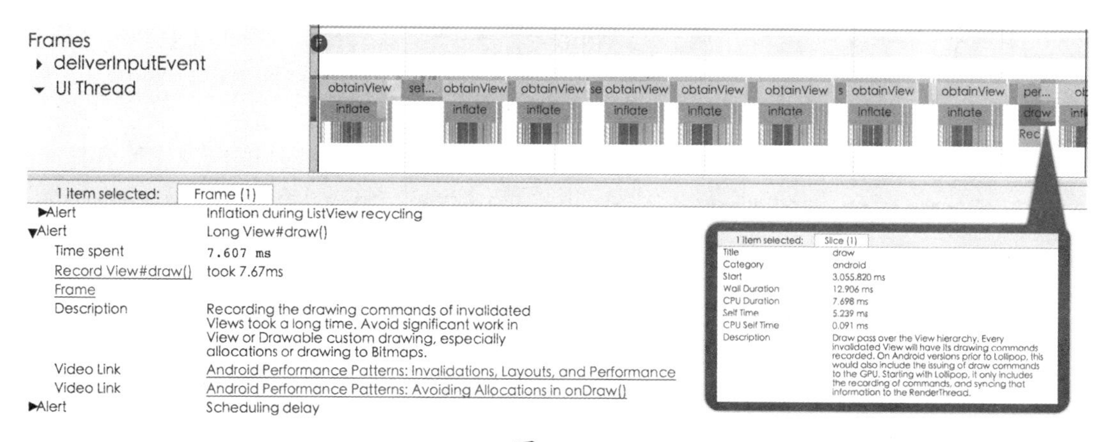

图 6-20

⑨ Blocking Garbage Collection

Blocking Garbage Collection Systrace 信息如图 6-21 所示。

因为垃圾回收导致的卡顿。其实非常常见，在前面的内存相关章节中就提过 GC for Alloc 会 stop the world。这里可以更强调场景，如一定要避免在动画的时候生成对象，重用 Bitmap 也可以避免触发垃圾回收。

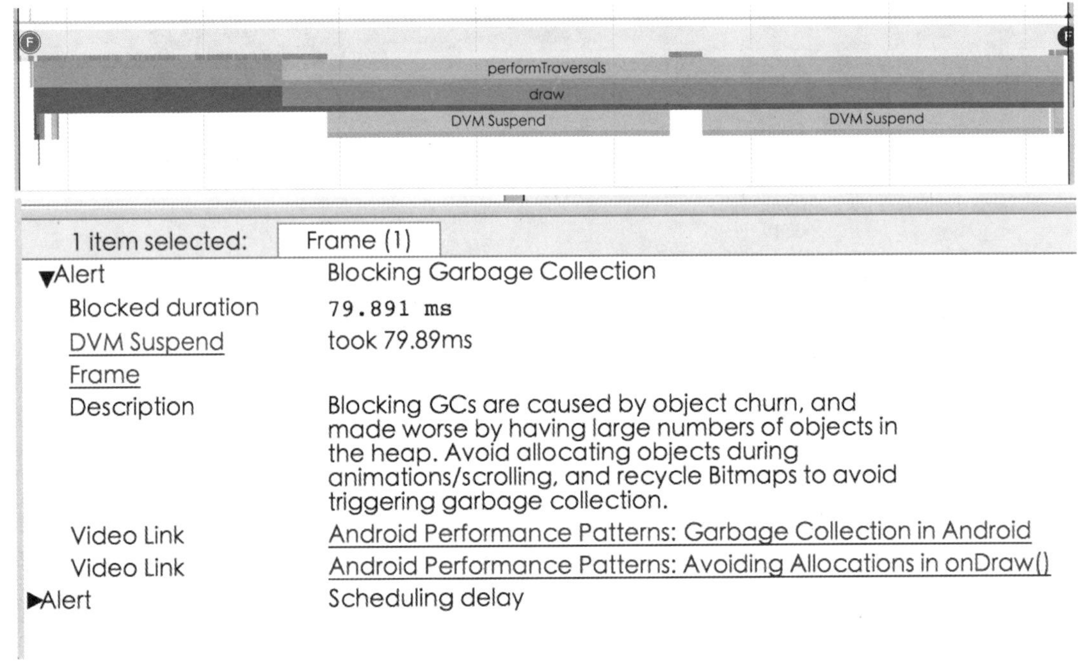

图 6-21

⑩ Lock contention

出现 UI 线程锁竞争是因为 UI 线程尝试去使用其他线程持有的锁。当出现这种情况时，UI 线程就会被 block，直到锁被释放。检查现有在 UI 线程的锁，并且确认它锁住的时间并不长。

⑪ Scheduling delay

因为网络 I/O、磁盘 I/O 等线程资源争抢，导致有一定时间的 UI 线程实际耗时长（非 CPU 耗时），从而导致了卡顿。确认这些后台线程都运行在较低优先级的线程（比 Thread_Priority_background 要低）。

通过这些 Alert，可以初步分析问题的方向，然后可以从两个方面着手再分析问题。一方面是用下面介绍的 Trace View，直接定位到函数。另一方面是继续用 Systrace，为了更清晰地定位，可以在被测应用代码的地方添加 Trace.traceBegin 和 Trace.traceEnd，Native 的还可以用表 6-2 的方法来让 Systrace 的定位能力更强。

表 6-2

```
#include <cutils/trace.h>
ATRACE_BEGIN("TEST");
ATRACE_END();
```

6.2.3　Trace View（分析）

1. 录取 Trace 方式

先说 Trace View 有三种启动方式，不同的启动方式有不同的使用场景，如表 6-3 所示。

表 6-3　Trace View 启动方式

方　　式	实 现 方 式	使 用 场 景
代码启动	android.os.DeBug.startMethodTracing(); 和 android.os.DeBug.stopMethodTracing()	为了定位某个精准区间的函数耗时问题，配合自动化测试的最佳选择
命令行启动	adb shell am start –a android.intent.action.VIEW –start-profiler a.trace adb shell am start –a android.intent.action.VIEW –P b.trace（当 App 进入 Idle 状态的时候，Profile 才停下来） 与 DDMS 的使用相近： am profile com.example.android.apis start /sdcard/android.trace 和 am profile com.example.android.apis stop /sdcard/android.trace	定位程序启动过程的耗时问题
DDMS 中启动		对于没有严格开始和结束的场景，如动画卡顿，流畅度类型的问题比较适用

2. 理解 Trace View

Trace View 信息如图 6-22 所示。

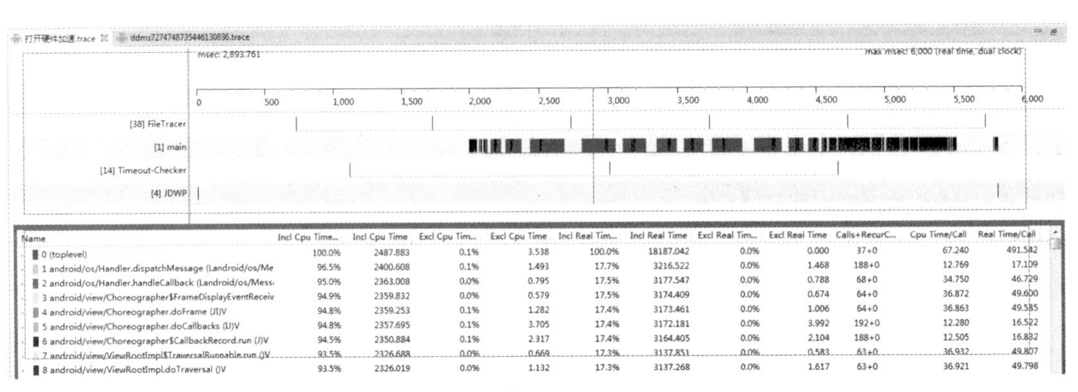

图 6-22

Trace 文件主要分两个区域。

上半区为时间片面板，X 轴表示的是时间消耗，单位为 ms，Y 轴表示的是线程，每个线程中不同的颜色表示不同的方法，颜色越宽表示该方法占用 CPU 时间越长。

下半区为方法耗时分析面板，给出了所有方法消耗时间的概况。

Trace View 信息含义如表 6-4 所示。

表 6-4　Trace View 信息各列含义

列　　名	含　　义
Name	列出所有的调用方法，展开可以看到有 Parent 和 Children 子项，分别指该方法的调用者以及该方法调用的方法
Incl CPU Time	某函数占用 CPU 的时间，包含该方法调用其他函数的 CPU 占用时间
Excl CPU Time	某函数自身占用的 CPU 时间，即不包含该方法调用的其他函数的 CPU 占用时间
Incl Real Time	某函数真实执行耗时，包含该方法调用的其他函数的耗时
Excl Real Time	某函数自身真实执行耗时，即不包含该方法调用的其他函数的耗时
Call+Recur Calls/Total	某函数被调用次数（含递归调用）占总调用次数的百分比
CPU Time/Call	某函数平均占用 CPU 的时间
Real Time/Call	某函数平均真实执行耗时

这里重点介绍一些重要的字段和分析问题的思路。这里介绍两个简单的分析思路。

第一步，是要知道关键函数，而关键函数就是构成整个响应耗时的函数，例如列表滑动的关键函数：getview，measure，layout，getdisplaylist，drawdisplaylist；对于界面切换的关键函数：onCreate；对于发送图片，有关键函数、负责压缩图片的函数、负责发送网络请求的函数。

第二步，利用关键函数，在茫茫"函数"的大海中配合"Incl CPU Time"、"Incl Real Time"、是否主线程调用，来逐层剖析这些关键函数的耗时组成。另外值得一提的是 Real Time，虽然 Google 官方说 Android 5.0 之前不太准确，但是起码有作用。Rreal Time 与 CPU Time 的差值大的话，可以证明也许出现了以下问题之一：I/O block、线程资源竞争、GC，而不光是 CPU 的问题。最后就是针对耗时函数来优化即可。

当然也有反着来的方式，与从上至下逐层剖析不同，还有一种方式，就是通过从大到小排序"Excl CPU Time"或者"Excl Real Time"，直接找最耗费 CPU 或最耗费时间的函数，这种方法对于那些不直接作用在"关键函数"的特别有效，也就是上面说的 GC 和线程资源竞争的问题。

最后在分析过程中，用上面的两个思路发现某函数的消耗很大，不妨再看一下调用的次数"Call+Recur Calls/Total"。一些关键函数和自定义函数，调用次数通常都可以用一个参考物来判断是否可疑。例如 Layout 的 Measure 次数和里面 textview 的 Measure 次数，发图函数的调用次数和图片压缩的次数。

6.2.4 gfxinfo（分析）

gfxinfo 非常适合作为渲染流程中初步定位的工具。使用的方法也很简单。

1. 打开 gfxinfo

打开开发者选项→选择 GPU 呈现模式分析，如图 6-23 所示。

选择在 adbshell dump gfxinfo 进行 GPU 呈现模式分析，如图 6-24 所示。

图 6-23　　图 6-24

2. 执行命令行 adb shell dumysys gfxinfo [App packagename]，例如：adb shell dumpsys gfxinfo com.tencent.mobileqq，会获取一系列数据，包括如下。

- Recent DisplayList operations：最近的 DisplayList 操作，其实就是一系列 OpenGL 的指令。
- Caches：打开硬件加速后，会使用内存，上限是 8MB。这个部分可以看到具体是什么东西构成这 8MB 的。
- Profile data in ms：这是最常用的，通过展示 128 帧， Process、 Draw、 Execute 的耗时来分析卡顿问题。最终可以绘制出一个图标。Android 6.0 版更新后，这里的数据更加丰富了，详细见 Slickr 的介绍。
- View hierarchy：包含 View 的个数， 渲染的帧的数量以及 DisplayList 的数据量。

6.2.5　Intel 的性能测试工具：UxTune（测评 + 分析）

UxTune 是一个工程工具，用于 Android 用户交互分析和优化。它是一种增强的 pyTimeChart 工具。UxTune 设计特性包括如下两项。

（1）垂直相关：将跨层的系统事件映射至用户级别活动，例如事件、手势、帧等。

（2）水平相关：将不同系统实体间的运行时活动（例如一个线程触发垃圾回收）关联。

下面介绍基于 pyTimeChart 的可视化。

要使用 UxTune 分析响应能力，开发人员需要熟悉 Android 系统的如下重要进程（在 pyTimeChart 中显示为行）。

- InputReader 行：该行以触摸坐标显示所有触摸事件。事件将发送至 InputDispatcher。
- InputDispatcher 行：InputDispatcher 将把连续的触摸事件打包，并将该包发送至应用程序的 uiThread。
- uiThread 行：该行显示从 InputDispatcher 收到的包的主要触摸事件。uiThread 将根据特定操作绘制（渲染）其表面。“D”表示绘制进程。
- Surface 行：uiThread 在绘制开始时锁定其表面，并在绘制完成后解锁表面。“S”和“E”表示应用程序渲染的开始和结束。
- SurfaceFlinger 行：在完成应用程序渲染后，应用程序将通知 SurfaceFlinger 合成并更新屏幕。“S” 表示 SurfaceFlinger 开始处理应用程序请求，而“E”表示合成完成（帧缓冲区交换完成）。

UxTune 的分析窗口如图 6-25 所示。

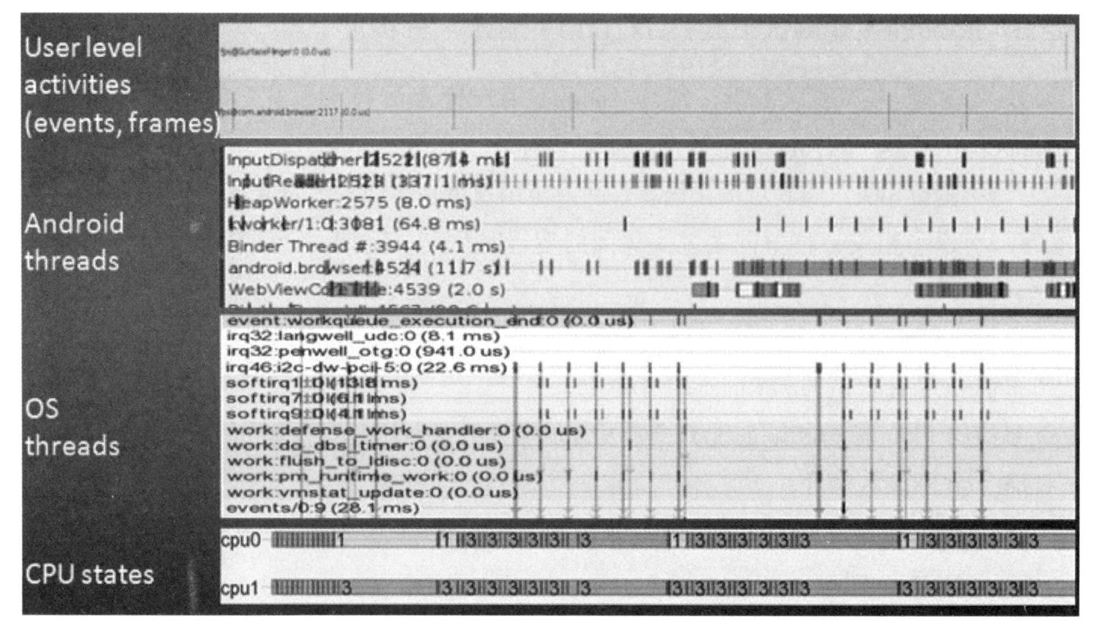

图 6-25

6.2.6 Hierarchy Viewer（分析）

Hierarchy Viewer 只是一个客户端，真正连接的是手机端的 ViewServer，两者通过 Socket 进行连接并传递数据。一般来说，默认不会启用 ViewServer。

1. 启用方法

要启用 ViewServer 有两个方法。

方法一：

通常 Google 的一种方法是替换“/system/framework/services.odex”文件，需要先反编译生成 smali 文件，然后修改 smali 文件，在 isSystemSecure 函数中强制返回“false”，再编译、压缩、优化、替换。但是容易让手机彻底报废。

其实对于 ViewServer 来讲，其代码会判断系统属性，只有对于 ro.secure 为 0 或 ro.deBuggable 为 1 的系统才能启动。修改这个东西就可以了。

（1）ROOT 手机，为后续执行该工具做准备。

（2）将 setpropex Push 到手机中（非 SD 卡），建议 Push 到 /data/local/tmp 下。

[执行] adb push setpropex /data/local/tmp。

（3）修改 setpropex，将其设置成可执行。

[执行] chmod 777 setpropex。

（4）运行 setpropex 修改 ro.secure 为 0 或者 ro.deBuggable 为 1。

[执行] setpropex ro.secure 0。

（5）连接 Hierarchy Viewer 查看你想要查看的程序。

注意：ro 属性在重启后会自动还原，因此，重启之后如果想再次使用 HierarchyViewer 需要重新执行第 4 步（setpropex 可以自行到 GitHub 搜索下载）。

方法二：

在项目里面引用并执行 ViewServer（http://github.com/romainguy/ViewServer）。

2. 使用方法

通过上面的方法启动 ViewServer 后，就可以使用 HierarchyView 启动了，具体方法如下。

（1）连接设备真机或者模拟器。

（2）启动你要观察的应用。

（3）打开 Hierarchy Viewer，选择对应的 Activity 即可，如图 6-26 所示。

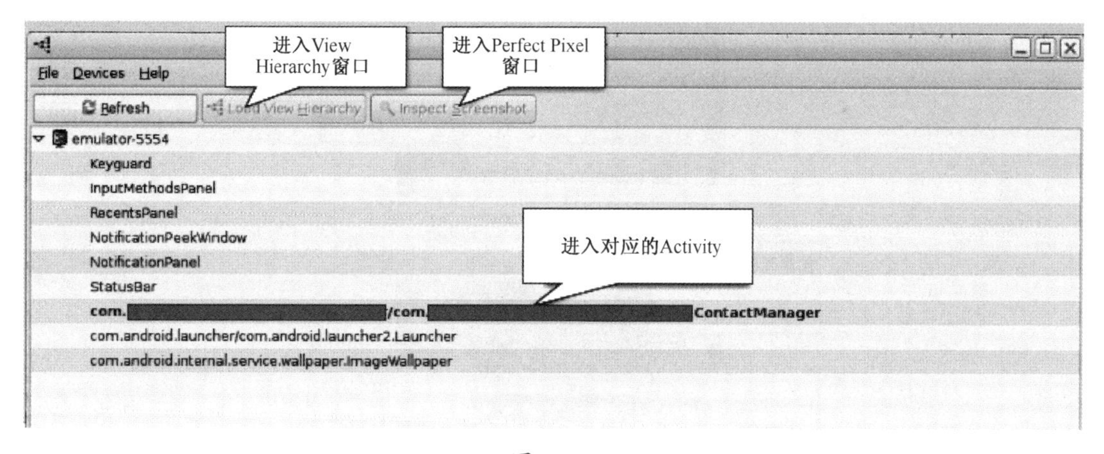

图 6-26

要观察整体布局的层次结构图，这个图有点大，可以拖动。如图 6-27 所示，Hierarchy Viewer 窗口显示了 Activity 的所有 View 对象，选中某个 View 还可以查看该 View 的具体信息，最好选择工具中的 Show Extras 选项。

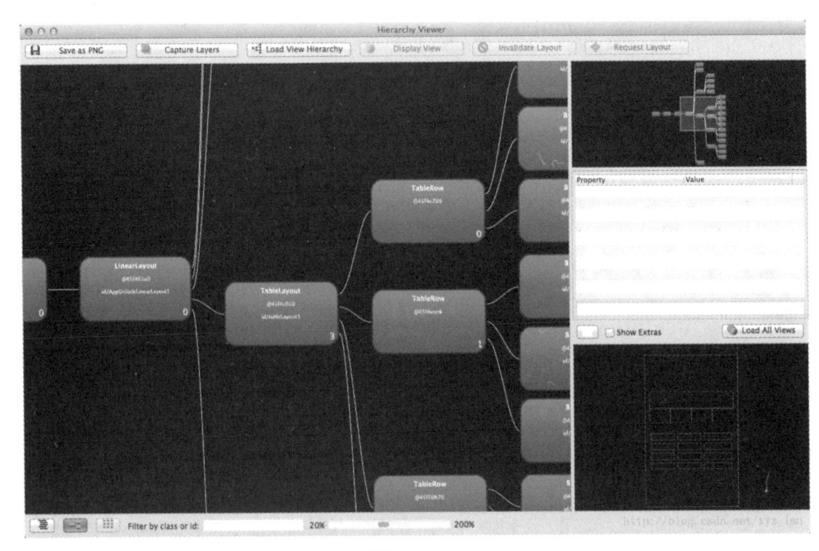

图 6-27

观察单个 View 节点，选择单个 View 节点后会出现如图 6-28 所示的图形。这里会看到 Measure、Layout、Draw 的性能情况。

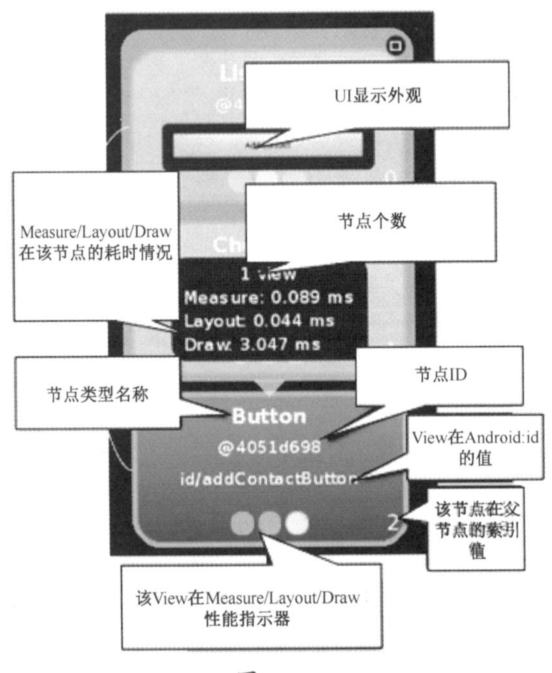

图 6-28

Hierarcy Viewer 同时能帮助你识别渲染性能比较低的部分。View 节点性能指示器是红色或黄色表示该 View 的 Measure/Layout/Draw 速度较慢。但是出现红色或者黄色并不表示单个的 View 一定有问题，特别是像 ViewGroup 对象，View 的子节点越多，结构越复杂，性能越差。不过也可以查看有些布局是否可以精简，或者 Merge 和 Include。

Hierarcy Viewer 可以快速定位到性能问题。只要观察每个 View 节点的性能指标（颜色点）就可以，你可以看到测量（布局或绘制）最慢的 View 对象是哪个，这样你就能快速确定要优先察看哪个问题。

6.2.7　Slickr（测评 + 分析）

1. 功能

Slickr 集合 bash 及 Python 脚本，用来对 Android 应用的帧渲染性能进行耗时数据收集及分析，可通过分析每个阶段的耗时判断是否存在相关性能问题，可以自动模拟滑动当前屏幕用来加入自动化测试，亦可将收集的数据通过图表的形式展现，易于进一步分析。

2. 对比 dumpsys gfxinfo

Slickr 是基于 dumpsys gfxinfo（仅仅适用于硬件加速平台）收集帧渲染性能的数据，但是具有更多的功能。

（1）可通过 input touchscreen 进行自动化模拟滑动操作，可通过参数指定滑动次数及滑动的垂直距离范围，可加入自动化测试中。

（2）对于 Android M，能收集更为详尽的帧渲染过程的数据，将过程分为更加具体的阶段，如 Start、Input、Animations 到 Execute、Process。

（3）能够将收集到的各帧性能数据，基于 matplotlib 画出直观的图表，查看每帧对应的各个渲染阶段的耗时。

3. 工具的使用说明

GitHub 链接：https://github.com/ericleong/slickr。

（1）依赖环境

Python 及 matplotlib 用来画图，源码的脚本应在 Linux 下运行，可将 slick.sh 改造成 slick.bat，在 Windows 下能够运行。

（2）API 接口说明

源码中的 slickr.sh 是程序的入口，调用方式如下：

$ slickr.sh <package> <iterations> <distance>

第 1 个参数是指渲染性能监控的对象，传入的是包名，如 com.tencent.mobileqq;。

第 2 个参数是指每 250ms 内滑动的次数，可默认为 4 次。

第 3 个参数是指滑动的垂直距离，也就是在如下命令中的 VERTICAL 参数

do input touchscreen swipe 100 $VERTICAL 100 0 250;

swipe 后面的四个参数分别为 <x1,y1,x2,y2>，VERTICAL 对应 y1，也就是由 (100,$VERTIVAL) 滑动到 (100,0)，$VERTIVAL 决定了滑动的垂直距离，默认值根据 adb shell wm density 或者 adb shell getprop | grep density 取出 density 后乘以 3 得出。

（3）使用示例

- 持续滑动 8s，并且保存当前屏幕的帧渲染数据到某个文件：

  $ ./slickr.sh > profile.txt

- 持续滑动 8s，并且展示每帧渲染的平均时延：

  $ ./slickr.sh | ./avg.py

- 持续滑动 8s，并且将获取的数据通过画图工具画出图表：

  $ ./slickr.sh | ./plot.py

- 比较两个帧渲染数据文件，比较两个渲染过程的差异：

  $ ./compare.py profile1.txt profile2.txt

（4）代码改动说明（在 Windows 下能用）

slickr.sh 会进行自动滑动及 framestats 的数据收集工作，并且会自动调用 profile.py 将收集到的数据进行解析，计算出 Start\Input 等阶段的时间，解析之后可调用 plot.py 进行画图。

profile.py 的职责是对 dumpsys gfxinfo 的输出进行解析和计算，而由于在 Windows 下的输出格式略有差异，输出多了两行空行以及一行 title，所以我们需要对 profile.py 及 plot.py 进行略微修改，去掉多余的空行和 title 即可，修改后的文件见附件，可直接在 Windows 下使用。

4. 结果分析

由于针对 Android M 的手机，gfxinfo 才能够收集到更加详细的渲染过程的 framestats，因此选取一部可以刷 Android M 的手机（本文选择 Nexus 9），Android M 下载链接如下：

https://developer.android.com/preview/download.html#top

刷机教程如下：

http://www.weand.com/rom/2015-05-29/The-Nexus-569-upgrade-the-latest-Android-M-tutorial-system_615335.shtml

安装一个手机 QQ，进入消息列表界面，运行 ./slickr.sh com.tencent.mobileqq。

即可获取以下数据：

```
---PROFILEDATA---
Flags, IntendedVsync, Vsync, OldestInputEvent, NewestInputEvent, HandleInputStart, AnimationStart, PerformTraversalsStart, DrawStart,
0, 5409264255965, 5409264255965, 9223372036854775807, 0, 5409264625459, 5409264646709, 5409264648709, 5409264738542, 5409265433042, 540
```

这样的数据共 120 行，每一行数据即为每一帧渲染过程的各个阶段的耗时，每一列数据代表一个时间节点，总共对应 120 帧的数据，各列对应如下的时间节点。

IntendedVsync-->Vsync-->OldestInputEvent-->NewestInputEvent-->HandleInputStart-->AnimationStart-->PerformTraversalsStart-->DrawStart-->SyncStart-->IssueDrawCommandsStart-->SwapBuffers-->FrameCompleted

具体各个时间节点的含义可参考：

http://developer.android.com/preview/testing/performance.html#fs-data-format

每一次调用 plot.py 会画出四种类型的 Slickr 柱形图，如图 6-29 所示。

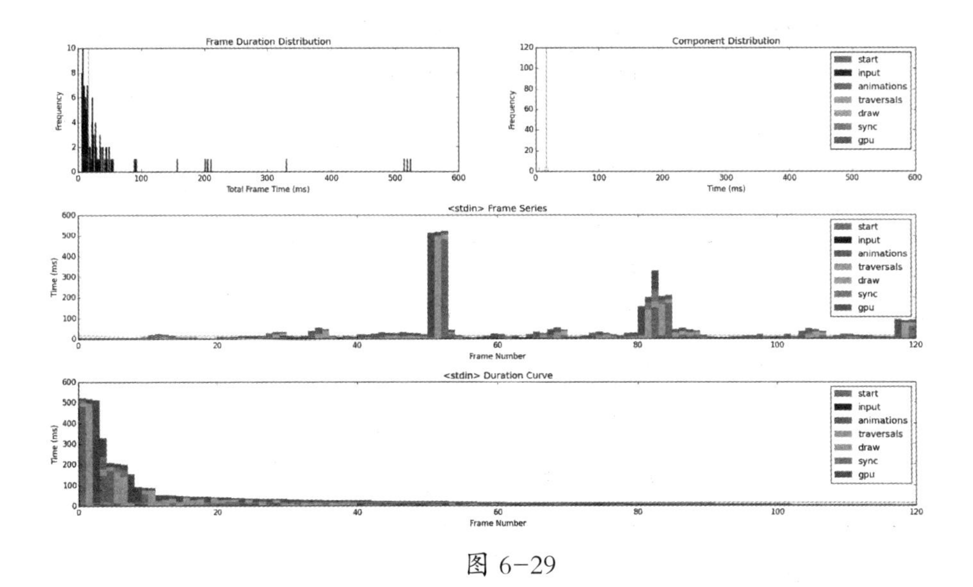

图 6-29

而图 6-30 中各个时间段的值，正是由每一行数据的某两列相减计算出来的，如 Start 时间是由 HANDLE_INPUT_START-INTENDED_VSYNC 得到的。

输出的帧渲染耗时直方图，如图 6-30 所示。

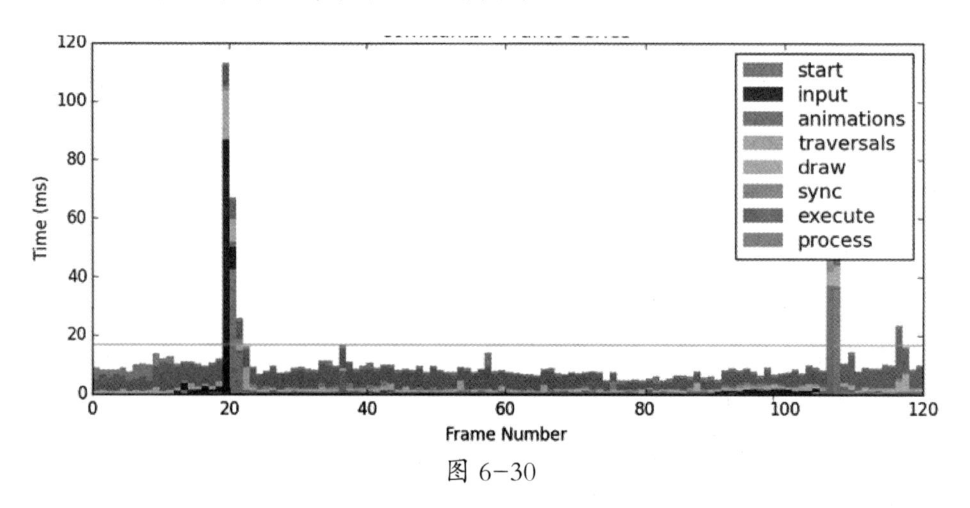

图 6-30

渲染耗时项含义如表 6-5 所示。

表 6-5 渲染耗时项含义

时　间　段	gfxinfo 对应阶段	对应 framestats 的起始时间节点	含　　义
Start		INTENDED_VSYNC → HANDLE_INPUT_START	系统处理开始的时间
Input		HANDLE_INPUT_START → ANIMATION_START	处理输入事件的时间
Animations		ANIMATION_START → PERFORM_TRAVERSALS_ST ART	评估运行动画的时间
Traversals		PERFORM_TRAVERSALS_START → DRAW_START	Measure 和 Layout 阶段的耗时
Draw	Draw	DRAW_START → SYNC_START	View.draw() 的耗时，构建 DisplayList 的时间
Sync	Prepare	SYNC_START → ISSUE_DRAW_COMMANDS_START	传递数据给 GPU 花的时间

续表

时　间　段	gfxinfo 对应阶段	对应 framestats 的起始时间节点	含　　义
Execute	Execute		执行 Display List 命令的时间
Gpu	Process	ISSUE_DRAW_COMMANDS_ START → FRAME_COMPLETED	等待 GPU 的时间

我们可以根据表 6-5 详细的过程耗时进行分析，如若 Animation 的耗时大于 2ms，那么可能是 App 存在有不合适的自定义动画等。

具体的各个时间含义可参考：

http://developer.android.com/preview/testing/performance.html#fs-data-forma

同时该工具也可根据数据生成时间曲线图，如图 6-31 所示。

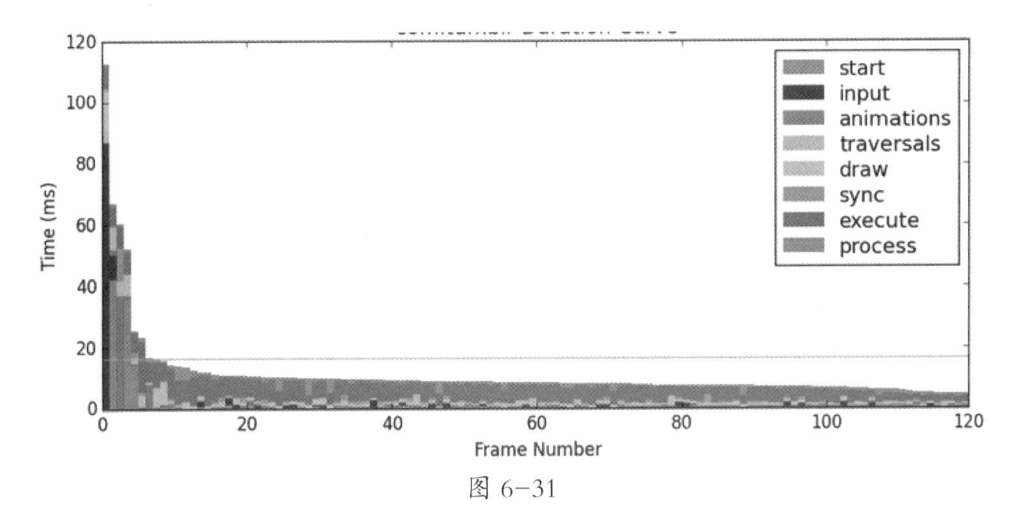

图 6-31

图 6-31 是根据帧渲染时间重新降序排序，可以一目了然地查看到多少帧超过了 16ms 的渲染时间，多少帧是在 16ms 之内的。

6.2.8　图形引擎分析神器——Adreno Profiler 工具使用说明

最近很多手机 QQ 的需求都和 OpenGL 相关，非常需要一款易用且强大的性能工具来帮助分析问题。DDMS 里面的 OpenGL Trace 分析能力比较有限，想深入地了解整个渲染流程有些困难。直到我们了解到 Adreno Profiler。下面分享下 Adreno Profiler 的基本用法以及其强大之处。

1. 环境配置

Adreno Profiler 只支持高通自家的 GPU 芯片，如何判断一款设备是否使用高通的芯片组，我们可以通过如下命令来查看：

```
adb shell cat /proc/cpuinfo
```

如果 Hardware 对应 Qualcomm，那么这台设备就可以使用 Adreno Profiler，如图 6-32 即为查看对应 CPU 与 GPU 的硬件品牌。

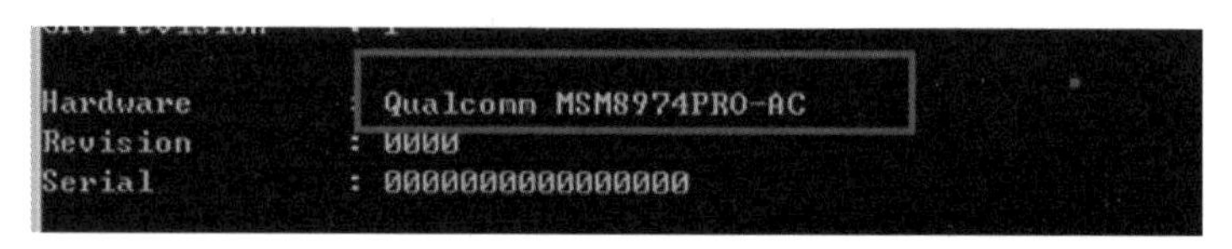

图 6-32

使用这个工具需要注意以下几点。

①确保手机的驱动是正常安装的；

②手机开启了调试模式；

③关闭其他可能会占用 adb 的程序（Android 的 IDE、各类手机助手等），并且输入如下 adb 命令：

```
adb shell setprop deBug.egl.profiler 1
```

只要手机重启过，这行命令就需要输入。如果找到需要测试的进程，说明我们已经完成环境配置，Adreno Profiler 连接手机的界面如图 6-33 所示。

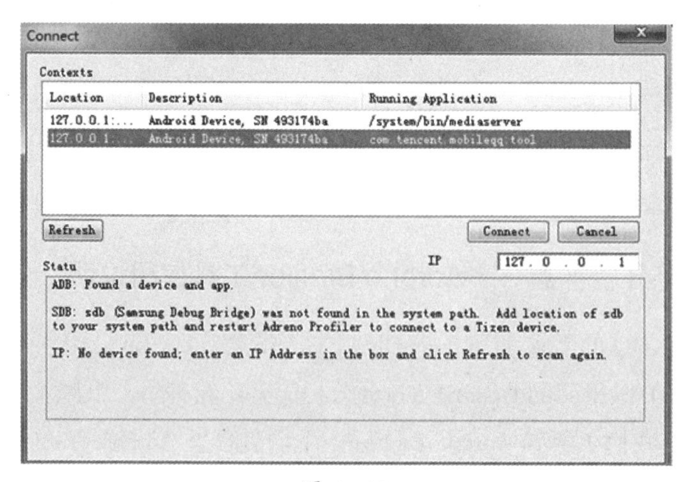

图 6-33

2. 基本用法

Adreno Profiler 主要提供了两种分析能力：OpenGL 单帧的性能分析（Scrubber GL）与性能指标变化趋势，Adreno Profiler 工具栏如图 6-34 所示。

图 6-34

查看性能指标变化趋势，选择 Grapher → App Metrics Graph。

右侧为 MetricsView，可以选择需要监控的指标，包括 FPS、GPU 使用率，Shader 使用率等。选择完成后，对应指标就以曲线的形式绘制出来，并且可以支持导出 CSV 格式的文件。不仅如此，右侧窗口可以实时控制手机 OpenGL 的状态，如果屏蔽 Disabled GL 设置为 true，则手机的所有 OpenGL 方法就全部不能执行。手机显示的画面实际上是上一帧缓存上来的，如果 FPS 还是过低，就很有可能是 CPU 导致的性能问题。可以通过类似方法，定位到 OpenGL 的性能瓶颈，App Graph 界面如图 6-35 所示。

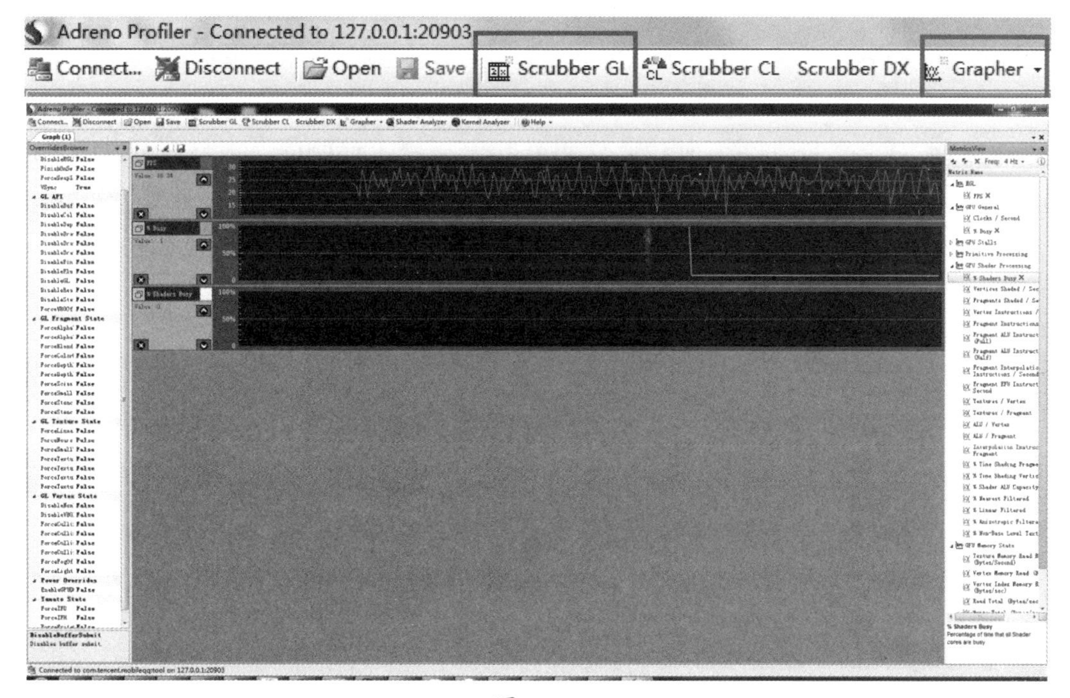

图 6-35

接下来，重点介绍单帧性能分析，这也是 Adreno Profiler 最强大的能力。选择 Scrubber GL→Capture Frame，Adreno Profiler 可以获取当前手机的单帧信息，如图 6-36 所示。

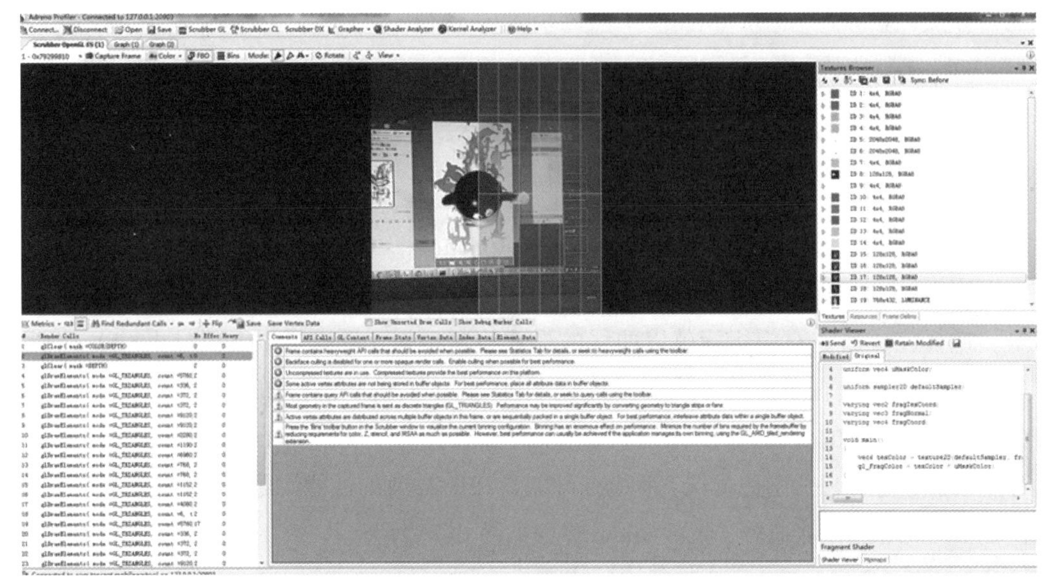

图 6-36

左下角位置描述的是 Draw Call 函数调用。选中对应的 Draw Call，3D 模型被绘制部位会高亮显示。若需要获取每个 Draw Call 的执行时间，选择 Metrics → GPU General → Clocks，再重新截取单帧内容，即显示出每个 Draw Call 的执行时长。如果要从 Shader 使用率等多个维度查看 Draw Call，重新选择对应的信息即可，如图 6-37 所示。

Metrics ▾ 12.3 | Find Redundant Calls ▾ ⇐ ⇒ | Flip | Save Save Vertex Data | Show Unsorted Draw Calls

#	Render Calls	No Effec	Heavy	Clocks	% Shaders Busy
1	glClear(mask =COLOR|DEPTH)				
2	glClear(mask =COLOR)				
3	glDrawArrays(mode =GL_TRIANGLE_STRIP, first =0,				
4	glClear(mask =DEPTH)				
5	glDrawElements(mode =GL_TRIANGLES, count =2026				
6	glDrawElements(mode =GL_TRIANGLES, count =5004				
7	glDrawElements(mode =GL_TRIANGLES, count =18,				
8	glDrawElements(mode =GL_TRIANGLES, count =6186				
9	glDrawElements(mode =GL_TRIANGLES, count =513,				
10	glDrawElements(mode =GL_TRIANGLES, count =1749				
11	glDrawElements(mode =GL_TRIANGLES, count =18,				
12	glDrawElements(mode =GL_TRIANGLES, count =2026				
13	glDrawElements(mode =GL_TRIANGLES, count =5004				
14	glDrawElements(mode =GL_TRIANGLES, count =18,				

图 6-37

从图 6-38 来看，能很直观地看出哪个 Draw Call 耗时长，对于问题定位提供了很有帮助的信息。每个 Draw Call 可以查看调用的 OpenGL API，而且可以查询冗余调用、无效调用的 API 等。

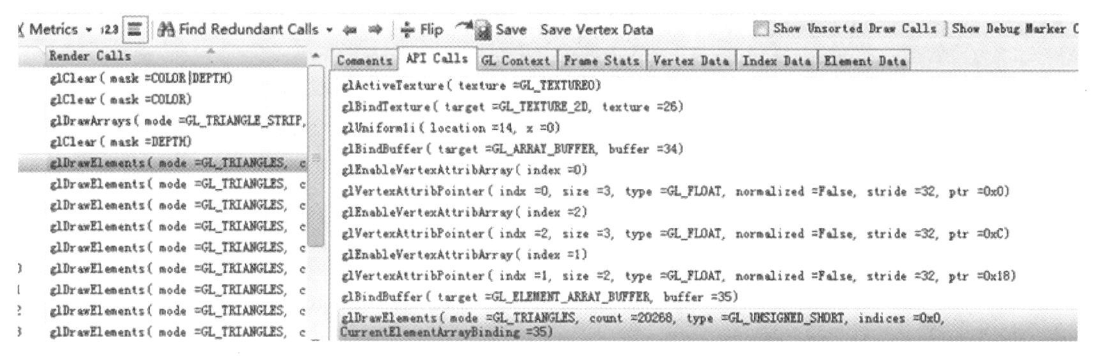

图 6-38

Adreno Profiler 还有一个非常重要的功能，查看纹理资源文件，快速查看纹理尺寸和格式类型。选中对应的纹理，对应的 Draw Call 就会高亮显示，主要预览右下角的 mipmaps, 并且支持文件导出，如图 6-39 所示。

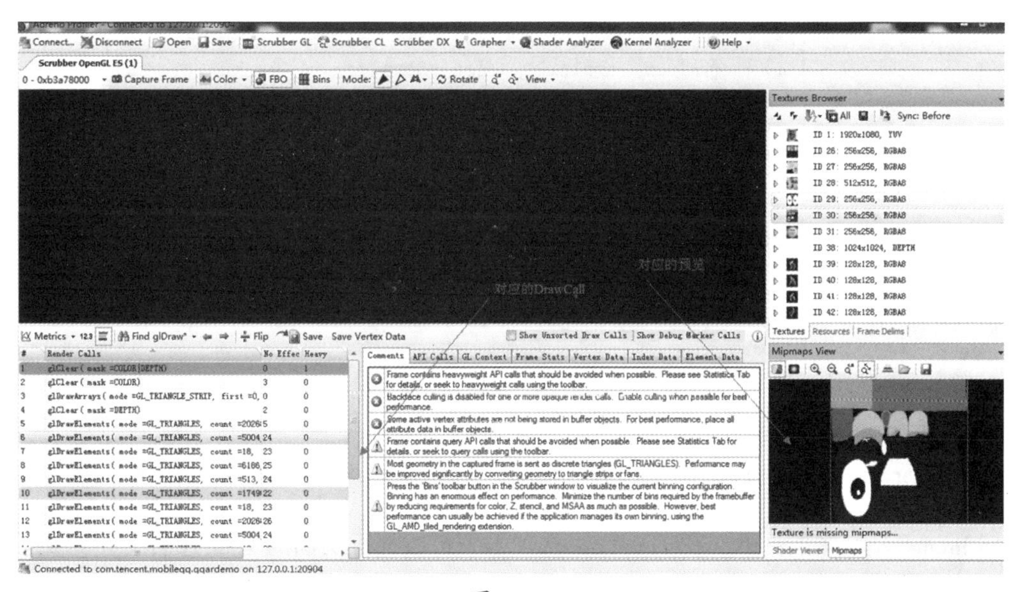

图 6-39

Buffer 对象和 Shader 可以通过在 Resource 的 Tab 页面查看，图 6-40 展示了 Vertex/Fragment Shader 的具体实现，并且更强大的功能是可以随时改写 Shader 并且实时编译。

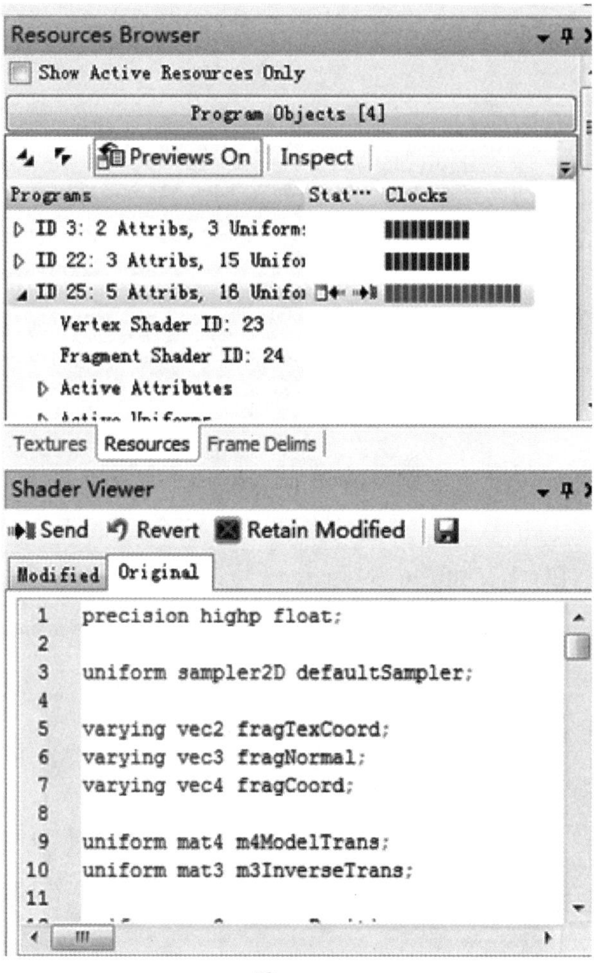

图 6-40

6.2.9 Chrome DevTool

Chrome 开发者工具中，在 TimeLine 选项卡下可以捕捉页面的 Load 事件，可将页面开始载入 url 到 Load 事件触发的时间作为整个页面完整展示的时间，即首屏加载完毕所需的时间。怎么去获取这个 Load 事件呢？

（1）启动远程调试。可查看前文中的相关内容。

（2）获取 H5 页面的入口 url。手机连 PC 的 Fiddler，进 H5 或者 WebView 页面时 Fiddler 可以抓到入口 url，具体可以查看 Google 的“Android 手机使用 Fiddler 抓包”。

（3）捕捉 Load 事件。在手机侧的 Chrome 里打开 H5 页面，并通过 TimeLine 的 Record 记录下首屏加载的各个事件。

第 1 步：在手机 Chrome 里打开一个空白标签页。

第 2 步：在 PC 的 Chrome 里获取空白页面的调试对象，并打开这个调试窗口，如图 6-41 所示。

图 6-41

第 3 步：将调试页面切到 TimeLine Tab，页面上有个灰色圆点， mouseover 上去显示 Record，单击后按钮会变红，开始记录事件。同时，把 Network Tab 下抓网络请求的按钮打开，抓取首屏请求时的网络请求，便于后面做耗时分析，如图 6-42 所示。

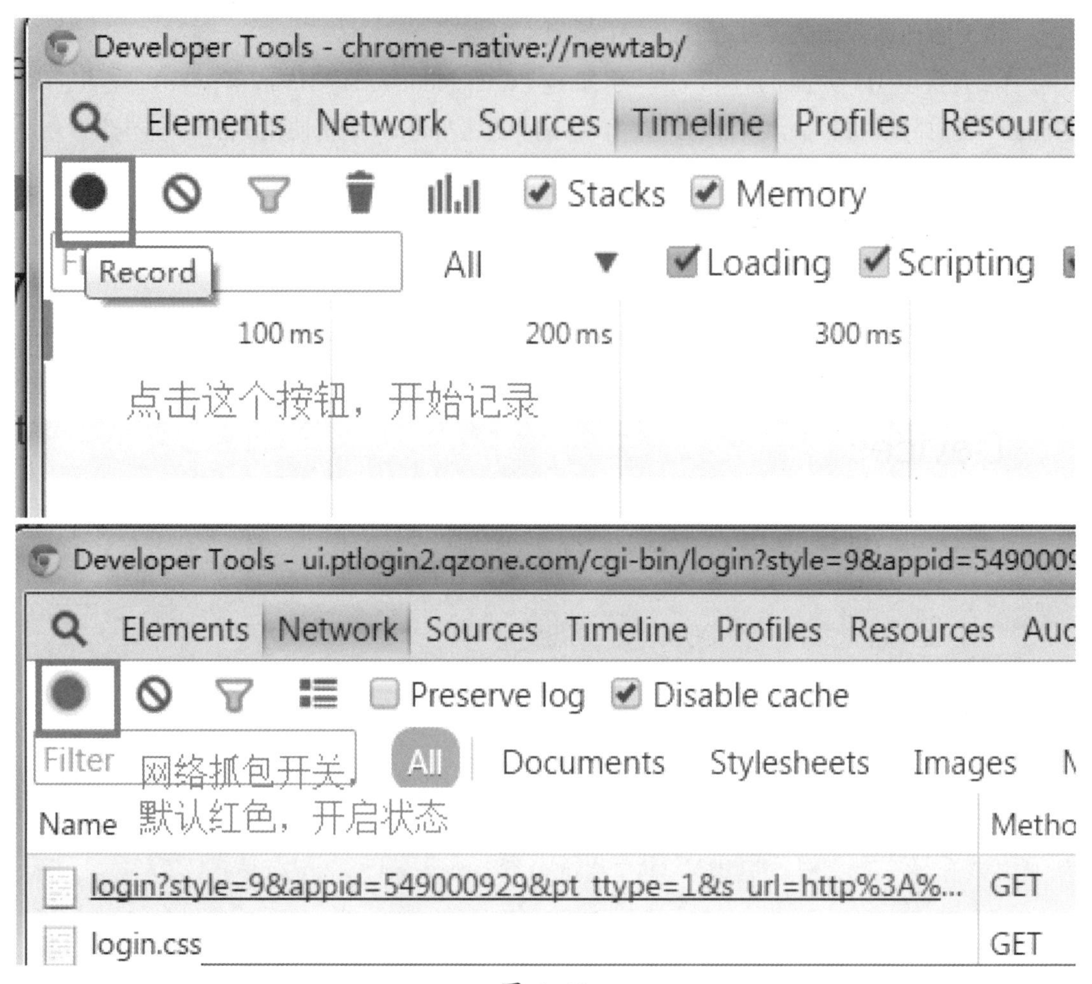

图 6–42

第 4 步：按钮变红后，在手机 Chrome 标签页的地址栏里输入要测试的 url，比如 m.qzone.com，待页面展示完毕后，再次单击 PC 调试页面上的 Record 按钮，此时按钮颜色重新变为灰色，且显示了首屏加载时捕捉到的一系列事件。每一条线代表了一个事件，不同颜色的含义不同，如图 6–43 所示。

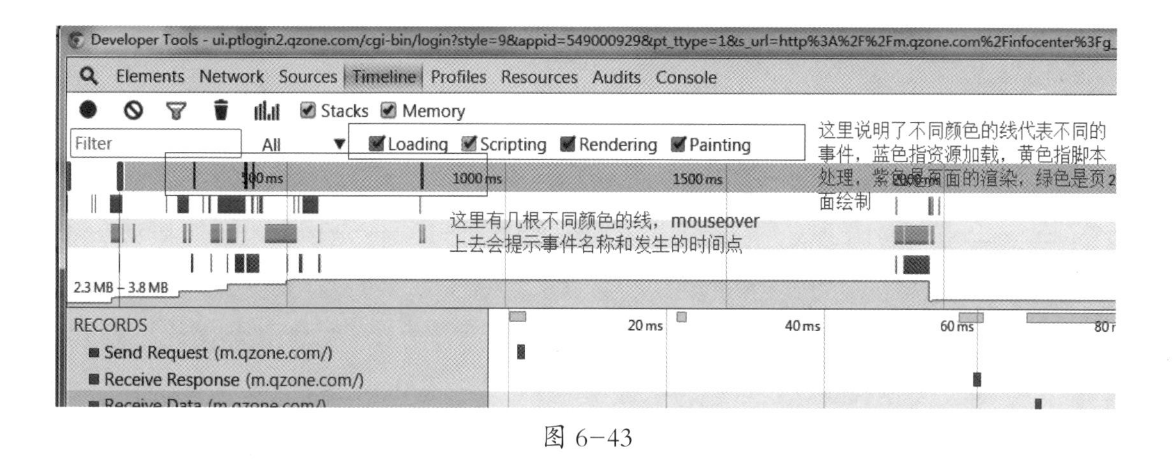

图 6-43

要查看具体的事件，可以用游标先圈定关注的事件，在下方的 RECORDS 里面可以看到每个事件的详细信息，如图 6-44 和图 6-45 所示。

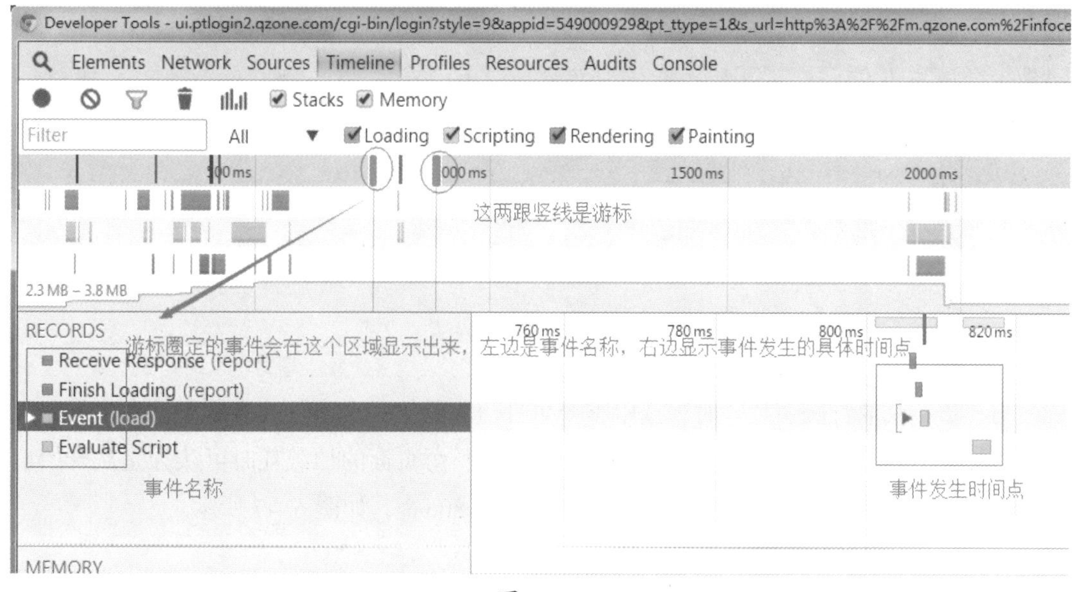

图 6-44

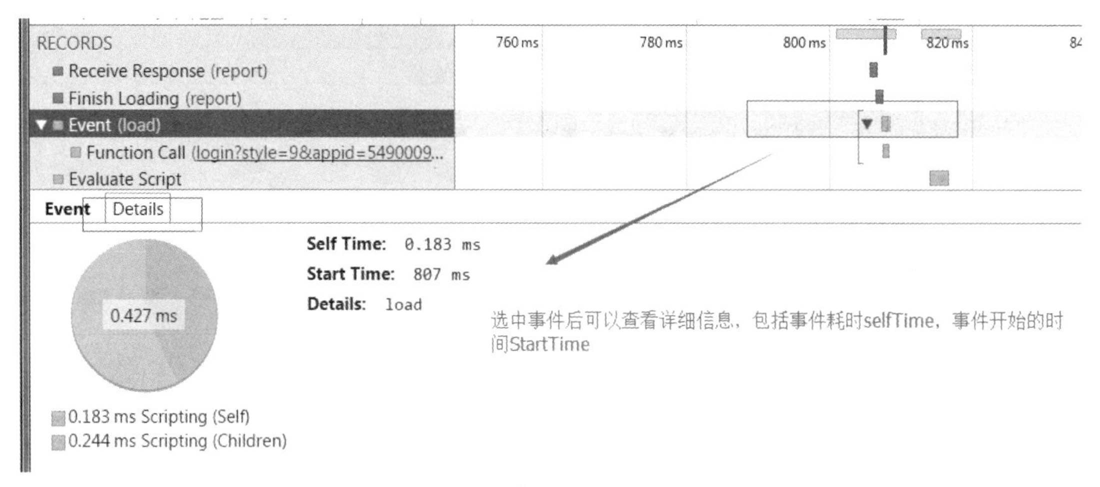

图 6-45

还可以展开部分脚本事件查看调用位置，如图 6-46 所示。

图 6-46

第 5 步：获取首屏加载耗时。选中整个事件流中的第一个事件，查看事件发生的时间点为 1ms，Load 事件发生的时间点为 807ms，因此整个页面的加载耗时可认为是从开始请求 url 算起到 Load 事件触发的这段时间，为 807-1=806ms，如图 6-47 所示。

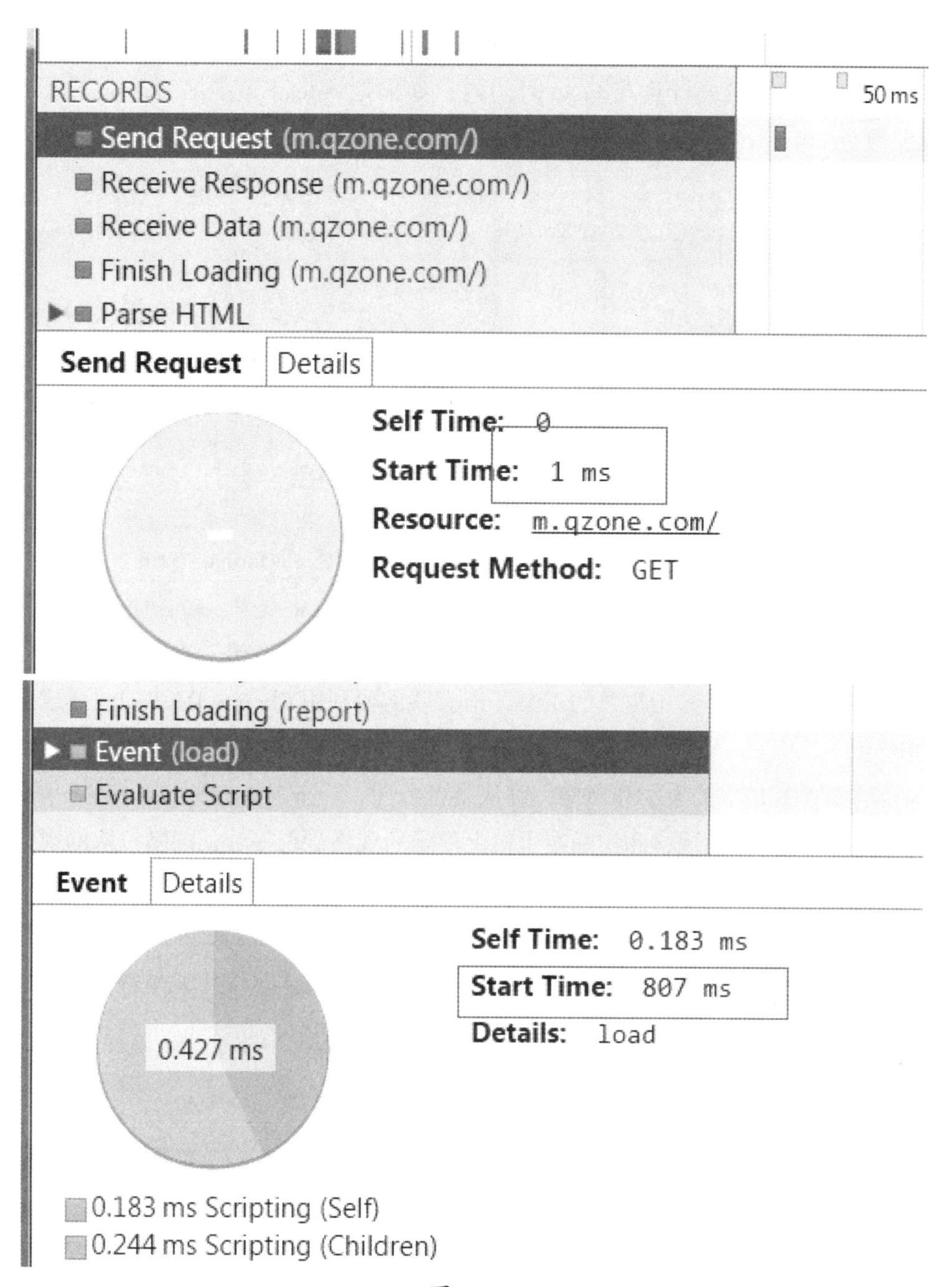

图 6-47

注意：Load 事件代表页面的所有资源都加载完毕（包括图片）。同样适用于异步加载的情况，如果异步加载方式是 Script DOM Element，那么异步加载会阻塞部分页面渲染，这部分加载时间也会计算在 Load 时间内；如果是 onload 异步加载，则不会计入。详细说明参见 http://www.cnblogs.com/tiwlin/archive/2011/12/26/2302554.html，实测情况如图 6-48 所示。

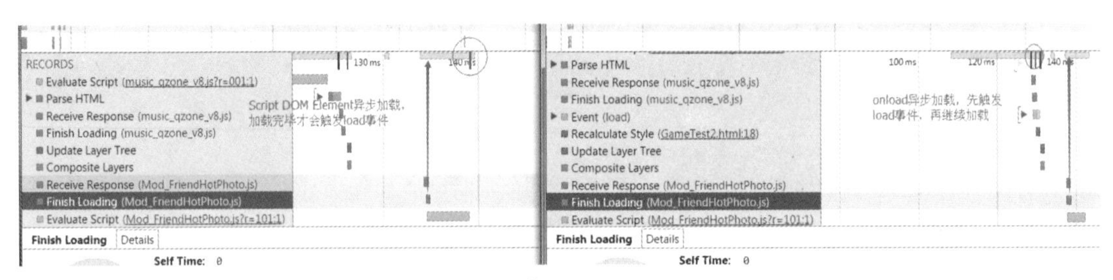

图 6-48

当然还有一种更简单的方法：就是使用 Chrome 预埋的 performance.timing 接口，可以直接在控制台打印出 domcontentloaded 和 onload 的时间戳，再减去 connectstart 的时间戳，即可得到耗时。分析 H5 类型的各种耗时，大部分情况都是网络相关的，所以很多分析工具都可以重用本书网络部分中提及的工具，但有些需要利用 Chrome DevTool，在这里具体介绍如下。

（1）查看图片请求的大小和规格，确认是否合理

首先查看拉取图片的规格和实际在手机上展示的规格是否一致，网络拉取的规格可以在 Network 抓包里看到，实际展示的规格可以在 Element 下定位元素找到。如图 6-49 所示，实际使用的大小是 109×111，实际却拉取了 267×200，这种情况就需要和开发人员一起讨论一下是 Bug 还是某个特殊逻辑，是 Bug 的话提单给开发人员优化，是特殊逻辑也要了解一下是否合理。

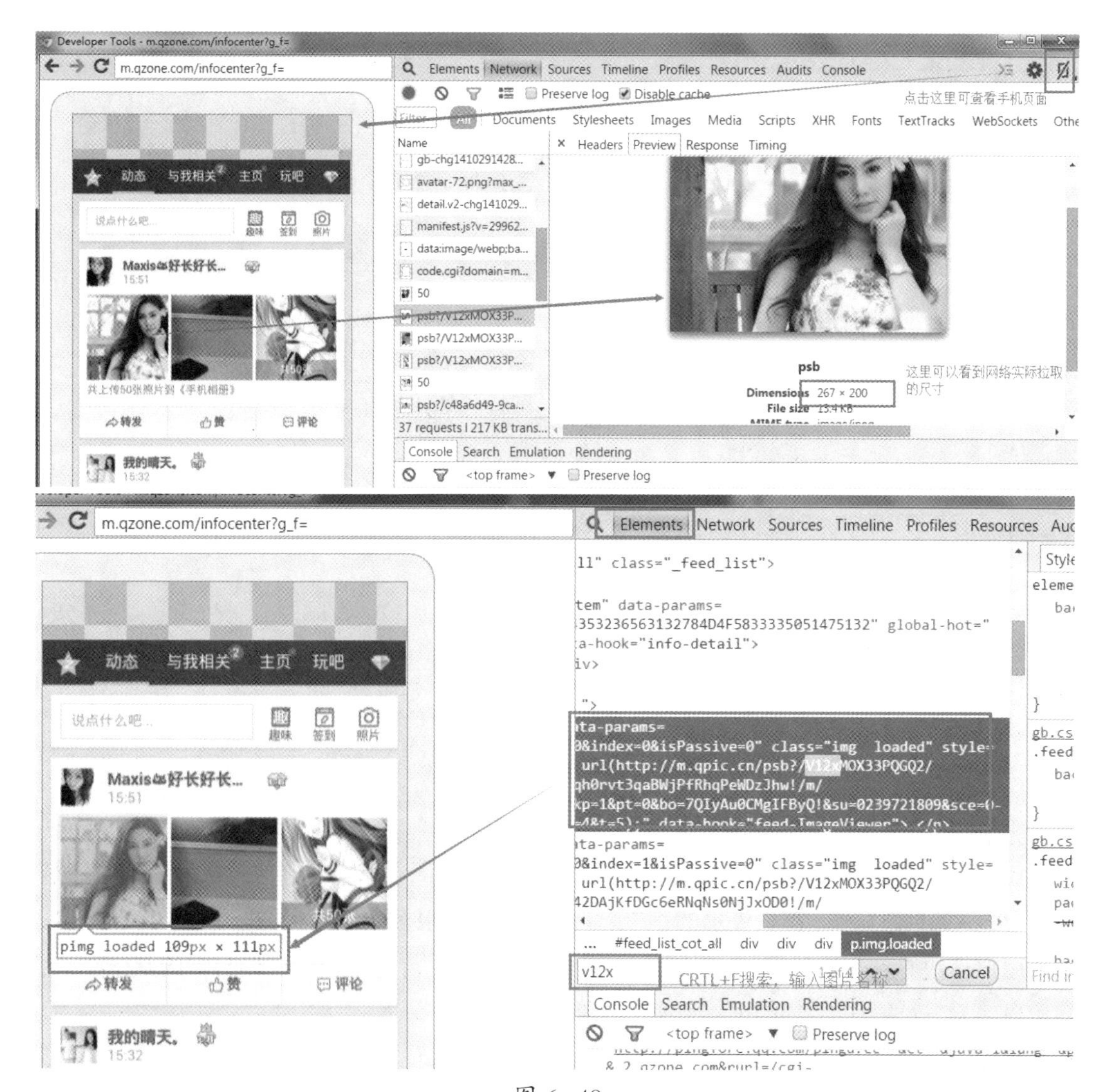

图 6-49

其次图片的大小也要关注。比如签到页面，拉到的推荐印章规格都一样，但是大小差别很大，JPEG 图片可以下载后放到图片优化软件中做压缩。比如签到页的这个图，如图 6-50 所示，可以从 46.1KB 压缩到 19.5KB。另外，业务人员有时候使用 PNG 图片是为了做透明效果，如果图片色彩丰富又不需要透明效果，可以建议开发人员修改为 JPEG 图片。图片的优化，需要找重构开发相关人员看一下。

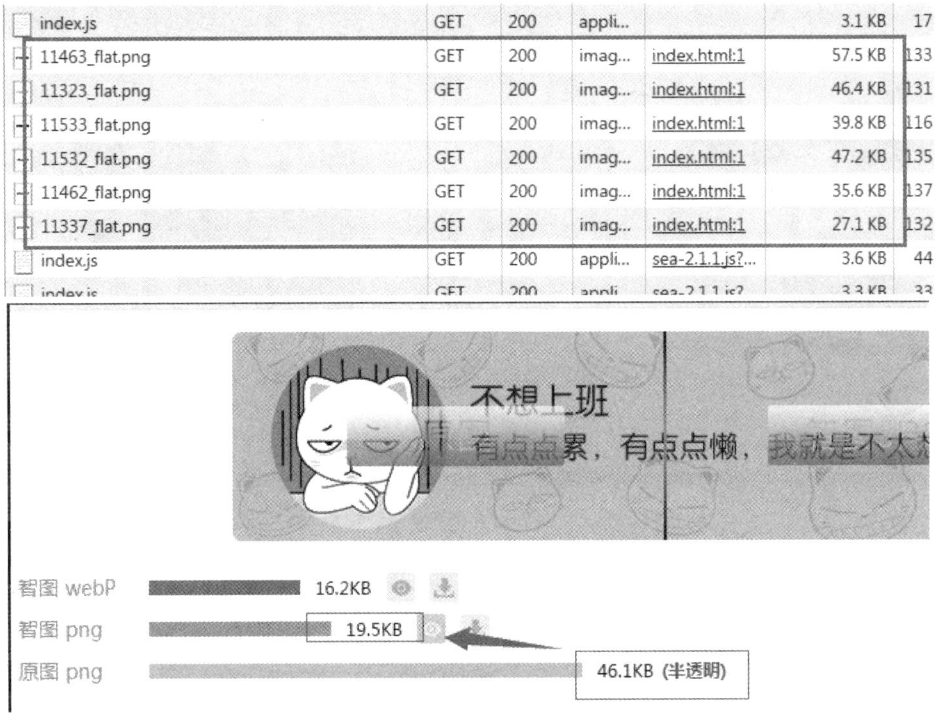

图 6-50

（2）对于图片较多的页面，关注图片的拉取逻辑

比如是否需要做 lazyload，是否需要做预拉取？ lazyload 和预拉取的时机是否恰当？举个例子，签到页改版中，首页展示的是推荐印章列表，有很多大图。为了提升首屏加载速度，保证用户尽快看到首屏数据，这里采用了 lazyload 优化。首先只加载首屏必需的几张图片，当用户触发下拉操作时，再拉取后面的印章图片。

注意：若不了解什么是 lazyload，请参见 https://github.com/jieyou/lazyload，或者 Google 的官方文件。

（3）是否在入口 HTML 页面加入了默认样式

默认样式的作用是当网速过慢（比如 2GB）时，能让用户先看到页面的框架，CSS 文件和图片等资源待稍后加载完毕再做渲染和展示。

（4）是否接入了离线包

目前 Qzone 和手机 QQ 都使用了离线包功能，H5 业务可以通过接入离线包的方式，来改善 3G 网络特别是 2G 网络下的首屏加载速度。

第 7 章
流畅度：没有最流畅，只有更流畅

7.1 案例 A：红米手机 QQ 上的手机消息列表卡顿问题

Measurement

View.measure: 29.5%

ViewGroup.layout: 2.8%

ViewRootImpl.draw: 24.7%

HeaderViewListAdapter.getView: 6.5%

我们发现，好友列表在我们的常规测试机型 i9100 上一点儿也不卡，但是在红米手机上居然卡爆了。可惜这只是个人的感觉而已。有没有量化的方法呢？当然有，我们开始使用 perfbox:scrolltest 来测算这里的 FPS（每组画面帧数）值，发现在相同的滑动频率下，红米手机的 FPS 仅仅只有 13，而 i9100 的 FPS 却有 40 多。

如果要对问题进行初步定位，我们有两个选择，一个是使用 Systrace，另一个是 TraceView。这里我们选择了使用更加方便的 TraceView。

绘制关键函数耗时如图 7-1 所示，按照 Incl CPU Time（包含子函数的耗时）排序，只发现两个关键函数耗时特别长，一个是 Draw 34.4% CPU Time，一个是 Measure 32.2% CPU Time。

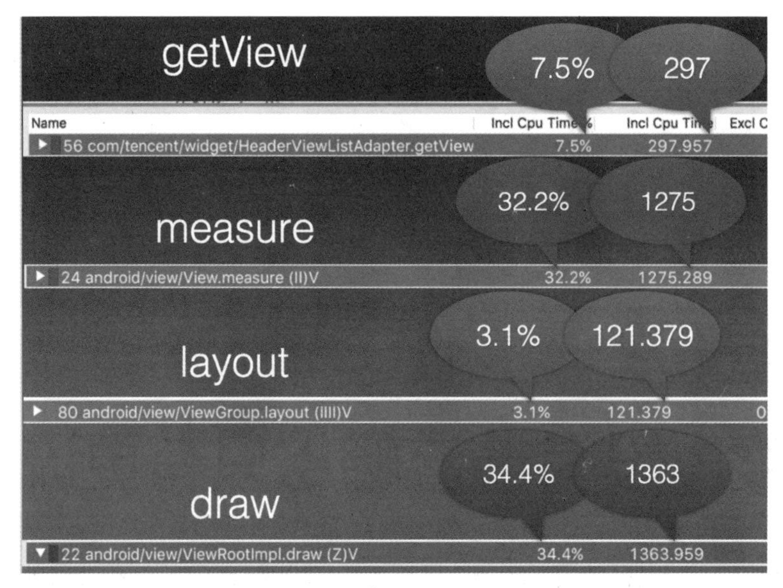

图 7-1

Draw 耗时分析如图 7-2 所示，buildDisplayList 的耗时的主要构成，不过这是应该的，因为 drawDisplayList 就是 GPU 操作，原理上 CPU 耗时就不应该高，再要深入分析，就要使用 Opengl Tracer，所以先放下。另外一个耗时很长的是 Measure，Measure 耗时分析如图 7-3 所示，我们可以看到 TextView 的 onMeasure 特别高。这里很想说，根据经验 TextView.onMeasure CPU Time 高达 1008，这肯定是不合理的。

Name	Incl Cpu Time %	Incl Cpu Time
▼ 24 android/view/View.measure (II)V	32.2%	1275.289
▼Parents		
27 com/tencent/widget/ListView.setupChild (Landroid/view/View;IIZIZZI)V	85.8%	1093.818
69 com/tencent/widget/PinnedHeaderExpandableListView.configHeaderView (I)V	14.2%	181.471
▼Children		
self	0.1%	1.100
25 android/widget/RelativeLayout.onMeasure (II)V	99.2%	1265.295
535 android/view/ViewGroup.resolveRtlPropertiesIfNeeded ()Z	0.3%	3.285
304 android/util/LongSparseLongArray.put (JJ)V	0.2%	2.306
176 java/lang/System.currentTimeMillis ()J	0.2%	2.204
178 android/view/View.isLayoutModeOptical (Ljava/lang/Object;)Z	0.1%	1.099
(context switch)	0.0%	0.000
▶Parents while recursive		
▼Children while recursive		
28 android/widget/TextView.onMeasure (II)V	79.1%	1008.326
171 android/widget/LinearLayout.onMeasure (II)V	3.6%	45.477

图 7-2

Name	▲Incl Cpu Time %	Incl Cpu Time
▼ 24 android/view/View.measure (II)V	32.2%	1275.289
▼Parents		
27 com/tencent/widget/ListView.setupChild (Landroid/view/View;IIZIZZI)V	85.8%	1093.818
69 com/tencent/widget/PinnedHeaderExpandableListView.configHeaderView (I)V	14.2%	181.471
▼Children		
self	0.1%	1.100
25 android/widget/RelativeLayout.onMeasure (II)V	99.2%	1265.295
535 android/view/ViewGroup.resolveRtlPropertiesIfNeeded ()Z	0.3%	3.285
304 android/util/LongSparseLongArray.put (JJ)V	0.2%	2.306
176 java/lang/System.currentTimeMillis ()J	0.2%	2.204
178 android/view/View.isLayoutModeOptical (Ljava/lang/Object;)Z	0.1%	1.099
(context switch)	0.0%	0.000
▶Parents while recursive		
▼Children while recursive		
28 android/widget/TextView.onMeasure (II)V	79.1%	1008.326
171 android/widget/LinearLayout.onMeasure (II)V	3.6%	45.477

图 7-3

再深挖下去发现，TextView onMeasure 分析如图 7-4 所示，StringBuilder 相关的系列操作，居然消耗了 onMeasure 将近一半的 CPU Time。再往下定位，已经是系统操作，一般来说，不应该再怀疑了。但是我们觉得 StringBuilder 实在不应该消耗这么多，而且该现象告诉我们，这里的问题与系统实现密切相关。为了进一步证明我们的猜想，测试并录制了 i9100 的 TraceView（如图 7-5 所示），发现果然如我们所料！ 与 StringBuilder 有着密切联系。最终，开发人员重写了一个没有 StringBuilder 操作的 TextView 进行测试，果然！ 流畅度一下子就上去了。

Name	▲Incl Cpu Time %	Incl Cpu Time
▼ 28 android/widget/TextView.onMeasure (II)V	25.5%	1008.326
▼Parents		
24 android/view/View.measure (II)V	100.0%	1008.326
▼Children		
self	1.2%	12.508
65 android/widget/TextView.makeNewLayout (IILandroid/text/BoringLayout$M	22.5%	227.045
47 java/lang/StringBuilder.append (Ljava/lang/Object;)Ljava/lang/StringBuilder;	22.3%	224.567
61 java/lang/StringBuilder.append (I)Ljava/lang/StringBuilder;	13.9%	140.236
60 java/lang/StringBuilder.append (Ljava/lang/String;)Ljava/lang/StringBuilder;	9.8%	98.955
105 java/lang/StringBuilder.<init> ()V	6.5%	65.455
149 android/text/Layout.getDesiredWidth (Ljava/lang/CharSequence;Landroid/	6.5%	65.253
153 android/widget/TextView.getDesiredHeight ()I	6.0%	60.501
120 java/lang/StringBuilder.toString ()Ljava/lang/String;	3.7%	37.102

图 7-4

Name	Incl Cpu Time %	Incl Cpu Time
▶ 62 com/tencent/widget/AbsListView.obtainView (I[Z)Lan	7.7%	186.828
▼ 63 android/widget/TextView.onMeasure (II)V	7.6%	186.028
▼Parents		
19 android/view/View.measure (II)V	100.0%	186.028
▼Children		
self	10.4%	19.408
87 android/widget/TextView.makeNewLayout (IILar	53.1%	98.773
141 android/text/Layout.getDesiredWidth (Ljava/lar	17.5%	32.529
175 android/text/BoringLayout.isBoring (Ljava/lang	4.3%	7.924
407 android/widget/TextView.getDesiredHeight ()I	3.5%	6.487
525 android/widget/TextView.registerForPreDraw ()V	2.2%	4.176
604 android/widget/TextView.getCompoundPaddin	1.2%	2.259
617 android/widget/TextView.getCompoundPaddin	1.2%	2.228
467 android/view/View$MeasureSpec.getMode (I)I	0.9%	1.661
533 android/view/View$MeasureSpec.getSize (I)I	0.9%	1.657

图 7-5

同样是 TextView，但是下面案例这个缺陷的成因完全不一样。

7.2 案例 B：硬件加速中文字体渲染的坑

Draw

ViewRootImpl.draw: 92.8%

View.measure: N/A

ViewGroup.layout: N/A

getView: N/A

在进行界面滑动优化时，你是否曾经抓破脑袋也无法达到预期？在测试人员、PM 和各位老大那催命符般地催促下祭出杀手锏：开硬件加速。通常情况下开启硬件加速能让你的界面滑动性能瞬间“健步如飞”。但当你的 UI 里有大量 TextView，或者 TextView 是一个长文本且内容是中文时，开启硬件加速后，或许你会有一种想换键盘的冲动。下面和大家分享一部手机 QQ 在开发长文本阅读时遇到的硬件加速中文字体渲染的坑。

1. 需求背景

在手机 QQ 聊天界面，双击气泡，可以将气泡内容在一个新的界面中打开（在新界面中文本内容具有额外的阅读编辑功能），该需求即为长文本阅读，如图 7-6 所示。当消息内容较长时，TextView 可以上下滑动，如图 7-7 所示。

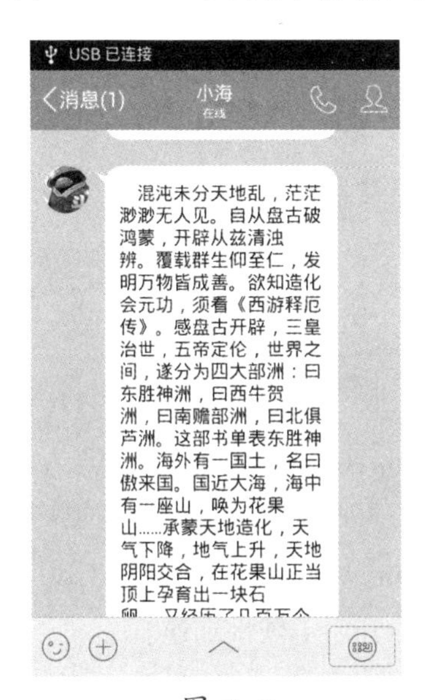

图 7-6

双击

气泡

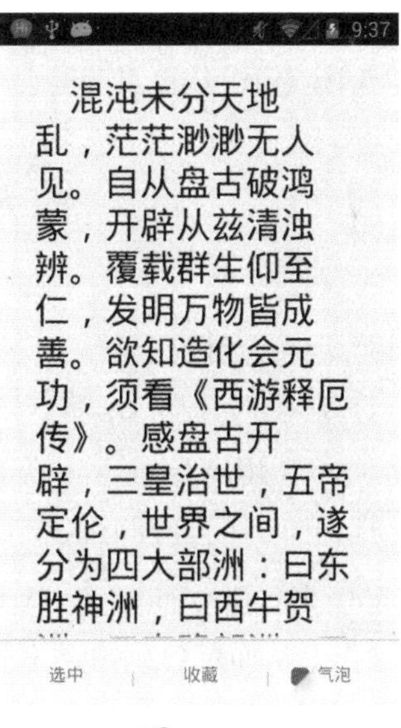

图 7-7

开发人员在做需求时，考虑到长文本界面用户总是喜欢上下滑动，根据经验开启了硬件加速，天真地以为可以提升滑动性能（这样又可以少一个 Bug 单了）。结果提测后，他掉坑里了：在我们测试人员丢了一段《西游记》文本上去后，滑动的时候简直卡爆了。

2. 问题分析

滑动不流畅通常是由于帧渲染耗时较长，我们可以通过 DDMS 的 Method Profing 抓取 Trace 分析在滑动过程中哪个方法的执行耗时较长。

步骤：

（1）连接手机，打开 DDMS，找到要分析的应用，单击图 7-8 中的“小耙子”按钮。

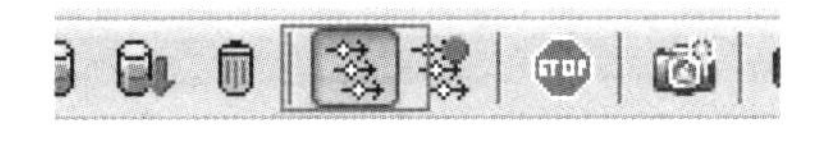

图 7-8

（2）准备好测试场景，单击图 7-9 中的“带红点小耙子”按钮，开始抓 Trace。

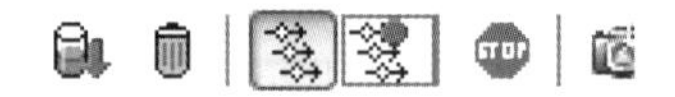

图 7-9

（3）做相应的滑动操作。

（4）单击图 7-10 中的“带黑点小耙子”按钮，结束抓 Trace。

图 7-10

（5）分析 Trace 文件。

开启硬件加速时上下滑动长文本界面，抓取了 Trace，从图 7-11 中我们看到 HardwareRenderer&GlRenderer.draw 方法平均耗时 49ms（平均每帧绘制耗时大于 49ms），占据了 92% 的 CPU 时间，且 HardwareRenderer&GlRenderer.draw 的耗时主要产生在它调用的 GLES20Canva.drawDisplyList 上。GLES20Canva.drawDisplyList 正是使用 GPU 绘制显示列表执行绘图操作，从而定位到滑动卡顿的原因是因为开启了硬件加速。

Name	Incl C...	Incl Cpu...	Exc...	Excl ...	Incl R...	Incl Re...	Excl...	Excl...	Calls...	Cpu ...	Real T...
11 android/view/ViewRootImpl.draw (Z)V	92.8%	2307.524	0.1%	3.691	17.1%	3118.439	0.0%	3.655	63+0	36.627	49.499
12 android/view/HardwareRenderer$GlRenderer.draw (Lar	92.4%	2299.955	0.3%	7.615	17.1%	3110.876	0.0%	7.692	63+0	36.507	49.379
13 android/view/GLES20Canvas.drawDisplayList (Landroid/	76.5%	1902.706	0.1%	2.749	14.6%	2650.721	0.0%	3.379	293+0	6.494	9.047
14 android/view/GLES20Canvas.nDrawDisplayList (IILandro	76.3%	1899.070	76.3...	1898....	14.6%	2646.640	10.4%	189...	293+0	6.481	9.033
Parents											
13 android/view/GLES20Canvas.drawDisplayList (Lar	100.0%	1899.070			100.0%	2646.640			293/...		
Children											
self	100.0%	1898.610			71.7%	1898.527					
228 android/graphics/Rect.set (IIII)V	0.0%	0.460			0.0%	0.305			62/297		
(context switch)	0.0%	0.000			28.3%	747.808			52/272		
15 android/view/View.getDisplayList ()Landroid/view/Displ	9.7%	241.726	0.2%	4.036	1.4%	258.912	0.0%	3.351	63+5...	0.428	0.458
16 android/view/View.getDisplayList (Landroid/view/Displa	9.7%	241.146	0.5%	12.164	1.4%	258.363	0.1%	13.0...	63+5...	0.427	0.457

图 7-11

3. 优化方法

关闭长文本 TextView 的硬件加速，如图 7-12 所示。

```
protected void onCreate(Bundle savedInstanceState) {
  ......
  super.onCreate(savedInstanceState);
  ......
```

```
    textView = (SelectableTextView) findViewById(R.id.content);
    textView.setLayerType(View.LAYER_TYPE_SOFTWARE, null);
    scrollView = (ScrollView) findViewById(R.id.sv);
    textView.setLayerType(View.LAYER_TYPE_SOFTWARE, null);
    textView.setGravity(Gravity.CENTER);
    textView.outScrollView = scrollView;
    ......
}
```

图 7-12

4. 建议

当你的 View 需要处理长中文时，请禁用 View 的硬件加速。

5. 源码分析

由于 Method Profiing 抓到的 Trace 只能抓到 Java 层的方法执行耗时，无法从 Trace 继续分析 GLES20Canva.drawDisplyList 内部的执行耗时。不过我们可以看看 Android 硬件加速相关的源码。由于完整的调用链条较长，这里不一一列出源码，只给出调用关键调用链及关键代码。

从前面的 Trace 文件分析调用链：

ViewRootImpl.draw()

->HardwareRenderer$GlRenderer.draw()

->GLES20Canvas.drawDisplayList()

->GLES20Canvas.nDrawDisplayList()。

这是 Java 层 Trace 可以追踪到的调用链，从 GLES20Canvas.nDrawDisplayList() 开始通过 JNI 跳转到 Native 层。

GLES20CanvasnDrawDisplayList()

JNI -> android_view_GLES20Canvas_drawDisplayList()

->OpenGLRenderer.drawDisplayList()

OpenGLRenderer.drawDisplayList() 方法通过调用 DisplayList 的 replay 方法，以回放前面录制的 DisplayList 执行绘制操作，如图 7-13 所示。

```
status_t OpenGLRenderer::drawDisplayList(DisplayList* displayList,
    Rect& dirty, int32_t flags, uint32_t level) {
     // All the usual checks and setup operations (quickReject, setupDraw,
etc.)
    // will be performed by the display list itself
    if (displayList && displayList->isRenderable()) {
        return displayList->replay(*this, dirty, flags, level);
    }
    return DrawGlInfo::kStatusDone;
}
```

图 7-13

DisplayList 的 replay 方法遍历 DisplayList 中保存的每一个操作。渲染字体的操作名是 DrawText。当遍历到一个 DrawText 操作时，调用 OpenGLRenderer::drawText 方法渲染字体。

OpenGLRenderer::drawText() 方法的具体实现如图 7-14 所示。

```
status_t DisplayList::replay(OpenGLRenderer& renderer, Rect& dirty, int32_
t flags,
uint32_t level) {
    status_t drawGlStatus = DrawGlInfo::kStatusDone;
    ......
    while (!mReader.eof()) {
        int op = mReader.readInt();
        ......
        switch (op) {
        case DrawGLFunction: {
            ......
            }
            break;
            case Save: {
                ....
            }
            .......
            case DrawText: {
                getText(&text);
                ......
              drawGlStatus |= renderer.drawText(text.text(), text.length(), count,
x, y, paint, length);
            }
            break;
            .....
    return drawGlStatus;
}
```

图 7-14

->FontRenderer::renderText()

->Font::render()

最终进入 Font::render() 方法渲染字体，在这个方法中有一个很关键的动作，获取字体缓存，如图 7–15 所示。看到这里，基本可以确定开启硬件加速在处理长中文文本时的卡顿原因。由于每个中文的编码是不同的，因此中文的缓存效果非常不理想。而对于英文，只需要缓存 26 个字母就可以了。

```
void Font::render(SkPaint* paint, const char *text, uint32_t start,
uint32_t len,
    int numGlyphs, SkPath* path, float hOffset, float vOffset) {
    ......
    while (glyphsCount < numGlyphs && penX < pathLength) {
        glyph_t glyph = GET_GLYPH(text);
        if (IS_END_OF_STRING(glyph)) {
            break;
        }
        CachedGlyphInfo* cachedGlyph = getCachedGlyph(paint, glyph);
        penX += SkFixedToFloat(AUTO_KERN(prevRsbDelta,
                cachedGlyph->mLsbDelta));
        prevRsbDelta = cachedGlyph->mRsbDelta;
       if (cachedGlyph->mIsValid) {
            drawCachedGlyph(cachedGlyph, penX, hOffset, vOffset,
            measure, &position, &tangent);
       }
       penX += SkFixedToFloat(cachedGlyph->mAdvanceX);
       glyphsCount++;
    }
}
```

图 7–15

实验室：硬件渲染的其他坑

（1）在软件渲染的情况下，如果需要重绘某个 Parent View 中的所有子 View，只需要调用这个 Parent View 的 invalidate() 方法即可，但如果开启了硬件加速，这么做是行不通的，需要遍历整个子 View 并调用 invalidate()。

（2）在软件渲染的情况下，会常常使用 Bitmap 重用的情况来节省内存，如图 7–16 所示的这段代码。但是如果开启了硬件加速，这将会不起作用。

```
public void onDraw(Canvas canvas)  {
     // 擦掉所有像素
    sBitmap.eraseColor(Color.TRANSPARENT);
    Canvas buffer = new Canvas(sBitmap);
    buffer.drawRect(mRect, mPaint);
    canvas.drawBitmap(sBitmap, 0, 0, null);

    sBitmap.eraseColor(Color.TRANSPARENT);
    buffer.drawOval(mRectF, mPaint);
    canvas.drawBitmap(sBitmap, 0, 0, null);
}
```

图 7-16

（3）当开启硬件加速的 UI 在前台运行时，需要耗费额外的内存。当硬件加速的 UI 切换到后台时，上述额外内存有可能不释放（多存在于 Android 4.1.2 版本）。

（4）可以在 onStop 时从 ViewRoot 中移除掉，在 onResume 中重新加载回来，但是这样会容易引入其他问题，建议慎重修改。

（5）长或宽大于 2048 像素的 Bitmap 无法绘制，显示为一片透明。原因是 OpenGL 的材质大小上限为 2048×2048，因此对于超过 2048 像素的 Bitmap，需要将其切割成 2048×2048 以内的图片块，然后在显示的时候拼起来。

（6）有可能会花屏（主要集中在 Android 4.0.x 版本）。当 UI 中存在 overdraw（过渡绘制）时会比较容易发生，过渡绘制可以通过手机开发者选项中“调试过渡绘制”开关来查看，一般来说绘制少于 5 层不会出现花屏现象，如果有大块红色区域就要小心了，这时候需要优化你的 UI 结构。另外还有一种方法就是在较高层的 ViewGroup 上设置 LayerType 为 Software 来解决，原理是当你设置 LayerType 为 Software 时，这个 View 会将自己先绘制到一个 Bitmap 上，最后再把这个 Bitmap 绘制到 Canvas 上，从而变相地减少了绘制的层数，原理跟开启 drawingCache 差不多，代码如图 7-17 所示。

Java 代码

```
if(VersionUtils.isHoneycomb())
{
    gallery.setLayerType(View.LAYER_TYPE_SOFTWARE, null);
}
```

图 7-17

（7）在 Android 4.0.x 版本中，如果渲染含有大量中文字符的文本块，会有明显的掉帧。在 Android 4.1.2 版本中这个问题得到修复，原因是因为底层渲染时对文本的 Buffer 设置过小（因为英文就 26 个字母），一般不用刻意去管，如果实在不爽可以把 Android 4.0.x 的硬件加速关了，代码如图 7-18 所示。

XML 代码：

```
<Application
        android:allowBackup="true"
        android:icon="@drawable/ic_launcher"
        android:label="@string/App_name"
        android:theme="@style/AppTheme"
        android:hardwareAccelerated="@bool/hardware_acceleration">
        <activity
            android:name=".MyActivity"
            android:label="@string/App_name"
            >
            <intent-filter>
                <action android:name="android.intent.action.MAIN" />
                 <category android:name="android.intent.category.LAUNCHER"
/>
            </intent-filter>
        </activity>
</Application>
```

图 7-18

最后在 value-v14、value-15 中设置相应的 Bool 值即可，如图 7-19 所示。

Xml 代码

```
<bool name="hardware_acceleration">false</bool>
```

图 7-19

（8）另外经常有一个误区，关于 LAYER_TYPE_SOFTWARE，虽然无论在 App 打开硬件加速或没有打开硬件加速的时候，都会通过软件绘制 Bitmap 作为离屏缓存，但区别在于打开硬件加速的时候，Bitmap 最终还会通过硬件加速方式 drawDisplayList 渲染这个 Bitmap。

7.3　案例 C：圆角的前世今生

在《乔布斯传》一书中描述，乔布斯为了确定电脑机箱的弧度，他和团队成员讨论了将近一个月；一个菜单栏，工程师们反复做了 20 多次才满足他的要求；他希望所有窗口都是圆角矩形，但就当时的技术而言，难度太大，于是乔布斯带着工程师走了三条街，找出 17 处圆角矩形的例子，工程师终于被说服，并最终解决了这一难题。这是我能知道的圆角在软件设计上的唯一来历。而从 IOS5、IOS6 的像素级变化中，也不难看出圆角无处不在。

1. 圆角图片与流畅度的关系

大家可能会问为什么圆角会放到流畅度章节呢？很简单，因为圆角图片对于用户体验的其中一个重要影响就是流畅度。所以流畅度将会是我们衡量圆角图片的最终落脚点。而且刚好属于 Invalidate 这个步骤，通常是在 getView 的时候把 Bitmap 放到 ImageView，因此解码图片，图片缓存，会是最影响这个步骤的因素。但是开始之前我们还要看一下制作圆角图片的四种方法和基本的区别（如表 7-1 所示）。包括 BitmapShader，这也是官方 Romain Guy 大神文章推荐的方式。让我们开始测试吧。

表 7-1

方　　法	支持 antialisasing（无锯齿）	支持使用 RGB_565（省内存）	支持硬件加速	Canvas 上只绘制一次
BitmapShader	√	√	√	√
AvoidXfermode	√		√	
clipPath				
9patch/xml drawable	√	√	√	

表 7-1 中的第 4 种方法，其实有点像相框的原理，只适用于纯色背景的图片，适用范围可以是按钮等，比较简单，范围也比较小，下面就不做过多介绍了。

2. 利用 ClipPath 绘制的圆角

代码非常简单，如图 7-20 所示，关键是利用才 ClipPath 在画布 Canvas 上面裁切出圆角，然后再把 Bitmap 画上去。有个地方值得注意，即其实最终生成的还是一张 ARGB_8888 的图片。

```
    public static Bitmap getRoundedShape(Bitmap scaleBitmapImage, float
radius, int margin) {
        int targetWidth = scaleBitmapImage.getWidth() - margin;

        int targetHeight = scaleBitmapImage.getHeight() - margin;
        Bitmap targetBitmap = Bitmap.createBitmap(targetWidth,
                            targetHeight,Bitmap.Config.ARGB_8888);
        Canvas canvas = new Canvas(targetBitmap);
        Path path = new Path();

        path.addRoundRect(new RectF(margin,margin,targetWidth,targetHei
ght),radius,radius, Path.Direction.CW);
        canvas.clipPath(path);
        Bitmap sourceBitmap = scaleBitmapImage;
        canvas.drawBitmap(sourceBitmap,
            new Rect(0, 0, sourceBitmap.getWidth(),
            sourceBitmap.getHeight()),
            new Rect(0, 0, targetWidth, targetHeight), null);
        return targetBitmap;
    }
```

图 7-20

但是无论怎么样， 因为 antialisasing 支持无效，所以还是锯齿太明显了。正如图 7-21 和图 7-22 两张图，通过对比图 7-21 和图 7-22，就会明显看到前者有锯齿，非常不美观。

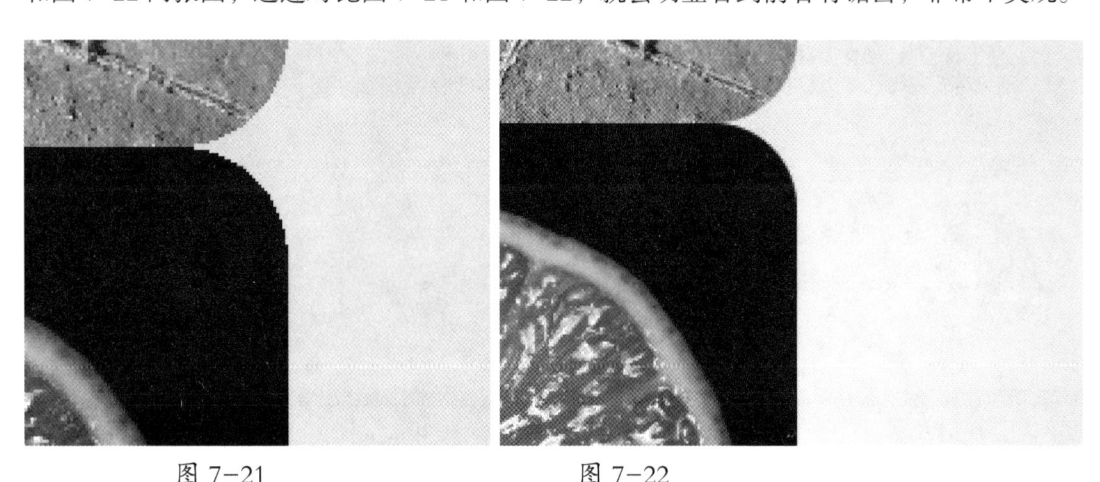

图 7-21　　图 7-22

3. 利用 AvoidXfermode 的圆角

锯齿这么丑，即使你能接受，腾讯可爱的产品经理肯定是不能接受的。而在 Google

或者百度上可查到的最流行的绘制圆角的方法，也是手机 QQ 与手空使用的方法， 就是用 AvoidXfermode 来绘制圆角，如图 7-23 所示。而且这个模式支持硬件加速。代码实现的过程，首先创建一个指定高宽的 Bitmap，作为输出的内容，然后创建一个相同大小的矩形，利用画布绘制时指定圆角角度，这样画布上就有了一个圆角矩形，最后就是设置画笔的剪裁方式为 Mode.SRC_IN，将原图叠加到画布上，代码如图 7-24 所示。

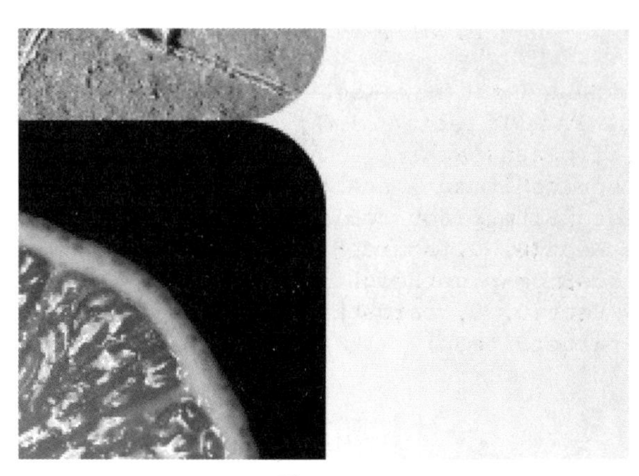

图 7-23

```
int srcX = 0;
int srcY = 0;
int bitmapW = bitmap.getWidth();
int bitmapH = bitmap.getHeight();
if(width > height){
       width = height;
       srcX = (bitmapW-bitmapH)/2;
       bitmapW = bitmapH;
}else if(height > width){
       height = width;
       srcY = (bitmapH-bitmapW)/2;
       bitmapH = bitmapW;
}

    Bitmap output = Bitmap.createBitmap(width, height, Config.
ARGB_8888);
    Canvas canvas = new Canvas(output);
    final int color = 0xff424242;
    final Paint paint = new Paint();
```

```
final Rect srcRect = new Rect(srcX, srcY, bitmapW, bitmapH);
final Rect destRect = new Rect(0, 0, width, height);
final RectF rectF = new RectF(destRect);

paint.setAntiAlias(true);
   paint.setDither(true);
      paint.setFilterBitmap(true);

canvas.drawARGB(0, 0, 0, 0);
paint.setColor(color);
canvas.drawRoundRect(rectF, roundPx, roundPx, paint);
paint.setXfermode(new PorterDuffXfermode(Mode.SRC_IN));
canvas.drawBitmap(bitmap, srcRect, destRect, paint);

return output;
```

图 7-24

这个方法的好处也很明显， 支持 antialias(paint.setAntiAlias(true);)， 无锯齿是必需的，也支持硬件加速。但我们的脚本是否就此为止了呢?

4. 使用 BitmapShader 绘制圆角

这时出现了官方介绍的方法，也就是 BitmapShader。这个方法代码原理也很简单，特点就是不需要额外创建一个图片，这里把原图构造成了一个 BitmapShader，然后就可以用画布直接画出圆角的内容，代码如图 7-25 所示。

```
public class StreamDrawable extends Drawable {
      private static final boolean USE_VIGNETTE = false;

      private final float mCornerRadius;
      private final RectF mRect = new RectF();
      private final BitmapShader mBitmapShader;
      private final Paint mPaint;
      private final int mMargin;

      public StreamDrawable(Bitmap bitmap, float cornerRadius, int margin) {
            mCornerRadius = cornerRadius;

            mBitmapShader = new BitmapShader(bitmap,
                        Shader.TileMode.CLAMP, Shader.TileMode.CLAMP);

            mPaint = new Paint();
            mPaint.setAntiAlias(true);
            mPaint.setShader(mBitmapShader);
```

```
            mMargin = margin;
        }

        @Override
        protected void onBoundsChange(Rect bounds) {
            super.onBoundsChange(bounds);
            mRect.set(mMargin, mMargin, bounds.width() - mMargin, bounds.
height() - mMargin);

            if (USE_VIGNETTE) {
                RadialGradient vignette = new RadialGradient(
                        mRect.centerX(), mRect.centerY() * 1.0f /
0.7f, mRect.centerX() * 1.3f,
                        new int[] { 0, 0, 0x7f000000 }, new
float[] { 0.0f, 0.7f, 1.0f },
                        Shader.TileMode.CLAMP);

                Matrix oval = new Matrix();
                oval.setScale(1.0f, 0.7f);
                vignette.setLocalMatrix(oval);

                mPaint.setShader(
                        new ComposeShader(mBitmapShader,
vignette, PorterDuff.Mode.SRC_OVER));
            }
        }

        @Override
        public void draw(Canvas canvas) {
            canvas.drawRoundRect(mRect, mCornerRadius, mCornerRadius,
mPaint);
        }

        @Override
        public int getOpacity() {
            return PixelFormat.TRANSLUCENT;
        }

        @Override
        public void setAlpha(int alpha) {
            mPaint.setAlpha(alpha);
        }
        @Override
        public void setColorFilter(ColorFilter cf) {
            mPaint.setColorFilter(cf);
        }
    }
```

图 7-25

按照上面的代码实现后，我们不妨测试一下，这时需要模拟一般应用基本的两个场景，定制一个是无缓存的过程（首次滑动），另外一个是有缓存（二次滑动）的过程，使用 Nexus s 测试，测试结果如图 7-26 所示。有缓存的话，FPS 基本都一样，无缓存的场景不 BitmapShader 方法的流畅度明显优于 AvoidXfermode。

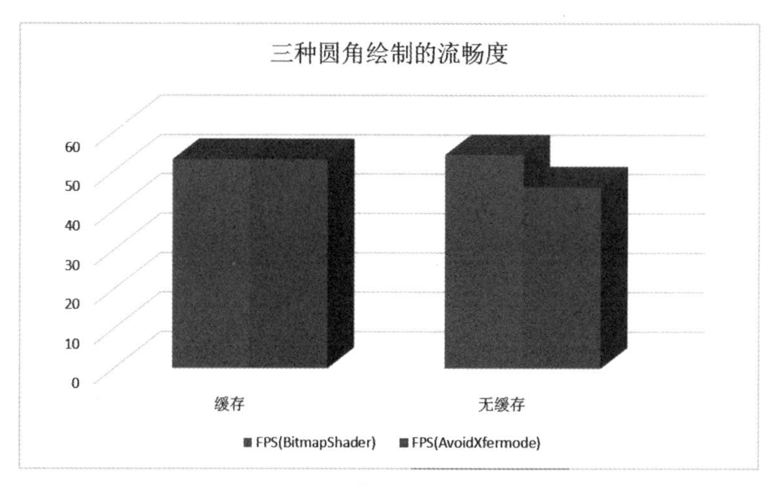

图 7-26

这样看来，用 BitmapShader 的价值并不是很大。但是真正应用的场景是复杂的，“缓存”毫无疑问是有限的，一般的设计思路是和 maxmemoryheap、剩余内存关联起来限制，并且使用 LRUCache 实现，这里就会产生淘汰的缓存，因此我们不难发现，无缓存的场景并非仅仅只有“首次滑动”，价值也就不只于“首次滑动”。另外有一个更重要的事情，使用 BitmapShader 根据它的原理，我们是可以用 RGB_565 decode 图片的，而 AvoidXfermode 只能用 RGB_8888 来解码图片，这样会直接导致 BitmapShader 会节省约 2 倍的内存 BitmapShader 与 AvoidXfermode 内存对比情况如图 7-27 所示，同时也就意味着在有限缓存中，我们可以缓存更多的图片，这样也直接让流畅度持续保持在“有缓存”的状态，如图 7-28 所示。

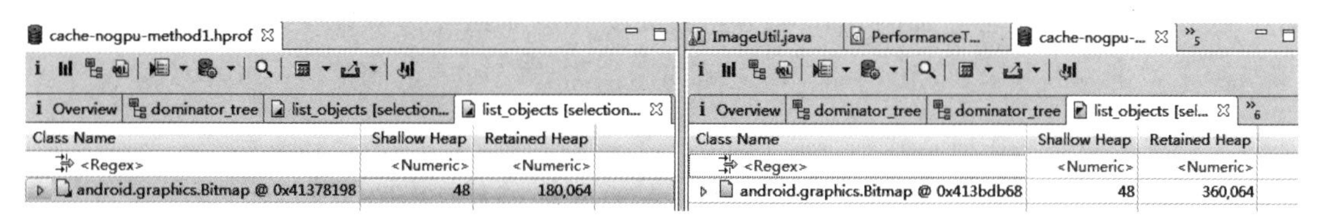

图 7-27

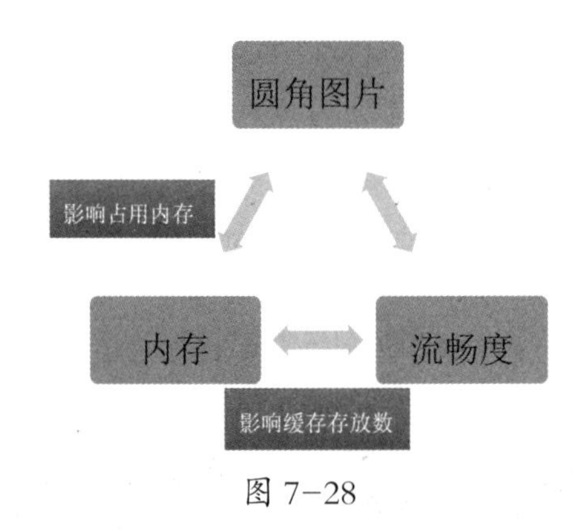

图 7-28

秉承美好事物都有缺陷的原则，我们在学习这部分的内容时，也发现 roy 大牛的 demo 有一个问题：如果把利用 BitmapShader 生成的 drawable 放到一个 warp_content 的 ImageView 里面，是会发现显示不出来的问题。但是 vinc3m1（https://github.com/vinc3m1/RoundedImageView）似乎有了很不错的解决方案。

7.4　案例 D：让企鹅更优雅地传递火炬

一幅享誉世界的名画悄然登上《深圳晚报》封面，与以往不同，这一次引爆了大家好奇心的，既不是蒙娜丽莎那抹神秘的微笑，也不是纠缠在作品背后的各种爱恨情仇，而是——QQ AR。AR（Augmented Reality），增强现实，算不上新技术，如何把 AR 的性能做到极致，也是一个比较新的课题。

QQ AR 使用 3D 模型，通过 OpenGL 来绘制。因此，前文介绍的 Adreno Profiler 在本案例中可以小试牛刀了。

3D 模型优化的大方向主要有两个，一个是减少纹理资源大小，另一个就是减少 Draw Call 次数。下面介绍使用 Adreno Profiler 发现问题的案例。

（1）纹理尺寸过大案例

纹理尺寸过大，会增加内存和 GPU 传送带宽，为了避免渲染程序等待数据传输，为了减少宝贵的总线带宽，CPU 和 GPU 之间的通信需要经过一定的优化，减小纹理尺寸也是一个很常用的优化手段。

Adreno Profiler 对于纹理查看非常方便。笔者在测试 OpenGL 的项目时，3D 建模中的眼睛部位，使用的是两张 2048×2048 的超大图，每张纹理资源约 16MB，如图 7-29 所示。

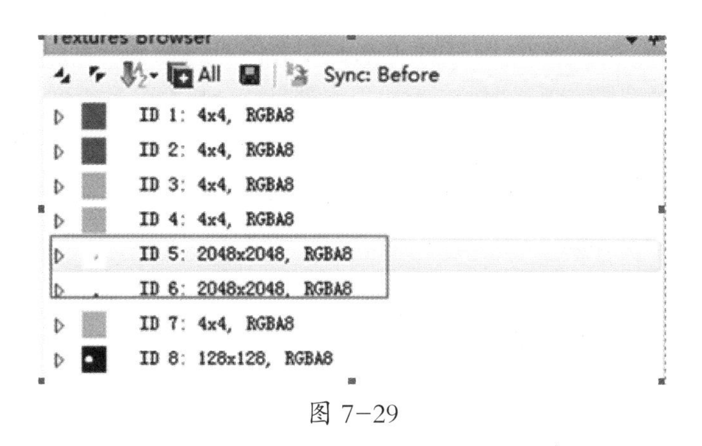

图 7-29

使用 Adreno Profiler 可以快速定位纹理的性能问题。这里稍微扩展下纹理优化的话题，为什么要进行纹理优化？什么样的情况下纹理还可以再进行优化？纹理资源可不可以把尺寸调得再小一点？

纹理需要从内存传递到 GPU 中，传输管道的数据带宽是固定的，而且 3D 模型的渲染又依赖于 Fragment Shader 的大量计算，因此把纹理资源分辨率降低到可以接受的程度，是很重要的优化手段。如果不需要透明效果，就不要用 RGBA，节省一个 Alpha 通道。另外，还可以压缩纹理，这样能够提高渲染性能，并且降低 GPU 处理压力，所有包含色彩数据的纹理可采用 ATC、ASTC、ETC1、ETC2 格式进行压缩。Android 设备绝大部分都是支持 ETC1 的，不过缺点是不支持 Alpha 通道，不过可以多生成一张 Alpha 通道的灰度图来解决。

（2）Draw Call 个数减少案例

Draw Call 是执行绘制的函数。实际上当前的硬件状态已经完成准备工作，只需要绘制即可。因此当 Draw 被调用的时候，除非硬件正忙，否则所有的工作没有理由再不进行了。此时就需要将渲染所需要的状态和命令在 CPU 上统计好，一起传输到对应硬件。而且，硬件传输的速度要比实际变换顶点和渲染三角形慢，如果每次都通过 Draw Call，提交的信息量较少，CPU 会一直处于忙碌状态，而 GPU 处于闲置状态，也就是 CPU 吐出的数据根本喂不饱 GPU。Draw Call 过多影响的是 CPU 使用率，减少 Draw Call 是需要考虑的优化手段。

Draw Call 能不能合并呢？答案是肯定的，使用纹理图集（一张大贴图里包含了很多子贴图）来代替一系列单独的小贴图。它们可以更快地被加载，具有很少的状态转换，而且批处理更友好。如果是同样的材质但是它们的纹理不同，也可以合并这些纹理到一个更大的纹理。手机 QQ 做了 Draw Call Batching 后，单帧的 Draw Call 从 33 减少到 16，在小米 4

上，FPS 从 15 提升到 25。另外，如果有执行得很慢的 Draw Call，是否可以绕开耗时长的 API 调用？譬如每帧都修改顶点数据，就可以根据具体分析查看是否可以避免。

另外，还有好的优化方案可以借鉴：减少顶点数量，简化复杂度。使用光照纹理而非实时灯光，实时灯光会带来大量的 GPU 运算。遮挡剔除，减少不必要的绘制。

最后，总结一下 Adreno Profiler 适用场景。

- 查看 App 的 FPS 或者 GPU 负载情况。
- 分析单帧的 Draw Call 情况。
- 查看纹理文件属性。
- 查看 Buffer 对象和 Shader 实现方式。

7.5 案例 E：H5 页面卡顿，到底是谁闯的祸

Android 手机 QQ 在健康 – 积分商城中上下滑动兑换奖品列表，发现 Web 页面有卡顿、不流畅、用户体验差。这个案例的卡顿问题不止出现在低端机，在配置中高端的锤子与 LG G3 手机上，仍然卡顿较为严重。

因此我们需要一些其他手段来调试、查询 Web 页面的性能，最常用的是使用 Chrome+DevTools，下面简要介绍其功能与调试手段。

1. Chrome+DevTools

Chrome 通过 inspect 是可以进行 remoting Debug 的，而且手机端所见即 PC 端所得，很方便。下面介绍一下调试手机的 WebView 页面方法。

在浏览器中输入 chrome://inspect/ 就可以看到 App 中的 WebView，单击 inspect 就可以进行调试，如图 7–30 所示。

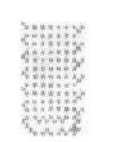

图 7–30

DevTools 几个面板的主要功能如下。

- Elements 顾名思义查看页面元素，即各种 DOM、CSS 的属性。
- Resources 各种资源类，如字体、图片、DB 及 Session 都可以在这里查看。
- Network 网络请求，可以查看页面所有的网络请求情况，查看对应的 JS 脚本、大小，延时及 TimeLine 等信息。
- Sources 执行脚本都可以在这里查看，并且支持代码格式化，断点调试，非常好用。
- TimeLine 可以分别按下面的条件查看执行的时间线、事件（Events）、帧（Frame）、内存（Memory）。
- Profiles 查看一段时间 CPU 执行情况，堆，内存分配情况。

所谓工欲善其事必先利其器，有了好的调试工具，便可开始分析了。

2. 定位过程

首先怀疑的是可能加载大图片的问题，通过 Resources 面板发现，并没有很大的图片，一般是 10 ~ 30KB 之间的 PNG 图片，还有几张 10KB 左右的 Banner 图片，而且全部加载完成，大概是有 20 多张图片，因此排除是大图片吃内存的怀疑。再怀疑页面是否有重复请求资源的情况，通过 Network 面板查看，也并没有太大问题，页面是按 lazy-hold 方式实现的，全部加载完所有积分商城的奖品之后，并没有额外的网络请求，网络情况的问题也可以排除在外。

在没有办法确定问题原因的情况下，可以通过 TimeLine 查看是在哪里发生了卡顿，如图 7-31 所示。

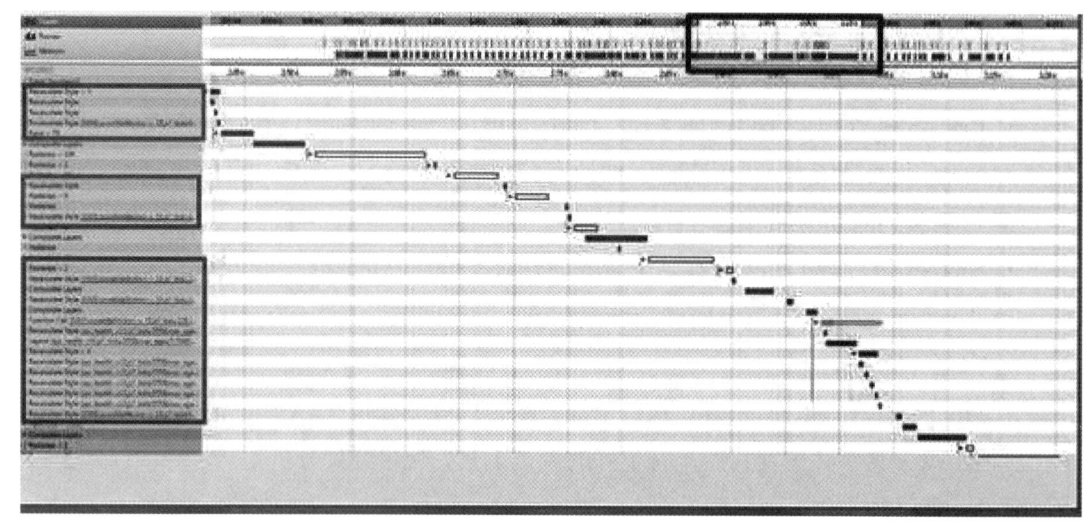

图 7-31

如图 7-31 所示，方框内的时间轴上，就是出现卡顿的时间范围，在框内确实出现了大段的重绘操作（Recalculatestyle），换到事件（Events）面板，touchend 事件，占据了很长的时间片，并且卡顿的时间区间也是在 touchend 事件的中间偏后的位置，下面就通过进到对应的 JS 脚本一探究竟。

查看 touchend 事件对应的回调方法 _end，只是一个停止操作，并没有其他操作，难道还有其他的事件影响这个函数执行吗？继续对其他事件也进行监听，发现确实有可疑的地方，页面间隔把 webkitTransitionEnd 事件抛过来。查看是哪个 DOM 抛过来的，发现原来是 Banner 定时轮播，会发一个 webkitTransitionEnd 消息，该消息会导致在滑动到最后时卡顿一下，TransitionEvent 事件如图 7-32 所示。

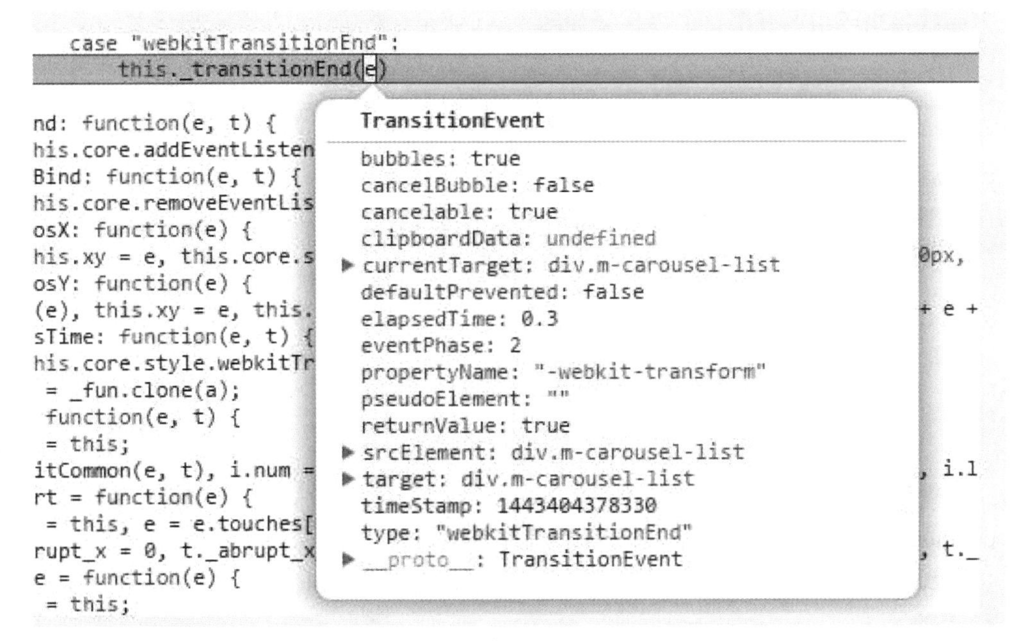
case "webkitTransitionEnd":
this._transitionEnd(e)
nd: function(e, t) {
his.core.addEventListen
Bind: function(e, t) {
his.core.removeEventLis
osX: function(e) {
his.xy = e, this.core.s
osY: function(e) {
(e), this.xy = e, this.
sTime: function(e, t) {
his.core.style.webkitTr
= _fun.clone(a);
function(e, t) {
= this;
itCommon(e, t), i.num =
rt = function(e) {
= this, e = e.touches[
rupt_x = 0, t._abrupt_x
e = function(e) {
= this;
TransitionEvent
bubbles: true
cancelBubble: false
cancelable: true
clipboardData: undefined
currentTarget: div.m-carousel-list
defaultPrevented: false
elapsedTime: 0.3
eventPhase: 2
propertyName: "-webkit-transform"
pseudoElement: ""
returnValue: true
srcElement: div.m-carousel-list
target: div.m-carousel-list
timeStamp: 1443404378330
type: "webkitTransitionEnd"
__proto__: TransitionEvent
0px,
+ e +
, i.l
, t._

图 7-32

当在 Elements 面板中去掉 Banner，再次滑动页面，整个过程基本就流畅了，看样子这就是症结，为什么两个或者多个事件会导致卡顿呢，仍然需要我们继续分析。由于页面之前使用的是 iScroll 组件，下面重点分析 iScroll 的 touchend 方法。touchend 是这个控件的一个关键点与难点，把这个方法理解透彻了，基本可以理解整个 iScroll 事件机制。

首先是初始化操作，在手指离开前做了状态保存。判断是否是点击事件（move 是否为 true），如果是的话，createEvent 触发该事件；如果不是点击事件，则惯性移动到目标位置。

首先还是初始化操作，这里面屏蔽了原生事件，如果处理不好，就会引发点击无效、白屏等问题，如图 7-33 所示。

```
if (!this.enabled || utils.eventType[e.type] !== this.initiated) {
return;
}
if (this.options.preventDefault && !utils.preventDefaultException(e.
target, this.options.preventDefaultException)) {
   e.preventDefault();
 }
```

图 7-33

下面就是当手指离开屏幕的操作，如图 7–34 所示。

```
var point = e.changedTouches ? e.changedTouches[0] : e,
momentumX,
momentumY,
duration = utils.getTime() - this.startTime,
newX = Math.round(this.x),
newY = Math.round(this.y),
distanceX = Math.abs(newX - this.startX),
distanceY = Math.abs(newY - this.startY),
time = 0,
easig = '';
this.isInTransition = 0;
this.initiated = 0;
this.endTime = utils.getTime();
```

图 7–34

duration 是当前拖动的事件，这里不是手指触屏到离开，因为 move 时每 300ms 变更一次。记录当前 x、y 位置，记录当前移动位置 distanceY，然后重置结束时间，这里有一个 resetPosition 方法，如图 7–35 所示。

```
resetPosition: function(time) {
    var x = this.x,
    y = this.y;
    time = time || 0;
    if (!this.hasHorizontalScroll || this.x > 0) {
        x = 0;
    }
    elseif(this.x < this.maxScrollX) {
        x = this.maxScrollX;
    }
    if (!this.hasVerticalScroll || this.y > 0) {
        y = 0;
    }
    elseif(this.y < this.maxScrollY) {
        y = this.maxScrollY;
    }
    if (x == this.x && y == this.y) {
        return false;
    }
    this.scrollTo(x, y, time, this.options.bounceEasing);
    returntrue;
},
```

图 7–35

它记录是不是已经离开了边界，如果离开边界了就不会执行后面的逻辑，而直接重置 DOM 位置，这里还用到了我们的 scrollTo 方法，该方法尤其关键，如图 7-36 所示。

```
scrollTo: function (x, y, time, easing) {
     easing = easing || utils.ease.circular;
     this.isInTransition = this.options.useTransition && time > 0;
     if ( !time || (this.options.useTransition && easing.style) ) {
         this._transitionTimingFunction(easing.style);
         this._transitionTime(time);
         this._translate(x, y);
      } else {
         this._animate(x, y, time, easing.fn);
      }
 },
```

图 7-36

这个方法是非常重要的方法，传入距离与时间后，就会移动到对应位置。这里用到了前文描述的 settimeout 实现动画方案，有一点需要回到 Start 部分重新思考，为什么 CSS 停止了动画？原因是 transitionend 事件。

transitionend 事件会在 CSS transition 结束后触发。当 transition 完成前移除 transition 时，比如移除 CSS 的 transition-property 属性，事件将不会被触发，如图 7-37 所示。

```
_transitionEnd: function(e) {
    if (e.target != this.scroller || !this.isInTransition) {
        return;
    }
     this._transitionTime();
    if (!this.resetPosition(this.options.bounceTime)) {
         this.isInTransition = false;
         this._execEvent('scrollEnd');
    }
},
```

图 7-37

所以，第二次 touchstart 时候，便停止了动画，应该先取消动画再移动位置。如果没有超出边界，便滑动到应该去的位置。当然，用户可能只想点击而已，这个时候就要触发相关的点击事件。如果需要获取焦点，那么获取焦点即可。

其实卡顿的原因基本明确了，就是 Banner 中的 transactionend 打断了动画。

在整个 DOM 有两个需要处理的消息事件，结果就是感觉滑动很卡，并且不能很好地定位原因，其实导致这个原因的主要因素如下。

将事件绑定到了 document 上，而不是具体 wrap 的元素上，这样的话，就算另外一个元素隐藏了，滑动的时候实际上还是执行了两个逻辑，从而出现了卡顿现象，当然，如果 Banner 的元素不可见的话，应该释放其中的事件句柄，当时没有这么做。最后开发人员的解决方案是去掉 iScroll，使用原生的滚动方法，后面已经验证确实可以解决卡顿问题了。

3. 再说多一点儿

现在的 H5 页面越来越重视 GPU 的硬件加速，例如 translate3d 之类的方法都使用硬件加速，但是过度使用或者使用不当，都会使得效果适得其反。下面总结了一些很多前端大牛的经验之谈。

不要过度使用 GPU 加速，当过度使用 GPU 加速时，经常会导致 App 出现很严重的性能问题，甚至是 crash。这些问题可能没有相应的信息让我们来追踪，会给项目带来一定的风险。因为 GPU 需要与 RAM 交换数据，过度使用必然会影响性能。

如果 translate3d 方法用于很多或者很复杂的 DOM 元素，假设设计一个页面，页面的 <div> 里有非常多的 DOM 元素，并且层级关系也非常深，如果最外面的 <div> 与里面所有的 DOM 元素都使用 translate3d 来进行硬件 GPU 加速，一个元素需要渲染加速，那么其所有的子元素也同样需要渲染加速。也就是说，父元素在渲染之前，子元素需要先渲染一遍。其实也回到了刚才的问题，这种嵌套使用 translate3d 会导致 GPU 加载需要更长的时间，并且占用更多的内存。

总之尽量要做到如下几点。

- 减小 DOM 元素实例个数。
- DOM 元素尽量避免层级过深的嵌套使用。
- 适当场景下使用 CSS 原生动画。
- 尽量让 DOM 元素的高宽值固定。
- 在 CSS 中，可以考虑预加载图片和其他资源。

总之，就是尽量以简洁为美！

7.6 专项标准：流畅度

专项标准：流畅度。如表 7-2 所示

表 7-2

遵循原则	标　　准	优　先　级	规则起源
界面流畅	核心界面必须有流畅度和掉帧率的数据上报	P0	
	FPS 平均值大于 30，最小值大于 24	P0	Intel 的研究表明，动画大于 24FPS 是用户可以接受的最低标准
	避免 >8 的掉帧，尽量减少掉帧 >4	P1	

第 8 章
响应时延：别让用户等待

8.1 案例 A：Android 应用发生黑屏的场景分析

黑屏产生的场景如下。

（1）当应用启动时间超过 5s，几乎可以必现产生黑屏或者白屏。

（2）启动新进程，未做优化，有可能会发生黑屏（如当应用前台切后台，主进程被杀，这时再从后台切前台，会出现黑屏）。

实验 1：

我们在三星 i9100 上写了个简单的应用 demo，重写了 onCreate 方法，加了一段执行超过 5s 的代码，如图 8-1 所示。运行后，黑屏问题是必现的。

```
@Override
protected void onCreate(Bundle savedInstanceState) {
    super.onCreate(savedInstanceState);
    setContentView(R.layout.activity_child);

    float timenow= SystemClock.uptimeMillis();

    while(SystemClock.uptimeMillis()-timenow<5200)
    {
        int i = 100;

        i = i * i*i ;


    }
```

图 8-1

实验 2：

我们用酷派 8150，测试手机 QQ 启动，会出现两次黑屏，分别出现在登录页面前和主页面消息列表前。从时延日志中可以看到 LoginActivity 花了 7.2s，MainActivity 花了 6.3s。同时，这两个时间也验证了超过 5s 会发生黑屏，手机 QQ 的时延日志如图 8-2 所示。

```
04-07 01:20:19.250 I/activity_launch_time( 1574): [1084376400,com.tencent.mobile
qq/.activity.SplashActivity,1898,1898]
04-07 01:20:28.250 I/activity_launch_time( 1574): [1084776184,com.tencent.mobile
qq/.activity.MainActivity,5179,5179]
04-07 01:21:09.578 I/activity_launch_time( 1574): [1079201544,com.tencent.mobile
qq/.activity.SplashActivity,1924,1924]
04-07 01:21:27.125 I/activity_launch_time( 1574): [1081758432,com.tencent.mobile
qq/.activity.LoginActivity,7270,7270]
04-07 01:22:58.820 I/activity_launch_time( 1574): [1081745280,com.tencent.mobile
qq/.activity.MainActivity,6361,6361]
04-07 01:23:05.054 I/activity_launch_time( 1574): [1085231728,com.tencent.mobile
qq/.activity.phone.PhoneLaunchActivity,1518,1518]
```

图 8-2

实验 3：

这是手机 QQ 已知的一个 Bug，场景如下。

（1）启动手机 QQ。

（2）进入一个好友会话。

（3）手机按 Home 键，切入后台。

（4）用 ADB Shell Kill 命令杀掉手机 QQ 进程。

（5）从手机通知栏手机 QQ 图标进入手机 QQ（已设置手机 QQ 在通知栏显示），这时会出一段黑屏后，再进入聊天窗口。

我们应该有这样一个疑问，在什么场景下，主进程会被杀?

除我们手动杀进程外，Android 系统也会根据当前内存使用状态，自动地管理这些进程，具体见官方文档（Process lifecycle，http://developer.android.com/guide/components/processes-and-threads.html）。对如何避免这类黑屏问题，根据以上几个场景，其实已经有不少解决方案，如添加启动画面（关注闪屏的顺序）；优化 onCreate 里面的耗时；优化分 dex 加载耗时；终极方案合并闪屏 Activity 和 mainActivity，让闪屏成为 mainActivity 的一个 View。

8.2 案例 B："首次打开聊天窗口"之痛

1. 故事起点

在我们的核心性能监控中，每经历一次版本发布前合流(分支代码合入主干)之后，手机 QQ 首次打开聊天窗口耗时都会上升不少。但是开发人员一直没有排查出原因。我们尝试去定位问题。

2. 分析定位问题

（1）TraceView

录取"首次打开聊天窗口"过程的 Trace，通过 Exclusive CPU time 排序发现，AbstractStringBuilder.Append0 耗时严重，一层一层回溯其父函数，能够定位到应用代码 QLogImpl.writeLogToFile 及 QLogImpl.getLogString:，并且耗时函数的调用次数颇多，Trace 分析如图 8-3 所示。

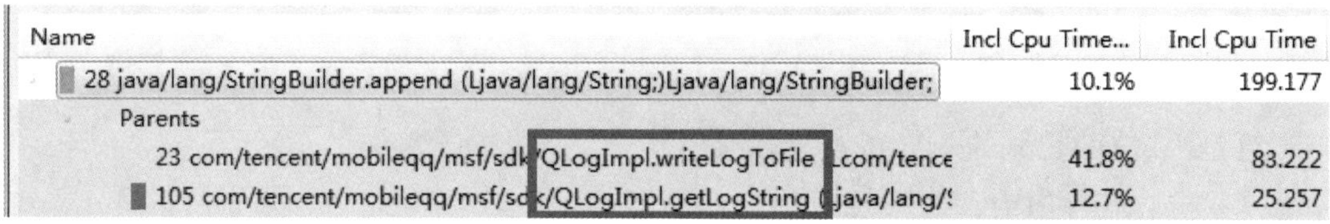

Name	Incl Cpu Time...	Incl Cpu Time
28 java/lang/StringBuilder.append (Ljava/lang/String;)Ljava/lang/StringBuilder;	10.1%	199.177
Parents		
23 com/tencent/mobileqq/msf/sdk/QLogImpl.writeLogToFile (Lcom/tence	41.8%	83.222
105 com/tencent/mobileqq/msf/sdk/QLogImpl.getLogString (Ljava/lang/S	12.7%	25.257

图 8-3

（2）Allocation Tracker

通过 Allocation Tracker 分析发现 StringBuilder 的 GC 频繁，如图 8-4 所示，并且很多是由于再次扩容导致的 GC。

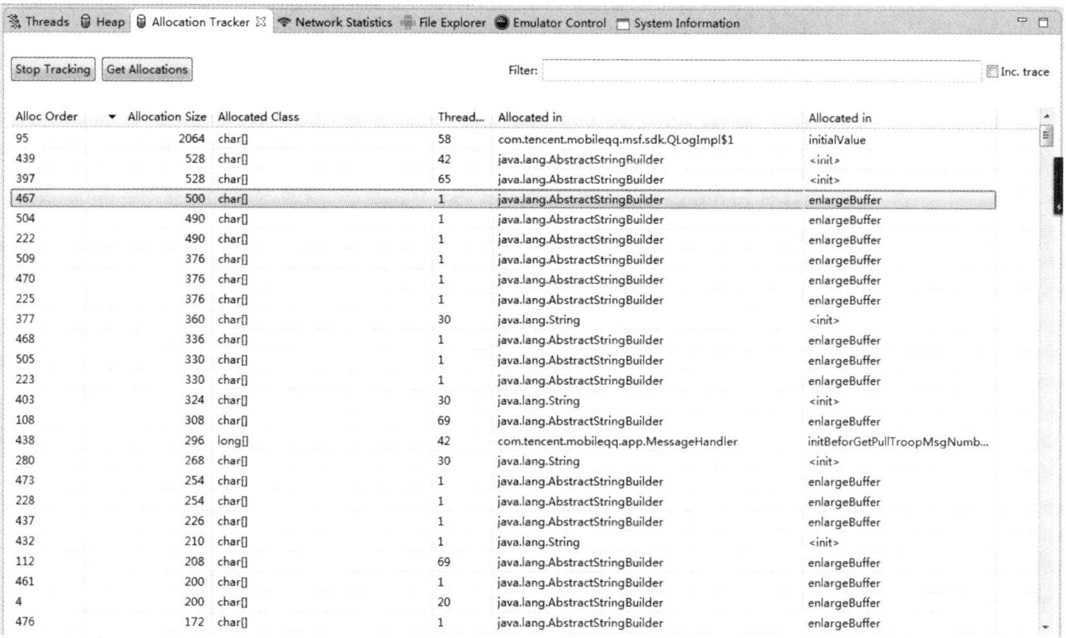

Threads　Heap　Allocation Tracker　Network Statistics　File Explorer　Emulator Control　System Information

Stop Tracking　Get Allocations　Filter:　Inc. trace

Alloc Order	Allocation Size	Allocated Class	Thread...	Allocated in	Allocated in
95	2064	char[]	58	com.tencent.mobileqq.msf.sdk.QLogImpl$1	initialValue
439	528	char[]	42	java.lang.AbstractStringBuilder	<init>
397	528	char[]	65	java.lang.AbstractStringBuilder	<init>
467	500	char[]	1	java.lang.AbstractStringBuilder	enlargeBuffer
504	490	char[]	1	java.lang.AbstractStringBuilder	enlargeBuffer
222	490	char[]	1	java.lang.AbstractStringBuilder	enlargeBuffer
509	376	char[]	1	java.lang.AbstractStringBuilder	enlargeBuffer
470	376	char[]	1	java.lang.AbstractStringBuilder	enlargeBuffer
225	376	char[]	1	java.lang.AbstractStringBuilder	enlargeBuffer
377	360	char[]	30	java.lang.String	<init>
468	336	char[]	1	java.lang.AbstractStringBuilder	enlargeBuffer
505	330	char[]	1	java.lang.AbstractStringBuilder	enlargeBuffer
223	330	char[]	1	java.lang.AbstractStringBuilder	enlargeBuffer
403	324	char[]	30	java.lang.String	<init>
108	308	char[]	69	java.lang.AbstractStringBuilder	enlargeBuffer
438	296	long[]	42	com.tencent.mobileqq.app.MessageHandler	initBeforGetPullTroopMsgNumb...
280	268	char[]	30	java.lang.String	<init>
473	254	char[]	1	java.lang.AbstractStringBuilder	enlargeBuffer
228	254	char[]	1	java.lang.AbstractStringBuilder	enlargeBuffer
437	226	char[]	1	java.lang.AbstractStringBuilder	enlargeBuffer
432	210	char[]	1	java.lang.String	<init>
112	208	char[]	69	java.lang.AbstractStringBuilder	enlargeBuffer
461	200	char[]	1	java.lang.AbstractStringBuilder	enlargeBuffer
4	200	char[]	20	java.lang.AbstractStringBuilder	enlargeBuffer
476	172	char[]	1	java.lang.AbstractStringBuilder	enlargeBuffer

图 8-4

（3）总结

经过查看相关函数的源码我们发现确实有较多的 stringbuilder.Append 操作，如图 8-5 所示。

```
StringBuilder stringBuilder=obtainStringBuilder();
stringBuilder.append(logTime);
stringBuilder.append("|");
stringBuilder.append(log.logTime);
stringBuilder.append("|");
stringBuilder.append(log.processName);
stringBuilder.append("[");
stringBuilder.append(log.processId);
stringBuilder.append("]|");
stringBuilder.append(log.threadId);
stringBuilder.append("|");
stringBuilder.append(log.level);
stringBuilder.append("|");
stringBuilder.append(log.tag);
stringBuilder.append("|");
stringBuilder.append(log.msg);
stringBuilder.append("\n");
if(log.trace != null){
    stringBuilder.append("\n");
    stringBuilder.append(log.trace);
    stringBuilder.append("\n");
}
```

图 8-5

3. 修改源码尝试优化

（1）修改点一：通过 ThreadLocal 减少同一线程重复生成 StringBuild。

（2）修改点二：创建的时候传入预估的合适的容量大小，显式指定容量，避免二次扩容带来的时间开销及可能的 GC 开销，修改源码尝试优化的情况如图 8-6 所示。

```
public AbstractStringBuilder append(char[] str) {
    int len = str.length;
    ensureCapacityInternal(count + len);
    System.arraycopy(str, 0, value, count, len);
    count += len;
    return this;
}

void expandCapacity(int minimumCapacity) {
    int newCapacity = value.length * 2 + 2;
    if (newCapacity - minimumCapacity < 0)
        newCapacity = minimumCapacity;
    if (newCapacity < 0) {
        if (minimumCapacity < 0) // overflow
            throw new OutOfMemoryError();
        newCapacity = Integer.MAX_VALUE;
    }
    value = Arrays.copyOf(value, newCapacity);
}
```

图 8-6

通过查看 Append 操作的源码，我们发现 Append 操作每次会先通过 ensureCapacityInternal 函数进行容量检查，默认是 16，如果容量不够则调用 expandCapacity 进行扩容，如果 Append 操作频繁，就会导致再次扩容耗时增加，并且可能导致 GC 开销。

因此可以在 new StringBuilder() 的时候，传入一个较为合适的参数，如图 8-7 所示，预估 StringBuilder 的可能大小，以避免频繁扩容的开销。

```
char[] buffer = null;
StringBuilder result = null;
try {
    fis = new FileInputStream(file);
    reader = new InputStreamReader(fis, "UTF-8");
    buffer = new char[1024 * 4];
    // btl 0803
    result = new StringBuilder(4096);
    int n = 0;
    while (-1 != (n = reader.read(buffer))) {
        result.append(buffer, 0, n);
    }
} catch (Exception e) {
```

图 8-7

循环地从 Buffer 中读取数据，加入到 StringBuilder 中，在我们修改之前创建 StringBuilder 的操作是没有显式指定容量的，但是从代码中可以看到 Buffer 最大就是 4096，因此这个地方我们完全可以通过预估指定一个合适的容量，避免再次扩容所引起的耗时。

（3）修改点三：多个非常量字符串拼接的地方也需要显式指定容量。

在如图 8-8 所示的代码中，存在很多字符串拼接操作。

```
@Override
public String toString() {
    return tag+" msName:"+msfCommand+" ssoSeq:"+getRequestSsoSeq()+" appId:"+appId+" appSeq:"+appSeq+" sName:"+serviceName
            +" uin:"+uin+" sCmd:"+serviceCmd+" t:"+timeout+" needResp:"+needResp;
}
```

图 8-8

而由于并非是常量字符串之间的拼接操作，因此 Java 本身会对其进行一次优化，优化成以下形式：

Stringbuilder().Append(...).Append(...).tostring()

然而由于拼接操作较多，如果不显式指定容量的话，又会存在再次扩容的开销。因此我们可以直接将上段代码修改成以下形式，减少再次扩容的发生，字符串拼接指定容量的情况如图 8–9 所示。

```
@Override
public String toString() {
    return new StringBuilder(256).append(tag).append(" msName:").append(msfCommand).append(" ssoSeq:").append(getRequestSsoSeq()).append(" appId:").append(appId).appe
}
```

图 8–9

4. 优化前后效果对比

（1）Debug 版本的提升效果总体比 Release 版本好，这可能是因为 Debug 版本的日志比较多，这样我们优化的效果更加能够凸显出来。

（2）Debug 版本的提升大多数情况在 6%、50ms 左右，其中首次打开群消息提升效果最突出，在 13.6% 的耗时提升、为 100ms 左右，这可能是由于群组消息比较多，因此优化效果能够凸显。

（3）Release 版本的优化效果没有那么明显，最多的才 60ms 左右、7% 的耗时提升，并且还有两个场景是基本不变的。

8.3 专项标准：响应时延

专项标准响应时延，如表 8–1 所示。

表 8–1

遵循原则	标　　准	优　先　级	规则起源
响应时延	核心界面必须有响应时延的数据上报	P0	
	启动速度小于 2 秒	P0	
	界面切换速度小于 500ms	P0	Intel 的研究表明，时延小于 500ms 是用户可以接受的最低标准
	避免黑屏	P0	黑屏的用户体验是最差的，而且可以有很多手段避免

第 3 部分

其他事项

有些事情对于专项性能很重要，但又无法在前面的体系化知识中展现。那么就只能放到本部分其他事项了。什么事项那么重要呢？这要从笔者第一次做 App 专项性能说起，当年负责腾讯微博 for iOS 的时候，卡顿就是一个严重的问题了。那时开发人员不断优化，但是越优化，越会发现，因为重复测试造成的疲劳、人工滑动动作不稳定，导致流畅度优化的验证很困难。这时想起的第一个解决办法，毫无疑问就是 UI 自动化测试，所以我介绍的第一个事项就是 UI 自动化测试。

第 9 章 还应该知道的一些事儿

9.1 UI 自动化测试

说起 UI 自动化测试，其实有两种。一种是基于脚本的 UI 自动化，另一种是不基于脚本的 UI 自动化，如 Monkey。而对于性能测试来说，两种 UI 自动化都是不错的“执行引擎”，可以说各有优缺点。下面先谈谈基于脚本的 UI 自动化测试。（后文中“基于脚本的 UI 自动化测试”简称“UI 脚本自动化测试”，不基于脚本的，我们就称之为“Monkey 测试”。）

1. UI 脚本自动化测试的真实价值

如下是测试人员生命中的三大幻觉。

（1）今天能发布。

（2）明天能发布。

（3）UI 自动化实现了，测试就可以不用测。

正是第 3 点赋予了 UI 自动化测试错误的价值。让 UI 自动化测试验证 UI，利用图片比较去做自动验证，甚至利用截图定位按钮，这些都是不行的。下面带大家认识一下它的真正价值。

①验证逻辑而非 UI

UI 的验证会引入大量不稳定的因素。换句话说，像当年的测试大牛段念说的，你跑过了 UI 自动化，你就相信没问题了吗？不会相信，原因是啥？因为聪明的你会发现，你验证的东西越多，例如界面的每个按钮、颜色、排布等，你的用例就越不稳定，所以你最终肯定不会验证全部 UI。那么结果就是你根本不会相信这个用例真的通过了。因此给大家定个 UI 自动化能做的，验证逻辑（另外一种说法，叫作功能自动化）。什么叫验证逻辑？例如验证 QQ 是否登录成功，验证到了好友列表，就是登录成功，甚至有登录成功的日志也可以，怎么稳定怎么来。

②代替大量的 UI 重复操作

简单来说，就是 UI 自动化你要投入 5 元，只执行 4 次，每次赚 5 毛的话，那你还亏 3 元的问题。什么时候会大量操作呢？像手机 QQ，编译上百个市场的包，每个包要验证核心功能。或者像性能 UI 自动化监控，同一个用例为了多次采样，也会执行多次。还有每日构建、集成都可以。关键点就是用次数来增加价值，UI 自动化能帮你确保不出非常严重的问题，如登录不了，登录了又卡死，或者是监控 UI 之外的其他，如性能。这些都有机会让其价值高于成本的。

2. UI 脚本自动化测试的难题与解决

无间道：出来混，迟早要花代价的。这句话，最好地说明了，为什么自动化测试构造得越快越随便，未来的维护成本也就越大。更甚者，脚本依赖录制获得，后果也是严重的。无数的故事告诉我们，很多 UI 自动化都是死在一开始就写或者录一堆脚本，结果每天都要花大量时间排查错误，错误的形式多种多样，有脚本错误，有功能的变更，有 Bug，甚至问题是随机出现的，但是无论是你的问题或者是功能的问题，反正你排查错误的时间是花进去了，哪怕你不用改脚本。所以这里看来，要解决维护的难点，终极招数就是不要碰 UI 自动化。其实很多大牛都说过不要做 UI 自动化，或者这个事情不是最高优先级的，但是现实是，大家都做了，优先级还不低。所以笔者当然不说不做，要做就要狠狠地干一场，要成功，不要失败。下面给大家两点建议，一是策略，二是技术。

（1）策略上，维护成本的控制

①脚本要慢慢上，先做核心的 BVT 用例，用例的数量为人均维护脚本 1 ~ 2 个，前期来说应该是顶天了。再定目标，如稳定运营一个月，然后再写新的。区分正式环境和测试环境，增加的脚本要在测试环境稳定跑上一周，才能切换到正式环境。

②组织培训，知识分享，分享写自动化遇到的坑，沉淀最佳实践，沉淀工具类，让大家知道写 UI 自动化也是在自我提升，而不是简单的工作任务，更不是随随便便就可以写的。

（2）技术上，降低维护的成本

①脚本里不要有坐标、图像识别等。这些都是不稳定的因素。例如自动化脚本里面写死了 touch(121200)，但换个屏幕，列表滑动、UI 调整都有可能让这个 (121200) 不能触发原来的事件。

②脚本里不要有 sleep。有个经典的场景，例如在 QQ 中，要写登录后发消息的自动化脚本，发现脚本总是失败，因为 QQ 没登录完成就开始执行发送消息的操作了。但是登录过程的耗时又不知道，测了几次，发现大约在 2s，最容易想到的就是 sleep。可惜，你以为是正确的事情，反而是 UI 自动化稳定性的克星，绝对不能有。正解应该是，一方面，帮助建立或者直接使用 UI 自动化测试等待界面稳定的阻塞方法，例如 waitForIdle，等待控件出现和消失的方法，例如 waitForInvisiable、waitForVisiable 等。回到案例中，就是好友列表这个控件执行 waitForVisiable。另一方面，就是封装一个 timeout 类，里面包含重试和 sleep 的策略，让脚本直接使用，例如 timeout.retry(5, isLoginSuccessed, true)，执行探测日志是否有登录成功标志的方法 isLoginSuccessed，重试 5 次直到返回 true，如果失败则抛出异常。说了那么多，反正核心就是不要看到 sleep，任何语言的 sleep。

③脚本要基于面向对象。脚本不需要编译，调试方便，学习门槛低，像 Python，能使用的库也丰富。所以自动化测试最佳的是使用 Python，再配合 pyDev，用起来还是很舒服的。而说到面向对象，它有一个作用，就是通过隔离变化来提升代码的可维护性。下面举个例子来说明，用了面向对象的 UI 自动化脚本的样子（基于 Python），如图 9-1 所示。

```
qqApp = Application("QQ")
loginPanel = qqApp.launch()
buddylistPanel = loginPanel.login("27373636","ffssdd")
aioPanel = buddylistPanel.findAndOpenAIO("28282828")
aioPanel.sendMsg("hi")
```

图 9-1

这个脚本有什么特点呢？没有见到控件。控件要封装到界面类里面。这里延伸介绍一下，自动化脚本的隔离变化基本上可以分四个层次。

a. **用例逻辑**，通常有一个用于继承的 TestCaseBase，用来封装用例的逻辑，类似 teardown、setup、run 之类。

b. **业务逻辑**，通常就是继承 TestCaseBase，用例实现的本身。封装业务逻辑的变化。

c. **界面逻辑**，通常就是界面类，例如上面的 LoginPanel。隔离了控件与业务逻辑，让控件位置、ID 的变化，可以控制在界面类中。

d. **控件驱动**，通常就是基本的获取控件树，检索控件。封装控件获取方式。

④控件定位要用类似 XPath 的方式。这种方式的好处就是方便阅读，把复杂的位置描述封装到一条短短的字符串里面（有些朋友误会了，不是 XPath，是类似 XPath 的东西，但是要把比较复杂的部分去掉，只支持属性、节点的简单定位就行。不然跟正则表达式一样，又成了学习成本）。

⑤通过分 Step 的脚本化繁为简。UI 自动化脚本都有一个特色，即长！我们通常希望验证一个脚本好几点，登录，除了验证发消息，我们还希望可以验证发图、发表情等，那么这个时候，最好把用例分割成几个 Step。出了问题，就集中排查某个 Step 的日志就可以了。

补充一下，大家肯定想过一个问题，每个用例需都要是独立的，互不影响，重新登录，为了稳定，多点时间我不在意，但现实是你又发现这些时间会增加用例出错之后的修复、验证的时间成本。所以“分 Step”无疑是给大家一个合并用例来提升用例执行速度，但是又保留了用例与用例之间的独立性。

⑥不要再给 UI 操作与验证压力了。例如输入文本这些操作，没有必要用键盘事件来触发，如果你是注入方式的，获取到控件对象，直接 setText，这样会稳定很多。还有端到端的 UI 自动化，如 QQ 发消息到另外一端的 QQ，通过做接收消息的逻辑验证测试，我们就可以利用网络协议发送消息，另外一端用 UI 验证接收消息。

⑦定时重启手机和出错的用例再跑一次，可能会帮助回避一些问题，可以做，但是不能以此来麻木自己对错误的敏感和感觉。

⑧稳定你的环境，这些环境包括网络、系统、账号资源、电脑、手机等。

a. 网络， 假如我们的 UI 自动化是验证功能逻辑的，那网络就一定要被牢牢地控制，使用独立的路由器，并且监控着网络情况，如果存在严重的丢包和断连，这类信息一定要及时同步出来，甚至可以自动控制你的用例，在网络差时暂停，网络恢复后再跑。

b. 系统，系统经常有各种更新的弹窗，特别是 iOS。利用网络，屏蔽这些无用的推送。Android 则是找个稳定的 ROM。

c. 账号资源，有很多软件账号资源都是不能重用的，或者重用了之后用例之间会相互影响。这里需要有账号资源池的概念，类似 SVN，通过 CGI 来取资源，可以加锁，还回去，再解锁。

d. 手机与电脑，肯定不能长时间运行，不然它们也会发脾气。所以定期重启手机和电脑似乎是必不可少的一步。

3. Monkey 测试的真实价值

Monkey 测试原本是通过随机事件和操作的生成来验证程序稳定性和兼容性的，但是它的价值是不是仅仅只有这些呢？相对于基于脚本的 UI 自动化来说，它应该也可以作为“执行引擎”，配合做性能的监控，同时不基于脚本并且还带来了“维护”成本下降的好处。所以个人感觉，Monkey 测试绝对是性能的绝佳搭档。

事实上在我们手机 QQ，QQ 空间等项目中，的确也使用了 Monkey 来做各种性能监控。例如，前文中我们介绍的自研工具 LeakInspector 和 I/O Monitor，它们与 Monkey 测试配合使用，自动分析，自动提单。

想详细了解，可以参看笔者之前在 Qcon 2015（手机性能最佳实践：http://www.infoq.com/cn/presentations/mobile-qq-special-test-best-practice/ ）和 Qcon 2016（你从来没有想过的 Monkey：http://2016.qconbeijing.com/presentation/2851 ）中的课程。

4. Monkey 测试的难题与解决

Monkey 真的要与性能配合好，**缺乏重现步骤**是首先要解决的问题。因为没 Monkey 本身随机生成操作的特性，如果一个性能问题是 Monkey 执行了 3000 步之后出现的，重现步骤这个问题就会变得让人痛苦。但是在实践中，除了补充最后几个步骤的图片和日志外，我们给了自己另外一条路来解决这个问题。

灵感来源于最初我们做内存泄漏的测试。前文有提过，通过不断重复操作，观察 PSS/USS 是否有规律地上升来判断是否有内存泄漏。这样提出来的 Bug，开发人员要根据重现步骤来重现，然后利用 DDMS 获取内存快照（Hprof），再然后分析引用关系，进而解决 Bug。从这里可以看出，重现步骤的一个重要作用是，开发人员根据重现步骤来重现问题并捕获用于分析的内存快照。重现步骤的最后一个重要作用就是回归测试。到这里为止，我们不妨想想，如果我们提供的是 Hprof 呢？甚至是经过分析的 Hprof，是否重现步骤就可以变得没那么重要了。所以这里得出一个重要的方法，“用分析类数据来补充场景的缺失”。

落地到其他专项指标会是什么呢？抛砖引玉，如表 9-1 所示。

表 9-1

专项指标	分析类数据	可分析问题
内存	Hprof	内存泄漏、图片使用 565 等
CPU	卡顿时捕获的堆栈	低效的算法
网络	Pcap、Socket 调用堆栈	重复上传与下载、没压缩等
磁盘	文件 I/O 与数据库 I/O 的调用堆栈、数据库 SQL 语句	数据库的 fullscan、主线程 I/O、读、写 Buffer 过小等

5. 小结

无论是基于脚本的还是不基于脚本的 UI 自动化测试，都是做性能专项测试需要搭配的重要能力。所以才有那篇“狠狠地聊一下 UI 自动化测试”（http://www.jianshu.com/p/84f2a5d86334）的文章，来告诉大家如何利用技术做好或者用好 UI 自动化测试。

当然，想偷懒的读者，肯定不会放过 UI 自动化测试的。

9.2 专项竞品测试攻略

在互联网这个行当里面，有一个无论是开发人员，还是测试人员，甚至是产品经理都无法避免的事项：竞品测试。毫无疑问，竞品测试是为了了解自己相比于竞争对手的优势、劣势，以便我们推动问题解决，提升技术，最终改善核心体验。但是，实际上竞品测试要怎么做才有价值呢？

攻略 1：从产品设计聊竞品

很多时候，我们做竞品测试，都需要先看看产品设计。原因有两个。

一是因为产品场景也是竞品的一部分。记得当年做微信和手机 QQ 的发图竞品。微信和手机 QQ 都有原图发送的功能，而接收图片的方式则完全不同。手机 QQ 是原图发送，原图接收。而微信则是原图发送，压缩后接收，用户查看原图才能看原始图片。至少当时笔者觉得，微信的设计更加合理，如果说要比较接收图片的速度，那么需要先改改产品设计。

二是产品设计可能会将用户导向不同的应用场景，而场景不同，对性能的诉求可能会不同，例如 QQ 空间的相册，目的就是存放清晰图片，而不需要高压缩图片，如果仅仅因为追求下载速度就完全对其应用微信的图片压缩策略，那相册的这个需求也许就没有价值了。

攻略 2：从测试场景聊竞品

因为跟外网采集数据的场景不同，而且本地做竞品测试，样本是非常有限的，所以要考虑到的测试场景包括如下几种

- 网络是 3G、4G 还是 Wi-Fi。因为不同的网络环境下，同一个功能可能会有不同的产品策略。例如，Wi-Fi 环境下会用 80% 压缩 JPEG 图片，而 3G 网络环境下则是 60%。
- 手机的硬件，包括屏幕大小和摄像头能力、CPU 核心数、CPU 品牌等。因为产品可能会根据不同屏幕大小来获取和处理接收的图片；而不同的摄像头可以支持的分辨率和帧率不同，也就意味着产品面对的数据处理压力和方式不同；最后 CPU 可能会决定是否支持硬件，核心数会影响线程数。这些都会给产品的技术设计带来不同的竞争优势或者劣势。
- 内容不同也会有所不同。正如视频应用，如果其支持动态码率的视频录制，内容相对静态的文件会小很多。又如一些图像识别的专项测试，内容完全就是测试评估之一。

攻略 3：从专项指标聊竞品

跟竞品对比，除了比产品设计，比的就是专项指标，里面应该包含业务指标、技术指标、性能指标。

（1）业务指标。这是竞品的基础，是用户体验的指标，与交互类的性能指标，如启动速度、响应时延、流畅度，有一定重合，但也不完全是。例如，在直播应用中很讲究首帧展示速度，AR 应用中则讲究识别速度，这些方面跟用户真实体验非常接近。另一方面，它更像是响应时延的延伸。而同样是直播应用，还讲究视频的清晰度，而评价清晰度，则有基于主观测评的 MOS（平均主观意见分）指标和基于客观测评的 PSNR、SSIM 指标。

这些业务指标大部分通过终端外部获取就可以，如启动速度，不要用什么 Activity 启动耗时之类，就用录屏软件录制启动过程，然后利用软件 ffmpge 进行分帧，命令如下：

```
ffmpeg.exe –i *.mp4 –r 30 –s 640x480 %%d.jpg
```

为什么呢？很简单，这里业务指标的价值就是接近用户体验。记得之前测试手机的发送图片功能，开发人员挑战我们说，我们发送图片的测试结果为什么是 0 秒。我们解释很简单，用户看到的就是 0 秒，视频为证。这里是不是测试错误了？事实上并没有，这 0 秒

完全归功于预发送的逻辑，用户并没有看到网络收发包的耗时，仅仅是看到图片发送成功了，这绝对有价值，价值来源于预发送这个需求。当然这些业务指标接近用户，非常重要，但却只是表面，也不利于分析。正如其他应用竞品手机 QQ 发图，发现手机 QQ 居然是 0 秒，有什么可以借鉴的地方呢？ 这时就需要拆分成技术指标，如图片压缩耗时、图片发送耗时等，这样才能让我们更接近真相。

（2）技术指标。基于业务指标，我们可以拆分成一个个技术指标。Web 页面展示速度就是一个例子，可以拆分成 Activity 启动耗时、WebView 初始化耗时、XmlDom 加载耗时、资源加载耗时等，让我们知道与竞品具体的技术差距。如果是 AR 应用的话，整个识别的时长可以拆分成视频采集耗时、视频处理耗时、识别耗时。要获取这些技术指标，静态注入或者动态注入就避免不了。例如，要获取 AR 的视频处理耗时，就需要通过反编译找到处理函数的前后，注入加入的时间戳来测量时间。

（3）性能指标。如果要进一步分析技术指标为什么会好，分析这个好背后的代价是什么，能不能适配不同机型，就必须要用性能指标，特别是资源类性能指标，例如 PSS、USS、GC 耗时和次数、I/O 数据量和次数、CPU 占用率等。这些数据既可以从外部获取，也可以利用 Hook 从程序内部获取。

例如，在我们需要测试 FaceU 竞品时，首先考虑的还是使用工具来进行测试，前面提到的 Perfbox 自研工具 ScrollTest 可以用于测试。ScrollTest 的原理是通过 adb shell dumpsys SurfaceFlinger 指令来获取 SurfaceFlinger，把合成的 Frame 信息送到 HWC 中的时间戳，最后统计出的 FPS 是设备整体的流畅度。但是 FaceU 的动态特效是在 GLSurfaceView，把多个纹理做合成处理，最后由单独负责绘制的线程 RenderThread 来进行绘制。所以如果使用以前的测试 UI 流畅度、测试 SurfaceView，肯定是不准确的。后面我们就尝试用静态注入的方式完成 FPS 测试，我们知道 GLSurfaceView 需要设置 Renderer 接口的实现类。提到了 Renderer 接口，下面就看一下如图 9-2 所示的接口。

```
public interface Renderer {
    void onSurfaceCreated(GL10 gl, EGLConfig config);
    void onSurfaceChanged(GL10 gl, int width, int height);
    void onDrawFrame(GL10 gl);
}
```

图 9-2

Renderer 只有这三个接口方法，而且从函数命名可以很清楚地知道这三个方法的作用。

很明显 onDrawFrame 就是在做绘制的时候设置的回调方法，对于要获取绘制的 FPS，只需要关注这个方法即可。

目标的思路也很清晰，找到对应的 Activity，找到相应的 GLSurfaceView，在其中 Renderer 实现类的 onDrawFrame() 方法里插入一条日志即可。

如何找到对应的 Activity？在 Android 4.4 版本中，每个 Activity 启动都会输出一条日志，我们可以通过 adb 命令获取到当前设备停在哪个 Activity 上面。

adb shell dumpsys activity top 方式如图 9-3 所示。

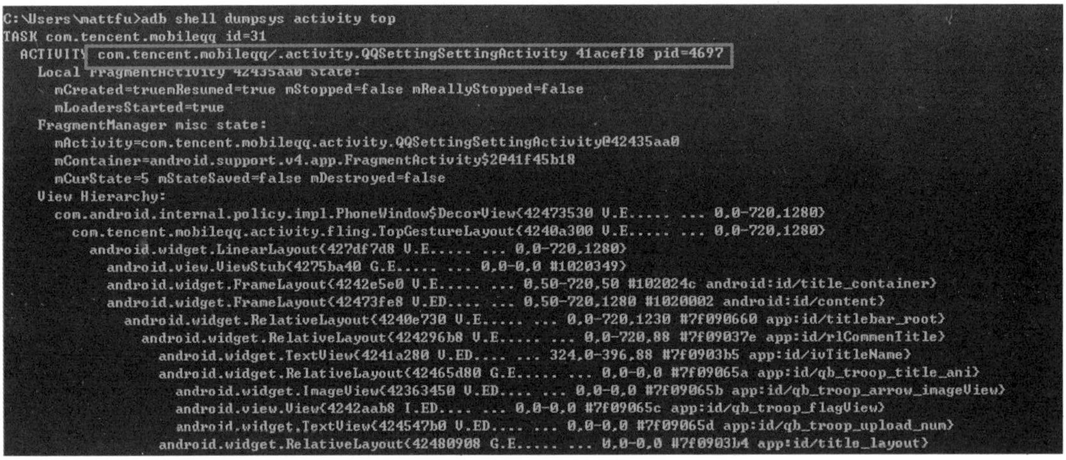

```
C:\Users\mattfu>adb shell dumpsys activity top
TASK com.tencent.mobileqq id=31
  ACTIVITY com.tencent.mobileqq/.activity.QQSettingSettingActivity 41acef18 pid=4697
    Local FragmentActivity 42435aa0 State:
      mCreated=truemResumed=true mStopped=false mReallyStopped=false
      mLoadersStarted=true
    FragmentManager misc state:
      mActivity=com.tencent.mobileqq.activity.QQSettingSettingActivity@42435aa0
      mContainer=android.support.v4.app.FragmentActivity$2@41f45b18
      mCurState=5 mStateSaved=false mDestroyed=false
    View Hierarchy:
      com.android.internal.policy.impl.PhoneWindow$DecorView{42473530 V.E..... ... 0,0-720,1280}
        com.tencent.mobileqq.activity.fling.TopGestureLayout{4240a300 V.E..... ... 0,0-720,1280}
          android.widget.LinearLayout{427df7d8 V.E..... ... 0,0-720,1280}
            android.view.ViewStub{4275ba40 G.E..... ... 0,0-0,0 #1020349}
            android.widget.FrameLayout{4242e5e0 V.E..... ... 0,50-720,50 #102024c android:id/title_container}
            android.widget.FrameLayout{42473fe8 V.ED.... ... 0,50-720,1280 #1020002 android:id/content}
              android.widget.RelativeLayout{4240e730 V.E..... ... 0,0-720,1230 #7f090660 app:id/titlebar_root}
                android.widget.RelativeLayout{424296b8 V.E..... ... 0,0-720,88 #7f09037e app:id/rlCommenTitle}
                  android.widget.TextView{4241a280 V.ED.... ... 324,0-396,88 #7f0903b5 app:id/ivTitleName}
                  android.widget.RelativeLayout{42465d80 G.E..... ... 0,0-0,0 #7f09065a app:id/qb_troop_title_ani}
                    android.widget.ImageView{42363450 V.ED.... ... 0,0-0,0 #7f09065b app:id/qb_troop_arrow_imageView}
                    android.view.View{4242aab8 I.ED.... ... 0,0-0,0 #7f09065c app:id/qb_troop_flagView}
                    android.widget.TextView{424547b0 V.ED.... ... 0,0-0,0 #7f09065d app:id/qb_troop_upload_num}
                  android.widget.RelativeLayout{42480908 G.E..... ... 0,0-0,0 #7f0903b4 app:id/title_layout}
```

图 9-3

通过这个方式我们找到对应 Activity 的 Smali 文件，而且果然有 onDrawFrame(GL10) 方法，只需要在 return-void 前注入一条日志即可，如图 9-4 所示。

```
    .line 335
    const-string v0, "fyfy"
    const-string v1, "drawFrame End!"
     invoke-static {v0, v1}, Landroid/util/Log;->e(Ljava/lang/String;Ljava/
lang/String;)I
    .line 336
    return-void
```

图 9-4

如果我们需要测试对比竞品掉帧、I/O、内存等情况，可以把 APM 的 SDK 集成到第三方的 App 里，即可完成目标。其实对于大批量地修改 Smali 语法，不建议这么做，因为通过修改 Smali 来排查问题相对要困难一些，而且前面已经提到，对于寄存器控制要求也极为严格。SDK 代码虽然多，但是和 App 是解耦的，我们只需要在对应的 Activity 中添加初始化 SDK 代码即可，代码改动量并不大。

首先我们需要新建一个 demo 程序，把我们的 APM 集成进去。具体集成 APM 的方法可以参考如图 9–5 所示的 APM 的文档（http://km.oa.com/group/20867/articles/show/271599）。

```
    @Override
    public void onCreate(Bundle savedInstanceState) {
        super.onCreate(savedInstanceState);
        Intent intent = getIntent();
           String path = intent.getStringExtra("com.example.android.apis.
Path");
        if (path == null) {
            path = "";
        }
        setListAdapter(new SimpleAdapter(this, getData(path),
                android.R.layout.simple_list_item_1, new String[] { "title"
},
                new int[] { android.R.id.text1 }));
        getListView().setTextFilterEnabled(true);

        //demo 里插入的代码
           MagnifierSDK sdk = MagnifierSDK.getInstance(getApplication(), 1,
"1.0.0");
        sdk.runSDK();
    }
```

图 9–5

我们只要关注 SDK 初始化的代码就好，接下来就是逆向 demo，找到对应需要复制插桩的位置，如图 9–6 所示。

```
    invoke-virtual {p0}, Lcom/example/android/apis/ApiDemos;-
>getApplication()Landroid/App/Application;
    move-result-object v0
    const-string v1, "1.0.0"
    invoke-static {v0, v9, v1}, Lcom/tencent/magnifiersdk/MagnifierSDK;-
>getInstance(Landroid/App/Application;ILjava/lang/String;)Lcom/tencent/
magnifiersdk/MagnifierSDK;
    move-result-object v8
    .line 76
    .local v8, "sdk":Lcom/tencent/magnifiersdk/MagnifierSDK;
    invoke-virtual {v8}, Lcom/tencent/magnifiersdk/MagnifierSDK;->runSDK()Z
```

图 9–6

前期准备工作结束，接下来就开始插桩。以今日头条为例。

- 先用 apktool 逆向今日头条。
- 把我们逆向 demo 的 com/tencent/magnifiersdk 复制到今日头条的相同目录下。
- 把 APM 需要的 so 文件，复制到 lib/armeabi 下。
- 找到目标 Activity，在 onCreate 代码中插入上述 Smali 代码，并且注意修改成今日头条的 Activity 的路径和名称。
- 使用 java –jar apktool.jar b / 今日头条路径，二次编包。
- 使用签名工具签名即可。

最后安装到手机上，发现今日头条可以输出我们的掉帧日志，如图 9–7 所示。

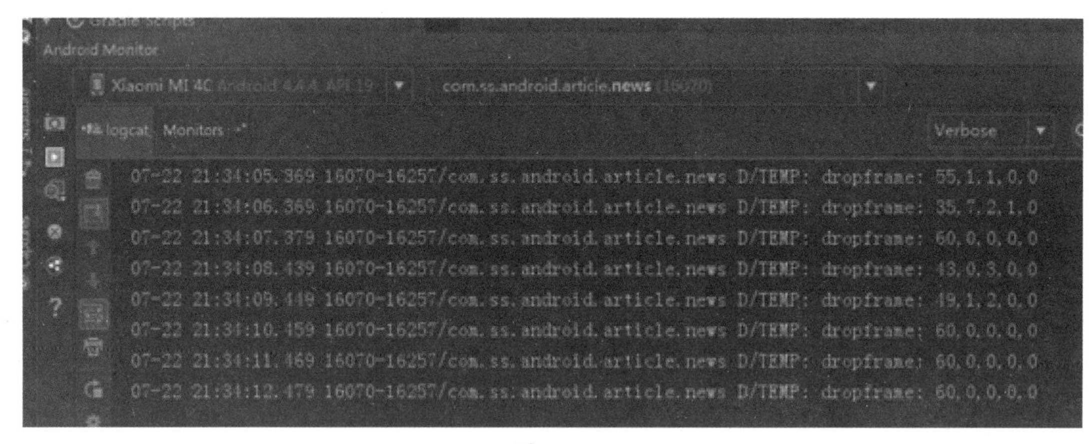

图 9–7

攻略 4：从技术实现聊竞品

上面由浅入深的专项指标，帮助我们了解竞品是否比我们好，好多少。但是很多时候上面的专项指标数据，会让人更苦恼。大家会问：

- 为什么快照浏览图片的流畅度和图片的限时速度都那么好？
- 为什么 SNOW 的人脸识别 CPU 消耗比我们低？
- 为什么 Facebook 的视频 feed 可以秒显呢？
- 是开发人员会说，我们的 App 很复杂，别人是一个相册 App，我们是 App 里面带相册，不能比吧！
- 最后还有人会说，这竞品数据有问题，重新测试！

解决上述这些问题的关键点，不能再通过专项测试指标来猜猜别人的技术实现，要来点直接暴力的。相信大家已经想到，逆向分析。

当时新上手机 QQ 相册功能，发现卡顿异常。询问开发人员之后，结果基本上就是无解。后面我们反编译了当时相册性能做得最出色的独立 App，发现了不少优化手段。例如用两个线程读取和解码图片、相册缩略图要如何缓存等。最终我们的手机 QQ 相册也因为这次的竞品测试，用户体验有了飞跃。下面来介绍下如何做。

第一步，就是要知道竞品一定会调用的关键函数，例如视频处理、图片处理等，都会有固定的系统函数。不知道的话，上网查一下相关能力大致涉及的函数就可以得知。

第二步，这里有两条路，一条是静态的，另一条是动态的。先介绍静态分析，因为有时动态分析也要依赖静态分析，静态分析是什么呢？就是逆向看代码。

Android 应用的逆向方法有很多，这里重点介绍几个工具 Apktool、Jadx 和 Enjarify。

（1）Apktool

Apktool 地址为（https://github.com/iBotPeaches/Apktool）。ApkTool 反编译命令如下：

```
java –jar apktool.jar d –f xxx.apk outDir
```

反编译出来的代码并不是我们一般常见的 Java 代码，而是 Smail 语言。Smali 是 Android 虚拟机的一种中间语言。Apktool 的优点在于逆向结果比较完整，甚至可以做一些简单的修改再编译回去，但它的缺点也很明显，就是 Smail 语言有一定的学习成本，易读性较差。

（2）Jadx

Jadx (https://github.com/skylot/jadx) 是 Github 上的一个开源项目，与 ApkTool 不同的是，Jadx 反编译出来的是 Java 代码，可以很方便地进行阅读；缺点是反编译容易因为出错导致代码不全。Jadx 可以通过以下命令进行反编译：

```
Jadx –d outDir classes.dex
```

可以根据刚刚第一步查到的音视频的关键方法，在反编译出来的代码中查找并定位，就可以阅读出其代码逻辑。下面是反编译出来 Snapchat 的代码。搜索摄像相关的关键方法 setParameters，可以找到这段代码。这里的 setRecordingHint 为 false，说明 Snapchat 的摄像功能并不只是为了录像而准备的，如图 9–8 所示，还会进行拍照操作。

```
import android.hardware.Camera;
import android.hardware.Camera.Parameters;

public final class YR
  implements YM
{
  public static String a = "video-size";

  public final void a(Camera paramCamera, Camera.Parameters paramParameters)
  {
    paramParameters.setRecordingHint(false);
    paramCamera.setParameters(paramParameters);
  }
}
```

图 9-8

（3）Enjarify

Enjarify 是 Google 官方出品的 Android 应用的反编译工具，这里有详细介绍（https://github.com/google/enjarify），这里就不再赘述了。

另外一种就是动态分析，利用静态或者动态注入，分析 App 运行时的参数和方法调用情况。这里先简单介绍动态注入。

动态注入

第 1 章中，描述了一个自研的 I/O Monitor 工具，用的是一种动态注入的方法。下面介绍另外一种：XPosed。利用 Xposed 同样是找关键的系统函数，例如摄像头视频采集在 Android 中可以设置不同的参数，对应的方法是 Camera 的 setParameters 方法。通过 Hook 获取应用对于采集时的配置，如图 9-9 所示。

```
findAndHookMethod("android.hardware.Camera", loadPackageParam.classLoader, "setParameters",
            Camera.Parameters.class, new XC_MethodHook() {
        @Override
protected void afterHookedMethod(MethodHookParam param) throws Throwable {
    Camera.Parameters parm = (Camera.Parameters)param.args[0];
Log.d("MYTESTS", "setParameters, height: " +
            parm.getPreviewSize().height + " width: " +
            parm.getPreviewSize().width);
//https://developer.android.com/reference/android/graphics/ImageFormat.html
Log.d("MYTESTS", "setParameters, getPreviewFormat: " + parm.getPreviewFormat());
//设置帧率, 不是真实帧率
    Log.d("MYTESTS", "setParameters, getPreviewFrameRate: " + parm.getPreviewFrameRate());
    Log.d("MYTESTS", "setParameters, getAntibanding: " + parm.getAntibanding());
    Log.d("MYTESTS", "setParameters, getAutoExposureLock: " + parm.getAutoExposureLock());
    Log.d("MYTESTS", "setParameters, getAutoWhiteBalanceLock: " + parm.getAutoWhiteBalanceLock());
    Log.d("MYTESTS", "setParameters, getColorEffect: " + parm.getColorEffect());
    Log.d("MYTESTS", "setParameters, getExposureCompensation: " + parm.getExposureCompensation());
    Log.d("MYTESTS", "setParameters, getExposureCompensationStep: " + parm.getExposureCompensationStep());
    Log.d("MYTESTS", "setParameters, getFocalLength: " + parm.getFocalLength());
    Log.d("MYTESTS", "setParameters, getHorizontalViewAngle: " + parm.getHorizontalViewAngle());
    Log.d("MYTESTS", "setParameters, getJpegQuality: " + parm.getJpegQuality());
    Log.d("MYTESTS", "setParameters, getMaxExposureCompensation: " + parm.getMaxExposureCompensation());
    Log.d("MYTESTS", "setParameters, getMaxNumDetectedFaces: " + parm.getMaxNumDetectedFaces());
    Log.d("MYTESTS", "setParameters, getMaxNumFocusAreas: " + parm.getMaxNumFocusAreas());
    Log.d("MYTESTS", "setParameters, getMaxNumMeteringAreas: " + parm.getMaxNumMeteringAreas());
    Log.d("MYTESTS", "setParameters, getMaxZoom: " + parm.getMaxZoom());
    Log.d("MYTESTS", "setParameters, getMinExposureCompensation: " + parm.getMinExposureCompensation());
    Log.d("MYTESTS", "setParameters, getPreferredPreviewSizeForVideo: " +
                parm.getPreferredPreviewSizeForVideo().height + ";" +
                parm.getPreferredPreviewSizeForVideo().width);
    Log.d("MYTESTS", "setParameters, getVideoStabilization: " + parm.getVideoStabilization());
    Log.d("MYTESTS", "setParameters, getWhiteBalance: " + parm.getWhiteBalance());
    Log.d("MYTESTS", "setParameters, isAutoExposureLockSupported: " + parm.isAutoExposureLockSupported());
    Log.d("MYTESTS", "setParameters, isAutoWhiteBalanceLockSupported: " +
                parm.isAutoWhiteBalanceLockSupported());
    Log.d("MYTESTS", "setParameters, isSmoothZoomSupported: " + parm.isSmoothZoomSupported());
    Log.d("MYTESTS", "setParameters, isVideoSnapshotSupported: " + parm.isVideoSnapshotSupported());
    Log.d("MYTESTS", "setParameters, isVideoStabilizationSupported: " +
                parm.isVideoStabilizationSupported());
    super.beforeHookedMethod(param);
}
```

图 9-9

除了分析关键函数传入的参数，还可以利用 Xposed 动态注入后，打印堆栈来了解和验证函数之间的调用关系，快速破解函数直接的逻辑关系；或者直接调用代码来开启并获取 Trace，这就不仅有调用关系，还可以进一步拆分大家的关键函数的性能差距，如 CPU 耗时的差距；通过 DDMS、dump 内存出来，分析内存中的对象的属性，也是一种方式，如图片，就可以在 Hprof 中看到其尺寸等信息。

再进一步进行动态分析，就是调试了。这篇文章（http://www.droidsec.cn/smalidea%E6%97%A0%E6%BA%90%E7%A0%81%E8%B0%83%E8%AF%95-android-%E5%BA%94%E7%94%A8/）介绍了如何无源码调试第三方 App。

而另外一种静态注入的方式是，攻略 3 中的利用修改 Smali 的方式静态注入 FaceU 来获取专项测试指标，当然同样的方式也可以获取参数、耗时、函数调用关系等。

5. 小结

记得当时在公司茶水间，笔者拿着一份竞品报告，问我的同事，报告怎样写才可以对产品决策有价值，对技术提升有价值。他说：

我们测试出来，图片传输速度比竞品慢。能做决策吗？

我们分析出来，慢是因为图片文件比竞品大。能做决策吗？

我们进一步分析出来，大多数是因为图片比竞品清晰。能做决策吗？

我们再进一步分析出来，这是我们用 40、60、80 压缩出来的图片，主观测评和客观测评都发现，60 与 80 的清晰度差距肉眼难以发现，而大小却相差几乎 1 倍。另外，针对颜色单一的JPEG,可用PNG8来压缩,在保留清晰度的前提下,也有比我们更好的压缩效果。上面说的这些，能做决策吗？答案是否。

而要得出上面这些结论，就攻略 1 到攻略 4 而言，必须从产品到场景、到指标，再到深入代码做技术分析，都缺一不可。

9.3 未来的未来

在写这本书的时候，微信的小程序火起来了，预计 H5 的前端后端、性能专项测试也会火。另一方面，当你想着 PC 的性能已经是尽头了，大家想着以后桌面都用云计算机就可以了，结果 AR/VR 出现了。可以看到 Native 的 App 和游戏也在不断通过提升体验来挑战性能的极限。同一时间，人脸识别、图像识别、音视频技术在手机上落地、开花、结果，这些产品有 Snow、Snapchat、Pokémon GO 等。它们都在利用强大的算法和手机的硬件性能，来创造全新的用户体验。在写本书这一章的时候，我们正在面对这些全新的挑战，除了让我们的知识经验工具化之外，我们也在不断地挑战新的领域，可以肯定的是这些新的领域并没有脱离我们的知识，而是我们知识的延伸，如图像识别的速度可以理解为另外一种响应时延。近 10 年的工作生涯，使笔者明白了一件事，这就是“万事皆是磨练”，除了经验累积外，更多的是学会如何做人做事，如何思考，这是应对未来最好的方法。

测试人员的磨炼

测试的时间很少？测试没有技术含量？对自己技术一点提升都没有？最后一个结论，

这个工作没有前途。如果把这些理解成磨炼呢？

（1）测试时间很少

磨炼：如何判断投入产出比，思考如何提升效率，而效率提升是企业中永恒的话题。

（2）没有技术含量

磨炼：看完这本书之后，最起码应该不会觉得测试是没有技术含量的了，而且本书介绍的仅仅是测试人员需要理解的技术的冰山一角而已。但有人肯定会说，作者在 BAT 这些公司，肯定有技术含量，我们小公司没有做有技术含量的事情的机会。磨炼来了，没这个机会有两个原因。一是没时间，解决没时间的过程就可以有技术落地的机会。二是没痛点，你真相信你们的项目没有痛点吗？像是一个天天抽烟的人，他觉得自己身体很好，没有病痛，但是当你给他看看自己肺部的照片，也许他才真正认识到自己的痛点。所以不是没痛点，只是没有人把痛点暴露和充分描述出来。正如上文的竞品测试，就是发现我们产品与竞品的差距来描述痛点，然后做有技术含量的分析。

因此发现并清晰描述问题严重性的能力，挖掘时间空隙和效率痛点的能力，本身是能力的提升，也是能让工作产生技术含量的方法。

看完是不是觉得正能量十足。回到题目“未来的未来”，笔者不是预言家，技术会进步到什么地步笔者也不清楚，但是相信一点，这个过程一定充满“磨炼”。

最后，希望这本书能对大家有用，也期待未来我们还能分享关于 iOS 的和更全面的专项测试相关书籍。

反侵权盗版声明